U0210001

中国地质调查局地质调查项目成果

新疆南疆地区典型地质灾害研究

魏云杰 王 猛等 著

科 学 出 版 社

北 京

内 容 简 介

本书是中国地质调查局地质调查项目的主要成果之一。针对新疆南疆地区地广人稀、地质环境脆弱等特点，采用高精度遥感解译、无人机航空摄影测量和地面调查等技术方法，在广泛收集利用前期已有相关资料、遥感解译、野外调查的基础上，开展地质灾害调查和成灾机理研究，初步解决了高寒地区地质灾害调查的难题，为西部高寒山区地质灾害防灾减灾提供技术支撑。

本书可供从事地质灾害防治、地震地质、工程地质、岩土工程、城镇建设等领域的科研和工程技术人员参考，也可供有关院校教师和研究生参考使用。

图书在版编目（CIP）数据

新疆南疆地区典型地质灾害研究／魏云杰等著．—北京：科学出版社，2021.9

ISBN 978-7-03-069827-8

Ⅰ．①新…　Ⅱ．①魏…　Ⅲ．①地质灾害–研究–南疆　Ⅳ．①P694

中国版本图书馆 CIP 数据核字（2021）第 189799 号

责任编辑：韦　沁　李　静／责任校对：张小霞
责任印制：肖　兴／封面设计：北京图阅盛世

科学出版社 出版
北京东黄城根北街 16 号
邮政编码：100717
http://www.sciencep.com

北京九天鸿程印刷有限责任公司 印刷
科学出版社发行　各地新华书店经销

＊

2021 年 9 月第　一　版　　开本：787×1092　1/16
2021 年 9 月第一次印刷　　印张：24 3/4
字数：587 000

定价：328.00 元
（如有印装质量问题，我社负责调换）

作者名单

（按姓氏笔画排序）

王　军　　王　猛　　王文沛　　王俊豪　　王晓刚　　冯文凯
朱赛楠　　余天彬　　汪友明　　张　明　　张　楠　　苟安田
姚　鑫　　谭维佳　　魏云杰

项目参加人员

（按姓氏笔画排序）

王　军　　王小明　　王支农　　王文沛　　王俊豪　　王晓刚
石爱军　　冯文凯　　冯志远　　朱　荣　　朱赛楠　　刘明学
刘照明　　庄茂国　　江　煜　　闫茂华　　孙渝江　　杨　磊
杨龙伟　　李长顺　　吴　琦　　余天彬　　邹明煜　　汪友明
张　明　　张　楠　　陈　革　　陈　源　　邵　海　　苟安田
欧阳辉　　罗　宇　　姜成新　　顾　金　　黄　喆　　黄诗宇
黄细超　　黄绪宁　　彭　令　　廖　维　　谭维佳　　魏云杰
魏贤程　　魏昌利

第一作者简介

　　魏云杰（1973年—），博士，中国地质环境监测院（自然资源部地质灾害技术指导中心）地质灾害调查室副主任，正高级工程师，中国地质调查局二级项目主持。1997年毕业于华东地质学院（今东华理工大学）水文地质与工程地质专业，2007年获成都理工大学地质工程专业博士学位，2009年北京工业大学土木工程专业博士后流动站出站，并留校任教。2012年4月至今在中国地质环境监测院（自然资源部地质灾害技术指导中心）主要从事工程地质与地质灾害防治相关工作，被聘为自然资源部、中国地质调查局应急专家委员会委员；中国地质学会工程地质专委会、地质灾害研究分会、岩石力学与工程学会委员，多次参加全国重大地质灾害应急调查指导。主持"高烈度岩溶区机场高边坡动力灾变机理及过程模拟"自然科学基金面上项目1项和"三峡库区蓄水后环境问题及地质灾害研究"、"叶城-乌恰地区综合地质调查""澜沧江德钦—兰坪段灾害地质调查""青藏高原及周缘地区冰崩冰湖溃决灾害（链）调查与评价"等地调二级项目4项。作为副负责人，协助殷跃平首席科学家承担云南省自然资源厅重点项目"云南省迪庆藏族自治州德钦县城风险评价及防治对策研究""云南省迪庆藏族自治州德钦县县城拟搬迁场址选择及地质环境适宜性评价"等项目多项。发表学术论文70余篇，出版专著2部、科普书籍1部，荣获部级一等奖1项，三等奖1项。

序

　　新疆地形地质复杂多样，高山与盆地相间，形成独特的"三山夹二盆"的地形地貌格局，由于构造运动活跃，地质环境复杂，加之降雨和春季融雪等水文影响因素，致使地质灾害频发。新疆地区地质灾害主要类型为滑坡、崩塌、泥石流等。2012 年 7 月 31 日，新源县阿热勒托别镇辖区内铁矿发生滑坡–泥石流；2014 年 7 月 4 日，精河县八家户农场牧业队夏季草场那仁果勒发生大型滑坡；2016 年 7 月 6 日，叶城县柯克亚乡玉赛斯村发生滑坡–泥石流，造成重大人员伤亡和财产损失。2017 年，中国地质调查局设立"新疆南疆重点地区地质灾害应急调查"和"新疆叶城–乌恰地区地质灾害调查"项目，采用光学卫星遥感对地观测技术、雷达卫星观测技术、无人机航空摄影技术、地面调查和室内模拟研究等先进综合技术手段，开展新疆南疆典型地质灾害调查评价，主动服务南疆典型地质灾害研究与防治需求，服务"一带一路"中国内陆与巴基斯坦阿拉伯海沿岸，集公路、铁路、油气管道、光缆和电力线路"五位一体"的综合大通道建设及灾害防治需求。该书通过对国内外地质灾害调查技术、风险评估方法、典型地质灾害成灾机理研究等现状分析，采用光学卫星遥感对地观测技术、雷达卫星观测技术、无人机航空摄影技术、地面调查和室内模拟研究等先进技术方法，对具有"高地震烈度、高海拔、深切割、高温差"等地质环境复杂地区开展典型地质灾害调查、风险评价及灾害链成灾机理研究。该书系统总结了一套适合高海拔、强地震、低植被覆盖区的地质灾害体及其灾害链的识别、调查、风险评估方法体系。最后，相信该专著的正式出版发行，将会进一步推动我国地质灾害"空–天–地"综合调查技术发展和地质灾害防治能力的提升。

2020 年 10 月 1 日

前　　言

新疆地域辽阔，地形复杂多样，高山与盆地相间，地质灾害频发，截至 2019 年，新疆已发生的地质灾害造成 683 人失踪和死亡，直接经济损失 9.38×10^8 元。新疆地区地质灾害隐患现有 11825 处，主要灾害类型为滑坡、崩塌、泥石流等。新疆地质灾害具有点多、面广的特点，尤其是新疆南疆地区地质调查基础薄弱，地质灾害调查的成灾机制和孕灾条件等研究程度较低，对滑坡-泥石流、滑坡-碎屑流、滑坡-堰塞湖等链式灾害研究较少，对典型地质灾害调查评价和危险性风险评估不足，地质灾害防治形势趋于严重，防治工作面临巨大压力和挑战。2016 年 7 月 6 日，叶城县柯克亚乡玉赛斯村发生滑坡-泥石流，造成 36 人死亡、6 人失踪、8 人受伤，经济损失约 2.9×10^8 元。针对新疆南疆高地震烈度、高海拔、深切割、高温差，以及边疆地区典型地质灾害发育、类型众多等特点，采用光学卫星遥感对地观测技术、雷达卫星观测技术、无人机航空摄影技术、地面调查和室内模拟研究等先进综合技术手段，开展地质灾害识别、调查、风险评价及灾害链成灾机理研究，总结高海拔、强地震、低植被覆盖区的地质灾害体及其灾害链的识别、调查、风险评估方法，对进一步提升我国地质灾害"空-天-地"综合调查技术水平和新疆南疆地区地质灾害防治能力，具有重大意义。

针对新疆南疆地区地质环境条件具有高海拔、强地震、低植被覆盖、地质灾害发育、危害严重等特点，为提升新疆地质灾害应急能力，服务国家重大建设需求，中国地质环境监测院（自然资源部地质灾害防治技术指导中心）于 2017～2018 年先后开展了"新疆南疆重点地区地质灾害应急调查"和"新疆叶城-乌恰地区地质灾害调查"项目研究。本书是上述工作成果的升华和总结。本书首先采用高精度遥感、无人机航测及地面调查等技术方法，初步建立了一套适合高寒艰险地区地质灾害调查技术方法体系，基本解决了高寒地区地质灾害调查的难题；之后运用综合调查技术方法，查明新疆南疆重点地区地质灾害 1733 处，其中崩塌 802 处（占 46.3%）、滑坡 89 处（占 5.1%）、泥石流 842 处（占 48.6%）；通过对南疆地区地震诱发滑坡、滑坡-泥石流、冰川泥石流、冰碛物滑坡等典型地质灾害成灾模式研究，分析成灾机理，总结其早期识别标志；通过对典型滑坡-泥石流成灾机理研究，分析地质灾害启动机理，建立力学模型，对典型泥石流的启动与运移过程进行数值模拟、危险区划；以伊犁河谷典型滑坡-泥石流灾害链为实例，运用无人机航测、现场调查、冻融试验及数值模拟等方法，分析失稳机理，开展南北疆典型地质灾害失稳机理对比研究；最后在综合调查的基础上，选择代表性区域，开展新疆南疆典型地质灾害风险评估研究，分析滑坡的滑动速度、堆积厚度、致灾范围，采用定性和定量分析的评价方法，对新疆南疆重点村镇（富民安居点）进行风险评价，并提出地质灾害防灾建议。

本次研究人员由多学科的专业技术人员组成，充分发挥多学科优势互补，取长补短的作用，是研究团队集体智慧的结晶。本书撰写分工如下。

前言由魏云杰、王猛撰写，介绍本书的主要研究背景、研究内容、研究思路和主要研究成果及研究人员分工。

第 1 章由魏云杰、谭维佳、王俊豪等撰写，魏云杰负责统稿及地质灾害调查评价进展、地质灾害风险评估进展文字编写，谭维佳、王俊豪负责典型地质灾害成灾机理研究进展编写。从地质灾害调查评价进展、地质灾害风险评估进展、典型地质灾害成灾机理研究进展等三个方面介绍新疆南疆典型地质灾害研究进展，其中地质灾害调查评价进展主要包括调查技术研究进展、地质灾害调查评价历程、新疆地质灾害工作程度等内容，地质灾害风险评估进展包括地质灾害风险评估方法、地质灾害风险评估进展等内容，典型地质灾害成灾机理研究进展包括滑坡–泥石流灾害链研究进展、滑坡–碎屑流灾害链研究进展、滑坡–堰塞湖灾害链研究进展等内容。

第 2 章由魏云杰、苟安田、王俊豪撰写，魏云杰负责统稿。王俊豪负责编写地形地貌、气象水文、地层岩性、工程地质条件，苟安田负责编写地质构造、地震及区域稳定性、人类工程活动。

第 3 章由王猛、魏云杰、余天彬、王军、汪友明、王晓刚撰写，王猛、魏云杰负责统稿。王猛、王军、汪友明、王晓刚、余天彬负责编写基于光学卫星遥感、雷达卫星遥感、无人机航空遥感、地面调查技术的综合地质灾害调查方法，魏云杰负责编写基于雪橇模型的地质灾害危险性评价方法，余天彬负责编写采用定性分析评价和定量分析的重点村镇（富民安居点）风险评价方法。

第 4 章由王猛、余天彬撰写，王猛、余天彬负责统稿。余天彬负责编写遥感信息源选择、地质灾害遥感影像特征，王猛负责编写地质灾害遥感调查、地质灾害发育特征及其影响因素分析。

第 5 章由王猛、姚鑫撰写，王猛负责统稿。姚鑫负责编写帕米尔高原东北缘、公格尔–慕士塔格地区、塔什库尔干地区、红其拉甫地区形变特征，以及对喀喇昆仑公路洪扎河谷段地质灾害 InSAR 观测分析等内容。

第 6 章由苟安田、王俊豪撰写，魏云杰负责统稿。王俊豪负责编写新疆南疆地区地质灾害发育特征、地质灾害主控因素分析，苟安田负责编写地质灾害发育分布规律、地质灾害防治规划修编等内容。

第 7 章由魏云杰、王猛、张明、姚鑫撰写，魏云杰、王猛负责统稿。王猛、张明负责编写新疆南疆地区地质灾害成灾模式研究，主要包括新疆南疆地区典型地质灾害：地震诱发滑坡型、滑坡–泥石流型、冰川泥石流型、冰碛物滑坡；魏云杰负责编写典型地质灾害基本特征、成灾模式（机理）、识别标志等内容。

第 8 章由魏云杰、冯文凯、张明、谭维佳撰写，魏云杰负责统稿。冯文凯负责编写莎车县塔什纳村泥石流启动机制研究，张明负责编写乌恰县托云乡乔库而泥石流运移机理研究，谭维佳负责编写乌恰县康苏红层滑坡–碎屑流运动特征研究，杨龙伟博士生参加了部分工作。

第 9 章由朱赛楠、王文沛、魏云杰、张楠撰写，魏云杰、朱赛楠负责统稿。朱赛楠、王文沛负责编写黄土滑坡冻融失稳机理，魏云杰、张楠负责编写滑坡–泥石流失稳启动机理研究等内容。

第 10 章由魏云杰、王猛、余天彬撰写，魏云杰负责统稿。王猛负责编写新疆南疆典型滑坡运动特征及成灾范围分析、区域地质灾害风险评估、地质灾害危险性评价，余天彬负责编写典型泥石流风险评估等内容。

本书初稿分章节完成后，由魏云杰、王猛进行全书统稿。遥感数字图像处理和相关图件由江煜、宋班、黄细超、孙渝江制作完成。

在调查研究工作和专著的撰写过程中，自始至终得到了自然资源部地质灾害防治方向首席科学家殷跃平研究员、四川省地质矿产勘查开发局成余粮教授级高级工程师、新疆地质环境监测院王占和教授级高级工程师等专家的技术指导和帮助，提出了诸多指导性建议，极大地提高了本次研究成果的技术水平。借此机会，特向对本项研究提供帮助、支持和指导的所有领导、专家和同行表示衷心的感谢！

由于作者水平有限，还有许多内容有待进一步深化研究，书中难免存在不妥之处，敬请同行专家和读者批评指正。

目　　录

第1章　新疆南疆典型地质灾害研究进展

1.1　概　　述

新疆地域辽阔，地形复杂多样，高山与盆地相间，形成独特的"三山夹二盆"的地形地貌格局，由于构造运动活跃，地质环境复杂，再加之降雨和春季融雪等水文影响因素，致使地质灾害频发。近些年来，新疆发生多起地质灾害链，造成重大人员伤亡和财产损失。2012 年 7 月 31 日，新源县阿热勒托别镇辖区内铁矿发生滑坡–泥石流，21 人死亡、7 人失踪。2014 年 7 月 4 日，精河县八家户农场牧业队夏季草场那仁果勒发生大型滑坡，6 人死亡、经济损失约 $986×10^4$ 元。2016 年 7 月 6 日，叶城县柯克亚乡玉赛斯村发生滑坡–泥石流，造成 36 人死亡、6 人失踪、8 人受伤，经济损失约 $2.9×10^8$ 元。截至 2019 年，新疆已发生的地质灾害造成 683 人失踪和死亡，直接经济损失 $9.38×10^8$ 元。新疆地区地质灾害隐患现有 11825 处，主要灾害类型为滑坡、崩塌、泥石流等。这些地质灾害对经济发展起到严重阻碍作用，对于地质调查基础薄弱的南疆地区的生态经济发展造成巨大影响。现阶段，南疆地区地质灾害调查的成灾机制和孕灾条件等研究程度较低，对滑坡–泥石流、滑坡–碎屑流、滑坡–堰塞湖等链式灾害研究较少，从沟谷流域等大尺度区域来看，对典型地质灾害调查评价和危险性风险评估不足，同时南疆地区地质灾害防治形势趋于严重，防治工作面临巨大压力和挑战。为加快对新疆南疆地区地质灾害防治工作，服务新疆生态文明和经济建设又好又快发展，中国地质调查局设立"新疆南疆重点地区地质灾害应急调查"和"新疆叶城–乌恰地区地质灾害调查"项目，主动服务南疆典型地质灾害研究与防治需求，分析典型的滑坡–泥石流等地质灾害的成灾机理和致灾效应，对地质灾害链式效应突出的沟谷和富民安居点开展风险评价，工作成果及时运用到地方地质灾害防治规划中，有效推进了地质灾害调查成果的社会化应用。

1.2　地质灾害调查评价进展

1.2.1　调查技术研究进展

根据国际工程地质与环境协会（International Association for Engineering Geology and Environment，IAEG）、国际岩石力学学会（International Society for Rock Mechanics，ISRM）等制定的国际标准，结合中国地质调查工作实际情况，地质灾害调查评价主要是指易发性评价等内容。易发性评价主要是指哪些地方极易发生地质灾害的问题，这些主要是指在地质灾害编目数据的基础上，分析地质灾害所处的水文地质、地形地貌、坡型结构等综合考虑下地质灾害可能发生的情况，这是地质灾害危险性风险评估研究工作的重要基础工作（徐继维等，2015；卢全中等，2003；Smithk，1996；Tobing，1997；Guzzetti，2006）。

国外对区域地质灾害调查评价于20世纪70年代末期将遥感技术应用于区域地质灾害研究工作。由于遥感技术具有快速识别、高效和准确等特点，已成为区域滑坡等地质灾害调查评价和识别的首要技术手段，相关测绘遥感技术主要有可见光-近红外光学卫星影像、热红外遥感（thermal infrared remote sensing）、合成孔径雷达干涉测量（interferometric synthetic aperture radar，InSAR）、机载激光雷达（light detection and ranging，LiDAR）测量等（卓宝熙，1991；Hoffmann et al.，2001；Ackermann，1999；石菊松等，2008；Zhao and Lu，2018；Kang et al.，2017）。这些技术已被广泛运用到地质灾害调查评价中，如2008年四川8.0级汶川大地震后，接连发生了2010年青海玉树7.1级地震、2013年四川芦山7.0级地震、2014年云南鲁甸县6.5级地震、2017年四川九寨沟8.8级地震和2019年四川长宁6.0级地震。地震是诱发滑坡发生的重要因素。地震发生后，第一时间了解地震诱发滑坡发生情况，对抢险救灾的启动起关键作用，光学卫星遥感技术在其中扮演了重要角色。中国地震局许冲等（2013）利用高分遥感影像对2008年汶川地震滑坡进行了详细编录。中国地震局吴玮莹等（2017）利用高分辨率遥感影像（高分二号卫星影像、北京二号卫星影像），采用人工目视解译的方法建立了四川九寨沟地震滑坡目录。

近年来，中国西南山区高位地质灾害频发，造成了巨大的经济财产损失，如"2017年四川新磨滑坡""2018年西藏白格滑坡"和"2019年贵州水城滑坡"等（殷跃平等，2017；张永双等，2020；Gao et al.，2020）。殷跃平、许强等专家学者提出面向重大地质灾害隐患早期识别的"三查"技术体系，从"空-天-地"开展"普查-详查-核查"3个维度来进行地质灾害识别（殷跃平等，2017；许强，2020；葛大庆等，2019；李振洪等，2019），具体流程如下。

（1）普查阶段：利用高分辨率的光学影像和合成孔径雷达干涉测量技术对历史上发生过变形破坏和正在发生明显变形的区域，进行全面性、区域性的普查。

（2）详查阶段：通过无人机航拍和机载LiDAR技术，对重大地质灾害隐患点、地质灾害高风险区、隐患集中分布区等地形地貌、岩土体结构等进行详细调查。

（3）核查阶段：通过地面调查复核以及对地表和斜坡体内部的观测，识别并确认普查和详查的结果。

1.2.2　地质灾害调查评价历程

根据中国地质环境监测院地质灾害综合研究室资料显示，我国的地质灾害调查评价工作主要分为以下三个阶段。

第一阶段（1999~2008年），通过群众报灾、地勘队伍核查、填写记录卡片等方式开展了以县（市）为单元的地质灾害概略性调查评价，累计完成2020个县（市）。

第二阶段（2005年以来），为进一步掌握中-高地质灾害易发区地质灾害隐患特征，开展了以地面调查为主、辅以少量钻探和物探工作的较详细调查评价，截至2017年年底，全国共计完成 1517 个县（市）调查和 30644 处隐患点勘查。

第三阶段（2013 年以来），中国地质调查局开展了以查明孕灾背景、易滑地层、主控因素、成灾模式、识别标志与预警判据为核心的地质灾害调查。截至 2018 年年底，第三阶段目前已累计完成调查面积 $3\times10^4\text{km}^2$。

在部署实施上述工作的同时，各级地方政府按照职责分工在辖区内开展汛前排查、汛中巡查、汛后核查的地质灾害"三查"工作。2008 年以来，结合汶川、玉树、芦山、鲁甸等地震地质灾害效应，各地组织开展了地震影响区的隐患排查工作。通过上述工作，累计发现全国地质灾害隐患约 28.6×10^4 处，并建立了全国地质灾害数据库。

根据 2020 年全国地质调查工作会议精神，我国的地质调查工作目前主要在以下 9 个方面：一是加强包括清洁能源在内的战略性矿产资源调查评价，增强支撑服务国家能源资源安全保障能力；二是加强自然资源综合地质调查和综合评价，提升服务国家重大战略的能力和水平；三是加强水文地质和水资源调查、资源环境承载能力和国土空间开发适宜性评价、生态地质调查，提升支撑生态文明建设和自然资源综合管理的能力；四是加强灾害地质调查和技术装备研发应用，提升地质灾害防治技术支撑能力；五是加强地质科技创新，提升向地球深部进军的能力；六是加强地质调查开放合作，提升服务"一带一路"建设的能力；七是加强管理改革与创新，提升地质调查治理能力；八是加强全面从严治党工作，提升党的政治建设统领地质调查业务的能力；九是加大疫情防控和重点工作统筹推进力度，保障生产安全、人员安全、保密安全。

国内外地质灾害调查评价工作历史悠久，欧美国家也经历了从找矿满足工业经济发展需求到成矿模型建立，从地球表层地形地貌变化到地球深部探测，从区域、部分到全局地球的研究等（杨宗喜等，2016；金玺等，2015；杨添天等，2018）。例如，英国地质调查研究工作从 1835～1965 年，这一时期主要的地质调查工作以单一的野外填图为主要任务，为工业化经济建设提供矿产资源信息。1965～1985 年，英国地质调查工作开始加大对环境地质、水文地质工作投入，科研能力和城镇化的能力大幅度提升。1985 年至今，英国地质调查工作定性为开展战略性地质工作研究，以及对相关资料的收集、处理、解译和战略。英国地质调查工作开展了多项改革，提出了"走廊式填图技术"替代一个 1∶5 万图的填图做法，并服务于灾害防治与城乡建设工作（杨宗喜等，2016）。

1.2.3　新疆地质灾害工作程度

根据资料显示，截至 2008 年，全部完成 1∶10 万县（市）地质灾害调查与区划 90 个，投入经费 1682×10^4 元，调查地质灾害隐患点 8468 处。截至 2019 年，完成山地丘陵区县（市）1∶5 万地质灾害详细调查 76 个，投入经费 1.149×10^8 元；已完成 39 个县（市）1∶5 万地质灾害详细调查数据的入库，新疆地质灾害隐患点数量为 11825 处。

2007～2019 年，完成地质灾害专项勘查项目 105 个，投入经费约 7128×10^4 元。

在监测预警方面，地质灾害监测以群测群防为主，群测群防点 3764 个，初步建立县、乡、村三级地质灾害群测群防体系。

2008～2009 年，自治区安排财政资金 140×10^4 元，实施地质灾害专业监测示范，建立了新源县、巩留县地质灾害监测示范站。

2016～2017 年，自治区安排实施群专结合监测点 30 处，安装了普适性监测仪器，对地质灾害防治重点区实施群测群防人员培训、宣传演练、群测群防网络平台建设、典型防治工程交流等，提高了群测群防能力，促进了防治工作的有效开展。

2020 年，拟部署 1∶1 万地质灾害精细化调查工作，研究区域主要在昆仑山北麓的洛浦–墨玉县、叶城–莎车县和天山北麓昌吉–乌苏市等地质灾害重点区，面积约 6000km^2，投入经费约 2600×10^4 元。2020 年，安排部署地质灾害专业监测点 4 个，拟建立地质灾害专业监测系统、数据采集与集成系统。

1.3　地质灾害风险评估进展

地质灾害危险性风险评估，主要分析在不同因素下地质灾害发生的可能性以及灾害产生的不良后果，是地质灾害风险管理的有机组成部分。地质灾害风险危险性评估的目的是客观反映区域内地质灾害总体发育水平和风险防控趋势，为地方政府在制订土地规划、城乡发展和地质灾害防治规划等方面提供依据。

1.3.1　地质灾害风险评估方法

根据灾害评估量化的程度，可以将风险评估的方法大致分为定性和定量分析两类。根据风险评估需求采取不同的研究方法。

1. 定性分析

对地质调查程度不高、地质灾害数据有限的地区，定性分析可以有效地对地区进行地质灾害风险评估。定性分析目前主要的方法主要包括滑坡编录方法、危险性定性评估方法等（许冲等，2013，2018；Tanyas and Lombardo，2020；Matossian *et al.*，2020；刘希林，2013；王涛等，2009；黄雅虹等，2007）。

滑坡编录方法是通过统计地区的历年滑坡记录数据，利用这些数据进行滑坡危险性概率分析，是灾害分析的基础工作。但是滑坡编录也受许多客观条件限制，如许多滑坡发生时间、诱发因素不明确，同时也受限于滑坡编录制图人员对滑坡灾害分析的认知水平，地区滑坡灾害风险编录存在漏录和错录的情况，并且对滑坡编录的应用软件和编录制图标准缺乏统一认知，造成地区的滑坡编录水平低、可用性差。

随着计算机数据语言的发展，滑坡编录技术显著提升。相对于野外现场踏勘、人工测量等方法，目前基于 GIS 技术的滑坡编录技术的优势尤为明显。GIS 技术可以有效地将地形、地貌、水文地质等诱发因素与滑坡灾害分布进行联合分析，更加直观地了解滑坡灾害的分布规律，并有效地预测潜在滑坡灾害规律，使得滑坡编录图的适用性大大提升。目前滑坡编录在许多大型工程设施中得到应用，如三峡库区地质灾害监测预警系统就是基于较为详细的库区滑坡编录数据建立而成的，为库区安全生产生活提供了重要保障。

危险性定性评估方法也是一种比较重要的定性评估方法，即通过专家经验，将地区灾害风险发育等级，分为"极端高""较高""高""一般""低"等不同程度等级的风险地区。我国根据长期地质调查大数据资料，按照易发等级将全国崩滑流地质灾害易发区划分为高、中、低三级，面积分别为 $121\times10^4km^2$、$273\times10^4km^2$、$318.2\times10^4km^2$，中–高易发区主要分布在川东渝南鄂西湘西山地、青藏高原东缘、云贵高原、秦巴山地、黄土高原、汾渭盆地周缘、东南丘陵山地、新疆伊犁、燕山等地区。

2. 定量分析

随着地质灾害评估方法的深入研究，研究的方法也越来越多，形成了各种数理方法，如概率分析、聚类分析、数值分析、系统分析、工程分析、层次分析、模糊分析等多种分析方法，使得地质灾害风险评估方法不断多元化。现阶段运用较为成熟、广泛的方法，当属"概率分析"方法。在定性的基础上，即在较为完备的滑坡编录数据的基础上，利用经验修正系数和概率模型来统计滑坡失稳的概率。张茂省等运用概率分析方法研究了延安黄土地区滑坡灾害风险，取得了良好的社会经济效应（张茂省和唐亚明，2008；卢全中等，2003；姜彤和许朋柱，1996）。

地质灾害危险性风险评价的又一定量指标——易损性，也被广泛运用。从广义的角度来看，易损性是指灾难造成的潜在损失。易损性首先开始在经济、建筑、社会管理等领域有广泛的应用，现在地质灾害危险性风险评价中被广泛运用。易损性主要是通过考虑受灾区域内的人口、建筑物、资源环境等利用 GIS 等数值技术建立易损性评估模型（陈旭丹等，2015；顾春杰等，2014；吴越等，2012；Dai *et al.*，2002）。

1.3.2　地质灾害风险评估进展

从 20 世纪 90 年代起，围绕地质灾害危险性风险研究开展了一系列工作。

Gupta 等引入滑坡危险性系数（LNRF）对喜马拉雅山脉中集水区进行了滑坡灾害危险性分区，并制作了滑坡地质灾害危险性灾害分区图（Gupta and Anbalagan，1997）。

Uromeihy 等在对伊朗 Khorshrostam 等地区进行危险性灾害分区时，充分考虑了岩性、地形地貌、水文地质条件和土地利用情况，利用格网单元技术计算滑坡等地质灾害发生的概率，并对影响因素进行评价（Uromeihy and Mahdavifarm，2000）。

Saeki 等（2009）利用多元逻辑回归分析方法建立了地质概率模型，对日本因冰雪融水入渗诱发的滑坡等地质灾害风险进行了危险性评价，并开展了滑坡等地质灾害风险区划等工作。

Corominas 等利用已有历史记录的滑坡地质灾害事件，利用滑坡频率开展滑坡灾害风险与区域规划工作（Corominas and Moya，2008）。

围绕单点滑坡和区域滑坡地质灾害的危险性评估等，其评价质量越来越高，研究成果越来越多，Reichenbach 等（2018）分别对地质灾害危险性评价这一工作进行总结，并提出了将人工智能+机器深度语言用于地质灾害识别，将地质灾害危险性评估引入智能化时代。

同期，国内也有不少学者对地质灾害危险性评价工作开展了大量的研究。

刘汉超等针对水电站库区利用专家打分方法对岸坡进行了危险性分区。程凌鹏等（2001）对重庆渝北区进行了地质灾害分析评价，提出了区域的地质灾害预警和危险性评价模型体系。同时，各种危险性数学评价模型也逐渐被运用到地质灾害危险性评价中，如多元统计、信息量法、模糊综合评判等方法（沈芳等，1999；向喜琼等，2002；王文俊等，2003；谢全敏，2005；包磊等，2016）。

在新疆地区，弓小平（2018）对伊犁地区开展了地质灾害成因和评价工作，统计了伊犁谷地地质灾害类型、规模、特征及影响因素等规律，对地质灾害的危险性分区、易发程度、灾害防治分区等进行评价，为防灾减灾提供了严格的科学依据。刘毅通过地质勘查和数值模拟分析，分别计算了加朗普特滑坡造成的则克台堰塞湖在天然和地震条件下的稳定性（刘毅等，2015）。赵良军运用 GIS 空间分析技术评估了伊犁 G30 高速公路果子沟地质灾害风险评价及其致灾因子，并进行了敏感性参数分析，指出植被指数最为敏感（赵良军等，2017）。

1.4　典型地质灾害成灾机理研究进展

近年来，受自然气候条件变化的影响，强降雨、连续降雨、升温融雪和中低强度地震活动越发密集，新疆地质灾害频发，截至 2019 年，新疆地质灾害隐患 11825 处，主要集中在天山、伊犁谷地等地区，灾害类型主要为滑坡–泥石流、滑坡–碎屑流、滑坡–堰塞湖等，这些都呈现出典型的链式灾害特征，破坏性强，给人民生命财产造成巨大威胁。

1.4.1　滑坡–泥石流灾害链研究进展

新疆南疆地区地形主要为典型的剥蚀构造地形，沟谷流水侵蚀作用强烈，碎石土堆积，形成了丰富的泥石流物源，伴随极端强降雨天气发生后，易形成滑坡–泥石流地质灾害，对沟谷下游的居民集镇造成威胁，具有典型的链式灾害特征，以及流动速度快、破坏性强等特点。

山区由滑坡引起的泥石流灾害具有流动速度快、冲击力大和破坏性强等特点。汶川大地震诱发众多滑坡–泥石流灾害及隐患点，如 2008～2010 年，文家沟发生了 8 次滑坡–泥石流灾害，其主要是由于地震滑坡堆积体因持续强降雨渗透导致坡体出现溃决变形，在运动过程中逐渐形成泥石流状态（刘传正，2012）。Leng 等（2018）利用野外地质调查和室内岩土试验方法，研究了滑坡–泥石流的成灾机制和运动机理。围绕滑坡–泥石流的启动机制，也有丰硕的成果。日本学者 Takahashi（1978）率先考虑了泥石流堆积体切向应力和沟床中的应力关系来研究泥石流发生机理，明确了非平稳床流和部分平稳床流发生的条件。半稳态床流接近准稳态，其深度、速度和浓度可应用 Bagnold 引入的膨胀流体概念进行预测。Takahashi（1987）综述了可蚀沟道中的高速流动问题，给出了各种沟道形式和输沙量的标准，通过对实验数据的临界分析，证明了流动阻力规律和水流的输沙公式或流速分布公式。重点讨论了大尺度输沙过程中各类水流的存在及其力学意义。何思明等（2007）研究了黏性泥石流运动对沟道土体的侵蚀启动机制，建议了相应的泥石流运动计算式子和判断泥石流类型的准则，讨论了泥石流重度、沟道坡降、土体强度等因素对沟道内的堆积体受到泥石流下蚀起动速度的影响。之后潘华利等（2009）又对沟道泥石流侵蚀模式进行了总结，主要分为三类：沟床下切侵蚀、沟岸侧蚀和溯源侵蚀。Jworchan（2000）通过对銮山的边坡扰动、土地利用、季节性强降雨等的分析，认为泥石流的起因可以归结为以下 3 个因素：①滑坡转化为泥石流；②地表水流（侵蚀泥石流）对泥石流的促进；③滑坡引起的天然水坝坍塌。Pathak 等（2003）试图通过自然坝的梯形形状，探讨坝体前缘边坡破坏、床层荷载传递和溃坝泥石流等不同类型破坏的实验观测，得出了溃坝泥石流坝体塌陷机制，是以渐进的方式显示了塌陷的趋势是从下游开始，再向上游推进。Zhuang（2013）研究了不同类型的泥石流起动过程，以确定合适的缓解策略。总结出以下 3 种泥石流启动过程：①"A"型泥石流是在细沟侵蚀、边坡破坏、滑坡坝或溃坝过程中溃坝而形成的，堆积密度高，溃坝后发生多次涌浪；②"B"型是下切岸坡和侧向冲刷逐渐增加的结果，然后大量松散的物质混入水流中，增加了堆积密度，形成泥石流；③"C"型泥石流是由地表径流入渗、边坡流态化引起的边坡破坏，并在斜坡破坏后有多次涌浪，堆积密度较高。

　　在新疆南疆地区，受地形构造、降雨和冰雪融雪的因素影响，泥石流沟形成区地层表层风化强烈，岩体极破碎，岩土层结构松散，冻融、风化作用强烈，泥石流松散物源量丰富。较为典型的滑坡-泥石流灾害有塔什纳村小流域滑坡-泥石流地质灾害，滑坡-清水区位于沟道最末端，长约 619m，平均纵比降为 315‰，沟床及两侧山体坡度较陡，三面环山，汇集面积小，两侧坡体较陡，沟道较窄，宽约 15m，走向南偏西方向，约 197°，由于风化形成的坡积物在沟道堆积，沟底平坦，呈深"U"形，沟道堆积体磨圆度较高，粒径为 2～35cm，沟道植被稀疏，固沙能力弱，坡积物部分固体颗粒在重力和流水作用下被搬运至下游，所以其级配较差，粒径差别很大。滑坡-清水区往下长约 1825m 为塔什纳村泥石流的形成区-流通区，此段沟道平均纵比降约 109‰，沟道宽为 28～75m，沟道走向南，约 173°，沟道两侧山体坡度在 45°～60°，沟道内堆积了大量坡积物，以及上游搬运于此逐渐累积的松散物质，粒径为 5～30cm，磨圆度高，粗细较均匀，级配较差，此段汇水面积大，集水流量开始显著提升，流体携带的固体物质增多，固体颗粒半径及其具有的动能变大，开始出现"揭底"现象，逐步形成泥石流。在接近沟口 438m 位置，沟道变缓，平均纵比降约 96‰，宽度变宽，为 76～136m，沟道走向东南，约 123°，泥石流流体在此逐渐扩散，动能降低，携带的固体物质开始沉积，并在沟口形成堆积扇，沟口堆积扇上有大量人类工程活动，新建的移民安置小区、公路等，在沟口堆积扇两侧仅有当地人自己堆砌的简易的拦挡坝，排导能力十分有限，当泥石流暴发时，严重危险着当地居民的生命财产安全。目前针对新疆这类特殊的地理环境下的泥石流相关研究比较少，很多也是停留在浅层表面，没有进行深入的、系统的专研，新疆地区山区较多，大多数山区人类工程活动都是建立在沟口堆积扇上，对泥石流的防范意识也相对薄弱，绝大部分地区没有水文气象监测点，也未建立相应的地质灾害预警模型，存在较大的灾害隐患。

1.4.2　滑坡–碎屑流灾害链研究进展

近年来，我国的滑坡–碎屑流地质灾害频发，造成巨大的人员财产损失，其中较为典型的有 2008 年汶川大地震诱发的东河口滑坡，运动距离达到 2.7km，滑坡方量达到 $1300 \times 10^4 m^3$，掩埋了整个东河口村，造成了 260 人死亡。2017 年的四川茂县叠溪镇新磨村滑坡，滑体最大速度达到 74m/s，滑动距离长达 3km，同时摧毁了整个新磨村，造成 83 人死亡。还有 2000 年西藏易贡滑坡、2013 年四川三溪村滑坡等，这些滑坡产生的巨大灾害效应和社会影响，成为社会关注的焦点。根据滑坡–碎屑流运动的空间特征和时间特征，一般将整个运动全过程演化成 3 个阶段：滑坡启动、碎屑流运动和碎屑流堆积，且运动过程中普遍会伴随着铲刮、液化和运动流化等灾害特征。由于滑坡–碎屑流具有显著的动力学特征，其运动机理一直是研究的热点和难点。滑坡–碎屑流的运动机理最初根据统计模型来分析，主要是通过大量的试验数据和现场调查资料，利用数学统计方法计算滑坡诱发因素与滑体运动的函数关系。Heim（1882）基于埃尔姆（Elm）滑坡的研究，提出了"等效摩擦系数"概念，即滑体后缘最高点的高度与该点至前缘最远点的水平距离的比值作为滑体运动过程中的等效摩擦系数，这就是雪橇模型。Hsu（1975）和 Scheidegger（1973）在雪橇模型的基础上，提出了滑坡体体积与摩擦系数的关系，由此来预测滑体运动距离和滑动速度。研究发现，经验统计模型仅适合体积方量较大的滑坡地质灾害，但经验模型不能给出滑体的冲击能量和冲击力等重要的物理力学指标，无法较好的为工程防治建设提供帮助。滑坡–碎屑流之所以具有远程的特点，主要在于滑动过程中坡体底部滑面上的摩擦阻力在内外因素的作用下被不断削弱，即"阻力减弱现象"，与此同时坡体在垂直方向上具有较大的势能落差，是滑体剧烈滑动并产生高速运动的动力因素。目前针对减阻效应，国际上提出了 4 种学说来解释远程机理，分别是空气润滑模型、颗粒流模型、能量传递模型和底部超孔隙水压力模型等，这些模型推动了滑坡–碎屑流地质灾害的研究（Kent，1966；Eisbacher，1980；Sassa，1988；Hungr and Morgenstern，1984）。

在新疆南疆地区，由于受冰雪融水和极端异常暴雨作用影响，地区内表层覆盖黄土的中低山体易发生滑坡，其在脱离母岩后形成碎屑流，形成滑坡–碎屑流链式灾害特征。较为典型的有乌恰康苏红层滑坡–碎屑流地质灾害，其位于康苏镇至吉勒格朱尔特村的 415 县道 0.8km 的西侧，距离乌恰县城 22km。崩塌中心点坐标为 75°1′2″E，39°39′33″N。边坡后缘高程为 2140m，高差达到 60m。边坡坡向为 133°，坡度接近 40°。经过野外地质调查和无人机航拍影像发现，康苏红层滑坡–碎屑流其主要受危岩体岩性组合和坡体结构面组合控制。砂泥岩互层结构、两组节理控制面及降雨融雪入渗是危岩体失稳破坏的重要因素，其失稳模式如下：崩塌体高位剪出启动，撞击坡面并转化成碎屑流，由于坡角处附近地形开阔、坡度变缓、转化成扩散型碎屑流散落堆积，呈现出典型的"高速远程"成灾模式。新疆南疆地区的滑坡–碎屑流地质灾害主要发育在公路两岸，对道路行车安全造成一定影响，加快对此类地质灾害的调查评估，为灾害防治提供基础。

1.4.3　滑坡–堰塞湖灾害链研究进展

新疆南疆地区典型的剥蚀构造地形，山顶均呈浑圆状，标高为 2500～5000m，相对高差为 200～1000m。少见常年积雪，有的山坡碎石覆盖，有的基岩裸露，局部沟谷流水侵蚀作用强烈，"V" 型谷发育。滑坡和泥石流较发育，时有堵塞河道，形成滑坡–堰塞湖，对农牧业生产生活造成巨大影响。

根据已有研究发现，在地震、强暴雨后，崩塌和滑坡体会迅速转化成滑坡或山洪泥石流灾害，具有分布广、突发性和破坏性强等特征。在高山区，暴雨–崩塌–滑坡–泥石流等灾害链较为常见，具有高位、高速、远程及气浪的特征，加之此类灾害链具有隐蔽性强和容易链状成灾的特点，能够在高位滑坡启动以后转化成泥石流，形成堰塞湖。复合型地质灾害链大多发生在强震区的高寒浓雾山区，且具有相同的运动规律。21 世纪以来，青藏高原周边地区发生多次大地震，由强震引发的多起泥石流、崩塌和滑坡等灾害，都有相同的运动规律——高位启动、惯性加速、动力侵蚀、流通堆积，最终在下游河沟形成堵溃放大效应，造成重大灾害（殷跃平等，2017）。

围绕滑坡–堰塞湖地质灾害链这一课题，许多专家学者研究成果较为丰硕。朱兴华等（2017）基于黄土结构特点，针对黄土地区地质灾害提出了水源型、力–水源型两种黄土地区链式灾害种类。韩金良等（2007）根据地质灾害规模大小，提出了 4 个尺度的地质灾害链的概念。李明等（2008）通过滑坡工程实例介绍了滑坡灾害链式演化过程特点。崔云等（2011）建立力学模型，分析了链式灾害中的关键环境——滑坡和泥石流环节。梁玉飞等（2018）根据野外地质调查和遥感影像数据分析，提出了汶川黄洞子沟地区的 3 种典型的地质灾害链模式，并从气象水文、地质条件和地形条件 3 个方面对灾害链形成影响因素进行了分析。通过对相关文献及野外地质现场调查和遥感影像分析可见，在滑坡链式灾害的演化过程中，在极端强降雨、地质构造营力和人类工程滑动等这些内外力地质作用下，成为激发高位地质灾害的激发因子（即诱发因素），在整个灾害链的演化过程中，伴随着物源的势能逐渐转化成动能的过程中，滑体的运动速度逐渐增大，沿途铲刮滑坡路径的松散体，这些松散体逐渐参与并成为灾害体的物质主体。根据物质守恒原理，滑体的规模越来越大。由此，滑坡地质灾害的物质总量及能量逐渐增大，即发生滑坡地质灾害链的放大效应，同时也意味着高位滑坡的破坏力越来越强，其带来的损失越来越大。受地形条件等作用，地质灾害链从最初的滑坡–碎屑流、滑坡–泥石流灾害链等演化成滑坡–碎屑流–堵江等，内容更加丰富，如 2018 年发生了两次西藏白格滑坡，堵塞金沙江并形成滑坡坝，这些都对下游的人民生命财产安全造成重大威胁。围绕滑坡坝堵江并形成堰塞湖等方面，柴贺军等（1995）研究了 1933 年叠溪地震造成的滑坡堵江对环境造成的危害性问题，并结合滑体结构、规模、失稳类型和灾害时间尺度等对滑坡堵江进行了分类。胡卸文等（2009）通过对唐家山滑坡和堰塞湖野外地质调查发现，将滑坡–堵江这一链式灾害运动过程演化成 5 个阶段。Fan 等（2012）通过对唐家山滑坡堰塞湖的多时段数字高程模型（digital elevation model，DEM）进行分析，并利用不同经验模型性能对滑坡稳定性和溃坝洪水参数进行了分析，最后提出了类似的滑坡坝应急措施规划方法。李明等（2008）提出了滑坡、泥石流以及地质灾害联合作用链式规律，提出了一个完整的链式过程包括致灾环、激发环、损害环和断链环。致灾环主要是由地质构造而形成的地质因素构成，激发环主要是由暴雨、地震、冰雪融水等非地质因素构成，损害环是由灾害发生后形成的灾害损失构成，断链环则是指工程治理与防护措施。已有的研究对滑坡坝的形成、溃决和灾害影响研究较为丰富，这些为滑坡远程链式灾害模式的研究提供了很好的基础。

在新疆伊犁谷地等地区，其特有的浅层覆盖黄土斜坡受降雨和冰雪融水等作用下极易发生流滑滑坡，具有运动速度快、致灾范围广、堆积体易堵塞河流等特点，呈现出典型的高速远程滑坡链式灾害特征，对农牧业生产生活造成影响。较为典型的有皮里青河滑坡堵河地质灾害，该滑坡位于新疆伊宁县喀拉亚尕奇乡，滑坡中心点的坐标为81°30′32″E，44°11′48″N，距伊宁市区53km，距赛里木湖43km。滑坡后缘高程为1281m，滑坡剪切口高程为1188m，水平距离最远达到380m。滑坡在平面形态上呈现"长条形"，坡度接近40°，主滑方向为N69°W。受冰雪融水持续入渗影响，滑坡失稳高速下滑，并堵塞皮里青河，呈现了堵溃型黄土滑坡链式灾害特征。在良好的地形、物源和水文地质条件因素的共同作用下，皮里青河滑坡的运动演化主要分为4个阶段：第一阶段（后缘拉裂阶段），单薄山体两面临空致使滑坡后缘拉应力集中，使得滑坡后缘裂缝逐渐扩大；第二阶段（冻胀扩缝阶段），从10月至次年3月，滑坡研究区处于雪季，地表覆盖积雪，黄土垂直节理受冻扩胀，节理裂隙扩大，形成优势入渗通道，裂隙水结成冰形成冻结滞水；第三阶段（融雪入渗失稳阶段），3月开始，气温回暖，坡面积雪开始融化，沿着裂隙大量入渗，在坡面处形成暂态水压力和暂态饱和区，同时，各节理裂隙末端联通，形成潜在滑面；第四阶段（高速下滑阶段），由于受上游融雪补给，河流流速增大，加速了对坡脚的冲刷作用，滑体在融雪持续入渗的影响下，滑体的抗剪强度逐渐减小，最后，滑坡失去稳定高速下滑，并堵塞了皮里青河，形成堰塞湖，最终自然溃决，好在未造成人员伤亡。

1.5　存在的问题

新疆南疆地区具有高海拔、高寒、高地震烈度、高位地质灾害、地质灾害链、地广人稀、边境线长等特点，导致传统的以地面调查为主要方式的传统地质灾害调查方法不能很好地查清地质灾害隐患点、地质灾害危险范围，更不能有效的开展风险评估。因此，该区域急需开展以先进的技术手段（高精度遥感、无人机等），结合大数据人工智能自动识别的新技术、新方法，开展地质灾害隐患早期识别。目前，主要存在以下问题：

（1）传统调查手段不能满足当前地质灾害调查防治需求。

（2）传统地质灾害评价方法不能有效防控高位地质灾害、流域性地质灾害、群发性地质灾害和链式灾害的危害。

（3）随着社会经济的发展，人口密度不断集中，重大工程建设不断的推进，以及高精度遥感、无人机、普适性监测设备等新技术、新方法的普及，以1∶10万、1∶5万为主的区域性调查工作已不能满足当前地质灾害防灾减灾需求。

1.6　小　　结

截至 2019 年，新疆地质灾害隐患有 11825 处，主要集中在天山、伊犁谷地等地区，成灾模式主要为滑坡–泥石流、滑坡–碎屑流、滑坡–堰塞湖等，这些都呈现出典型的链式灾害特征，破坏性强，给人民生命财产造成巨大威胁。通过文献检索，总结了地质灾害评价调查进展，归纳了新疆地区地质灾害调查现状；总结了灾害风险评估的定性和定量分析方法；总结并分析了新疆南疆滑坡的滑坡–碎屑流、滑坡–堰塞湖等地质灾害链成灾机理的研究进展。

第2章 新疆南疆地质环境与成灾条件分析

2.1 地形地貌

新疆地形复杂多样。山地丘陵区占全疆总面积约40%，高山与盆地相间，形成明显的地形单元。北面是阿尔泰山，南面是连接青藏高原的喀喇昆仑山、昆仑山及阿尔金山山脉，天山山脉横亘中部把新疆分为南北疆两部分。

2.1.1 塔什库尔干塔吉克自治县（简称塔县）–叶城县–莎车县研究区地貌

研究区地貌类型可划分为以剥蚀为主的缓极高山区，侵蚀、剥蚀中高山区，剥蚀低山丘陵和河谷平原四类（图2.1）。

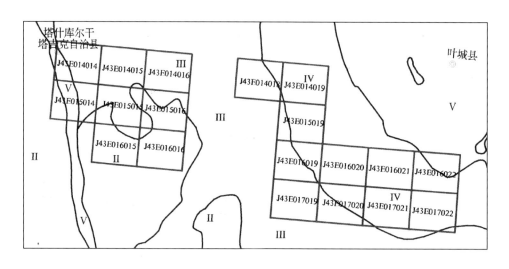

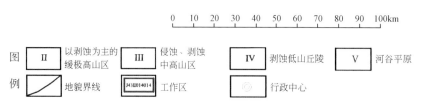

图2.1 研究区区域地貌分区略图

1. 以剥蚀为主的缓极高山区

以剥蚀为主的缓极高山区主要分布于瓦仍孜拉甫幅（J43E015014）西部、马尔洋幅（J43E016015）大部、皮下尼牙提幅（J43E016016）大部、干豆尔那汗达坂幅（J43E015016）中南部，该区山脉走向与褶皱轴向一致，呈条带状展布，面积较小，顶峰面高度5000m以上，山脊起伏平缓，由于该区受寒冻风化作用较强，大部分山坡、山脊由碎石组成（图2.2）。

图 2.2　以剥蚀为主的缓极高山区地貌

2. 侵蚀、剥蚀中高山区

侵蚀、剥蚀中高山区主要分布于阿勒玛勒克幅（J43E014016）、干豆尔那汗达坂幅（J43E015016）北部、坎迪尔里克幅（J43E014018）。

塔什库尔干河以东区域，山体脊线起伏较平缓，山体高大，相对高差200～800m，坡度一般在30°～70°，沟谷多呈"V"型谷，山体植被覆盖率低，坡面处冲沟较发育，岩体风化破碎，裂隙发育，崩塌及泥石流发育。

南部山区的亚萨特达坂—普萨—加依达坂以南一带，海拔为2800～5000m，区内峰谷相间，部分山顶积雪终年不化，山体陡峻，沟谷交错，相对高差为800～1000m。表层黄土层发育，在山的阴坡、半阴坡生长着雪岭云杉，是水源涵养的重要场所，也是野生动物繁衍生息之地；在阳坡林地上发育着亚高山草甸，是良好的四季牧场（图2.3）。

图 2.3　侵蚀、剥蚀中高山区地貌

3. 剥蚀低山丘陵

剥蚀低山丘陵主要分布于喀拉硝达坂—提孜那普河出山口—卡尔瓦斯曼河出山口以南一带，以及莎车县境内恰热克镇—亚喀艾日克乡—喀群乡以西和达木斯乡北部、东部一带。海拔为1600～3000m，表层黄土层发育，以干燥剥蚀作用为主，山体平缓浑圆，受提孜那普河、棋盘河、柯克亚河等冲刷切割，沟谷发育，切割深度为100～300m，并在河道两侧形成1～6级基座或侵蚀堆积阶地，相对高度为130～200m。发育有荒漠干旱植被，植株低矮且稀疏（图2.4）。

图2.4　剥蚀低山丘陵地貌

4. 河谷平原

河谷平原（图2.5）分布于塔什库尔干河谷的瓦仍孜拉甫幅（J43E015014）中部。塔什库尔干河谷平原海拔2300～3100m，河谷地面较平坦，起伏小，微向河床倾斜，沿沟谷走向堆积，呈条带状，宽窄不一，谷地宽度一般在1～4km，河漫滩相多由砂砾石组成，两侧发育二级阶地；西侧多被破坏，东侧保留较完整，阶面平坦，为含砾黏砂土覆盖，部分地区牧草长势良好。山前沟谷出口易遭受洪水、泥石流灾害。

图2.5　河谷平原地貌

2.1.2　乌恰县研究区地貌

乌恰县研究区地处昆仑山北麓、塔里木盆地西南缘，南侧 4 个图幅处于昆山山脉和天山山脉交汇带，北侧 3 个图幅属于天山山脉区，地形地貌较为复杂。总体地形具有西北、西南高，东南低的马蹄形特征，山势相对高差较大，山体较为平缓；研究区最低点位于吾合沙鲁乡吉勒格朱尔特村东南侧的克孜勒苏河河谷，高程为 1670m，最高点位于黑孜苇乡的萨孜西侧山峰，高程为 4370m，高差为 2700m（图 2.6）。

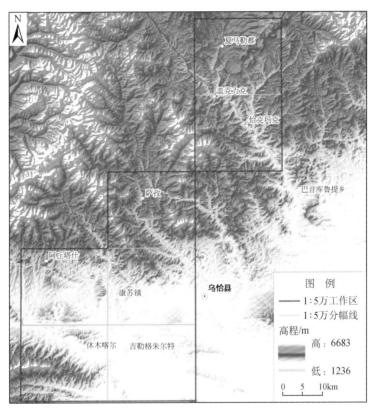

图 2.6　研究区地势图

乌恰县研究区地貌类型可划分为侵蚀构造高山、极高山区，侵蚀、剥蚀中高山区，河谷平原三类（图 2.7）。

1. 侵蚀构造高山、极高山区

该种地貌主要集中分布于 J43E001013 幅西部和北部、K43E024014 幅西部，少量分布于 J43E003012 幅中西部及 K43E023014 幅东南部，在 K43E023014 幅东南大多由古生代地层及海西期花岗岩体组成，山顶海拔大于 5000m，最大海拔为 6198m，有零星分布。相对高差大于 1000m，山顶尖棱状，常年积雪，冰川发育，沟谷深切，峡谷众多，河床落差较大，流水湍急，雪崩、滑坡、泥石流时有发生（图 2.8）。

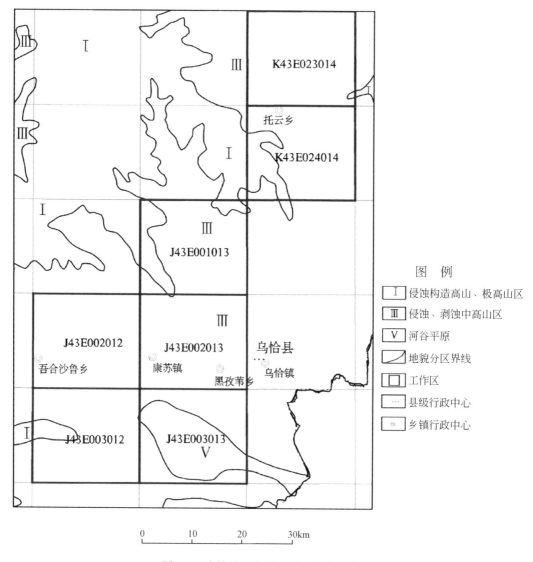

图例

Ⅰ	侵蚀构造高山、极高山区
Ⅲ	侵蚀、剥蚀中高山区
Ⅴ	河谷平原
	地貌分区界线
	工作区
	县级行政中心
	乡镇行政中心

0　　　10　　　20　　　30km

图 2.7　乌恰县研究区区域地貌分区略图

图 2.8　侵蚀构造高山、极高山区地貌

2. 侵蚀、剥蚀中高山区

该种地貌主要分布于 K43E023014 幅、K43E024014 幅中东部、J43E001013 幅中东部、J43E002013 幅、J43E002012 幅、J43E003012 幅大部。广泛分布于 2017 年研究区内,组成地层有古生界、中生界、新生界和海西期侵入岩体,为典型的剥蚀构造地形,海拔为 2500～5000m,相对高差为 200～1000m。少见常年积雪,有的山坡碎石覆盖,有的基岩裸露,局部沟谷流水侵蚀作用强烈,"V"型谷发育。崩塌和泥石流较发育,时有堵塞河道,阻碍交通现象发生(图 2.9)。

3. 河谷平原

河谷平原分布于研究区南部,J43E003013 幅中的克孜勒苏河、恰克马克河等及其支流两岸,由河水搬运堆积而成,形态上以阶地出现,共可分 5 级或 6 级阶地。5～6 级阶地一般呈孤立状,阶面多碎石;上更新统堆积物组成 2～4 级阶地,阶面平整,阶坎清晰;全新统堆积物分布于现代河床及低阶地上,组成河漫滩和一级阶地(图 2.10)。

图 2.9 侵蚀、剥蚀中高山区地貌   图 2.10 河谷平原地貌

2.2 气 象 水 文

2.2.1 气象

新疆属远离海洋的干旱区,"三山夹二盆"的地形地貌格局,控制着诸气象要素的自然分带规律。由盆地腹地沙漠至绿洲平原到终年积雪的高山,随着海拔的增高,降水量由沙漠区小于 50mm,北疆绿洲平原为 200～250mm,南疆不足 100mm,到山地递增为 600mm。山地降水量占全疆降水总量的 84%,形成干旱区的"湿岛"。

新疆南疆塔县、叶城县、莎车县地处欧亚大陆腹地,远离海洋,属暖温带大陆性干旱气候带。境内四季分明,光照长,气温年和日变化大,降水很少,蒸发旺盛。夏季炎热,但酷暑期短;冬无严寒,但低温期长;春夏多大风、沙暴、浮尘天气。

塔县东北部位于帕米尔高原气候区，年平均气温在5℃以下，冬季漫长寒冷，夏季温和。降水较少，主要集中在春夏两季，年降水量在150～300mm。大风日数多，光照充足，辐射强，天气晴朗。

叶城县中部与莎车县南部属于山地丘陵气候区，年平均气温在11℃以下，冬季较长，夏季短促。年降水量在70mm以上，研究区为100～200mm，主要集中在夏季，时有大雨甚至暴雨山洪发生。

乌恰县东北部属典型的中温带大陆性气候。春季天气多变，浮尘大风多；夏季凉爽，降水集中；秋季云淡气爽，降温迅速，降水减少；冬季晴朗严寒，风小雪少。年平均降水量为163mm，年平均气温为6.8℃。乌恰县研究区地形复杂，地形高低悬殊，气候差异性大，降水量随海拔的升高而增加，降水量时空分布不均匀，南少北多，垂直分布十分明显，年最大降水带出现在海拔2700m以上的西北部山区，年降水量为400mm，南部山区为200mm。在时间上，每年的5～8月为相对集中降水期，降水量为100.8mm，占全年降水量的58%；每年的11月至次年1月为枯水期，降水量为8.5mm，占全年的5%；其余月份为平水期，降水量为63.5mm，占全年的37%。降水的年际变化大，降水量极不稳定。气温随海拔的上升而递减。多年平均气温为8.1℃，由北至南年平均气温为3.7～9.9℃。每年7月最热，从北到南气温为7.4～24.0℃，温差达16.6℃。气温日相差为12.0～14.0℃，南高于北。

2.2.2　水文

塔县、叶城县、莎车县研究区内主要分布有叶尔羌河、塔什库尔干河、提孜那甫河等（图2.11）。区内河流均发源于昆仑山北坡，接受冰雪融水、大气降水和基岩裂隙泉水的补给，由南向北纵贯全区，河水流量全年极不平衡，丰水期6～8月经流量占全年径流总量的60%～70%，易发生洪水灾害，引发崩塌、滑坡、泥石流等地质灾害，枯水期为4～5月。

1）叶尔羌河

叶尔羌河发源于昆仑山北坡，据卡群水文站资料，该河最大径流量为$95.6×10^8 m^3/a$、最小径流量为$44.67×10^8 m^3/a$、最大洪峰流量为$627 m^3/s$、多年平均输沙量为$2740×10^4 t$。

2）塔什库尔干河

该河发源于喀喇昆仑山，径流主要靠高山冰川或积雪融化补给，河道平均纵坡为13‰，于城北12km处折转东流，进入峡谷向东汇入叶尔羌河，是叶尔羌河水系的主要支流。据伊尔列黑站资料：该河径流的年内分配不均，最大径流量为$14.45×10^8 m^3$、最小径流量为$8.68×10^8 m^3$。

3）提孜那甫河

据江卡水文站资料，该河最大径流量为$11.9×10^8 m^3/a$、最小径流量为$5.852×10^8 m^3/a$、最大洪峰流量为$519 m^3/s$，最终因渠系引水而消失于麦盖提县境内。

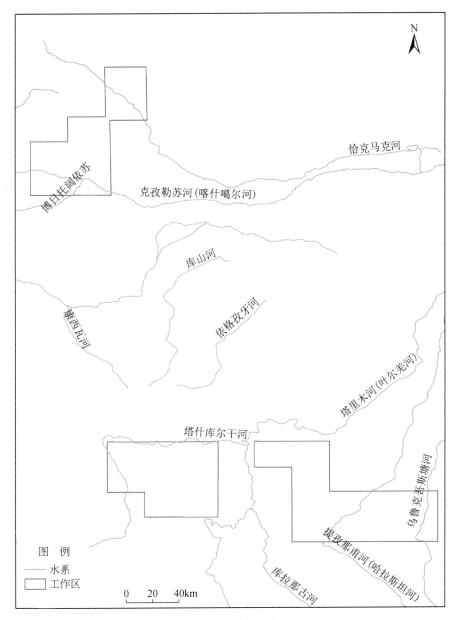

图 2.11　区域水系简图

　　其余小河多为上述大河的上游支流，径流量小，枯水期多断流。区内主要河流多年平均径流量见表 2.1。

表 2.1　塔县、叶城县、莎车县研究区主要河流多年平均径流量

河流	叶尔羌河	塔什库尔干河	提孜那甫河
流域面积/km²	48100	9980	5370
多年平均径流量/10^8m³	64.57	9.98	8.14
全长/km	1079	298	335

4）下坂地水利枢纽工程

该工程位于塔什库尔干河中下游,其主要任务是以生态补水及春旱供水为主,结合发电的综合性Ⅱ等大型工程。水库正常挡水位为2960m,总库容为 $8.67 \times 10^8 m^3$ 。下坂地水利枢纽工程的兴建,可满足塔什库尔干河向叶尔羌河多年输水并使农田灌区提高,缓解喀什、克州的严重缺电问题,促进地区经济和社会发展,稳固边疆政治和社会稳定。

塔县、叶城县、莎车县研究区地下水的形成与分布,受地形、地貌、气候、水文、地层岩性及地质构造控制。由于上述诸因素在不同地区的差异,因而水文地质条件显示不同的特征。

塔县、叶城县、莎车县研究区各地质时代的含水岩组按地层岩性、地下水赋存条件、水理性质及水力特征归并组合,划分为以下4个含水岩组,即第四系松散岩类孔隙水;中生界、古近系和新近系碎屑岩裂隙孔隙水;以志留系、泥盆系、石炭系为主的裂隙水;元古宇基岩裂隙水。

现分别叙述如下:

1）第四系松散岩类孔隙水

主要分布在叶尔羌河、塔什库尔干河、提孜那甫河等各河谷中,含水层主要由冲洪积漂卵砾石层组成,水量较丰富。单井涌水量为 1000 ~ 5000m³/d。矿化度小于0.5g/L,水化学类型主要为 HCO_3-Ca 型水。该类型地下水主要接受大气降雨及融雪水补给,人工开采极为有限,排泄方式以向下游的侧向径流为主。

2）中生界、古近系和新近系碎屑岩裂隙孔隙水

塔县:分布于瓦恰河河谷两侧地区,范围较小,含水层由中生界细砂岩、砂岩含砾砂岩和砾岩组成,局部夹中厚层状灰岩,含水层富水性极不均匀,单泉流量为 0.1 ~ 1L/s,矿化度为 0.5 ~ 1g/L,水化学类型为 SO_4-Mg·Ca 型水。地下水主要接受大气降雨及融雪水补给,径流条件较差,排泄方式主要为泉水。

莎车县:分布于山前构造洼地,含水层岩性为中生界、古近系和新近系砂岩、砂岩夹砾岩、泥质砂岩、泥岩。据收集钻孔资料,含水层揭露厚度大于125.90m,水位埋深为 28.96 ~ 38.62m,换算涌水量为 17.5 ~ 76.0m³/d,矿化度为 0.63 ~ 2.58g/L,水化学类型为 SO_4·Cl-Na 或 Cl·SO_4-Na 型水。大气降雨沿裂隙面渗入补给是其主要来源。西南部山区分布的各横向河流及沟谷,是排泄山区地下水的良好通道,排泄出来的地下水向东北径流。

3）以志留系、泥盆系、石炭系为主的裂隙水

塔县:主要分布于罕铁列克河、托鱼布隆以东及明铁盖河两侧,含水层由志留–泥盆系、石炭系细砂岩、砂岩、砂砾岩及砾岩组成,裂隙发育差异较大,富水性极不均匀,泉水点多分布于砂岩中,以灰岩中泉水流量最大。泉水矿化度一般小于0.5g/L,局部为 1 ~

3g/L，水化学类型为 HCO₃·SO₄-Ca·Mg 型水，主要接受大气降雨及融雪水补给，径流条件较差，排泄方式主要为泉水。

莎车县：分布于中高山区，含水层为泥盆系、石炭系、二叠系灰岩、泥岩、砂岩、砾岩。单泉流量为 0.02 ~ 0.05L/s，矿化度为 1.75 ~ 10.51g/L，水化学类型为 Cl·SO₄-Na 型水。地下水主要接受冰雪融水和大气降雨的补给。地下水在接受补给后，经过短距离径流溢出成泉，向山下河流、沟谷排泄。地下水受季节性控制非常明显，雨季积极循环交替，泉水出露较多，水量大；旱季水量小，甚至泉水枯竭。

叶城县：呈条带状分布于阿子岗沙勒幅（J43E016019）、玉萨斯幅（J43E017019）、柯克亚乡煤矿幅（J43E017020）的山前构造洼地，含水层为中生界及古近系、新近系砂岩、砂岩夹砾岩、泥质砂岩、泥岩。据收集钻孔资料，含水层揭露厚度大于 125.90m，水位埋深为 28.96 ~ 38.62m，换算涌水量为 17.5 ~ 76.0m³/d，矿化度为 0.63 ~ 2.58g/s，水化学类型为 SO₄·Cl-Na 或 Cl·SO₄-Na 型水。大气降雨沿裂隙面渗入补给是其主要来源。西南部山区分布的各横向河流及沟谷，是排泄山区地下水的良好通道，排泄出来的地下水向东北径流。

4）元古宇基岩裂隙水

塔县：分布范围较广，含水层由元古宇、奥陶系片麻岩、云母石英片岩、云母片岩、石英岩、花岗岩等组成，局部夹大理岩。泉水流量多大于 1L/s。泉水矿化度小于 1g/L，水化学类型为 HCO₃·SO₄-Ca 或 SO₄·HCO₃-Na·Ca 型水。地下水主要接受大气降雨及融雪水补给，径流条件较好，以泉及向下游侧向径流的方式排泄。

莎车县：主要位于西—西南部，含水层为元古宇、古生界深变质的各类片岩、砂岩、石灰岩及花岗岩。含水层单泉流量为 0.1 ~ 1L/s，地下水径流模数为 1 ~ 3L/(s·km²)；水化学类型属 HCO₃·SO₄-Ca·Mg 及 HCO₃-Ca·Mg 型水。主要接受冰雪融水和大气降雨的补给。地下水在接受补给后，经过短距离径流即溢出成泉，向山下河流、沟谷排泄。

叶城县：分布在阿子岗沙勒幅（J43E016019）、莫莫克幅（J43E016020）、玉萨斯幅（J43E017019）、柯克亚乡煤矿幅（J43E017020）、普萨幅（J43E017021）、乌夏巴什镇幅（J43E016022），含水层为元古宇、古生界深变质的片岩、砂岩、石灰岩及花岗岩。含水层单泉流量为 0.1 ~ 1L/s，地下水径流模数为 1 ~ 3L/(s·km²)；水化学类型为 HCO₃·SO₄-Ca·Mg 及 HCO₃-Ca·Mg 型水。主要接受冰雪融水和大气降雨的补给。地下水接受补给后，经短距离径流即溢出成泉，向山下河流、沟谷排泄。

乌恰县境内水系发育，常年性流水河流众多，呈树枝状，绝大多数分属于克孜勒苏河水系和恰克玛克河水系，部分为独立水系。乌恰县河系年平均流量分布如表 2.2 所示，乌恰县近 50 年降水统计如图 2.12 所示。

（1）克孜勒苏河。克孜勒苏河为境内第一大水系，从西向东横贯研究区中部。发源于吉尔吉斯共和国境内的克孜尔阿根山隘 6048m 高的特拉普齐主峰，河流全长 778km，研究区内河长约 175km，出山口卡甫卡水文站集水面积为 1150km²，经由吉根的斯木哈纳流入区内，向东流入喀什地区。

克孜勒苏河水源除融雪水补给外，春夏季还纳入南天山和帕米尔高原间谷地雨水及泉水，年平均流量为 63.78m³/s，最大年径流量可达 23.50×10⁸m³（773 年），最小年径流量为 17.65×10⁸m³，年平均径流量为 20.12×10⁸m³，径流量的保证系数为 0.16 ~ 0.17。

表 2.2　乌恰县河系年平均流量分布表

河系名称	年平均流量/(m³/s)	年平均径流量/10⁸m³	
		总量	县境内
克孜勒苏河系	63.78	20.12	13.347
恰克马克河系	3.8	1.596	1.3922
溪泉流	6.32	2.3713	2.3713

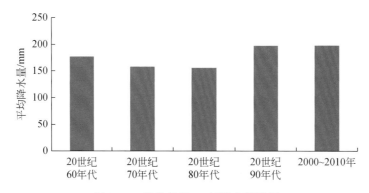

图 2.12　乌恰县近 50 年降水统计图

克孜勒苏河水的水量季节分配不均，洪水期和洪峰期集中于夏季，冬季极枯，春、秋相近。一般 5 月下旬至 9 月上旬的 3 个多月中，水量约占年总径流量的 60%。最大水量月常出现在 7 月，为年总水量的 20%，枯水期在 11 月至次年的 3 月，水量仅占全年总水量的 15%。冬季（12 月至次年 2 月）水量最枯，只占年总水量的 8% 左右。洪峰流量最高可达 1400m³/s，最低流量仅为 12.43m³/s。

（2）恰克马克河。恰克马克河是乌恰县第二大水系。发源于中国和吉尔吉斯共和国边境的吐尔尕特山南麓，河流全长 166km，由河源到出山口长约 140km，从北向南贯穿县境东部，研究区内长约 113km，在山口处，从东南方向流入阿图什境内。

恰克马克河的河源有少量的冰川和雪山分布，有较为稳定的水量补给，成为该河的基本径流，但主要还是靠山区降雨。3 ~ 6 月主要是融雪和地下水，7 ~ 9 月主要由降雨补给，10 月至次年 3 月由地下水补给。

恰克马克河及其支流集水面积为 3800km²，其中海拔 2500m 以上的高、中山区为 3000km²，该区产生的径流量占总径流量的 85%，年平均径流量为 1.596×10⁸m³，年最小径流量为 0.58×10⁸m³，年最大径流量为 1.708×10⁸m³，变差系数为 0.36，河流量年内变化大，多年平均月径流量最大值是最小值的 4.5 倍。洪汛期一般始于 4 月中旬，终于 9 月底。最大流量为 73.3m³/s，最小流量为 1.1m³/s。

（3）独立水系。研究区独立水系主要有铁列克河、且木干河、阿克塔西河、沃尔思玛河。另外，还有许多泉水汇集的较大的泉流河谷，如吾合沙鲁、江尔布拉克、翁库尔、阿牙恰拉克、阿依瓦克、索盖提等，这些泉水溪流稳定、变化小，是农牧民的主要水源之一。

乌恰县研究区地下水的形成与分布，受地形、地貌、气候、水文、地层岩性及地质构造控制。由于上述诸因素在不同地区的差异，因而水文地质条件显示不同的特征。

研究区地域宽广，包括多个构造单元，水文地质条件比较复杂。根据其地下水赋存条件、水理性质及水力特征，地下水类型可划分为以下 3 种类型。

（1）第四系松散岩类孔隙水。该类地下水包括全部第四系中的孔隙水在内，但由于中、上更新统和全新统含水层多为松散状，而下更新统含水层多已成岩，所以两者富水性有一定差异。

①中、上更新统和全新统含水层。主要分布在克孜勒苏河、恰克马克河、康苏河等河谷。含水层岩性为砂及砂卵砾石。厚度数米至数十米不等。其补给来源除了降水垂直补给外，还得到邻近基岩的侧向补给，汛期同时可得到河水的反补，富水性视含水层结构及厚度而有差异，恰克马克河托云乡圩镇、铁列克河中上游、吉根河吉根等地水量较丰富，单井水量大于 $5000\text{m}^3/\text{d}$；克孜勒苏河卡贝利水文站以下，康苏–盐场一带水量较贫乏，单井水量为 $23.07 \sim 92.97\text{m}^3/\text{d}$。

该类地下水位受河水变化明显，与河水关系密切，年变幅较大，地下水枯期向河床排泄。

②下更新统砾岩含水层。分布于乌鲁克恰提及托云西部等地，处于中山或高中山地区及向斜构造的核部。含水层岩性为一套半胶结的砾岩，厚度大，地形起伏大，地下水除降水补给外，主要靠基岩裂隙的侧向补给和汛期河水补给，枯期向河床排泄。单泉流量大于 $1\text{L}/\text{s}$，最大泉群流量为 $13.65\text{L}/\text{s}$。

（2）中新生界碎屑岩类裂隙孔隙水。该类地下水在研究区分布较广泛，包括红层碎屑岩裂隙孔隙层间水和一般碎屑岩裂隙孔隙层间水。前者由白垩系、古近系和新近系砂岩、泥岩组成，富水性分布特点是南强北弱，两侧强、中间弱，西强东弱，总体相对较弱。后者主要分布在乌恰镇北西一带，根据含水层岩性不同，所处构造部位不同，富水性有差异，在构造发育的砂岩地区泉流量为 $1 \sim 5\text{L}/\text{s}$，大者为 $8 \sim 10\text{L}/\text{s}$。

地下水的补给来源主要为大气降水，同时有冰雪融水，每年的 $5 \sim 8$ 月是补给的旺期，红层碎屑岩另外可得到邻近基岩水的侧向补给，部分地区还可得到河水的补给，枯水期向河床排泄。

（3）基岩裂隙水。层状岩类裂隙水（C—S），含水层岩性由块状灰岩和下古生界千枚岩、片岩、硅质砂岩、石英岩、杂色大理岩组成。岩石坚硬性脆，裂隙发育。多数泉水出露于灰岩和砂岩中，该类地下水也以大气降水和冰雪消融补给为主，储存于岩石的裂隙中，再由裂隙向下游沟谷和邻近的含水层排泄。泉流量一般为 $1 \sim 3\text{L}/\text{s}$，大者为 $9 \sim 10\text{L}/\text{s}$，小者在 $0.5\text{L}/\text{s}$ 左右，该类含水层多处于中高山地带。

2.3　地　层　岩　性

2.3.1　塔县–叶城县–莎车县研究区地层岩性

1. 前第四纪地层

1）元古宇（Pt）

主要分布在塔县东侧高山区、叶城县中部中高山区，呈北西–南东走向展布，以及莎车西南部山区坎迪里克一带，岩性为绿色绢云母、绢云母石英片岩、绿泥石片岩、千枚岩、黑云母斜长片麻岩、黑云母石英片岩、角闪岩、片麻岩及含白云母石英片岩，大理岩和变质砂岩互层夹黑色硅质岩等。

2）奥陶系—志留系（O—S）

分布于塔县东北部，呈南北向条带状展布，以及莎车县西南部山区坎迪里克一带，岩性为石英砂岩、灰黑色中厚层状结晶灰岩、砂质千枚岩和大理岩。岩层厚度变化较大，为 3847~7441m。

3）泥盆系（D）

分布于莎车县西南部山区坎迪里克一带及叶城县中部哈拉斯坦河下游左岸，岩性为紫红色、灰绿色、灰黑色灰岩、钙质片岩、石英砂岩、粉砂岩、砾岩等。

4）石炭系（C）

分布于塔县班迪尔河–瓦恰河东侧，波斯特班迪尔村–卡特巴特然达坂一带，呈北西–南东向分布；莎车县西南部低山区阿尔塔什–艾古润一带，岩性为灰岩、白云岩、黑色页岩、砂岩、粉砂岩、泥岩等。

5）二叠系（P）

主要分布于叶城县中部柯克亚煤矿，以及莎车县西南部低山区炮江西部、艾古润东北部一带，出露较广；在塔县幅西南部小范围出露。岩性为碎屑岩、砂岩、灰岩、页岩、凝灰岩等。

6）侏罗系（J）

主要分布于柯克亚煤矿一带，以及莎车县南部克孜勒克尔村周边，岩性为砂岩、灰岩、页岩、泥岩、碳质页岩、煤线及薄层泥质灰岩，底部有砂砾岩等。

7）白垩系（K）

主要分布于叶城县布伦木沙乡、莎车县南部阿其克塔尔–喀斯木厄格勒–塔木贝希一带，呈细长带状展布，以及在塔县幅瓦恰河东岸沿线分布。岩性为褐红色、紫红色砂质泥质白云岩夹页岩、灰岩、褐红色含砾砂岩、细砂岩夹泥岩等。

8）古近系（E）

分布于莎车县南部低山区白垩系（K_{1+2}）东侧，亦呈狭窄条带状展布，岩性为灰色灰岩、泥质砂质灰岩、石膏夹白云质灰岩及泥岩、灰绿色泥岩与砂岩互层夹石膏等。

9）新近系（N）

分布于叶城县柯克亚乡、乌夏巴什镇一带的山前拗陷带，以及莎车县南部低山丘陵带前沿，乌恰群（N_1）岩性为褐红色细砂岩、粉砂岩、泥岩互层夹石膏，厚 1000～3000m；阿图什组（N_{21}）主要为褐灰色砾岩夹泥岩、砂岩，厚 1500～3000m；西域组（N_{22}—Q_1）主要为灰黑色巨厚层块状砾岩，厚 100～3000m。

2. 第四纪地层及岩性

研究区第四纪地层主要分布在叶城县柯克亚乡一带的河流谷地、洼地及前山带，塔县谷地、洼地及各支沟中，莎车县南部山前低山丘陵区，岩性主要由第四纪早期的山麓相砾岩、中细砂岩和泥岩、灰黑色砾石层、砂砾石层、灰褐色粉砂土、土黄色粉细砂、亚砂土及黄褐色粉细砂等组成。

3. 岩浆岩

区内岩浆岩入侵规模较大，主要分布在塔县的东部山区，以中酸性角闪花岗岩为主，叶城县西合休乡与莎车县西南小面积出露，以中酸性侵入岩为主。岩浆岩受成岩及构造发育的影响，岩体节理裂隙发育，易发生崩塌地质灾害。

2.3.2　乌恰县研究区地层岩性

乌恰县研究区境内出露的地层较多，除寒武系、奥陶系、三叠系缺失外，其他地层均有出露，尤其以古生界和新生界分布较广。区内在构造单元及沉积环境上天山地区与帕米尔高原区有较大的差异，在岩相、岩性及发育情况方面均有很大的差别。

研究区出露的地层主要有古生界、中生界、新生界各类地层，现将各地层单元由老至新简述如下：

1. 前第四纪地层

1）志留系（S）

主要分布于 K43E024014 幅西南部、少量分布于 J43E002013 幅东北角区域，与下伏地层接触关系不清，下泥盆统整合覆盖其上。岩性为灰绿、紫红色凝灰质粉砂岩、粉砂岩、晶屑岩屑凝灰岩、钙质砂岩、粉砂岩等，总厚5200m。

2）泥盆系（D）

主要分布于J43E001013幅北部和中部，少量分布于K43E024014幅西南角。中泥盆统（D_2）为片岩与中厚层状灰岩互层，岩性为灰、黑灰色灰岩、结晶灰岩、大理岩、硅质泥质岩、千枚岩，有硫化气味，厚度约2000m。

3）石炭系（C）

主要分布在K43E024014幅北部和东部，少量分布于J43E001013幅东部及南部，为一套碳酸盐岩建造。主要岩性从下往上有灰色厚层状灰岩、砂岩及凝灰岩、块状灰岩、生物碎屑灰岩、灰质–泥质页岩、灰质砂岩、砾岩和灰岩夹层等，总厚约13000m。

4）二叠系（P）

主要分布于J43E001013幅东部，受断裂构造控制呈条带状，出露地层为下二叠统（P_1），为一套海相碎屑岩建造，下部为灰绿色火山碎屑岩夹酸性火山岩，上部为酸性火山岩夹碎屑岩，总厚约7000m。

5）侏罗系（J）

主要分布于J43E001013幅西部、J43E002013幅北部及西部，少量分布于J43E002012幅东北部，呈连续状，为湖沼相的含煤碎屑岩沉积。上部岩性为绿色泥质岩、粉砂岩，中部为灰–棕褐色砂岩、粉砂岩互层夹少量砾岩、碳质–泥质页岩、砂质灰岩和灰岩夹煤线，下部为褐色、灰绿色砾岩。与下伏上古生界不整合接触，上部下白垩统与之整合接触，总厚度约6000m。

6）白垩系（K）

主要分布于K43E023014幅东部及南部，呈条带状连续分布于J43E002012幅、J43E002013幅、J43E003012幅和J43E003013幅，少量分布于K43E024014幅南部，可分为下白垩统和上白垩统（K_1和K_2）。上白垩统岩性为红棕、浅绿色砾岩、砂岩及棕色黏土岩、砂砾岩，下白垩统岩相变化较大，主要岩性有红色砂岩、杂色黏土岩，有时夹砾岩、灰岩及杂色砾岩、砂岩和浅紫、浅绿色黏土岩，总厚度约4000m。

7）古近系（E）

研究区北、南部均有分布，位于K43E023014幅南部区域、J43E002012幅和J43E003012幅中部区域。由于分布地方不同，岩相变化很大。在K43E023014幅南部为一套基性喷出岩系，并与红色粗砂岩、砾岩互层，总厚1200m左右。其余为白色及灰色黏土夹石膏化灰岩，浅黄灰色灰岩及灰质黏土、灰质砂岩，浅绿灰色黏土夹贝壳灰岩，白色石膏层。

8) 新近系 (N)

(1) 渐新统—中新统 (E_3—N_1)。广泛分布于 K43E023014 幅中部、J43E002012 幅和 J43E003012 幅南部、J43E003013 幅北部。与上、下界为整合接触。岩性主要有砂岩、淤泥岩及石膏层夹粉砂岩及泥岩;红色砾岩和玫瑰色砂岩互层;浅色砂岩与淤泥岩互层;褐红色中粒砂岩与粉砂岩互层,总厚度约 8000m。

(2) 上新统 (N_2)。零散分布于 K43E023014 幅、J43E003012 幅西北部、J43E002013 幅南部及 J43E003013 幅中部。岩性有砂岩、粉砂岩、砾岩互层;杂色黏土岩夹砂岩、砾岩;砂质黏土岩与砂岩互层;砂岩、砾岩互层,砂岩、泥岩互层等,总厚约 11000m。

(3) 上新统—第四系 (N_2—Q_1)。主要分布在 J43E003012 幅南部的克孜勒苏河两岸。主要岩性有土黄、棕黄、杂色砾岩、砂砾岩夹砂岩。具层理,层面倾角一般为 30° ~ 50°,可见厚度大于 200m,与下部地层整合接触。

2. 第四纪地层及岩性

研究区内第四系最为发育,成因类型复杂,中更新统 (Q_2) 成因类型多为洪积层或冲积层,岩性主要为砂、砾石、砾岩,在各大河流出山口处多组成古老的洪积扇,在山区河流两岸组成高阶地的砾岩;上更新统 (Q_3) 最常见的成因类型为冲积-洪积层,以戈壁砾石层为代表;全新统 (Q_4) 成因类型主要为冲积层或洪积层,多组成平原或绿洲耕地,局部地表有砂质黏土层,沿河谷有时可见二元结构,河床中多为砂卵砾石夹漂石。

3. 岩浆岩

区内岩浆岩不发育,出露极少,仅在 K43E023014 幅有小面积古近纪侵入岩出露。岩性为辉长岩,呈团状分布。

2.4　工程地质条件

2.4.1　塔县–叶城县–莎车县研究区工程地质条件

塔县、叶城县、莎车县根据岩土体工程地质特征可将研究区划分为 4 个工程地质岩组。

1. 坚硬–较坚硬层状变质岩组

主要分布在马尔洋幅 (J43E016015) 南部、皮下尼牙提幅 (J43E016016) 南部、阿勒玛勒克幅 (J43E014016)、干豆尔那汗达坂幅 (J43E015016) 东部、阿子岗沙勒幅 (J43E016019) 西南、玉萨斯幅 (J43E017019) 西部和中部区域,岩性主要为元古宇的片麻岩、石英岩,奥陶—志留系的石英二长岩,奥陶系石英岩等,岩石力学强度较高,岩体工程地质性质良好。由于地质构造发育,地形切割强烈,岩体节理裂隙发育,易诱发崩塌等地质灾害。

2. 坚硬−较坚硬块状、层状碳酸盐岩组

该岩组广泛在瓦仍孜拉甫幅（J43E015014）东部、下拉夫得幅（J43E015015）西部、干豆尔那汗达坂幅（J43E015016）西部、马尔洋幅（J43E016015）北部、皮下尼牙提幅（J43E016016）北部、坎迪尔里克幅（J43E014018）西部、托格浪夏尔幅（J43E014014）、半的幅（J43E014015）大致呈"U"形出露，少量分布于玉萨斯（J43E017019）幅东南、柯克亚乡煤矿幅（J43E017020）西南区域。由一套海相碳酸盐岩组成，出露地层为元古宇长城系、蓟县系、青白口系、震旦系，古生界奥陶系、志留系、泥盆系、石炭系、二叠系，中生代侏罗系、白垩系，岩性为灰岩、硅质岩、白云质硅质岩或含硅质团块白云岩、大理岩、砾岩、砂岩等，岩石力学强度高，工程地质条件良好。由于地质构造发育，地形切割强烈，岩体节理裂隙发育，易诱发崩塌、泥石流等地质灾害。

3. 较硬−较软的互层状碎屑岩岩组

该岩组主要分布在半的幅（J43E014015）中西部、下拉夫得幅（J43E015015）中东部，大面积出露于阿子岗沙勒幅（J43E016019）、柯克亚乡煤矿幅（J43E017020）、普萨幅（J43E017021），呈连续分布；在莫莫克幅（J43E016020）、乌夏巴什镇幅（J43E016022）、达木斯幅（J43E014019）、艾古洞幅（J43E015019）、阿克其格幅（J43E017022）局部、坎迪尔里克幅（J43E014018）东部有分布。主要为低山丘陵区，出露地层为中生界侏罗系、白垩系及新生界古近系、新近系砂岩、灰岩、砾岩、页岩、泥岩，表层被第四系的砂砾石、黄土覆盖。岩石力学强度因胶结类型的不同而有所差异，工程地质条件一般。

4. 土体

1）砾类土

主要分布在瓦仍孜拉甫幅（J43E015014）中西部、阿子岗沙勒幅（J43E016019）西部、塔什库尔干河谷中，岩性为上更新统冰碛漂卵砾石，以及上更新统—全新统冲洪积的砂卵砾石、漂卵砾石、砂土、粉土等，厚度变化大，承载力特征值一般为 300~450kPa，土体工程地质条件良好。

2）黄土类土

广泛连续分布于莫莫克幅（J43E016020）、柯克亚乡幅（J43E016021）、乌夏巴什镇幅（J43E016022）、普萨幅（J43E017021）、阿克其格幅（J43E017022），为山前倾斜冲洪积砾质平原。出露地层为新生界第四系下更新统、中更新统及上更新统，岩性为巨厚的洪积砂砾石层，结构松散−稍密，充填物以砂和土为主，地基承载力高，工程地质条件良好，在道路高切坡条件下，易诱发小型崩落。

2.4.2　乌恰县研究区工程地质条件

乌恰县根据岩土体工程地质特征的不同,可将研究区划分为以下 6 个工程地质岩组。

1. 黏性土、砂性土、砂卵砾石多层土体

分布于研究区南部,集中于 J43E002012 幅、J43E002013 幅、J43E003012 幅和 J43E003013 幅的各河谷及其出口处和山前拗陷的东部地区,以及山前洪积扇,包括所有第四纪各种成因类型堆积物 (Q),除更新统 (Q_1) 为半胶结的砾岩外,其余均为松散的砂卵砾石层,厚度因地而异,从 10m 到 150m。有的表面有 0.3 ~3m 的亚黏土或亚砂土,局部夹有细砂或亚砂土透镜体。砂卵砾石的承载力特征值一般为 300 ~450kPa,亚黏土强度为 1.69kg/cm^2。

2. 中薄层稀裂状较软砂岩夹黏土岩、泥岩组

广泛分布于研究区南部 J43E002012 幅、J43E002013 幅、J43E003012 幅和 J43E003013 幅和北部 K43E023014 幅的山前拗陷地带等地,包括白垩纪和古近纪、新近纪地层。岩性有棕红、灰黄和杂色砂岩、砂砾岩、黏土岩、泥岩,局部夹薄层石膏。结构松散,搞风化能力弱,黏土岩、泥岩干后再遇水立即软化和崩解。承载力特征值一般为 200 ~400kPa,岩石层理发育,如果遇到坡脚开挖或暴雨易产生顺层滑坡,干燥时稳定边坡为 0.38 ~0.5。

3. 中厚层碎裂状中等岩溶化灰岩岩组

分布在研究区北部 K43E024014 幅和中部 J43E001013 幅等地。主要地层有石炭系和泥盆系。岩性主要为灰岩,次有燧层,局部凝灰岩或夹砂岩、页岩,灰岩一般坚硬、性脆,局部有溶蚀现象,裂隙发育,但未见大的溶洞和岩溶地面塌陷等地质灾害发生。该岩组风化崩落型崩塌较发育。

4. 中厚层碎裂状硬砂岩夹中等岩溶化灰岩岩组

主要分布在研究区中部 J43E001013 幅、J43E002012 幅、J43E002013 幅乌恰镇以北的喀拉克托尔北坡和昆仑山一带。主要地层为侏罗系和二叠系。岩性有砂岩、砾岩、页岩夹灰岩和煤系,软硬相间,层理发育。该岩组易产生崩塌、滑坡和泥石流,虽未见岩溶地面塌陷,但由于该岩组中有煤系夹层,所以往往会产生采空地面塌陷。

5. 片状较软页岩、片岩、千枚岩夹粉砂岩岩组

零散分布于天山区、克孜勒苏河两岸,包括古元古界、震旦亚界和下古生界。岩性主要为深变质的片岩、千枚岩、页岩、大理岩夹砂岩等。其中片岩、页岩和千枚岩表面风化强烈,易剥落和产生顺层滑坡,时有崩塌现象发生。

6. 碎裂状坚硬岩浆岩岩组

仅在研究区北部 K43E024014 幅小面积出露，为海西中期侵入之黑云母花岗岩，新鲜岩石坚硬块状，地表风化层多呈红土或松散的砂粒状，易产生崩塌和滑坡地质灾害。

2.5　地　质　构　造

新疆阿尔泰山、天山、昆仑山–阿尔金山，活动断裂发育，新构造运动强烈，地震动峰值加速度大于等于 0.20g，地震基本烈度在Ⅷ度以上。

新疆南疆地区自新近纪及第四纪初以来，地质构造活动频繁而强烈，其表现特点为继承性、差异性和间歇性。

1) 继承性

昆仑山山前铁克里克断隆与塔西南拗陷的分界大断裂，形成于古生代末期，之后由于新构造运动的影响，该断裂活化，在棋盘南使古生界超覆于上新统的砂岩、粉砂岩之上。同时，在新构造运动的影响下，新生代岩层展布亦与老构造的展布方向相吻合。

2) 差异性

区内新构造运动的差异性比较明显，尤其以不均匀的上升和掀斜运动反映得更为明显。由于昆仑山前拗陷的边缘部分卷入隆起，不断扩大了山系的高度和宽度。同时，构造形式也清楚地反映出来；前山带边缘的褶皱都呈不对称状态，呈现近山体内侧倾角较陡，远离山体的外侧倾角较缓，并伴生逆断层和逆掩断层。

3) 间歇性

间歇性可以从第四纪以来各地层的分布、阶地的形成及地貌特征、各不同时期沉积物的厚度与分布等，反映出自下更新统砾岩沉积之后，地壳上升，河床下切，同时使砾岩发生断裂。在之后一个相对稳定的时期，沉积了一定厚度的沉积物。在每一个下切与堆积过程中，均以陡坎相接，且每个陡坎之上均有一定宽度的平台，这一相对稳定的阶段，就属新构造运动的间歇阶段。

乌恰县研究区地处天山、昆仑山两大构造带接合部，以东为塔里木地块所制约，因此，新构造运动较新疆其他地区更为强烈，频率高、规模大，水平及垂直运动都表现明显，构造形迹中的褶曲、断裂易见。

喜马拉雅运动，尤其是更新世第一幕构造运动，使天山、昆仑山区老构造运动复活，急剧隆起，并强烈挤压拗陷带内的新生界盖层，使之褶曲并伴生断裂。其次，前天山拗陷带内，上新统的沉积层最厚为 1500~1800m，前昆仑山拗陷带内沉积厚度达 5200m，说明上新世前天山拗陷远不及前昆仑山拗陷幅度大。

中新生代拗陷带内，西部受到强烈挤压，结果使中新统抬升幅度大增，而东部由于受塔里木地块制约，抬升幅度小，与西部相差较大。这说明新构造运动东西向的巨大差异及第四纪以来上升速度之快和幅度之大。

综上所述，研究区新构造运动继承了老构造运动，并受其制约，活动强烈，上升幅度大；时间上具有阶段性、间歇性；空间上有较大差异性，新构造运动控制了区内地貌、第四纪、气候的发展过程及特征。

2.6　地震及区域稳定性

南疆地区新构造运动的另一形式是现代地震活动频繁，四级以下微小地震十分频繁。区内及邻区 1895～2017 年发生 6 级以上地震共计 14 次。根据中华人民共和国《中国地震动峰值加速度区划图》（GB 18306—2015 附录 A），2017 年研究区内地震动峰值加速度自西向东由 $0.40g$ 逐渐过渡为 $0.30g$、$0.20g$、$0.15g$，分别对应地震基本烈度Ⅸ度区、Ⅷ度区、Ⅷ度区、Ⅶ度区（表 2.3）。

表 2.3　Ⅱ 类场地地震动峰值加速度与地震基本烈度对照表

项目	地震动峰值加速度分区			
	$0.09g \leqslant a_{max} < 0.19g$	$0.19g \leqslant a_{max} < 0.38g$	$0.38g \leqslant a_{max} < 0.75g$	$a_{max} \geqslant 0.75g$
地震基本烈度值	Ⅶ	Ⅷ	Ⅸ	Ⅹ

乌恰县地质构造复杂，新构造运动强烈，断层长期活动，导致区内地震频率高，强度大。据新疆地震目录统计，研究区内历史上共发生 400 次地震，其中震级小于 4 级的共248 次，4 级至 5 级地震共 107 次，5 级至 6 级地震共 34 次，6 级至 7 级地震共 9 次，7 级以上地震共 2 次。仅 1983～1987 年乌恰研究区就发生了 6～7 级地震 3 次。据乌恰县地震台介绍和乌恰地震有史记载，每隔 10 年、15 年、20 年都有周期性地震发生，地震造成房屋倒塌，人员伤亡，地面开裂。根据《中国地震动参数区划图》（GB 18306—2015），区内地震动峰值加速度值在 0.2～0.4g，按照地震动峰值加速度分区与地震基本烈度对照表确定研究区地震基本烈度为Ⅷ～Ⅸ度。

根据地壳结构、新生代地壳形变、现代构造应力场、地震震级、地震基本烈度、地震动峰值加速度等指标，进行地壳稳定性划分。自塔县至叶城县的乌夏巴什镇地壳稳定性从次不稳定区逐渐演变为基本稳定区；乌恰县研究区属于次不稳定区（表 2.4）。

2.7　人类工程活动

南疆地区面积大，各县人类工程活动各有不同，下面分别以塔县、叶城县、莎车县、乌恰县为例进行阐述。

（1）塔县：人类工程经济活动主要以安居富民、交通道路修建、水利工程、牧业，以及旅游活动为主。近年来，交通道路大量修建，特别是 314 国道、国防公路 Z687 线、国防公路 Z681 线、县城—大同乡乡级公路、县城—库科西鲁克乡乡级公路修建时大多对坡脚或山坡坡体进行开挖，导致斜坡体的稳定性大幅降低，为崩塌、滑坡的形成创造了有利条件，也为泥石流的形成提供了物源。水利工程修建破坏植被，岩体爆破形成直立陡坎降

表 2.4　地壳稳定性等级和判别指标一览表

稳定性分区	地壳结构	新生代地壳变形火山、地热	叠加断裂角 (α)	布格异常梯度值 (B_s) /($10^{-5}\ ms \cdot km^2$)	地震			工程建设条件
					最大震级 (M)	基本烈度 (I)	地震动峰值加速度/g	
稳定区 I	块状结构，缺乏深断裂或仅有基底断裂，地壳完整性好	缺乏第四断裂，大面积上升，第四纪地壳沉降速率小于 0.1mm/a，缺乏第四纪火山	$0°\sim10°$，$71°\sim90°$	比较均匀变化，缺乏梯度带	$M<5.5$	$I\le6°$	$0.05\sim0.1$	良好
基本稳定区 II	镶嵌结构，深断裂断续分布，间距大，地壳较完整	存在第四纪断裂，第四纪地壳沉降速率大，第四纪地壳沉降速率为 $0.1\sim0.4$mm/a，缺乏第四纪火山	$11°\sim24°$，$51°\sim70°$	地段性异常梯度带 $B_s=0.5\sim2.0$	$5.5\le M\le6.0$	$6°<I\le7°$	0.15	适宜但需抗震设计
次不稳定区 III	块状结构，深断裂成带出现，长度大于百余千米，地壳破碎呈块条形、菱形，地壳破碎	发育晚更新世和全新世以来活动断裂，延伸长度大于百余千米，存在近代活动断裂引起的 $M>6$ 级地震，第四纪地壳沉降速率大于 0.4mm/a，存在第四纪火山、温泉带	$25°\sim50°$	区域性异常梯度带 $B_s=2.0\sim3.0$	$6.0\le M\le7.0$	$8°<I\le9°$	$0.20\sim0.4$	中等适宜须加强抗震和工程措施
不稳定区 IV				区域性异常梯度带 $B_s>3.0$	$M>7.25$	$I\ge10°$	≥0.4	不适宜

低了边坡的稳定性，易导致滑坡、崩塌等地质灾害发生。同时，水库蓄水后，库水浸泡软化公路坡脚，也易导致滑坡的发生。过度放牧，导致植被破坏严重，加剧崩塌、滑坡、泥石流地质灾害。塔什库尔干河谷区人类工程活动主要包括牧民定居与抗震安居、养殖小区、扶贫开发、新农村建设等。随着经济的发展，大规模的工程建设对砂石料建筑材料的需求，人类在平原区大量采挖，地表形成了较多采砂坑和废弃砂石料堆，地表呈现出凹凸不平的地貌景观，压占了大量的土地，加剧了水土流失，对地质环境造成严重破坏。

（2）叶城县：中高山区人类活动主要以放牧及矿业开发为主。多年来的过量放牧，林草植被遭到了一定程度的破坏、土体裸露、草场退化、水土流失日渐加重。境内 G219 线102.5km、89.9km 处石灰岩矿、柯克亚乡吐尔洪沙地尔石膏矿等矿山现状下矿山开采对地质环境造成的影响较小。矿山公路及牧道多修建在陡坡上，人类工程活动破坏了原有斜坡的稳定性，部分地段岩石裸露，经风化、降水等因素影响，易形成泥石流、崩塌、滑坡地质灾害。低山丘陵区是农牧民的主要居住地，人类活动频繁，长期过度放牧，林草植被遭到严重破坏，草场退化，水土流失加重，暴雨时，泥沙随洪流冲向下游，山区公路、河道破坏程度严重，易形成泥石流灾害；另外牧民在山坡上的开挖建房等，形成高陡边坡，破坏了斜坡原有的稳定性，为崩塌、滑坡、泥石流的形成创造了条件。

（3）莎车县：人类工程经济活动主要以农牧业、交通设施工程活动、乡镇村建设活动及矿山开采活动为主。中低山区沟谷内分布的农田、草地及渠系由于位于泥石流流通区或堆积区，雨季易遭受泥石流危害。由于修路切坡，人为造成高陡破碎边坡及临空面，易形成崩塌灾害，威胁交通安全；山区道路多通过泥石流堆积区或流通区，雨季时易淤埋、冲毁道路而产生危害。矿区切坡修路、建房、开硐口等造成小型崩塌、滑坡灾害。石灰岩矿、石膏矿因采取露天放炮开采，形成的高陡破碎边坡易发生小型崩塌灾害。

（4）乌恰县：该县是典型的高原牧业县，季节性的游牧活动仅在夏季进行，大部分边远山区无固定居民，工矿企业极少，人类工程经济活动相对不强烈。近年来随着旅游和口岸商贸的发展，随之相配套的生活服务设施和交通状况得到了改善，工程建设和道路建设又必将破坏自然环境，部分山坡被开挖，植被遭损坏，导致地质灾害的发生。乌恰县中东部地区，地形相对较低平，居民较集中，加上矿山企业也较多，是人类工程经济活动最强烈的地区。尤其是 J43E002013 幅中的黑孜苇乡、康苏镇等矿山比较集中，由矿山开采导致的边坡和地下采空等均是诱发地质灾害发育的主要因素。其次城镇居民建房开挖边坡也是产生崩塌的主要原因。此外，S212 线、S309 线大多地段劈山修建，因人工切坡过陡而产生崩塌和滑坡隐患；吾合沙鲁乡因地下人防工程采空，导致乡政府大院和乡学校分别产生地面塌陷；康苏煤矿和巴音库鲁提乡煤矿，因地下采煤而产生不同程度的造成地面塌陷，尤其以康苏煤矿最为严重，直接威胁到人民的生命财产安全。

由此可见，人类工程经济活动一方面加速了社会经济的发展，另一方面又破坏了自然环境，导致地质灾害的发生。因此，合理有效地控制和减少人为经济活动对自然环境的破坏显得格外重要。

2.8　小　　结

综上所述，新疆南疆地区地处欧亚大陆腹地，远离海洋，属暖温带大陆性干旱气候带。昆仑山北麓、塔里木盆地西南缘，地势总体上西高东低，常年积雪，冰川发育，地貌类型可划分为以剥蚀为主的缓极高山区，侵蚀、剥蚀中高山区，剥蚀低山丘陵和河谷平原地貌。出露地层为新生界第四系下更新统、中更新统及上更新统，岩性为巨厚的洪积砂砾石层，结构松散，充填物以砂和土为主，在道路高切坡条件下，易诱发滑坡。人类工程经济活动主要以安居富民、交通道路修建、水利工程、牧业以及旅游活动为主，雪崩、滑坡、泥石流时有发生。现代地震活动频繁，1895～2017 年发生 6 级以上地震共计 14 次，根据《中国地震动峰值加速度区划图》（GB 18306—2015 附录 A），2017 年研究区内地震动峰值加速度自西向东由 $0.40g$ 逐渐过渡为 $0.30g$、$0.20g$、$0.15g$，分别对应地震基本烈度Ⅸ度区、Ⅷ度区、Ⅷ度区、Ⅶ度区，塔县至叶城县的乌夏巴什镇地壳稳定性从次不稳定区逐渐演变为基本稳定区；乌恰县研究区属于次不稳定区。人类工程经济活动主要以安居富民、交通道路修建、水利工程、牧业和旅游活动为主，交通道路大量修建，特别是 314 国道、国防公路 Z687 线、国防公路 Z681 线、县城—大同乡乡级公路、县城—库科西鲁克乡乡级公路修建时大多对坡脚或山坡坡体进行开挖，导致斜坡体的稳定性大幅降低，为崩塌、滑坡的形成创造了有利条件，也为泥石流的形成提供了物源条件。

第3章 地质灾害调查方法与技术研究

3.1 概　　述

我国水文地质、工程地质、环境地质（水工环）基础工作大致经历了4个阶段。第一阶段从20世纪50～80年代期开始，为水工环工作初创奠基时期。这个时期开展了三峡工程、刘家峡电站等重大水利工程，宝成铁路、成昆铁路等重要交通干线，广东核电站等重大工程的工程地质工作，以及华北平原、黄淮流域、长三角地区、西北干旱–半干旱区等的水文地质工作；开展了1∶20万覆盖全国主要地区的水文地质调查。系统建立了我国水文地质、工程地质理论和方法体系。第二阶段为80年代中期至90年代中期，结合改革开放，重点开展了沿海21个开放城市、19个全国国土开发片区和大江大河的水文地质、工程地质、环境地质调查评价工作，为确保这些城市和地区的社会、经济发展提供了地质保障。例如，我国改革开放初期建立的第一个经济特区——深圳市，许多新建筑物坐落在活动断裂上，埋下了重大地质灾害隐患。1984年，地质矿产部组织了对该城市的区域地壳稳定性研究，并对断裂活动进行了监测预警，为城市规划和建设的布局提供了科学依据。对全国地质灾害进行了初步调查，出版了一系列反映全国问题的环境地质图件，推动了水工环新领域的形成。第三阶段为90年代中期至21世纪初，以地质灾害防治和生态环境地质调查评价为工作重点。开展了重大地质灾害的整治，为我国地质灾害减灾和生态地质环境保护提供了地质基础。初步完成了全国地质灾害调查评价工作，如三峡链子崖危岩体防治工程。第四阶段为21世纪初至今，西部大开发给工程地质工作带来了严峻挑战和难逢机遇，随着沿海经济区的飞速发展及城镇规模的迅速扩张，开展了一系列横跨多个大地构造单元的生命线工程建设，如高速公路，大型水利工程，青藏、渝怀铁路等的修建，以及西气东输、南水北调、京沪高速铁路等的建设。

1999年以来，我国一系列地质灾害法律、法规，以及技术标准、规范相继出台。例如，2003年11月19日国务院第29次常务会议通过，2003年11月24日中华人民共和国国务院令第394号公布，自2004年3月1日起施行《地质灾害防治条例》。2008年10月，中国地质调查局为规范地质灾害调查评价工作，指导全国地质灾害严重区1∶5万地质灾害调查工作的开展，制订了《滑坡崩塌泥石流灾害调查规范（1∶50000）》（DD2008—02）。2014年9月，中华人民共和国国土资源部为规范地质灾害调查评价工作，指导全国地质灾害易发区1∶5万地质灾害调查工作的开展，制订了《滑坡崩塌泥石流灾害调查规范（1∶50000）》（DZ/T 0261—2014）。1999年以来，我国分阶段、分层次、分目标开展了地质灾害调查评价工作。1999～2008年，通过群众报灾、地勘队伍核查、填写记录卡片等方式开展了以县（市）为单元的地质灾害概略性调查评价，累计完成2020个县（市）调查评价工作。2005年以来，为进一步掌握中–高地质灾害易发区地质灾害隐患特征，开展了以地面调查为主，辅以少量钻探和物探工作的较详细调查评价。2013 年以来，中国地质调查局开展了以查明孕灾背景、易滑地层、主控因素、成灾模式、识别标志与预警判据为核心的地质灾害调查。同时，各级地方政府按照职责分工在辖区内开展了汛前排查、汛中巡查、汛后核查的地质灾害"三查"工作。2008 年以来，结合汶川、玉树、芦山、鲁甸等地震地质灾害效应，各地组织开展了地震影响区的隐患排查工作。目前，累计发现全国地质灾害隐患约 28.8×10^4 处，全国崩滑流地质灾害易发区按照易发等级可划分为高、中、低三级，高易发区面积为 $121 \times 10^4 km^2$、中易发区面积为 $273 \times 10^4 km^2$、低易发区面积为 $318.2 \times 10^4 km^2$。中 - 高易发区主要分布在川东渝南鄂西湘西山地、青藏高原东缘、云贵高原、秦巴山地、黄土高原、汾渭盆地周缘、东南丘陵山地、新疆伊犁、燕山等地区。

从 20 世纪 90 年代 1 : 10 万地质灾害调查与防治区划到 2005 年 1 : 5 万 ~ 1 : 1 万县（市、区）地质灾害详细调查，再到 1 : 5 万 ~ 1 : 5000 国际标准图幅崩塌滑坡泥石流地质灾害调查评价，调查精度由低到高，光学卫星由原来的 30m 分辨率到亚米级，调查手段由人工调查为主，到光学卫星遥感、无人机航空摄影、LiDAR、InSAR、钻探、物探等多手段、多方法综合调查，调查方法和手段不断更新和提高。

近些年来，我国不断有灾难性地质灾害事件发生，如 2017 年 6 月 24 日，四川省阿坝州茂县叠溪镇新磨村发生特大滑坡，造成 40 多户农房被掩埋，10 人死亡、73 人失踪；2018 年 10 月 17 日、29 日雅鲁藏布江左岸加拉白垒峰色东普沟连续两次发生碎屑流堵塞雅鲁藏布江事件；2018 年 10 月 11 日、11 月 3 日，西藏自治区江达县金沙江右岸白格滑坡两次发生大规模滑动，阻断金沙江干流形成堰塞湖，堰塞湖及泄洪引发的洪峰导致西藏自治区、四川省、云南省金沙江沿岸道路桥梁工程、水利工程、房屋建筑等严重受损，给临江乡镇群众造成了重大的经济损失，直接经济损失上百亿元。通过对这些重大地质灾害的分析总结，发现这些地质灾害往往分布在构造强烈、地震频发、极端天气、高海拔等孕灾条件复杂的地区，地质灾害具有隐蔽、高位等共同特征。传统人工调查、排查很难发现地质灾害隐患，存在调查空白区，地质灾害早期识别困难。

2018 年 10 月 10 日，习近平总书记在中央财经委员会第三次会议上指出，加强自然灾害防治关系国计民生，要建立高效科学的自然灾害防治体系，提高全社会自然灾害防治能力，为保护人民群众生命财产安全和国家安全提供有力保障。自然资源部陆昊部长提出地质灾害防治"四步走"方针的工作理念与思路，即研究原理、发现隐患、监测隐患、发布预警。将技术原理与行政指挥需要相结合，聚焦"防"的核心需求：隐患点在哪？什么时间可能发生？

2016 年 7 月 6 日，新疆叶城县柯克亚乡发生群发性泥石流，造成重大人员伤亡，该事件得到党中央、国务院高度重视。根据新疆请求，国土资源部、中国地质调查局决定加大新疆地区地质灾害调查防治的支持力度，并批准设立了"新疆叶城 - 乌恰地区综合地质调查"和"新疆南疆重点地区地质灾害应急调查"两个项目。新疆地广人稀，特别是新疆南疆地区具有高海拔、高寒、地震活动频繁、国界线长等特点，地质条件复杂，是地质灾害高易发区之一。同时，该地区地质灾害群测群防体系不完善，地质灾害防治专业技术薄弱，地质灾害空白区广。如何开展地质灾害调查评价工作，是我们面临的急需解决的难题和挑战。

3.2　地质灾害调查方法

3.2.1　总体思路

新疆南疆地区具有复杂的地质环境条件，高海拔、强地震、高温差、低植被覆盖是其典型的地质环境特征，发育的崩塌、滑坡、泥石流等地质灾害也具有点多、面广、灾害链长等特征。采用传统的地面调查手段很难对高海拔、人口稀少地区进行全覆盖，同时该地区基础地质工作薄弱、内陆边境线长使得地质灾害调查工作的难度加大，常规手段很难服务于当前地质灾害防治形势的需要，很难服务于"一带一路"重大工程建设及其地质灾害防治的需要。根据新疆南疆地区地质灾害发育的地质环境条件及地质灾害发育分布特征，本书主要研究思路如下（图 3.1）。

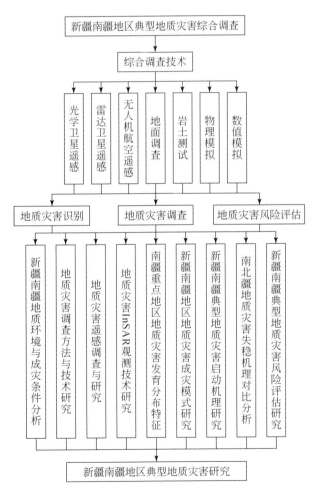

图 3.1　新疆南疆地区典型地质灾害研究技术路线图

（1）通过收集、整理国内外地质灾害调查技术、地质灾害调查评价、地质灾害风险评估、典型地质灾害成灾机理的研究成果，充分认识目前国内外地质灾害调查评价的主要先进技术手段的优缺点，提出光学卫星遥感、雷达卫星遥感、无人机航空遥感、地面调查等相结合的综合地质灾害调查方法。

（2）采用综合地质灾害调查方法开展地质灾害识别、调查及风险评估。

（3）在综合地质灾害调查的基础上开展 9 个方面的研究：①新疆南疆地质环境与成灾条件分析研究；②地质灾害调查方法与技术研究研究；③地质灾害遥感调查与研究；④地质灾害 InSAR 观测技术研究；⑤南疆重点地区地质灾害发育分布特征；⑥新疆南疆地区地质灾害成灾模式研究；⑦新疆南疆典型地质灾害启动机理研究；⑧南北疆地质灾害失稳机理对比分析；⑨新疆南疆典型地质灾害风险评估研究。

3.2.2　光学卫星遥感调查方法

1. 遥感信息源

1）数据源选取原则

遥感数据源对遥感解译工作具有重要的影响，不同的数据源具有不同的特点。根据研究区的特点选择合理的数据源能够最大化发挥遥感技术的优势，数据源选择主要考虑以下几方面内容：

（1）数据时相、质量必须满足规范和设计要求。

（2）不同精度的解译需选择对应分辨率的数据源。

（3）根据解译内容的特点选择合理的数据源类型。

2）数据源分析

通过分析各种卫星数据的特点和适用范围（表 3.1），结合研究区特点及工作要求，选取合适的卫星数据，卫星数据满足以下要求：①卫星时相为近 3 年内；②要求数据云、雪覆盖少（覆盖率<5%）；③阴影较少，色调层次分明；④无噪声。平面坐标系采用 2000 国家大地坐标系，高斯–克吕格投影，6°分带，高程基准为 1985 国家高程基准。

2. 图像处理与制作

1）Landsat-8 卫星图像处理

为满足此次研究区遥感解译的需要，并考虑卫星数据的可获取性，我们选择 Landsat-8 卫星遥感数据。Landsat-8 卫星数据分辨率为全色 15m，多光谱 30m。本次选择的 Landsat-8 卫星数据满足以下要求：①卫星影像的成像时间段尽量选择 2015 年至今；②要求数据云、雪覆盖少（覆盖率<5%）；③阴影较少、色调层次分明；④无噪声；⑤直接从网上免费下载。

表 3.1　主要遥感数据特征表

遥感平台	传感器	数据名称	波段数		地面分辨率/m	幅宽/km	适用比例	适用范围
航天	光学	QuickBird	多光谱	4	2.44	16.5	1万、5000	图幅面、区域和典型点
			全色	1	0.61			
		WorldView-1	全色	1	0.5	17.6		
		WorldView-2	多光谱	8	1.88	16.4		
			全色	1	0.45			
		IKONOS	多光谱	3	4	11		
			全色	1	1			
		GeoEye-1	多光谱	4	0.5	15		
			全色	1	1.65			
		K2	多光谱	4	4	15		
			全色	1	4			
		Eros-B	全色	1	0.70	7		
		高分二号	多光谱	4	3.2	45.3		
			全色	1	0.8			
		高分一号	多光谱	4	8	60	10万、5万	图幅面或区域
			全色	1	2			
		IRS-P5	全色	1	2.5	26		
		SPOT5	多光谱	4	10	60		
			全色	1	2.5			
		ALOS	多光谱	4	10	70		
			全色	1	2.5	35		
		SPOT4	多光谱	4	20	60		
			全色	1	10			

　　Landsat-8 图像处理主要包括数据融合、几何校正、色彩匹配–图像镶嵌、图像增强处理，以及遥感影像图制作图廓整饰功能，主要工作流程见图 3.2。

　　(1) 数据融合。数据融合是不同光谱分辨率和空间分辨率图像数据的复合。为了获得高分辨率的多光谱图像就必须首先进行数据融合。数据融合在 ERDAS 软件平台上进行，通过卫星数据的融合方式来满足不同调查内容的需要。

　　数据融合之前先涉及多光谱数据的波段组合问题，波段组合优选的目的是实现图像中工程地质和地质灾害信息的最佳叠加，组合时既要使图像信息量增加而不损失，又要使图像层次丰富而不杂乱无章。

　　由像元灰度值构成的遥感数字图像是一随机场。这主要由于遥感图像像元亮度值受到多方面随机变化因素的影响，同一地物由于成像时间、气候、植被覆盖等条件发生变化而变化，其亮度值也随机发生变化，因此存在同物异谱、同谱异物的现象。人眼对灰度一般只能分辨 16～24 个等级，但人眼对彩色的分辨能力要大得多，以红（R）、绿（G）、蓝

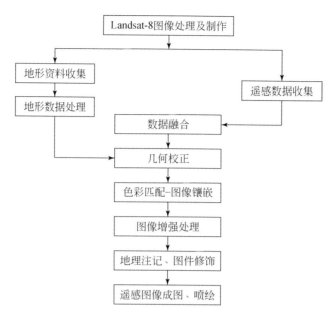

图 3.2　Landsat-8 遥感图像处理与制图流程

（B）三原色合成 3 个波段的卫星图像，从理论上讲，至少是 212～4096 种彩色。正是由于人眼对彩色分辨能力强的独特性质，一般在实际应用中，主要应用 RGB 彩色合成图像作为目视解译的标准图像，同时结合各波段的光谱特征和波段合成对比，选择最佳波段组合。Landsat-8 数据有 9 个波段，本次 Landsat-8 图像处理使用合成（6、5、4 波段）30m 分辨率的多光谱影像，与 15m 分辨率全色波段影像相融合，最终形成 15m 分辨率的多光谱遥感图像。选择 ERDAS 中的 HPF 融合方法，融合后的图像经过适当的增强处理色彩还原非常好。

（2）几何校正。几何校正是进行图像与地形图的坐标变换，首先要选定一批在二者中都容易识别的同名点作控制点。以控制点所提供的两组坐标数据为依据，采用回归方法就可以建立两个坐标系之间的转换函数，确定转换系数矩阵。

新像元的亮度值通过重采样获得，常用的方法有最近邻点法、双向线性内插法、三次卷积法等。其中，最近邻点法计算简单，但误差较大；三次卷积法精度高，但运算量大；双向线性内插法居中，故本次采用双向线性内插法。

几何校正直接以地形图为参照，与地理坐标配准，消除遥感图像的几何畸变，能显著改善数字图像的几何精度，对后续的解译制图和几何量算是非常必要的。

本次几何校正在 ENVI 图像处理系统平台上进行，以 1：5 万数字地形图为基准，用选择地面控制点功能（select ground control points），在每幅地形图上选取 40～60 个控制点，采用配准功能（register）和拟合功能（warp）等功能进行几何精校正和地理坐标配准，校正精度误差控制在 1.5 个像元以内。

（3）色彩匹配-图像镶嵌。数字影像镶嵌是将两幅或多幅数字影像拼接在一起，构成一幅整体图像的技术过程。

　　为了满足后期不同图像产品的需求，需要将所有的图像按原分辨率进行镶嵌，同时要保证镶嵌图像的几何精度和色调一致。镶嵌主要包括镶嵌线选取、颜色匹配、重采样等步骤。

　　由于 Landsat-8 成像时间、摄影角度的差异，以及背景的微小变化等因素的影响，两幅图像的色彩和坐标不能完全一致，其接边处在一定程度上都会存在色彩和坐标的差异，因此在拼接中，需要一种技术能够修正待拼接影像在拼接缝附近的差异，使之在拼接缝处的灰度有一个光滑的过渡，使两幅图像能成为一个均匀的整体。传统的解决方法是在拼接缝处及其附近采用平滑处理，而这样处理的结果会使影像的分辨率下降，产生影像模糊。此次研究采用强制改正方法，该方法是先统计拼接缝上任意位置两侧的灰度差，然后将灰度差在该位置两侧的一定范围内强制改正，并设置一定宽度的平滑带，做到无缝镶嵌。在保证信息最为丰富的前提下，尽量选择云、雪覆盖最少，地物最为接近的地方作为拼接线。图像镶嵌在 ENVI 和 PhotoShop 两个软件平台上进行。

　　（4）图像增强处理。图像增强处理的目的是突出图像中的某些信息，使图像中地物轮廓清晰，细节明显。图像增强处理通常是从光谱信息增强和空间信息增强两个方向着手。光谱信息增强的主要方法有反差扩展、彩色增强等，主要满足用户目视解译和人机交互式解译等需要。空间滤波是空间信息增强的主要方法，根据不同的需求，选取不同的滤波模块，处理的结果突出了图像的结构特征，特别是线性体，得到了不同程度的增强，使图像层次更为丰富、清晰易读、色调均匀、反差适中。

　　对研究区域内地层岩性和断裂构造进行解译，由于不同岩性地层在遥感图像中具有不同的纹理特征，因此，地物的纹理特征描述对正确区分各类岩性具有重要意义。对于地层岩性，我们采用锐化（边缘增强）以及高通滤波处理来使其纹理更加突出，边界更加明显，从而使得其更易区分。对于断裂构造，我们同样采用锐化（边缘增强）以及高通滤波处理使其纹理更加明显。另外，断裂构造在遥感影像上具有独特的色调，我们采用彩色合成、主成分分析和比值运算来增强断裂构造信息。其中彩色合成将使图像获得有利于目视判读的视觉效果，使断裂构造更容易在影像上判读；比值运算不仅可以扩大图像的颜色差别，还能消除地形和太阳入射角等因素对图像亮度值的影响；主成分分析是将遥感图像进行数据聚集和压缩，不同类别的地学信息被归并到不同的主分量中，根据需要提取感兴趣的主分量。而对于那些较暗区域我们采用直方图增强来突出细节，这样使得影像看起来层次更丰富，细节更鲜明。

　　（5）遥感影像图制作和图廓整饰。遥感影像图制作是在前期遥感图像处理的基础上，根据成图要求，分别制作特定比例尺、投影类型条件下的成品影像图，然后叠加图廓整饰内容。图廓整饰包括图名、经纬度、公里格网、比例尺、注记等内容，最后成图。

　　2）高分一号、高分二号卫星图像处理

　　高分一号卫星数据分辨率为全色 2m，多光谱 8m；高分二号卫星数据分辨率为全色 1m，多光谱 4m；数据清晰度满足本次 1∶5 万遥感调查精度。本次选择的高分一号、高分二号数据满足以下要求：①卫星影像的成像时间段尽量选择 2016 年至今；②要求数据云、雪覆盖少（云雪覆盖面积与整个研究区面积之比小于 5%）；③阴影较少、色调层次分明；④无噪声。此次研究区1∶5万遥感数据处理，数学基础为1∶5万比例尺，平面坐标系采用2000国家大地坐标系，高斯-克吕格投影，6°分带，高程基准为1985国家高程基准。

1∶5万遥感图像处理主要包括正射校正、数据融合、几何校正、色调匹配、图像镶嵌和各种增强处理等功能，本次1∶5万遥感调查图像处理工作主要工作流程见图3.3。

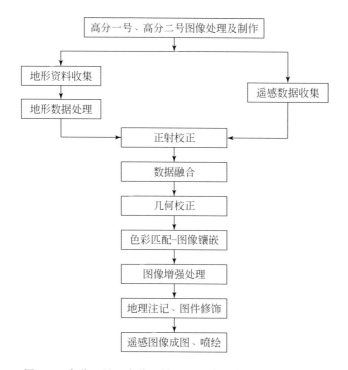

图3.3　高分一号、高分二号卫星遥感图像处理与制图流程

高分一号、高分二号卫星数据由中国地质环境监测院提供，产品类型为正射校正产品。提供的影像产品已经完成了数据的正射校正及数据融合。因此，图像处理仅需进行几何校正、色彩匹配-图像镶嵌和图像增强处理等。

（1）几何校正。本次几何校正在ENVI图像处理系统平台上进行，以1∶5万数字地形图为基准，选择地面控制点功能，在每幅地形图上选取80~120个控制点，采用配准功能和拟合功能等功能进行几何精校正和地理坐标配准，校正精度误差控制在1.5个像元以内。

（2）色彩匹配-图像镶嵌。由于高分一号成像时间、摄影角度的差异，以及背景的微小变化等因素的影响，两幅图像的色彩和坐标不能完全一致，其接边处在一定程度上都会存在色彩和坐标的差异，因此在拼接中，需要一种技术能够修正待拼接影像在拼接缝附近的差异，使之在拼接缝处的灰度有一个光滑的过渡，使两幅图像能成为一个均匀的整体。传统的解决方法是在拼接缝处及其附近采用平滑处理，而这样处理的结果会使影像的分辨率下降，产生影像模糊。此次研究采用强制改正方法，该方法是先统计拼接缝上任意位置两侧的灰度差，然后将灰度差在该位置两侧的一定范围内强制改正，并设置一定宽度的平滑带，做到无缝镶嵌。在保证信息最为丰富的前提下，尽量选择云、雪覆盖最少，地物最为接近的地方作为拼接线。图像镶嵌在 ENVI 和 PhotoShop 两个软件平台上进行。

（3）图像增强处理。本次专题图像增强处理的目的是突出地质灾害以及与地质灾害有关的地质构造、地层岩性、地形地貌、植被覆盖等信息，本次专题图像处理内容主要包括信息增强、信息提取等。针对本次地质灾害遥感解译，通过图像增强主要提高了地物的对比度，增强了地物轮廓和细节的清晰度，突出了图像的结构特征，有利于地质灾害的识别和地质环境条件的解译。

①信息增强。对高分一号卫星数据的全色波段都进行了 KL 变换，充分利用影像的全部有效信息，去除噪声干扰，能有效突出专题和部分相关背景信息；通过卷积滤波、边缘增强功能，锐化增强，有效突出了裂隙、地质灾害体边界信息，明显提升了影像的可解译程度。

②边沿提取。对个别地质灾害特征不明显的影像，采用边沿提取功能，增强了地物的空间纹理、形状，以及地物边缘形状特征，地质灾害体边界信息有一定增强效果，对遥感解译工作有一定帮助。

（4）遥感影像图制作和图廓整饰。遥感影像图制作是在前期遥感图像处理的基础上，根据成图要求，分别制作特定比例尺、投影类型条件下的成品影像图，然后叠加图廓整饰内容。图廓整饰包括图名、经纬度、公里格网、比例尺、注记等内容，最后成图。

3）高分辨率卫星立体像对数据处理

为满足本次重点地区 1∶1 万遥感调查的需要，我们选择 WorldView-2 立体像对数据。WorldView-2 卫星数据分辨率为全色 0.5m，多光谱 2m。本次选择的 WorldView-2 立体像对数据满足以下要求：①卫星影像的成像时间段尽量选择 2016 年至今；②要求数据云、雪覆盖少（覆盖率<5%）；③阴影较少、色调层次分明；④无噪声；⑤数据源由中国地质环境监测院提供。经遥感数据公司查阅，塔县、叶城县、莎车县重点地区有满足要求的 WorldView-2 立体像对数据。

本次重点地区 1∶1 万遥感数据处理，数学基础为 1∶1 万比例尺，平面坐标系采用 2000 国家大地坐标系，高斯–克吕格投影，3°分带，高程基准为 1985 国家高程基准。

WorldView-2 立体像对数据图像处理主要包括提取 DEM、正射校正、数据融合、图像增强处理等功能，本次 1∶1 万遥感调查图像处理工作主要工作流程见图 3.4。

（1）提取 DEM。利用 ENVI 5.0 的 DEM Extraction 功能，通过获取的控制点，对原始的 WorldView-2 立体像对数据进行 DEM 提取处理，得到精度较高的 DEM 数据。

（2）正射校正。遥感图像正射校正的地理参考为国家测绘局提供的 1∶1 万 DRG，数字高程模型（DEM）为之前立体像对提取的 DEM。利用 ENVI5.0 的 Orthorectification 功能，通过全色和多光谱数据的卫星轨道模型参数配合 DEM 数据，对全色和多光谱数据分别进行正射校正。本次正射校正采用双向线性内插法，最后经重采样获得正射校正好的遥感图像。

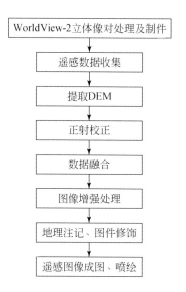

图 3.4　WorldView-2 立体像对处理与制图流程

（3）数据融合。WorldView-2 卫星多光谱数据具有蓝、绿、红和近红外等 8 个波段，选择其中的 1、2、3 波段作为此次研究的波段组合。1、2、3 波段刚好对应 WorldView-2 卫星的蓝、绿、红波段，是自然真彩色的原始组合，能比较好地反映地面物体的真实色彩。

波段组合选择好后便进行融合处理，WorldView-2 图像使用合成 2m 分辨率的多光谱影像，与 0.5m 分辨率全色波段影像相融合，最终形成 0.5m 分辨率的多光谱遥感图像。根据实际工作经验总结，ERDAS 中的 HPF 融合方法效果比较好，融合后的图像经过适当的增强处理色彩还原非常好。

（4）图像增强处理。本次专题图像处理的目的是突出地质灾害，以及与地质灾害有关的地质构造、地层岩性、地形地貌、植被覆盖等信息，本次专题图像处理内容主要包括信息增强、边沿提取等。针对本次地质灾害遥感解译，通过图像增强主要提高了地物的对比度，增强了地物轮廓和细节的清晰度，突出了图像的结构特征，有利于地质灾害的识别和地质环境条件的解译。

①信息增强。对 WorldView-2 卫星数据的全色波段都进行了 KL 变换，充分利用影像的全部有效信息，去除噪声干扰，能有效突出专题和部分相关背景信息；通过卷积滤波、边缘增强功能，锐化增强，有效突出了裂隙、地质灾害体边界信息，明显提升了影像的可解译程度。

②边沿提取。对个别地质灾害特征不明显的影像，采用边沿提取功能，增强了地物的空间纹理、形状，以及地物边缘形状特征，地质灾害体边界信息有一定增强效果，对遥感解译工作有一定帮助。

（5）遥感影像图制作和图廓整饰。遥感影像图制作是在前期遥感图像处理，根据成图要求，分别制作特定比例尺、投影类型条件下的成品影像图，然后叠加图廓整饰内容。图廓整饰包括图名、经纬度、公里格网、比例尺、注记等内容，最后成图。

3. 遥感解译

1）遥感解译方法

（1）目视解译法。目视解译法是通过影像单元或影像岩石单元、断裂构造等解译标志的建立，根据肉眼对经过特定处理后的遥感图像的判别，进行类别区分和归并的编图方法。通常与人机解译法和计算机自动分类法交叉使用，互为补充。

（2）人机交互解译法。人机交互解译法是一种利用计算机技术直接解译圈定编图单位或将目视解译结果输入计算机内与解译图像匹配，并进行修改补充的一种方法。用该方法编制的解译图件，编图单位划分准确，边界误差小，可提高编图精度。

（3）计算机自动提取和分类法。计算机自动提取和分类法是利用 DEM 生成的坡度图，从而便于更直观地了解研究区地形地貌特征。

（4）图像增强处理法。图像增强处理法是对解译目标信息实施针对性增强处理的一种方法。根据以往应用效果，主要选择波段组合法、比值组合法、主成分分析法、HIS 彩色空间变换法和融合技术为本次研究采用的图像增强处理方法。

（5）直判法。直判法根据建立的地质体遥感解译标志，通过对其色彩、形态、影纹特征以及与周围环境的相关关系分析，可以直接勾绘出地质灾害的边界和特征，快速识别地质灾害的一种解译方法。

（6）邻比法。邻比法是在同一张或相邻较近的遥感图像上，进行邻近比较，从而区分出两种不同目标的解译方法。这种方法通常只能将不同类型地质体的界线区分出来，但不一定能鉴别出地质体的属性。使用邻比法时，要求遥感图像的色彩保持正常，最好在同一张图像上进行。

（7）对比法。对比法是将解译地区遥感影像上所反映的某些地物和自然现象与另一已知的遥感影像样片相比较，进而确定其属性的解译方法。对遥感解译难度较大、资料较少的地区，可将已知地区的遥感图像与要解译地区的遥感图像进行对比解译，从已知到未知，从一般到特殊，逐步进行解译。但特别要注意，对比必须在各种条件相同的情况下进行，如地形地貌、气候条件、地质环境条件等应基本相同，同时遥感图像的类型、成像条件（时相、天气、比例尺等）、波段组合等也应相同。

（8）逻辑推理法。逻辑推理法是借助各种地物或自然现象之间的内在联系所表现的现象，间接判断某一地物或自然现象的存在和属性。对解译难度较大的地质灾害，可根据其所处的地理位置、地质环境条件和与周围环境的相关关系等进行综合分析，通过逻辑推理，确定地质灾害的类型、规模和分布位置。地质灾害多分布于山高谷深、构造发育、岩体破碎、新构造活动强烈的地区，且沿水系和断裂带发育分布，在形态上多呈线状影像特征。

（9）图像处理法。对于遥感解译难度较大或图像模糊不清的地区，可通过图像增强、拉伸、比值、合成等有针对性的图像处理方法，以突出解译所需的地质灾害信息，消除干扰信息，使图像清晰、信息更加丰富，提高遥感解译的质量和效果。

（10）多源遥感数据源解译法。多源遥感数据源解译法根据不同遥感数据源对解译目标的可解译程度，有针对性地选择数据源。例如，区域地质构造、地层岩性拟采用美国 Landsat-8 遥感数据源；地质灾害、水文、地貌拟采用高分二号卫星开展遥感解译；高分一号、QuickBird 卫星等其他卫星数据作为补充。

（11）多时相动态解译法。多时相动态解译法针对人类工程活动强烈区典型、重大地质灾害点，通过多时相动态识别技术，获取该点人类工程活动的变化趋势，以及地质灾害动态变化特征、灾害链特征，并在此基础上，开展早期监测预警方法研究。

2）遥感解译内容

（1）区域地质环境背景。主要包括地貌类型、地层岩性、断裂构造、水文地质等内容。

孕灾地质背景解译是在充分利用已有的资料，对孕灾地质背景进行必要的补充、修正的基础上进行的。由于研究区内基础地质工作程度较低，研究区应开展较为详细的孕灾地质背景解译。解译精度要求：影像图上图斑面积大于 $4mm^2$ 的孕灾地质体，长度大于 2cm 的形变线状地质体均应解译出来。

①地貌类型遥感解译。地貌类型遥感解译的主要依据是地貌形态和成因类型。研究区主要地貌类型包括：河谷地貌、风积沙漠、平原地貌、低山丘陵地貌、中山地貌、高山地貌、极高山地貌、冰川地貌等。地貌解译主要是解译地貌类型边界、类别、面积等。地貌注点注释文件属性包括：解译（推断）地质要素及代号、图幅编号等；地貌边界线文件属性包括：解译（推断）地质要素及代号、可解译程度、图幅编号、遥感地质要素的地理位置、图像处理方法、遥感影像特征、解译者、解译日期等信息；地貌面文件属性包括：解译（推断）地质要素及代号、可解译程度、图幅编号、遥感地质要素的地理位置、图像处理方法、遥感影像特征、解译者、解译日期等信息；在此基础上编录遥感地质要素解译信息表（表 3.2）、地貌类型遥感解译统计表（表 3.3）。

表 3.2　遥感地质要素解译信息表

卡片编号		图幅名称		图幅编号	
遥感地质要素的地理位置		左上：$X=$　　　$Y=$		右下：$X=$　　　$Y=$	
解译（推断）地质要素及代号		可解译程度		野外验证的地质要素及代号	
图像处理方法：					
遥感影响特征：					
野外观察点位置	$X=$		$Y=$		

续表

野外观察点描述：

实地照片编号		镜头指向	
解译者		解译日期	
验证者		验证日期	

室内解译编录内容包括：卡片编号、图幅名称、图幅编号、遥感地质要素的地理位置、解译（推断）地质要素及代号、可解译程度、野外验证的地质要素及代号、图像处理方法、遥感影像特征、野外观察点位置、野外观察点描述、实地照片编号、镜头指向等。

卡片编号：用***00*表示，其中***为图幅编号；00*为卡片序码。

图幅名称：编录点所属图幅名称。

图幅编号：编录点所属图幅编号。

遥感地质要素的地理位置：用所解译遥感地质要素所在的矩形区域的左上角和右下角的大地坐标，以及**村旁等提示性语言表示。

解译（推断）地质要素及代号：根据解译标志确定（推断）的地质要素及所赋予的代号。

可解译程度：根据地质要素可识别性，从高到低用Ⅰ、Ⅱ、Ⅲ级表示。

野外验证的地质属性及代号：填写野外验证的地质要素及代号。

图像处理方法：采用的数据源及其图像处理方法。

遥感影像特征：描述解译地质要素的影像特征。

野外观察点位置：编录观察点的大地坐标。

野外观察点描述：描述验证对象的地质、地貌等特征。

实地照片编号：野外照片编号。

镜头指向：照相机镜头所指地理方位。

表 3.3　地貌类型遥感解译统计表

编号	图幅编号	地貌类型	代码	面积/km^2	影像特征	备注
1						
2						
3						

②地层岩性遥感解译。根据已有 1∶25 万区域地质资料，结合 Landsat-8 卫星图像对研究区内地层岩性进行修编。根据建立的地层岩性遥感解译标志，复核已有地层边界，对地层边界出入较大的进行修正；对第四系进行补充解译。解译地层注释点文件属性包括：解译（推断）地质要素及代号、图幅编号等；解译地层线文件属性包括：解译（推断）地质要素及代号、可解译程度、图幅编号、遥感地质要素的地理位置、图像处理方法、遥感影像特征、解译者、解译日期等信息；解译地层面文件属性包括：解译（推断）地质要素及代号、可解译程度、图幅编号、遥感地质要素的地理位置、图像处理方法、遥感影像特征、解译者、解译日期等信息；在此基础上编录遥感地质要素解译信息表（表3.2）、地层岩性遥感解译统计表（表3.4）。

表 3.4　地层岩性遥感解译统计表

编号	地层代号	岩性特征	影像特征	分布位置	备注
1					
2					

③断裂构造遥感解译。根据 1 : 5 万、1 : 25 万区域地质资料，建立区内断裂构造和褶皱构造遥感影像标志。断裂构造解译主要包括断裂类型、产状、规模、断距、次序等。根据线性影像、两侧地质体空间位置的变化及接触关系等解译标志判定断裂的存在。根据断裂形态、岩石变形特征及两盘的相对运动关系等判断其类型。根据断层三角面等产状要素的立体观察，测定或推断断裂倾向和倾角。根据断裂两盘同一个地质体的位移计算断距和断裂延伸距离及断距的大小判断规模；根据断裂间的相互切错关系分析形成次序。

解译断裂构造注释点文件属性包括：解译（推断）地质要素及代号、图幅编号等；解译断裂构造线文件属性包括：解译（推断）地质要素及代号、可解译程度、图幅编号、遥感地质要素的地理位置、图像处理方法、遥感影像特征、解译者、解译日期等信息；解译断裂构造面文件属性包括：解译（推断）地质要素及代号、可解译程度、图幅编号、遥感地质要素的地理位置、图像处理方法、遥感影像特征、解译者、解译日期等信息。根据遥感解译断裂构造的基本特征，按照编号、名称、走向、倾向、倾角、断裂性质、影像特征、延伸长度等，编录遥感地质要素解译信息表（表 3.2）、断裂构造遥感解译统计表（表 3.5）。

表 3.5　断裂构造遥感解译统计表

编号	名称	走向	倾向	倾角	断裂性质	影像特征	延伸长度/km	备注
1								
2								

④水文地质遥感解译。研究区内主要水文地质现象包括河流、水库、湖泊、冲洪积扇扇前地下水溢出带等类别。解译水文地质注释点文件属性包括：解译（推断）地质要素及代号、图幅编号等；解译水文地质线文件属性包括：解译（推断）地质要素及代号、可解译程度、图幅编号、遥感地质要素的地理位置、图像处理方法、遥感影像特征、解译者、解译日期等信息；解译水文地质面文件属性包括：解译（推断）地质要素及代号、可解译程度、图幅编号、遥感地质要素的地理位置、图像处理方法、遥感影像特征、解译者、解译日期等信息。根据遥感解译水文地质的基本特征，按照编号、富水类别、位置、面积、影像特征等，编录遥感地质要素解译信息表（表 3.2）、水文地质遥感解译统计表（表 3.6）。

表 3.6　水文地质遥感解译统计表

编号	富水类别	位置	面积/km^2	影像特征	备注
1					
2					

（2）人类工程活动。人类工程活动主要包括土地利用、工程建设等内容。

①土地利用：解译区内森林植被类型、地表水体、耕地、荒坡地、城镇、交通等用地类型和分布线状。

②工程建议：解译工程切坡、水库库岸、露天采矿场、尾矿库、固体废物堆场等分布及其稳定性。

研究区人类工程活动主要包括城镇、聚居区、分散农户、耕地、交通、水电站、露天采矿场等。解译内容包括：编号、类别、地理坐标、面积等。解译人类工程活动注释点文件属性包括：统一编号、类型、图幅编号等；解译人类工程活动线文件属性包括：统一编号、类型、图幅编号、自然地理位置、遥感影像特征、解译人、解译时间等信息；解译人类工程活动面文件属性包括：统一编号、类型、图幅编号、自然地理位置、遥感影像特征、解译人、解译时间等信息。根据遥感解译人类工程活动的基本特征，编录人类工程活动遥感解译统计表（表 3.7）、人类工程活动遥感解译记录表（表 3.8）。

表 3.7　人类工程活动遥感解译统计表

编号	类别	地理坐标	面积/km²	影像特征	备注
1					
2					

表 3.8　人类工程活动遥感解译记录表

项目名称：　　　　　　　　　　　　　　　　解译单位：

统一编号：		室内解译编号：		图幅编号：		
自然地理位置					遥感影像图	
地理坐标	经度		类型			
	纬度					
遥感影像特征						
人类工程活动描述						
解译人		解译时间		检查人		检查时间

（3）滑坡地质灾害。解译出的滑坡最小上图精度为 4mm²，图上面积大于最小上图精度的，应勾绘出其范围和边界，小于最小上图精度的用规定的符号表示。定位时，滑坡点定在滑坡后缘中部。

滑坡解译主要包括滑坡体所处位置（县、乡、村）、地理位置（经纬度坐标、公里网坐标）、滑坡体长度、宽度、滑坡区面积、规模（特大型、大型、中型、小型）、主滑方向、滑坡类别（基岩滑坡、松散层滑坡、古滑坡复合等）、变形特征（拉裂缝、滑坡洼地、鼓丘等）、滑坡区地貌类型、滑坡区斜坡地层岩性、地质构造、斜坡结构、斜坡坡向、斜坡坡度、遥感影像特征、威胁对象、危险区范围等。滑坡注释点文件属性包括：解译编号、类型、规模、图幅编号、位置（县、乡、村）、地理位置（经纬度坐标、公里网坐标）、滑坡体长度、宽度、滑坡区面积、规模（特大型、大型、中型、小型）、主滑方向、滑坡类别（基岩滑坡、松散层滑坡、古滑坡复合等）、变形特征（拉裂缝、滑坡洼地、鼓丘等）、滑坡区地貌类型、滑坡区斜坡地层岩性、地质构造、斜坡结构、斜坡坡向、斜坡坡度、遥感影像特征、威胁对象、危险区范围、解译人、解译时间等信息；滑坡线文件属性包括：解译编号、类别等；滑坡面文件属性包括：解译编号、类型、规模、图幅编号、位置（县、乡、村）、地理位置（经纬度坐标、公里网坐标）、滑坡体长度、宽度、滑坡区面积、规模（特大型、大型、中型、小型）、主滑方向、滑坡类别（基岩滑坡、松散层滑坡、古滑坡复合等）、变形特征（拉裂缝、滑坡洼地、鼓丘等）、滑坡区地貌类型、滑坡区斜坡地层岩性、地质构造、斜坡结构、斜坡坡向、斜坡坡度、遥感影像特征、威胁对象、危险区范围、解译人、解译时间等信息。在此基础上，编录滑坡遥感解译统计表（表3.9）、滑坡遥感解译信息表（表3.10）。

表3.9　滑坡遥感解译统计表

编号	解译编号	类型	位置	地层	斜坡类型	经度	纬度	规模	长度	宽度	面积	主滑方向	影像特征	威胁对象
1														
2														

表3.10　滑坡遥感解译信息表

室内解译编号：

灾害类型		规模		
附近地名		所在县		遥感影像图
坐标				
遥感影像特征				
地质构造				
主滑坡度/(°)[a]		前后缘高程/m		
主滑方向/(°)		平面规模/m^2		
地层岩性				
危险性				
解译人		解译时间		检查人 |...

a 利用DEM提取。

（4）崩塌地质灾害。解译出的崩塌的最小上图精度为4mm^2，图上面积大于最小上图精度的，应勾绘出其范围和边界，小于最小上图精度的用规定的符号表示。定位时，崩塌点定在崩塌发生的前沿。

崩塌解译主要包括崩塌体所处位置（县、乡、村）、地理位置（经纬度坐标、公里网坐标）、崩塌堆积体长度、宽度、崩塌堆积区面积、危岩区长度、宽度、规模（特大型、大型、中型、小型）、崩塌方向、崩塌类型（基岩崩塌、松散层崩塌等）、变形特征、崩塌区地貌类型、崩塌区斜坡地层岩性、地质构造、斜坡结构、斜坡坡向、斜坡坡度、遥感影像特征、威胁对象、危险区范围等。崩塌注释点文件属性包括：解译编号、类型、规模、图幅编号、位置（县、乡、村）、地理位置（经纬度坐标、公里网坐标）、崩塌堆积体长度、宽度、崩塌堆积区面积、危岩区长度、宽度、规模（特大型、大型、中型、小型）、崩塌方向、崩塌类别（基岩崩塌、松散层崩塌等）、变形特征、崩塌区地貌类型、崩塌区斜坡地层岩性、地质构造、斜坡结构、斜坡坡向、斜坡坡度、遥感影像特征、威胁对象、危险区范围、解译者、解译日期等信息；崩塌线文件属性包括：解译编号、类型等；崩塌面文件属性包括：解译编号、类型、规模、图幅编号、位置（县、乡、村）、地理位置（经纬度坐标、公里网坐标）、崩塌堆积体长度、宽度、崩塌堆积区面积、危岩区长度、宽度、规模（特大型、大型、中型、小型）、崩塌方向、崩塌类别（基岩崩塌、松散层崩塌等）、变形特征、崩塌区地貌类型、崩塌区斜坡地层岩性、地质构造、斜坡结构、斜坡坡向、斜坡坡度、遥感影像特征、威胁对象、危险区范围、解译者、解译日期等信息。在此基础上，编录崩塌遥感解译统计表（表 3.11）、崩塌遥感解译信息表（表 3.12）。

表 3.11　崩塌遥感解译统计表

编号	名称	类型	位置	地层	斜坡类型	经度	纬度	规模	长度	宽度	面积	崩塌方向	影像特征	威胁对象
1														
2														

表 3.12　崩塌遥感解译信息表

室内解译编号：

灾害类型		规模		遥感影像图	
附近地名		所在县			
坐标					
遥感影像特征					
地质构造					
坡度/(°)ᵃ		前后缘高程/m			
方向/(°)		平面规模/m²			
地层岩性					
危险性					
解译人		解译时间		检查人		检查时间	

a 利用 DEM 提取。

（5）泥石流地质灾害。解译出的泥石流的最小上图精度为 $4mm^2$，图上面积大于最小上图精度的，应勾绘出其范围和边界，小于最小上图精度的用规定的符号表示。定位时，泥石流点定在堆积扇扇顶。

泥石流解译主要包括：泥石流流域的界线、沟口堆积扇、泥石流物源、威胁对象、遥感影像特征、危险区、泥石流分区（堆积区、流通区、物源区、清水区）等。泥石流点注释点文件属性包括：解译编号、类型、流域面积、流域形态、主沟长度、主沟纵比降、规模、泥石流堆积扇形态、堆积扇宽、扩散角、物源类别、物源面积、地层岩性、地质构造、威胁对象、解译人、解译时间等信息等。泥石流线文件属性包括：泥石流编号、解译编号、类型、长度。泥石流区文件属性包括：泥石流编号、解译编号、类型、面积等。在此基础上，编录泥石流遥感解译统计表（表3.13）、泥石流遥感解译信息表（表3.14）。

表3.13　泥石流遥感解译统计表

编号	名称	类型	县	乡	村	经度	纬度	规模	堆积扇宽	扩散角	物源面积	主沟纵比降	主沟长度	流域面积	影像特征	威胁对象
1																
2																

表3.14　泥石流遥感解译信息表

室内解译编号：

灾害类型		规模	
附近地名		所在县	
沟口坐标			
遥感影像特征			
地质构造		植被发育	
地形坡向		流域形态	
地貌部位		水源类型	
发育阶段		集水区面积/km^2	
河床特征	包括长、比降、高点高程、沟口高程		
堆积体特征	包括面积、坡度、扩散角		
地层岩性			
危险性			
解译人		解译时间	

（右侧栏：遥感影像图）

检查人		检查时间	

（6）典型、重大地质灾害点多时相对比解译。

①典型、重大地质灾害点选取原则。研究区典型、重大地质灾害点的选取要求如下：选取的典型、重大地质灾害点要具有代表性、典型性，且危害、规模较大；滑坡拟

采用的多期遥感数据应能够反映滑坡多期变化特征，即能够反映滑坡变形前、变形中、滑动后等特征；泥石流拟采用的多期遥感数据应能够反映泥石流几个水文年来泥石流的发生、变化规律；崩塌拟采用的多期遥感数据应能够反映崩塌多期变化特征，即能够反映崩塌前、崩塌后，以及危岩区拉裂变形等特征，且选用地面分辨率不低于 0.5m 的遥感数据源。

②典型、重大地质灾害点对比解译。典型、重大地质灾害点多时相对比解译：利用多时相、高分辨率的遥感数据资料及大比例尺地形数据，开展典型、重大地质灾害点遥感解译及数字地形空间分析。遥感解译及空间分析内容包括：制作典型、重大地质灾害点地势图；制作典型、重大地质灾害点坡度图；制作典型、重大地质灾害点坡向图；提取典型、重大地质灾害点特征信息，如泥石流物源信息、流域面积、流域高差、主沟长度、主沟纵比降、物源分布位置、物源区坡度、威胁对象等。利用 1~2 个水文年，多时相的高分辨率遥感图像（卫星和无人机航片）进行对比研究，开展变形特征、物源、地形地貌等因子的多时相对比分析，分析其演化发展规律，从而开展典型、重大地质灾害点成灾模式研究。

研究区典型、重大地质灾害点开展多时相对比解译具体内容如下：泥石流拟采用的多期遥感数据要求能够反映泥石流几个水文年来泥石流发生、变化规律；且数据源要求地面分辨率大于 0.5m。崩塌拟采用的多期遥感数据要求能够反映崩塌多期变化特征，能够反映崩塌前、崩塌后，以及危岩区拉裂变形等特征，且数据源要求地面分辨率大于 0.5m。圈定灾害体边界、变形特征、泥石流堆积扇范围、威胁对象等。编制地质灾害点变化图，统计分析地质灾害变化特征要素，总结地质灾害点成灾模式。

3）遥感解译步骤

遥感解译工作是野外踏勘—初步解译—调查验证—详细解译的综合、反复过程。

（1）野外踏勘。在研究初期，根据研究区孕灾背景、地质灾害发育情况，通过野外踏勘及资料收集工作，建立不同类别遥感解译标志。

（2）初步解译。在充分收集和分析已有的成果资料的基础上，通过野外踏勘工作了解研究区地形地貌特征、岩（土）体类型、地质构造等地质环境条件，以及已知地质灾害的类型、形态和分布情况等，着重分析已知地质灾害的遥感影像特征，建立研究区地质灾害的遥感解译标志，在遥感图像上识别地质灾害及其孕灾地质背景信息，编制遥感初步解译图。

（3）调查验证。根据初步解译成果，对解译过程中有疑问的、遥感解译困难的类别，通过野外验证工作，进一步核实遥感解译标志及解译结果是否正确。同时，对典型、重大地质灾害点和重点村镇、富民安居点开展现场调查工作，丰富遥感解译内容，为室内综合分析及重点村镇、富民安居点危险性评价工作提供基础数据。

D. 详细解译

在上述初步解译的基础上，通过野外调查验证后，补充和完善地质灾害的遥感解译标志，按照调查任务的要求，开展地质灾害的详细解译，填写地质灾害遥感解译卡片，编制完成地质灾害遥感解译成果图件及报告编写工作。

4. 野外查证

1) 现场查证总体思路

采用点、线、面相结合的方法进行现场查证。对于解译效果好的地段以点验证为主；对于解译效果中等的地段应布置一定代表性路线追索验证；对于解译效果差的地段以面验证为主。查证路线应重点布置在解译出的地质灾害分布较为集中的地段、室内解译不能确定的地段、解译标志不甚明显的地段、综合分析存在重大地质灾害隐患的地段及现有交通可达的地段。首先选择典型地段进行解译标志及初步成果验证，在此基础上进行整个研究区的查证；验证时，应确认是否为地质灾害，然后再核定地质灾害边界范围、形态特征、规模大小、运动方式和危害程度等要素。对典型地质灾害及其孕灾地质背景，应采用摄像或拍照的方式，作为与遥感影像对照、说明地质灾害特征的依据，并填写相关查证表格。

2) 亚米级高分辨率遥感核查方法

研究区位于天山南麓与昆仑山的结合部。针对境内交通条件较差，安全形势严峻，采用亚米级遥感数据源（地面分辨率 0.5m、0.4m、0.2m）对地面分辨率 1m、2m 遥感数据解译结果进行室内核查，以提高解译精度。主要针对 1 : 5 万图幅解译区采用。

3) 无人机航拍验证法

在野外调查中，采用便携式无人机，对无法到达观察位置的灾害点，采用无人机影像、视频采集，远距离观察，以达到野外验证目的，提高野外调查精度。

4) 现场查证方法

(1) 首先选择典型地段进行解译标志及初步解译成果验证，在此基础上进行整个研究区的查证；验证时，应确认是否为地质灾害，然后再核定地质灾害的边界范围、形态特征、规模大小、运动方式和危害程度等要素。

(2) 对典型地质灾害及其孕灾地质背景，应采用摄像或拍照的方式，作为与遥感影像对照、说明地质灾害特征的依据。

3.2.3 雷达卫星观测技术

1. InSAR 技术在滑坡领域的研究现状

合成孔径雷达干涉测量（InSAR）从名称中可以看出该技术融合了雷达成像与干涉测量技术，原理是利用两幅天线在同一时间进行观测或者进行两次平行测量获得研究区的测量数值，然后将两次测量的信号的相位差进行提取，再通过测量到的其他轨道数据计算地表高程和动态数据。这一技术的测量结果十分精确，能达到毫米级，除此以外该技术的分辨率和重复频率也较高，还具有应用面积大，能够全天候、全天时进行测量的优点。鉴于上述特点，该技术在地形测绘和地表变形监测领域应用十分广泛（Massonnet and Feigl，1998；Hanssen，2001）。

InSAR 技术发明后最早使用在对其他星球的测量领域，第一次用于对地球地形的测量是通过机载双天线 SAR 系统技术实现的（Graham，1974）；由 InSAR 技术改进后的差分合成孔径雷达干涉测量（differential interferomatic synthetic appurture radar，D-InSAR）技术能够实现动态测量地表的变化，代表着 InSAR 技术的使用范围越来越广，可以用于监测火山活动、山体滑坡、高震级地震、地面沉降等地形变化（单新建等，2002；许才军等，2010；Massonnet et al.，1995）。

D-InSAR 技术虽然优点明显，但是也具有一定的应用局限性，容易受地面植被、湿度和大气条件影响而出现相位失相干或在时间、空间上出现延迟。D-InSAR 的发展应用也因此受到了一定程度的制约。针对这些情况，学者们做了大量的探索与研究，发现裸露的岩石、人工建筑物等固定地物可以长时间保持较好的相干性，依靠它们就可以获取较好的干涉信息。随后，Ferretti 等（1999，2000，2001）在此基础上提出了永久散射体合成孔径雷达干涉测量（persistent scatterer InSAR，PS-InSAR）技术，成功克服了 D-InSAR 技术在时间和空间上失相干方面的不足，降低大气扰动带来的误差，而且可以实现长期动态的监测地表变形。Lanari 等（2002）进一步完善时间序列技术，并推出小基线集技术，避免了 PS-InSAR 技术中过度依赖影像的缺点，也在一定程度上克服了时空失相干的问题。

目前 InSAR 技术主要在如下滑坡灾害的领域中广泛应用。

1）滑坡识别与编目

滑坡编目图记录了滑坡的空间位置信息，有时还记录了这些滑坡的发生日期以及区域内留下的可辨识的滑坡类型等相关信息（Guzzetti et al.，2012）。Carrara 等（1977）提出，滑坡编目的主要意义为可表征滑坡的分布特征，其内载有滑坡类别、空间展布特点、重复率等重要信息，是对滑坡实施预测、风险评估等的主要参考依据。

随着技术发展，近几年来，InSAR 技术开始成为该领域的热点。Ping 等（2010，2011）利用意大利 Arno 流域的 Radarsat 升轨和降轨数据，对获取的 PS 点做热点和聚类分析，提取了 110 个和 115 个热点区，其中 79.1%、63.2% 的热区包含了滑坡，12.7%、20.6% 的区域内监测出新滑坡，证明了这种方法在检测新滑坡方面的有效性。同时，Ping 等（2012）通过聚类分析技术、热点分析技术和 PS-InSAR 技术结合 PS 点平均速率研究，获取统计量并对其实施了核密度测算，以此为基础绘制了滑坡灾害热区冷区图，实现了大范围慢速滑坡的快速制图。

Notti 等（2010）针对 TerraSAR-X 数据采用稳定点网络技术——切片分组网（slicing packet network，SPN）技术对西班牙特纳河谷上段地区进行滑坡制图与监测，并结合反距离加权（inverse distance weighted，IDW）插值识别出 4 处新滑坡，修改了 8 个滑坡的边界，并验证了该技术在滑坡制图和检测方面的能力。

赵超英（2012）通过 ALOS PALSAR 技术测算了美国加利福尼亚州北部与俄勒冈州南部的滑坡活动性。然后运用 InSAR 相干图、InSAR 形变图、SAR 后向反射强度图和 DEM

设置阈值检测出大约 50 多个活跃滑坡，并用 SBAS 技术分析了滑坡的形变模式。

雷玲等（2012）采用 PS-InSAR 技术，分别研究了 28 景 ERS、35 景 Radarsat-2 和 18 景 TerraSAR-X 数据 3 种不同的数据类型，并得出可以通过滑坡点形变速率与临界地区的数据对比获取滑坡活动性的结果。

2）滑坡监测

Fruneau 等（1996）利用 ERS 数据，使用 D-InSAR 技术监测法国南部的 Saint-Etienne-de-Tinee 附近出现的山体滑坡灾害，通过验证，该方法与传统方法获取的数据结果大体一致。

1999 年研究学者 Rott 等（1999）详细浏览了奥地利厄兹塔尔阿尔卑斯山脉范围内的近水库慢速滑坡群自 1992 年以来近 7 年的影像资料（ERS-1、ERS-2），同时以此为基础，阐述了慢速滑坡移动快慢与否同季节性降水存在一定相关性。

PS-InSAR 技术的发明者 Ferretti 等（2000）在传统技术的基础上着手新技术的研发，于 2003 年借助 D-InSAR、PS-InSAR 技术对植被覆盖区域的滑坡进行监测，并获得了毫米级别的形变精度。

Bianchini 等（2013）基于 2007～2010 年的 14 景 ALOS PALSAR 影像提取了 PS 点，并结合其他基础地形数据对 PS 点的分布进行可见性分析，利用 VLOS 和 VSLOPE 评估了研究区的滑坡活动状态，以及造成滑坡灾害的可能性。

国内 InSAR 技术起步较晚，早期主要应用于地面沉降领域。随着时间序列 InSAR 技术的迅速发展，国内学者在时序 InSAR 技术滑坡监测方面进行了不断的探索。

在借助 InSAR 方法对滑坡实施监测方面，范青松等（2006）最先提出将 GPS 数据应用于该技术可获得更为精准的监测数据，除此之外，还对 D-InSAR 技术在该方面的有利因素及不利条件进行了详细论述。

2008 年，程滔等（2008）借助 ASAR 影像资料，观察陕西省子长区域中 2 个独立的滑坡的整个变形过程后发现，实地考察的数据同利用 InSAR 方法获得的滑坡位移值基本吻合。

王桂杰等（2010）使用了 3 景 ALOS PALSAR 卫星 SAR 资料，借助 D-InSAR 方法，开展了位于金沙江下游的乌东德水电站区域的滑坡灾害研究，从中得到了高精度的地表形变信息，并根据位移及移动速率划定了可能发生滑坡和滑坡活动的风险区域。

李小凡等（2011）在用相关法研究不同时相 22 幅 TerraSAR-X 影像的基础上，测算出了 2009 年 2～10 月三峡库区树坪滑坡形变演变过程，并分析了该滑坡在不同发展阶段的滑移过程。

廖明生等（2012）结合 D-InSAR 技术，使用高分辨率 TerraSAR-X 数据，提取了三峡库区归县滑坡的位置、时段和形变大小等信息，同时选用 ASAR 数据进行时间序列 InSAR 分析，研究了滑坡形变大小与三峡水位状况之间的关系。

Liu（2013）使用 SBAS 技术即小基线集技术，分析了三峡巴东地区的两处滑坡测量的 ENVISAT 影像数据、InSAR 数据、DEM 数据，获得了研究对象的滑坡形变速度，验证了 SBAS 技术的可靠性，并在其著作中阐述了水位和滑坡灾害的内在联系。

3）区域滑坡风险评价

在对 InSAR 技术不断的探索和研究下，国内外学者已经取得了相当多的成果，亦开发出不少有效的技术，如 PS-InSAR、SBAS-InSAR 及其他时序 InSAR 技术。但这些技术在滑坡的易发性评价研究领域的应用仍比较片面，仅作为滑坡易发性评价结果的验证依据（陈玺，2018）。事实上，InSAR 提取出的滑坡信息完全可以作为滑坡易发性评价研究的重要信息源，能够充分运用到滑坡易发性评价研究领域。所以，InSAR 技术除了在技术方面可以加大研究深度外，在滑坡易发性评价研究领域的潜力还没有得到充分的挖掘，可以继续加以拓展。

2. InSAR 技术原理

合成孔径雷达干涉测量（InSAR）简称干涉雷达，指利用同一地区获取的两幅 SAR 数据中的相位信息进行干涉处理，根据雷达参数反演地形及地表形变信息的空间大地测量技术（图 3.5）。

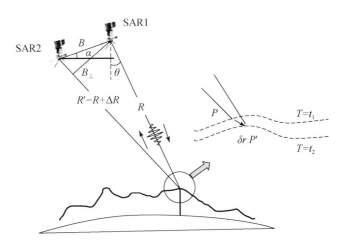

图 3.5　干涉雷达测量原理示意图

差分干涉雷达（D-InSAR）监测至少需要对同一区域进行两次重复的雷达数据，并与第二幅干涉条纹图差分或与 DEM 差分以获取变形信息，如图 3.5 所示，雷达传感器的回波信号携带了地物后向散射体的相位和强度信息，计算同一区域不同时间获取的两景（或两景以上）单视复数雷达影像（φ_m、φ_s）的相位差生成干涉图 φ_{int}，该干涉图中既包含了两次成像期间地表相对运动的相位信息（φ_{def}），也含有成像区域的地形信息（φ_{topo}）、观测向斜距信息（φ_{flat}），还有 DEM 误差（$\Delta\varphi_{dem}$）、传感器轨道误差（$\Delta\varphi_{orbit}$）、大气误差（$\Delta\varphi_{atm}$）和其他随机误差（如噪声，$\Delta\varphi_{noise}$）值，公式表示为

$$\varphi_{int}=\varphi_m-\varphi_s=\varphi_{def}+\varphi_{topo}+\varphi_{flat}+\Delta\varphi_{dem}+\Delta\varphi_{atm}+\Delta\varphi_{orbit}+\Delta\varphi_{noise} \qquad (3.1)$$

差分干涉的基本任务就是从干涉图中提取有用的相位信息（φ_{def}）信息，式（3.1）中的地形相位（φ_{topo}）可以采用数字高程模型或多轨观测方法去除，观测向斜距 φ_{flat} 属于系统观测常量，通过卫星姿态参数校正去除，其他相位误差信息是影响 D-InSAR 测量精度

的重要原因，需要采用一定的方法去除。处理后的地形变干涉相位信息（φ_{def}）与沿传感器视线（line of sight，LOS）向地表变形 ΔR 的关系为

$$\varphi_{\text{def}} = \frac{4\pi}{\lambda}\Delta R \tag{3.2}$$

式中，λ 为雷达波波长；ΔR 为雷达视线向变形量。利用两轨或三轨的 D-InSAR 测量在同震地表变形、采空区塌陷、冰川流动等大变形地质过程中形取得了瞩目的成绩，但 DEM 误差（$\Delta\varphi_{\text{dem}}$）、大气误差（$\Delta\varphi_{\text{atm}}$）、轨道误差（$\Delta\varphi_{\text{orbit}}$）和噪声（$\Delta\varphi_{\text{noise}}$）极大地影响了精度，D-InSAR 测量精度一般只能达到分米级，地物变化造成的雷达相位失相干甚至导致干涉无法进行。

3. 时序 InSAR 技术

由于 D-InSAR 方法仅仅通过两幅或几幅 SAR 影像，进行二维面干涉，二维面干涉包含了许多相干性差甚至失相干像元，导致测量结果失真，这大大约束了其实际应用。同时，地表形变特征与雷达波段的匹配性影响到 D-InSAR 测量尺度及精确度，即缓慢变形的构造运动与滑坡等缓慢变形地质体的变形特征，在 D-InSAR 处理时，很容易被基线误差、大气误差、地形等遮盖，即使处理能达到一定效果，也会对卫星轨道及波段选择苛刻。另外，较短的基线导致 SAR 影像数量与时间跨度较小，从而使地表形变量达不到差分干涉识别阈值，然而较长的时间间隔，虽然对缓慢变形目标有较大的形变积累，但是在强烈的地表风化作用下，其地面散射特性变化大，较长的时间基线很容易导致失相干（曲春燕等，2014）。

为了提高 D-InSAR 时–空基线及测量精度的不足，时序 InSAR 技术应运而生，如永久散射体（permanentor persistent scatterers，PS）技术、多干涉图叠加（interferogram stacking）技术、小基线集（small baseline subset，SBAS）方法和相干点目标分析方法（IPTA-InSAR）等。

1）PS-InSAR 技术

PS-InSAR 技术指在一定时间间隔内保持稳定后向散射特性的雷达目标，即在干涉图上表现为相干性良好的像元，即 PS 点。基于线性变形模型利用长时间序列 SAR 影像拟合处理，逐项去除误差源以提 PS 点的形变信息的一种 InSAR 分析技术（Ferretti *et al.*，2000）。

PS-InSAR 技术不同于 D-InSAR 的地面整体干涉，而是通过后向散射特性稳定的高相干 PS 点进行干涉处理。该方法在处理时选取一幅 SAR 影像作为公共主影像，其余副图像分别和主图像配准，最终形成若干幅干涉图，并利用数字高程模型（DEM）和若干幅干涉图进行差分处理；然后利用地表后向散射的强度信息，以及干涉稳定性设定阈值选择 PS 点，从而单独进行干涉计算。PS-InSAR 处理方法采用多种技术消除误差影响从而大大提高了数据的利用效率及结果的精确度。PS-InSAR 监测的高精度变形结果在地表沉降、断裂活动、火山观测、蠕变滑坡等研究领域已有成功的应用。

2）SBAS-InSAR

SBAS-InSAR 技术利用给定阈值的时间和空间基线均构建多参考干涉像对，对空间上多个像元取平均值，加强干涉稳定性，从而对系列 SAR 影像相位信息进行时序分析，获取形变速率。算法的相位定义为

$$\Delta\varphi(x,r) \approx 4\pi/\lambda \times \Delta d(x,r) + 4\pi/\lambda \times B\perp/(r\sin\theta) \times \Delta z(x,r) + \Delta\varphi_{atm}(x,r) + \Delta\varphi_{n}(x,r)$$

$$(3.3)$$

式中，x、r 为像元坐标；λ 为波长；Δd 为视线方向地表形变；θ 为入射角，Δz 为地形误差；$\Delta\varphi_{atm}$ 为大气延迟相位；$\Delta\varphi_{n}$ 为其他噪声。

SBAS 算法由于限定时间基线和空间基线长度条件下进行干涉像对的自由组合，从而可以保证高相干性。相对于 PS-InSAR，SBAS 技术对 SAR 数据的利用率更高，获取的地表形变速率在空间上更连续。

3）IPTA-InSAR

Strozz（2005）吸收了 PS-InSAR 和 SBAS-InSAR 的优点，模糊了 PS-InSAR 与 SBAS-InSAR 的界线，建立了"相干永久目标点分析"（interferometric persistent target analysis，IPTA）干涉测量方法。其基本思路是从多景 SAR 数据中提取稳定的 PS 点，将这些点建立适合的时–空基线数据集，进行多组数据的点干涉，利用相位与时间和地形的几何和物理相关性，分离每个点的轨道误差、地形误差、大气误差和变形速率，通过奇异值分解（singular value decomposition，SVD）将这些误差和速率再转换为单一参考景为基准的 PS 点干涉，求取按时间序列的变形和各种误差，即保障了长时间序列观测目标的相干性，也充分利用了数据集形成多组干涉。其通过分块解缠、多视线解缠、快速滤波、速率的时间相关性阈值、稳定点纠正轨道误差、大小点集在不同应用阶段、自适应点稀疏、时–空频域差分离大气变形与非线性变形等技术使干涉测量成功率、成果精度和计算效率都得到大幅度提升，有效增强了 InSAR 技术的适用性。

在断裂活动、火山爆发、地表沉降、斜坡地质灾害观测等多个领域以上 3 种 InSAR 技术方已取得较好的应用成果，同时也有许多相关软件诞生辅助 InSAR 的计算处理，包括 Gamma、StaMPS、SARscape 等。但由于卫星及传感器的局限性导致 SAR 数据某些方面存在束缚，计算处理过程中差异性较大，需要结合野外地质条件及数据处理经验才能取得良好效果。本书采取 IPTA-InSAR、D-InSAR 及 Offset-tracking 方法对洪扎谷地地表形变及地质灾害发育情况进行观测研究。

3.2.4　无人机航空摄影技术

20 世纪 80 年代以来，无人机技术的快速发展为低空遥感技术提供了全新的发展平台，无人机遥感（unmanned aerial vehicle remote sensing，UAVRS）成为自然灾害应急救援的急先锋。UAVRS 以灵活机动、操作简单、成本低、风险小等独特优势，搭载光学、激光雷达或多（高）光谱传感器，可快速获取现势性强、高分辨率的遥感影像数据。低空无人机

遥感既能弥补卫星因天气、时间无法实时获取目标区遥感影像的空缺，又能克服航空及航天遥感空间分辨率低，受制于长航时、大机动、恶劣气象条件、危险环境等影响，可为地面灾情解译提供丰富的数据源，为指挥组织救援工作确定受灾位置范围、了解灾区实情及时提供真实可靠的图件和数据，在灾害应急、灾情评估等诸多领域得到广泛应用。随着无人机遥感影像获取多样化发展，从单一的正射影像图，到正射影像及倾斜摄影一体化，有效解决了二维影像判断不准等问题，建立的灾害体全景真三维场景，突破了数字正射影像图（digital orthophoto map，DOM）二维解译局限性，进一步提高了单体灾害解译的精度及准确度，为研究单体灾害动态演变规律提供数据支持，极大程度地降低了区域性多期数据获取的难度和成本。无人机航空摄影主要技术流程见图3.6。

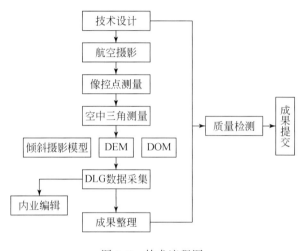

图 3.6　技术流程图

1. 无人机航空摄影方案设计

1）无人机航空摄影分区

航空摄影分区的划分原则：分区界线应与图廓线相一致；分区内的地形高差不应大于1/6航高；在能够确保航线的直线性的情况下，分区的跨度应尽量划大，能完整覆盖整个摄区；当地面高度差突变，地形特征差别显著或有特殊要求时，可以突破图廓线划分。

2）无人机航高

确定航空摄影区域范围，在高精度卫星影像和地形数据上检查地表起伏、植被覆盖等情况，确认当地气象条件、高程变化和地理环境，明确任务范围、精度、用途等基本内容。

航高是指航空摄影时飞机的飞行高度，根据起算基准的不同可分为绝对航高与相对航高。相对航高就是无人机在飞行时相机相对于某一基准面的高度，是相对于作业区域内地面平均高程基准面的设计航高。一般来说，在其他因素不变的情况下，航高越低（飞机飞的越低），地面分辨率越高。

根据《低空数字航空摄影规范》，相对航高的计算公式如下：

$$H=f\times GSD/a \qquad (3.4)$$

式中，H 为相对航高；f 为摄影镜头的焦距；GSD 为影像的地面分辨率；a 为像元尺寸的大小。

A7R 相机像素为 3000 万，焦距为 35mm，感光元件尺寸大小为 4.88mm×4.88mm，分辨率为 7360×4912。如果地面分辨率达到 5cm，航高最高能到 300m。

3）摄影基线和航线间隔

摄影基线是航空摄影航向相邻影像中心点的距离，航线间隔是相邻航线影像中心点的距离，这两个参数都取决于航空摄影的航向重叠度和旁向重叠度。

飞机沿航线摄影时，相邻像片之间或相邻航线之间所保持的影像重叠程度。前者称为航向重叠度，后者称为旁向重叠度。以像片重叠部分的长度与像幅长度之比的百分数表示。

为满足航测成图的要求，一般规定：航向重叠度为 60%，最少不得少于 53%；旁向重叠度为 30%，最少不得少于 15%；当地形起伏较大时，还需要增加因地形影响的重叠百分数。

地面起伏较大时，还应增大重叠度。随着航空数码相机的应用，已有航向重叠大于 80%、旁向重叠大于 40%～60% 的大重叠航空摄影测量；利用三线阵传感器摄影，还具有 100% 的重叠度。

2. 实施步骤

1）航空摄影实施

（1）航线布设设计：①航线一般按东西向平行于图廓线直线飞行，特定条件下亦可作南北向飞行或沿线路、河流、海岸、境界等方向飞行；②曝光点应尽量采用数字高程模型依地形起伏逐点设计。

（2）确定飞行团队，下达航拍任务书，确定团队人员组成，到达任务地的方式。确定无人机的机型和搭载的相关设备。

（3）人员和设备到达指定拍摄区域，设备安装检查及调试。

（4）利用测区路网图，在拍摄区域内寻找起降场地，确定航拍架次及顺序。

（5）正式飞行作业：①对航高、航速、飞行轨迹的监测；②对发动机转速和空速地速差进行监控；③对燃油消耗量进行监控及评估；④随时检查照片拍摄数量；⑤控制无人机的飞行参数达到航测标准。

（6）降落后，对照片数据及飞机整体进行检查评估，结合贴线率和姿态角判断是否复飞。

2）数据质量检查

在整个作业实施过程中，实行"两级检查制度"，保证飞行和影像质量满足航空摄影规范的要求。

航空摄影部门在第一时间对航空摄影成果进行检查；质检人员在整个过程中进行监督，整个摄区航空摄影飞行完成后，及时安排人员对成果进行检查，确定没有缺陷和需要补摄的内容后，对整个摄区的资料按照招标文件和规范的要求进行整理。

3）影像质量检查

野外航空摄影必须选择能见度大于 2km 的碧空天气或少云天气，尽量保持各飞行架次气象条件基本一致。

对提交的成果影像要保证单张彩色像片影像清晰，能够正确地辨认出各种地物，能够精确地绘出地物的轮廓，相邻的影像间相同地物色调基本一致，整个摄区的像片色调效果也基本均匀一致。

4）像片控制测量

采用 IMU/DGPS 数码航空摄影方式，像控点布设需在摄区拐点布设控制点、中间区域适当布点即可。

A. 像片刺点

航空影像像控点布设可不考虑像片重叠度条件，但所有像控点要刺在地面明显清晰、易于判读的地方，如斑马线角、道路交叉线、坪角等，刺点要能满足平高点位置的要求。航测像片的坐标误差会影响到像片边缘的像点位移和影响变形，像控点位置距像片边缘要大于 1～1.5cm。像控点选定后，像片上要进行刺点，刺孔直径不得超过 0.1mm。在同一像控点范围内，对点位模糊或没有把握的情况下，选择观测多个像控点，以便空三加密时有所选择。

B. 像控测量

像控点测量可采用 CORS 进行施测，信号较弱的地区采用 GPS 静态测量模式。像控测量平面高程精度均不能超过 ±0.02m。在所选像控点上安置 GPS 流动站，气泡居中后用三角支撑杆固定，确定点号、测点类型、天线高等设置无误后，按照图根点精度要求施测。为确保像控点精度，同一像控点观测两次，两次观测要间隔 60s。将两次观测成果平差后即获得该像控点的三维坐标成果。

5）空三加密

（1）空三加密利用 PixelGrid+PATB 软件，采用光束法区域网平差。

（2）空三测量内定向误差不得大于 0.05mm，相对定向残余上下视差 Δq：平地、丘陵地标准点不应大于 0.02mm，检查点不应大于 0.03mm；山地、高山地标准点不应大于 0.03mm，检查点不应大于 0.04mm（图 3.7）。

（3）绝对定向后，基本定向点残差、多余控制点不符值及公共点较差不得大于表 3.15 中的规定。

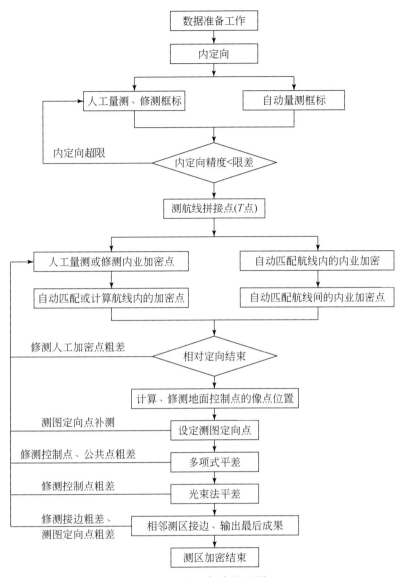

图 3.7　空三加密流程图

表 3.15　区域网评差精度统计表

成图比例尺	点别	平面位置最大误差/m	高程最大误差/m
1∶500	基本定向点	0.2	0.26
	多余控制点	0.35	0.4
	公共点	0.8	0.7

①基本定向点残差为加密点中误差的 0.75 倍；②多余控制点不符值为加密点中误差的 1.25 倍；③区域网间公共点较差为加密点中误差的 2.0 倍；④加密点中误差以全区或者单个区域为单位；⑤平面坐标和高程取 0.001m；⑥加密点一般要选刺在 3 个标准点点

位附近，当遇到特殊情况需要增加连接强度时，可增选连接点的数量，所选点位构成的图形以大致成矩形为宜，点位高差相差不宜过大，同时要照顾 DEM 和 DOM 成图范围；⑦对于连接点自动转点的效果不太理想的情况，在作业中首先需要手动添加连接点，保证在标准点位处有 1~3 个连接点；⑧航拍时大面积落水区域的处理，在影像落水区域的边上按间隔 1~1.5cm 量测连接点，使落水区域附近的像点网有一个稳固的边界，从而减少落水区域的影像。

3. 无人机摄影测量数据处理

1）正射影像基于 Inpho 与软件的 DOM 生产流程

DOM 是根据单张航片的内外方位元素和数字高程模型（DEM），采用微分纠正软件对各个模型的数字化航空像片进行影像重采样，纠正影像因地面起伏、飞机倾斜等因素引起的失真，把中心投影转换为垂直投影，从而得到单张像片的正射影像。单片正射影像经调色、匀光、镶嵌、裁切、检查编辑等步骤，生成标准分幅的正射影像图。

（1）DOM 的技术要求。定向后的模型在立体量测状态下编辑地物匹配点、DEM 点、等视差曲线，要求以切准立体模型地表为基本原则，当遇断裂线处时，以影像不变形为准。

DOM 影像应清晰，片与片之间影像尽量保持色调均匀，反差适中，图面上不得有影像处理后留下的痕迹，在屏幕上要有良好的视觉效果。

DOM 影像接边时，接边重叠带不允许出现明显的模糊和重影，相邻数字正射影像要严格接边。

（2）DOM 影像图要求。
①DOM 影像数据的生成。DOM 地面分辨率为 0.05m，通过单模型的 DOM 进行调色、镶嵌、裁切而成。

相邻的数字正射影像必须在空间和几何形状上都要精确匹配。必须进行可视化的检验，以确保相邻的数字正射影像中描述的地面特征没有偏移。尽量除去或减少因高程特征所引起的偏移（尤其如桥梁等）。

在影像镶嵌之前，相邻模型 DOM 的色彩偏差根据需要采用图像处理方式进行调色，使之基本趋于一致。当用专用软件对重叠处的影像进行平滑处理时，不能以损失影像纹理为代价。

使用专用图像处理工具对影像进行无缝拼接。拼接线不得通过建筑物、桥梁等，须在图像重叠处仔细挑选，以使色调变化和看得见拼接线减到最少。

将拼接后的影像按 1:500 比例尺的标准图幅的图廓坐标进行裁切，即可得到图幅 DOM 的影像数据。

DOM 的接边检查：可通过读取相邻图幅矩形影像内的同名影像来检查接边精度。每隔 2km 读一对检查点，困难地区可放宽读点间距。接边原则是本图幅与西、北两图幅接边，即南接北，东接西。

②DOM 数据的存储格式。DOM 按 1:500 标准分幅裁切，地面分辨率为 0.05m；DOM

的坐标定位文件格式为 *.tfw，记录影像地面分辨率、影像左上角像元中心坐标。

③DOM 精度要求。DOM 精度与数字线划地图 (digital line graphic，DLG) 精度一致。

（3）镶嵌与精编。单片正射影像匀色后，进行拼接和镶嵌，自动生成镶嵌线，对镶嵌线编辑和调整、色彩精细编辑，生成整块正射影像；拼接线应从地物边界通过，不能穿越房屋、道路等地物，使正射影像颜色过渡均匀，无明显拼缝；色彩精编采用 PhotoShop，调整色阶、亮度、对比度、色彩均衡度等，对影像模糊、失真、色调不均衡的地方逐块进行精细编辑，从而达到设计和标准的要求。

2）倾斜摄影基于 ContextCapture 软件的三维建模生产流程

（1）连接点匹配。输入影像和坐标文件后，利用高斯积核和影像金字塔构建尺度空间；计算关键点主方位；生成 128 维度的关键点描述因子；SIFT 匹配，将待匹配的两特征点间的欧氏距离作为匹配测度。

（2）构建自由网。采用 RANSAC（随机采样一致性）方法，基于 5 点法相对定向模型（共面条件），进行粗差检测；基于双模型的粗差点检测，对于双模型间的三度重叠点，采用空间前方交会计算像点残差，剔除残差较大的粗差点；基于双模型的相对定向可靠性检测。

（3）区域网平差。无约束区域网平差：同一个相机获取的影像具有相同的相机参数，未将多个相机间的安置参数作为约束条件纳入平差模型，平差模型为经典的多相机共线方程模型；附加约束的区域网平差：将多个相机之间的安置参数作为约束条件纳入平差模型，极大地减少区域网平差的未知数个数，使得平差结果更加稳健。

（4）模型重建。加密完成后，完成区域网整体参数误差计算与矫正，解算点高精度内插生成模型区域不规规三角网 (triangulated irrgular network，TIN) 模型，TIN 模型构建白模，修正角度与地物轮廓，将对应的影像映射到模型上，重建实景三维模型。

（5）模型整饰。对三维模型的位置信息进行检查、纠正；对三维模型的纹理、色差、亮度、对比度、形变进行全面细致的检查、重建；模型合理分区、分块、检查拼接。

（6）模型精度。倾斜摄影模型全测区精度达到 5cm，为全彩色 RGB 影像重建，颜色美观，亮度和对比度与实际现场地物没有明显区别，准确显示了阳光照射角度与地物明暗对比。

3.2.5　地质灾害现场调查方法

1. 资料收集

在野外实地调查前、调查过程中以及后期资料整理过程中收集了研究区所在县、乡镇的资料。收集资料部门内容涉及气象、水文、汛期地质灾害巡查检查、地质灾害区划、地质灾害详细调查、地质灾害专项勘查、地质灾害评估、地质环境治理等资料。

2. 资料分析

对遥感解译成果和地质灾害详细调查成果进行分析对比。提取遥感解译的地质灾害信息，充分认知解译的地质灾害影像所反映的色调、平面形态、表面特征、沟谷形态、沉积物和堆积体以及水系特征等解译标志，结合地质灾害详细调查成果，对比地质灾害体的位置、规模、威胁对象等，指导核查验证工作。

3. 核查验证

以图幅为单元开展核查验证工作，采用 1:5 万地形图和遥感解译影像成果图作为野外工作调查手图，以实地观测描述、素描、照相等结合的调查方法为主，填写验证卡片。

地质灾害遥感解译结果的验证核查按照野外实地验证方式进行，根据初步解译结果，对直接威胁聚集区、分散农户的重要地质灾害点，100% 开展现场核查验证。对一般地质灾害点，根据资料完备程度进行核查、完善，重点调查地质灾害变化程度与发展趋势。

4. 典型地质灾害调查

根据设计书要求，选取典型地质灾害点进行地质剖面测量，并辅以必要的山地工程，查明地质灾害的地质环境条件、地质灾害发育特征等，分析其形成条件和诱发因素。

5. 野外资料整理

在野外调查中，对获取的第一手资料及时进行整理，做好自检互检及修改记录。对调查过程中收集到的资料、取得的调查实测成果资料进行整理归类、分析研究。通过综合分析研究取得的野外调查资料，编制系列图件和成果报告。

6. 综合研究和成果编制

系统总结野外资料，采用数据统计的方法，得出遥感解译的准确率；分析地质灾害发育和分布规律与发展趋势等；采用定性分析与定量评价相结合的方法对典型地质灾害的形成条件、基本特征及危害程度等进行评价。

3.3　地质灾害评价及研究方法

3.3.1　基于雪橇模型的地质灾害危险性评价

1. 雪橇模型原理

目前，对于体积为百万至千万立方米量级的滑坡滑移距离和运动速度的估计大多采用雪橇模型。较为简便的计算公式为（Scheidegger，1973）：

$$V = \sqrt{2g(H - f * L)} \tag{3.5}$$

式中，V 为滑动速度；g 为重力加速度；H 为滑坡后缘顶点至滑程估算点的高差；L 为滑坡后缘顶点至滑程上估算点的水平距离；f 为滑坡后缘顶点至滑坡运动最远点的连线至斜率，即等效摩擦系数。

根据上述公式，建立了新磨滑坡的滑动距离、高差与等效摩擦角之间的几何关系 [图 3.8（a）]。由此，可计算出滑动阶段到达滑坡-碎屑流前缘松坪沟南岸时的滑动速度（V）为

$$V=\sqrt{2g(H-f\times L)}=\sqrt{2\times9.8\times(1125-\tan23°\times2650)}=5.24\text{m/s} \tag{3.6}$$

根据图 3.8 的几何关系，滑坡-碎屑流的视摩擦角约为 23°。相应地，可以推断出滑坡的运动速度，其中，在剪出口处（点 A），速度达 57.53m/s；在撞击上部堆积体（倒石锥）处（点 B），速度达 72.81m/s；在老滑坡堆积体上部（点 E），由于地形变陡，基岩裸露，速度达到最大值，达 78.96m/s；到达老滑坡堆积体后（点 F），滑坡-碎屑流体势能转化为动能，推动了老滑坡上部向前滑动，并摧毁了新磨村庄，将数十间房屋冲运到松坪沟南岸，搬运动距离达 200m。由于前方沟壁的阻挡，滑坡体速度降低为低速运动，速度达 5.24m/s，并引发溅泥气浪 [图 3.8（b）]。

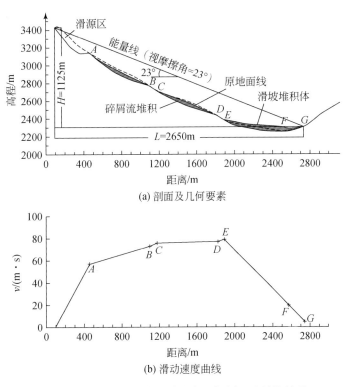

图 3.8　茂县新磨滑坡运动速度几何剖面及计算结果

值得指出的是，Scheidegger 公式未考虑滑坡的铲刮、撞击、液化、气垫等动力学因素，仅初步刻画了滑坡的运动变化过程。

2. 雪橇模型应用概况

冻土区的冻融滑坡已成为介于滑坡学和冻土学之间的一个独特的交叉研究领域。黄土冻融滑坡与一般滑坡相比具有一些显著区别（表 3.16）。①地形高陡，缓坡与陡坎交替，缓坡段积存冰雪，陡坡段支撑作用降低；②滑坡体物质成分松散破碎，黄土具有大孔隙，

人工弃土或残坡积土大小混杂，黏结性差；③土体结构疏松，黄土节理、裂隙和落水洞发育，人工弃土或残坡积土固结作用不足，一般成散体结构，整体强度低，渗透沉降过程中容易形成新的裂缝带而加剧融水汇流下渗；④入冬初春气温变化大，如陕西子洲黄土崩塌前气温在-11.4~18.7℃变化，利于冰雪快速消融和冻结滞水；⑤持续雨雪冻融作用，云南镇雄滑坡前气温在0℃上下交替变化，且持续出现雨雪天气，地表融水不断渗入或灌入残坡积土体孔隙或裂缝，浸润软化作用使土体重量增加，残坡积层与基岩接触带的强度降低，斜坡逐渐变形破坏发展为整体滑坡；⑥防灾减灾意识、知识普遍缺乏，一则冬季雨雪冰冻天气多，人员外出活动少，没有主动巡查居住环境的变化，及时发现滑坡前兆，二则民居建筑或施工住所没有预留防灾缓冲地带，一旦发生崩塌滑坡就会酿成灾难；⑦冰雪冻融孕育的崩塌滑坡具有潜在性、渐进性和突发性，增加了应急响应难度。

表 3.16　季节冻融滑坡与一般滑坡的区别

滑坡特征	季节冻融滑坡	一般滑坡
诱发滑坡的水源	季节冻结土层中水分及迁移水分或外界水分补给	外界水分补给
滑移面	未融化的季节冻结土层与融化层	由滑坡土体具体水文地质条件而定
滑坡深度	一般在最大季节冻深范围内或地下水水位影响带内	一般根据滑坡岩土层结构而定，深度变化范围较大
滑坡时间	突然、迅速，无明显临滑迹象	滑坡时间不定，或缓慢或急速
发生频率	一般一年一次	频率较低或无明显规律

在国外，早在1897年就有过冻土滑坡的描述，通过冻土的冻融边坡试验研究发现，对于含水量较高的边坡冻融滑塌主要是由超孔隙水压力导致的。苏联著名冻土工程地质学家 E. П. 叶米里扬诺娃（1986）在《滑坡作用基本规律》一书中将寒区冻融滑塌定义为处于冻结状态的饱和砂、黏土在融化过程中沿着冻结砂或土层移动的现象，并且在俄罗斯、美国、加拿大、挪威等地开展了冻土滑坡的研究工作。Chandler（1970）、Pufahl（1979）等将冻融边坡失稳分为三类：泥流、滑坡和崩塌，又将泥流的失稳进一步分为：泥流、表皮泥流、双态泥流和双重逆向泥流。Tien（1984）通过现场试验监测数据，得到阿拉斯加地区边坡长期变形的变化趋势。Clark 曾对冰缘地貌条件下滑坡的定名进行了总结，Foriero 等（1998）根据寒区边坡冻结和融化状态下边坡的位移量，对边坡的稳定性进行了分析和评价。

在国内，对冻土滑坡的研究主要起步于20世纪70年代末在寒区大规模基础建设引发的一系列边坡冻融滑塌与泥流等灾害。针对工程建设中的冻融滑坡失稳问题国内学者也开展了相关研究工作：周幼吾和郭东信（1982）提出了冰缘地貌中最值得注意的热融滑塌问题，并对冻土区边坡失稳类型进行了划分与描述；王文宝（1980）研究了冻土地区路基边坡滑塌与整治问题；王绍令（1990）研究了冻土边坡热融滑塌问题；张长庆等（1993）研究了冻土区工程活动中必须解决的重要问题——边坡开挖与热融稳定性；郭东信等（1993）研究了融冻泥流的阶地问题；牛富俊等（2006）对青藏地区边坡冻融滑塌类型、变形特点进行了概括，将青藏高原边坡失稳划分为正冻土边坡稳定性和正融土边坡稳定性两大类型，认为寒区边坡的冻融滑塌具有突发性，且对道路工程具有较大的危害性，在一定的条件下边坡的冻融滑塌可以预报，并且采取适当的工程技术措施后，寒区边坡的冻融滑塌是可以防治的，目前，国内多年冻土边坡失稳大多沿用这种方案。此外，在季节冻土区，根据路基边坡防护措施，许多学者将边坡破坏类型简单地归纳为砌石骨架式防护边坡破坏、挡土墙防护路堑边坡破坏、植物防护路堑边坡破坏等若干类型。但是，四十年来，随着青藏公路工程、青藏铁路工程、南水北调西线工程、西部大开发基础工程的陆续开展，以及东北、华北大规模铁路、高速公路、高等级公路建设和其他工程的相继上马，我国在冻土区边坡热融稳定性与滑坡防治方面取得了一批卓有成效的研究成果与实践经验，不少位居世界前列，甚至具有国际领先水平。

在冻融斜坡稳定性评价方法上，主要有 3 种典型的方法：①Chandler（1970）认为"冰阻渗流"导致斜坡孔隙水压力增大，推导出有效应力分析法评价斜坡稳定性；②Hutchinson 认为在冻结锋面集聚冰夹层，融化时土体的含水量增加，导致不排水抗剪强度降低，引发了斜坡失稳，提出总应力分析法评价斜坡稳定性；③ MoRoberts 和 Morgenstern（1975）基于融化-固结和有效应力理论，提出在斜坡冻土融化的固结过程中，滑带土超孔隙水压力增加，引发斜坡失稳破坏。

冻融滑坡的形成条件和发展过程十分复杂，其失稳机理是国内外许多专家学者致力研究的热点和难点问题。很多学者在研究季节冻土区滑坡失稳机理时，认为斜坡冻结层将地下水封闭聚集在坡体内形成冻结滞水，产生了较高的孔隙水压力，使静、动水压力增强，从而导致滑坡失稳。Norikazu 和 Hiroaki（1999）研究了日本阿尔卑斯山脉季节冻土区的岩崩现象，发现岩崩集中发生主要受季节性冻融渗透作用影响，一般冻融深度约 1m 的位置岩崩发生频率较高。Kate（2007）将夏季土壤表面平均温度按照一维热扩散方程统计融化深度变化量，计算发生浅层失稳破坏所需的最低解冻深度，并取用莫尔-库仑（Mohr-Coulomb）安全系数准则进行稳定性模拟，结果显示，当含水量大于 15%，坡度大于 20°时，冻结土坡融化过程中都有发生失稳的趋势。Charles 等（2008）以土坡比例模型试验为基础对正融滑坡进行研究，掺入量分别为 2%、12%、20% 的黏土制作超固结试件并进行对比试验。试验结果表明，当土体融化时，土体的零温度在某一时刻黏性土含量降低，且土体中自由水的含量逐渐增加，此时土样结构不再被划为冻土范围，孔隙水压力迅速增加。在融土固结过程中，冻融界面以上的土体迁移出来多余的水分，其向上的水利坡度比静水力学更大。设计变温条件下的边坡模型加载试验，研究结果显示，边坡滑坡的形式主要取决于土体内部水分的分布情况，因为土坡稳定性的决定因素是抗剪强度，而水分是影响抗剪强度的主要原因。Huggel 等（2010）和 Fischer 等（2013）对欧洲阿尔卑斯山脉常年冻土区大量滑坡研究表明，气温和冰雪覆盖层厚度的变化导致高山斜坡失稳。Harris 和 Lewkowicz（2000）分析了斜坡季节性冻结层内孔隙水压力的变化，认为孔隙水压力在坡体内部存在临界面，另外冻融作用导致冻结层的抗剪强度从峰值降低为残余强度，影响斜坡的稳定性。

陈玉超（2006）对季节冻融环境下土质和岩石边坡的稳定性进行了数值计算分析，分析了在不同条件下冻融边坡的稳定性。靳德武（2003，2004）在室内模型试验和数值模拟的基础上，对冻土边坡模型试验进行了相似分析，建立了冻土边坡模型试验的相似指标和相似判据，绘制了干土坡和完全饱水土坡稳定性分析图表。孙颖娜（2002）对北部引嫩干渠渠道的冻融滑坡机理进行了研究。武鹤等（2005）对寒区路堑人工土质边坡滑塌原因与稳定性进行了研究。陈天城（2003）研究了冻融作用对土质边坡影响和边坡滑塌发展规律，并给出了寒区冻融边坡的施工设计建议。赖远明①提出了关于冻融边坡的水-热-力耦合模型，并由公式推导给出了冻融边坡的有限元计算式，对寒区的边坡及支挡结构进行了计算分析。张学富等（2004）对寒区隧道多场耦合问题进行了有限元分析。张治红（2009）在考虑冻土参数的变异性的条件下对寒区边坡冻融稳定性的可靠性进行了分析。吴玮江（1997）对季节冻土区冻融边坡的整体稳定性进行了分析，并提出了一种新的冻融滑坡因素——季节性冻结作用产生的滞水促滑效应。韩继国等（2003）对季节冻土区公路路堤边坡的冻融损坏、滑塌机理进行了分析。陈显春等（2011）对极端天气条件下公路边坡冻融稳定性进行了研究表明：冻融作用是边坡破坏、滑塌的主要原因，并给出了相应的工程措施。杨让宏和朱本珍（2010）建立了寒区边坡冻融交界面与边坡冻融稳定性的关联公式，以此对路堤边坡的冻融稳定性进行了评价分析。罗东海（2010）对冻融黄土边坡稳定性进行了试验研究，建立了冻结前后黄土边坡滑坡的地下水运移模型，采用水文学原理分析了冻融后地下水水位的变化。王加龙（2011）针对季节冻土区春融期间路堑边坡的浅层滑塌破坏进行了研究工作，分析了冻融作用对边坡稳定的影响、冻融滑坡的形成机理及影响因素，提出了季冻区冻融边坡的稳定系数计算公式。沈宇鹏等（2011）分析了冻土边坡稳定性的影响因素，并且对五种冻融边坡稳定性计算方法进行了评价。赵刚（2010）通过室内模型试验对季节冻土区高等级公路路堑边坡春季浅层滑塌机理进行了研究，建立了边坡土体冻融过程水分迁移模型，给出了季节冻土区路堑边坡冻融滑塌的机理。韩世鹏和白义松（2010）针对季节冻土区公路粉质黏土路堑边坡冻融滑塌这一工程病害问题，给出了适合于季节冻土区高等级公路土质边坡的工程防护措施。葛琪（2010）基于季节冻土区边坡冻融交界面土体强度冻融损伤机理，对季冻区土质边坡的冻融稳定性进行了研究，分析了春融期路堑边坡的最不利受力情况。赵坚（2010）对季节冻土区粉质黏土公路路堑边坡的冻融浅层滑坡进行了计算分析。程永春等（2010）由试验结果得到了边坡冻融滑动面土体临界深度损伤模型，并对季节冻土区边坡的冻融稳定性进行了分析，并给出了季冻区边坡冻融稳定性的计算参数。马元顺（2010）对季节冻土区高路堤边坡温度场和稳定性进行了现场工程试验研究，得到路堤边坡在季节冻融作用下的温度场和位移的变化规律。谷宪明等（2005）对季节冻土区冻融边坡的层状滑坡进行了试验研究。李治国（2009）对冻融条件下季节冻土区哈大高铁的高填筑路堤边坡稳定性进行了数值计算分析。冯守中和闫澍旺（2009）对内蒙古公路边坡的冻融滑塌现象进行了调研工作，并对季冻区土质路堑边坡的冻融破坏机理进行了分析，提出防治路堑边坡季节冻融滑塌的工程措施。

　　冻土是一种复杂的多相系统，由矿物颗粒、冰和空气组成，冻土的力学特性无疑受到冻土中冰的影响。自20世纪30年代世界上第一部冻土力学专著《冻土力学基础》在苏联问世以来，冻土力学作为一门学科已有70多年历史。在这70多年里，随着人们对冻土区地质环境的认识及其研究方法、技术手段的提高，冻土力学认识问题和解决问题的能力及其学科内涵进一步充实、提高。

　　我国比较系统地进行冻土强度研究起始于20世纪70年代，最初是为解决青藏铁路建

----

① 赖远明，2003，高原冻土道路隧道冻害预报和综合防治关键技术，中国科学院寒区旱区环境与工程研究所。

设中的冻土问题。其冻土强度与蠕变研究也是沿袭苏联的研究方法，通过大量室内外试验取得了许多成果，给出了工程设计的应用参数。第一届、第二届全国冻土学术会议论文集、青藏冻土研究论文集，以及中国地理学会冰川冻土学术论文集等是这一阶段主要工作的反映。自 80 年代以后，随着两淮人工冻结凿井工程的施工，以及青藏公路的建设，使中国冻土强度与蠕变有了长足发展。90 年代初冻土工程国家重点实验室建立，我国冻土强度蠕变研究迈上了新的台阶，冻土静力学研究、冻土动力学研究、引用相邻学科的理论和研究方法进行冻土力学研究，特别是微观机理试验研究等方面取得了一定的进展和可喜的成果，丰富和发展了冻土力学的研究内容，使中国冻土强度和蠕变研究处于国际领先地位。尤其是近 10 多年来，由于西部寒区工程建设、东部矿井的开挖以及地铁隧道建设的需要，各大科研院所、高校等对冻土的力学性质根据各自的需要，就常规冻土与深部人工冻土的强度与变形，运用不同的研究方法进行了大量的研究。关于冻融作用对土体力学性质影响的研究成果差异较大，Simonsen 和 Isacsson（2001）认为土在经历一个冻融循环后，弹性模量大约会减小 20% ~ 60%。Czurda 和 Hohmann（1997）测试了 5 种冻结黏性土的抗剪强度，结果表明冻土抗剪强度随时间和温度的变化主要表现为黏聚力的变化，摩擦阻力基本不变。

综上所述，冻融滑坡与一般滑坡存在明显差别，一般滑坡的失稳机理和防治措施不完全适用于冻融滑坡，而且由于对季节冻土区滑坡的研究起步相对较晚，系统深入的相关理论研究和工程防治技术较为匮乏，也使得冻融滑坡问题一直没有得到有效治理。

3.3.2 地质灾害风险评估方法

1. 技术路线

在充分收集资料的基础上开展新疆生产建设兵团（简称兵团）南疆驻地地质灾害调查，结合遥感解译、无人机航空摄影、工程地质与地质灾害测绘、取样测试、山地工程等手段，重点查明研究区地形地貌、地质构造、岩土体工程特性、斜坡结构类型等地质灾害形成条件，以及地质灾害发育分布特征与成灾模式；开展地质灾害易发程度、危险性和风险评价，编制调查评价图件及成果报告，提出兵团南疆驻地地质灾害综合防治对策建议（图 3.9）。

2. 工作方法

此次研究的工作方法包括：资料收集与二次分析利用、遥感解译、地质灾害与工程地质调查、地质灾害点测绘和各地质灾害评价等。

1）资料收集与二次分析利用

研究区已经开展了相关的灾害地质、环境地质工作，研究人员对相关资料进行收集、整理、利用，其中包括研究区气象、水文、地形地貌、地层岩性、地质构造、地震、岩土体工程地质性质、水文地质、环境地质和人类工程经济活动，以及遥感资料等。重点收集地形图、地质图、高精度遥感数据、DEM 数据等。

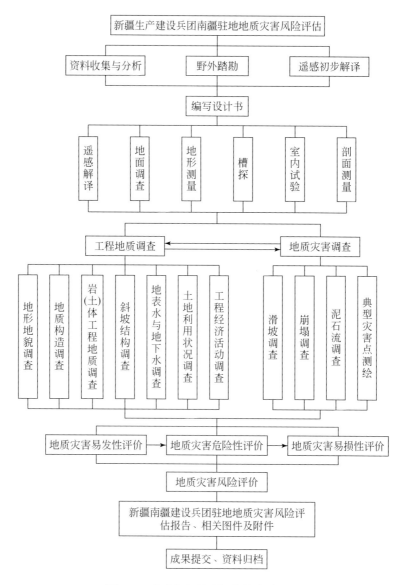

图 3.9　地质灾害风险评估技术路线图

对收集到的资料进行系统整理，按照自然地理、社会经济、遥感、基础地质、水工环地质、地质灾害数据以及项目文件等进行分类，作为地质灾害调查的基础。通过资料整理分析，掌握基础地质条件及地质灾害灾情和防治现状，掌握主要工程设施及人口分布，结合兵团驻地相关规划，制作相关工作手图及成果图件。

2）遥感解译

遥感调查工作遵循踏勘建立遥感解译标志、设计编制、遥感解译、野外查证、资料综合整理、遥感调查小结与图件编制等工作程序开展地质灾害解译调查工作。

（1）遥感调查内容。遥感调查主要包括环境地质背景条件和地质灾害两大方面，其中环境地质背景条件调查与编译相结合，地质灾害以调查解译为主。

（2）遥感信息源。经遥感数据公司查阅，研究区内现有 2016 年 11 月以来 WorldView-2 0.5m 分辨率遥感影像卫星存档数据，数据分辨率、清晰度及云层覆盖率均满足 1∶1 万遥感解译要求。故本次拟购买 WorldView-2 0.5m 卫星数据 40km² 作为数据源开展 1∶1 万地质灾害解译。

（3）遥感数据处理。主要是对遥感数据进行辐射校正、几何校正、大地配准与镶嵌、彩色合成、图像增强处理、融合处理等，将遥感数据配准至统一的地理坐标系统内，以便与其他数据配合使用；采用各种增强处理技术对遥感数据处理后，以增强地质灾害信息及区域环境地质背景信息。

（4）遥感解译。在充分收集和熟悉区内地质资料的基础上，通过野外实地踏勘，分别建立相应的地貌类型、地质构造、岩（土）体类型和森林植被类型等环境地质条件，以及各类地质灾害的遥感解译标志（如色调和色彩、几何形状、大小、阴影、地貌形态、水系、影纹图案及组合特征等）。以遥感影像（数据）为依据，采用目视解译与人机交互式解译相互补充、初步解译与详细解译相结合、室内解译与野外调查验证相结合的工作方法解译。

3）工程地质调查

1∶1 万区域工程地质测绘的主要任务是围绕地质灾害的形成条件，开展孕灾地质环境背景调查，主要包括地形地貌、地层岩性、水文地质、斜坡结构类型、地质构造、新构造与地震、人类工程活动等，重点查明区域工程地质岩体、工程地质条件、斜坡结构类型并进行稳定性评价，编制综合工程地质图。

4）地质灾害调查

地质灾害调查任务主要包括：查明各类地质灾害的数量、规模、分布规律及危害状况；调查潜在地质灾害的分布地段、灾害性质、规模及危害程度；调查地质灾害形成的地质环境条件和人类工程经济活动的影响；调查、分析地质灾害的发展趋势，提出防治对策建议。

5）地质灾害点测绘

地质灾害点测绘是在全面调查的基础上，对威胁兵团驻地、交通干线（国防公路）、重要公共基础设施、居民点安全的危害性大且稳定性差的地质灾害隐患点，以及具有研究价值的或建议开展工程治理的地质灾害隐患点开展大比例尺的工程地质测绘。

6）地质灾害易发性评价

地质灾害易发性评价是进行危险性和风险评价的基础，相当于地质灾害稳定性趋势评价。重点分析评价一个地区地质灾害已经发生的程度，并预测未来将要发生地质灾害的倾向性。着重强调静态地质灾害易发条件和灾害发生的空间概率统计分析评价。核心内容包括地质灾害特征、空间密度、易发条件和潜在易发区预测评价。

本次地质灾害易发性评价方法着重从地质背景条件，包括：地形地貌、工程岩组、斜坡结构与类型、区域地质构造影响、斜坡区水文地质条件和变形特征等方面，分析致灾体的易发程度。

7）地质灾害危险性评价

在地质灾害易发程度分区的基础上，分析评价降水、地震、人类工程活动引发地质灾害的危险程度，即重点评价由于条件概率变化产生的地质灾害发生的时间概率及其扩展影响范围。

8）地质灾害易损性评价

易损性评价的主要内容包括：划分地质灾害承灾体类型；调查统计各类承灾体数量及分布情况；核算受灾价值；分析各种承灾体遭受不同种类、不同强度地质灾害危害时的破坏程度及其价值损失率。

地质灾害易损性评价指标体系主要由生命损失、财产损失构成。生命损失和财产损失对于人类有直接的关系，与人口密度和财产密度有关。人口和财产密度越大，对灾害的反应越灵敏，受灾害危害的程度越高。计算每个地质环境分区单元的易损性指数，根据各单元的易损性指数进行易损性分区，编制易损性分布图。

9）地质灾害风险评估

（1）定性评价。风险定量评价的前提是定性分析，重点分析评价地质灾害发生且可能到达承灾体的时空概率，包括地质灾害发生的可能性，灾害对人员、财产、城市工程建设可能造成的损失大小和严重性，概括风险概率发生的可能性分析和易损性分析。风险概率大小定性分析评估分级参考表 3.17。

表 3.17　地质灾害风险定性分析评估分级参考表

风险性分级	高易损	中易损	低易损	不易损
危险性大	H	H	M	L
危险性中等	H	M	M	L
危险性小	M	M	L	L
危险性极小	L	L	L	VL

（2）定量评价。根据地质灾害危险性和易损性评价结果，开展地质灾害风险评估，可采用地质灾害风险指数法。公式如下：

$$R_i = H_i \cdot V_i \tag{3.7}$$

式中，R_i 为评价单元的风险性指数；H_i 为评价单元的危险性指数；V_i 为评价单元的易损性指数。

单元风险性指数归一化指数用下列公式计算：

$$R_{风i} = R_i / R_{max} \tag{3.8}$$

表 3.18 为地质灾害风险评价等级划分。

表 3.18　地质灾害风险评价等级划分

风险指数	≥0.75	0.5~0.75	0.25~0.50	0~0.25
风险等级	高风险	中风险	低风险	极低风险

3.4　小　　结

在高海拔、高寒、地震活动频繁、地质条件复杂的新疆南疆地区，采用"星–空–地"一体化地质灾害观测方法，从地质灾害启动、运移过程、灾害链、危害等发展变化过程入手，用"三维立体+时间"的四维分析方法，分层次开展地质灾害调查，发现隐患，监测隐患，选取典型区开展新疆南疆地区典型地质灾害成灾机理和成灾模式研究。能够快速补充和完善该地区地质灾害群测群防体系，提升地方地质灾害防治专业技术水平。协助健全新疆地质灾害监测预警与应急体系，为中巴经济廊道建设服务，示范带动新疆地区地质灾害防治能力的提高。

第4章　地质灾害遥感调查方法研究

4.1　遥感信息源选择

　　结合研究区特点及工作要求，选取合适的卫星数据，卫星数据满足以下要求：①卫星时相为近3年内；②要求数据云、雪覆盖少（覆盖率<5%）；③阴影较少、色调层次分明；④无噪声。本次研究的平面坐标系采用2000国家大地坐标系，高斯–克吕格投影，6°分带；高程基准采用1985国家高程基准。

　　本书采用的遥感数据源类型包括：高分一号卫星数据、高分二号卫星数据、WorldView-2卫星数据、QuickBird卫星数据、Landsat-8卫星数据及无人机航空影像数据等（表4.1）。其中，1∶5万构造解译采用Landsat-8卫星数据为主信息源，辅以高分一号卫星数据、高分二号卫星数据作为补充；1∶5万地质灾害、地层、植被及人类工程活动解译采用高分一号卫星数据、高分二号卫星数据为主信息源，辅以QuickBird卫星数据、无人机航空影像作为补充。1∶1万地质灾害、地层、植被及人类工程活动解译采用WorldView-2卫星数据为主信息源，辅以QuickBird卫星数据、无人机航空影像作为补充（图4.1～图4.5）。

表4.1　研究区采用遥感影像信息统计表

序号	数据类型	数据时间	空间分辨率/m	
			全色	多光谱
1	高分二号	2016年10月—2017年12月	0.8	3.2
2	高分一号	2016年3月—2018年3月	2	8
3	WorldView-2	2017年7～8月	0.46	1.84
4	QuickBird	2010年7～8月	0.61	2.44
5	Landsat-8	2015年5月—2017年5月	15	30
6	无人机航空影像（现场拍摄）	2017～2018年	0.3	1.2

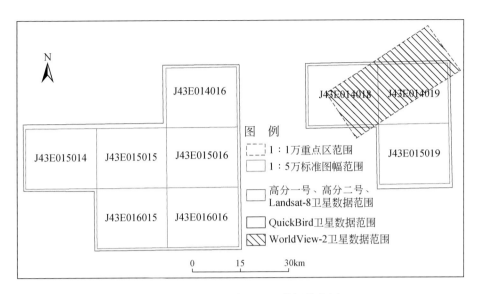

图 4.1 昆仑山研究区卫星数据分布图

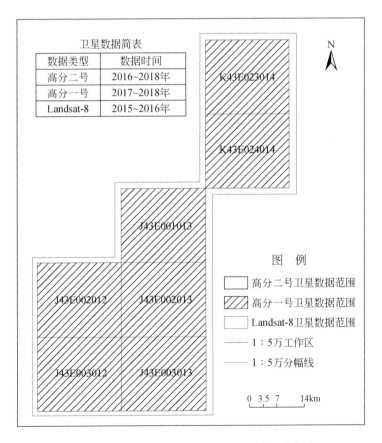

图 4.2 天山地区乌恰县研究区卫星数据分布图

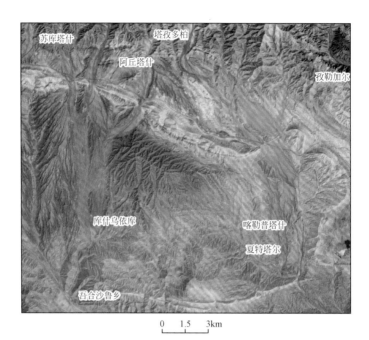

图 4.3　吾合沙鲁乡幅 Landsat-8 卫星遥感影像图

图 4.4　吾合沙鲁乡幅高分一号卫星遥感影像图

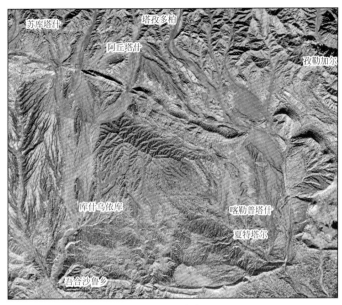

图4.5　吾合沙鲁乡幅高分二号卫星遥感影像图

4.2　地质灾害遥感影像特征

4.2.1　滑坡遥感影像特征

滑坡解译主要包括滑坡体所处位置、地貌部位、前后缘高程、沟谷发育状况、植被发育状况等；滑坡体的范围、形态、坡度、总体滑坡方向，滑坡与重要建筑物的关系及影响程度等。

解译出的滑坡最小上图精度为 $4mm^2$，图上面积大于最小上图精度的应勾绘出其范围和边界，小于最小上图精度的用规定的符号表示。定位时，滑坡点定在滑坡后缘中部。

（1）呈簸箕形、舌形、梨形等平面形态及不规则等坡面形态，规模较大的可见滑坡壁、滑坡台阶、滑坡鼓丘、滑坡舌、滑坡裂缝等微地貌形态（图4.6~图4.8）。

（2）常表现为连续的地貌形态突然被破坏，由陡坡和缓坡两种地貌单元组成，坡体下方由于土体挤压，有时可见到高低不平的地貌。

（3）局部平缓斜坡有明显的界线与周围分割，这些界线可以是沟谷、陡坡下的突变缓坡等。

（4）滑坡两侧和后缘山体出现不连续现象，表现为冲沟和陡坎等现象，有时出现双沟同源，后缘局部可能出现洼地，前缘鼓胀挤压沟道（图4.8）。

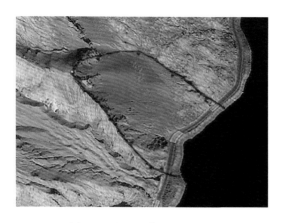

图4.6　滑坡影像特征（一）

图4.7　滑坡全貌照片

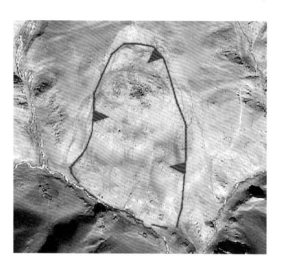

图4.8　滑坡影像特征（二）

活动滑坡具有明显的变形特征，影像特征明显，研究区活动滑坡主要为土质滑坡，在研究区北部分布较多，本次采用高分一号的影像进行解译，活动滑坡的影像特征如下：

（1）滑坡体平面形态呈圈椅状、舌状等，滑坡后缘有明显的裂缝，呈现多级陡坎，裂口大，裂缝呈弧形，与滑动方向近垂直。

（2）斜坡表面多为草地，影像主要呈灰色、灰绿色。

（3）坡体局部发生滑动，呈现多级溜滑现象，影像呈灰黄色或灰白色。

（4）滑动后的堆积体挤压或堵塞沟道，部分沿沟道堆积（图4.9）。

4.2.2　崩塌遥感影像特征

崩塌解译：崩塌所处位置、形态、分布高程；崩塌堆积体的面积、坡度、崩塌方向、崩塌堆积体植被类型。

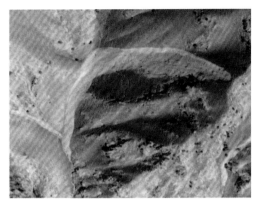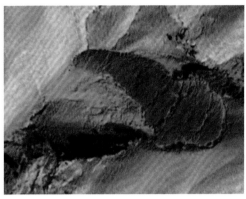

图 4.9　活动滑坡影像特征

解译出的崩塌的最小上图精度为 4mm²，图上面积大于最小上图精度的应勾绘出其范围和边界，小于最小上图精度的用规定的符号表示。定位时，崩塌点定在崩塌发生的前沿。

在高分一号卫星数据上的影像特征主要包括以下几方面：

（1）影像颜色多为灰色、灰褐色、灰白色图斑，纹理粗糙，与周围山体呈现明显的不连续现象。

（2）崩塌体堆积分布在斜坡中下部平缓地段或谷底，堆积体呈三角锥状，影像具粗糙感，可见巨石块。

（3）崩源区影像为灰色或灰褐色，纹理粗糙，可见陡坎、光壁，局部有凸出的危岩体，呈粒状。

（4）崩塌体上部外围有时可见到张节理形成的裂缝影像。

建立研究区崩塌解译标志如图 4.10 所示，该崩塌可以明显分辨崩塌堆积体和崩源区，崩塌堆积体呈扇形堆积，分布于斜坡中下部，影像为灰白色，纹理粗糙，前部可见大块石，坡体发育冲沟，堆积体前缘为乡道公路和分散农户；崩源区影像为灰褐色，沿山脊发育弧状陡坎，坡体有凸出的危岩体。

4.2.3　泥石流遥感影像特征

泥石流解译：泥石流流域的边界、面积、形态、主沟长度、主沟纵比降、坡度；物源区的水体分布、集水面积、地形坡度、岩层性质，区内植被覆盖程度、植被类别及分布状况，断裂、滑坡、崩塌、松散堆积物等不良地质现象，可能形成泥石流固体物质的分布范围；流通区沟床的纵横坡度和冲淤变化以及泥石流痕迹，阻塞地段堆积类型，以及跌水、急弯、卡口情况等；堆积区堆积物的分布范围、性质、堆积面积、堆积扇坡降、土地覆盖。解译出的泥石流的最小上图精度为 4mm²，图上面积大于最小上图精度的应勾绘出其范围和边界，小于最小上图精度的用规定的符号表示。定位时，泥石流点定在堆积扇扇顶。

| (a) 崩塌高分一号影像特征 | (b) 崩塌全貌照片 |

| (c) 崩塌堆积体照片 | (d) 崩源区照片 |

图 4.10　崩塌解译标志

　　泥石流是研究区最主要的地质灾害，研究区气候干旱、温差大，风化剥蚀严重，泥石流物源极其丰富，呈现了"逢沟必流"的特点。解译判识泥石流主要包括直接解译特征和间接解译特征，直接解译特征包括明显的泥石流堆积扇、泥石流活动迹象等；间接解译特征包括沟域的形态、高差、物源特征等。

(a) 泥石流全貌高分一号影像

(b) 泥石流全貌照片

图 4.11　泥石流（YGN013）全貌特征

（1）标准型泥石流沟可清楚地看到物源区、流通区和堆积区 3 个区（图 4.11）：①堆积区位于沟谷出口处，纵坡平缓，呈扇状，浅色色调，扇面上可见固定沟槽或漫流状沟槽，还可见导流堤等人工建筑物；②物源区山坡陡峻，岩石风化严重，松散固体物质丰富，常有滑坡、崩塌发育；③流通区一般为泥石流沟的沟床，呈直线或曲线条带状，纵坡较物源区地段缓，但较堆积区地段陡。

（2）泥石流堆积扇与一般河流冲洪积扇的主要区别是，前者有较大的堆积扇纵坡，一般为 5°~9°，部分达 9°~12°，后者一般在 1°~4°。

建立解译泥石流标志如图 4.12 所示，泥石流平面呈柳叶状，堆积扇为扇状，分布在坡脚，堆积扇呈绿灰色，纹理粗糙［图 4.12（a）］；泥石流流通区沟道呈"V"形，沟道切割较浅，流通区较短［图 4.12（b）］；泥石流物源区主要为第四系，堆积体分布厚度大，影像呈灰色和灰白色，沟道切割浅［图 4.12（c）］；泥石流堆积扇前缘分布有居民区，房屋呈矩形、条形灰色图斑，有一条公路环绕堆积扇前缘，呈带状灰黑色图斑，河流阶地上分布有耕地和灌丛，耕地为灰绿色块状图斑，灌丛为墨绿色、浅绿色片状图斑，泥石流目前主要威胁聚居区、道路和耕地。

(a) 泥石流（YGN013）堆积扇解译标志特征（左为影像图，右为现场照片）

(b) 泥石流（YGN013）流通区解译标志特征（左为影像图，右为现场照片）

(c) 泥石流（YGN013）物源区解译标志特征（左为影像图，右为现场照片）

图 4.12　泥石流（YGN013）影像标志特征

4.3　地质灾害遥感调查

4.3.1　地质灾害类型

　　此次研究采用高分二号卫星数据作为主要遥感信息源，以高分一号、QuickBird 等卫星数据为辅助遥感信息源，建立详细的地质灾害遥感解译标志，完成了 16 个图幅地质灾害遥感解译，其中 2017 年 9 个图幅，分布在昆仑山地区，涉及塔什库尔干塔吉克自治县（简称塔县）、阿克陶县、莎车县和叶城县；2018 年 7 个图幅，分布在天山地区，位于中国最西侧的乌恰县境内，研究区均属于新疆南疆地质灾害高易发区。此次研究共遥感解译地质灾害隐患 507 处（表 4.2，图 4.13），其中泥石流 297 处，占总数的 58.58%；崩塌 198 处，占 39.05%，滑坡相对较少，共 11 处，占总数的 2.17%，地面塌陷仅 1 处，占 0.2%。

表 4.2 遥感解译地质灾害隐患一览表

图幅号	地质灾害隐患点/处												地面塌陷	小计
	泥石流				崩塌				滑坡					
	大型	中型	小型	小计	大型	中型	小型	小计	大型	中型	小型	小计		
J43E014016	7	6	4	17	4	4	2	10						27
J43E015014	1		3	4										4
J43E015015	14	4	6	24		1	3	4						28
J43E015016	1	1	5	7										7
J43E016015	5	4	19	28	6	9	19	34						62
J43E016016		8	4	12	3	17	14	34	1			1		47
J43E014018		9	25	34	2	2	10	14	1			1		49
J43E014019		13	35	48	3	6	8	17			1	1		66
J43E015019		7	21	28	1	4	5	10	2	3	1	6		44
J43E002013		7	6	13		3		3		1		1	1	18
J43E002012		2	4	6		3	10	13		1		1		20
J43E003013		2	5	7	1	1	3	5						12
J43E003012	1	2	1	4		2		2						6
J43E001013		3	9	12			2	2						14
K43E024014	9	15	10	34	2	9	22	33						67
K43E023014	1	10	8	19		2	15	17						36
合计	39	93	165	297	22	63	113	198	4	4	3	11	1	507

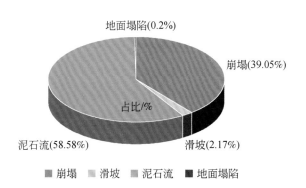

图 4.13 研究区解译地灾害统计饼图

4.3.2 地质灾害规模

1. 滑坡

研究区内共解译滑坡有 11 处，其中大型 4 处、中型 4 处、小型 3 处，分别占的比例

为 36.36%、36.36% 和 27.27%，灾害规模以大型和中型滑坡为主，占总数的 72.73%
（表 4.3）。

表 4.3　解译滑坡统计表

项目	规模大小			小计
	大型	中型	小型	
数量/处	4	4	3	11
比例/%	36.36	36.36	27.27	100

2. 崩塌

研究区内共解译崩塌 198 处，其中大型 22 处、中型 63 处、小型 113 处（表 4.4），分
别占的比例为 11.11%、31.82% 和 57.07%，灾害规模以小型和中型滑坡为主，占总数
的 88.89%。

表 4.4　解译崩塌统计

项目	规模大小			小计
	大型	中型	小型	
数量/处	22	63	113	198
比例/%	11.11	31.82	57.07	100

3. 泥石流

研究区内共解译泥石流为沟谷型泥石流，共有 297 处，其中大型 39 处、中型 93 处、
小型 165 处（表 4.5）。分别占的比例为 13.13%、31.31% 和 55.56%，灾害规模以小型和
中型滑坡为主，占总数的 86.87%。

表 4.5　解译泥石流统计

项目	规模大小			小计
	大型	中型	小型	
数量/处	39	93	165	297
比例/%	13.13	31.31	55.56	100

4.3.3　地质灾害危害对象

根据地质灾害威胁对象划分，区内地质发育地质灾害最多的为泥石流，共计 297 处，
其中威胁聚居区的有 75 处，占泥石流总数的 25.25%，威胁分散农户的 146 处，占泥石流
总数的 49.16%，威胁县乡道的 32 处，占泥石流总数的 10.77%，威胁村道的 15 处，占泥

石流总数的 5.05%，威胁耕地和草地的 24 处，占泥石流总数的 8.08%，仅威胁河道的 5 处，占泥石流总数的 1.68%（表 4.6）。

表 4.6　地质灾害威胁对象统计表

项目	聚居区	分散农户	县乡道	村道	耕地、草地	河道	总计
崩塌/处	42	86	30	21	15	4	198
比例/%	21.21	43.43	15.15	10.61	7.58	2.02	100
滑坡/处	2	6	3	0	0	0	11
比例/%	18.18	54.55	27.27	0	0	0	100
泥石流/处	75	146	32	15	24	5	297
比例/%	25.25	49.16	10.77	5.05	8.08	1.68	100
地面塌陷/处	0	1	0	0	0	0	1
比例/%	0	100	0	0	0	0	100
总计/处	119	239	65	36	39	9	507
比例/%	23.47	47.14	12.82	7.10	7.69	1.78	100

区内的滑坡发育 11 处，其中威胁聚居区的 2 处，威胁分散农户的 6 处，威胁县乡道的 3 处。

区内发育崩塌 198 处，其中威胁聚居区的有 42 处，占崩塌总数的 21.21%；威胁分散农户的 86 处，占崩塌总数的 43.43%；威胁县乡道的 30 处，占崩塌总数的 15.15%；威胁村道的 21 处，占崩塌总数的 10.61%；威胁耕地和草地的 15 处，占崩塌总数的 7.58%；威胁河道的 4 处，占崩塌总数的 2.02%。

研究区共发育一处地面塌陷，威胁分散农户。

4.4　地质灾害发育特征及其影响因素分析

4.4.1　地质灾害发育规律

地质灾害的发生与地形地貌的关系十分密切，有利的地形地貌为灾害的孕育提供良好的势能，是地质灾害形成的主控因素之一。研究区挽近以来的间歇性抬升与河谷的下切，造就了现今沟壑纵横的地貌形态，沟谷两岸地形坡度大，高陡的地形条件为地质灾害的形成提供了空间及势能条件。

1. 地貌类型与地质灾害

从地貌形态来看，灾害的分布与地貌具有密切的联系，其表现为：

（1）塔什库尔干塔吉克自治县（简称塔县）和叶城县研究区主要分布在昆仑山地区，

地貌类型主要包括以剥蚀为主的缓极高山区，侵蚀、剥蚀中高山地貌，剥蚀低山丘陵和河谷平原四大类（图4.14）。其中，侵蚀、剥蚀中高山区在区内所占面积最大，分布于塔县以东、莎车县以西一带，分布面积占整个研究区面积的92%，共发育307处，占灾害点总数的92%，面密度13.5处/100km²。剥蚀低山丘陵主要分布在莎车县境内，面积约占1/3个图幅面积，分布灾害24处，发育密度18.4处/100km²。河谷平原分布在塔县县城区域，面积约占半个图幅，分布灾害3处，发育密度约1.5处/100km²。

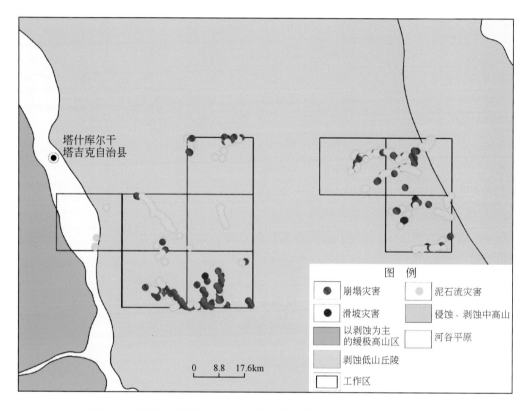

图4.14　研究区地貌与地质灾害分布关系图（塔县和叶城县研究区）

（2）乌恰县研究区主要分布在天山地区，地貌类型包括侵蚀构造高山、极高山区，侵蚀、剥蚀中高山区及河谷平原三大类型。其中，侵蚀、剥蚀中高山区分布面积最大，约为2350km²，占研究区总面积的84%，发育地质灾害152处，占总数的88%，发育密度6.5处/100km²。河谷平原分布面积约410km²，发育地质灾害21处，占总数的12%，发育密度5.1处/100km²。

2. 高程与地质灾害

地质灾害具有主要发育在斜坡中、下部的特点，该特点在滑坡、崩塌灾害中极为典型，分析因为斜坡中下部受人类工程活动和河谷切割冲刷影响明显，且斜坡上中下部汇水条件较好，易受雨水的浸润和渗透。纵观研究区灾点的分布情况，可以发现，大量的灾点都发生在公路、农田、居民建房切坡开挖区、河谷河流切割强烈区域，以及斜坡陡缓交界

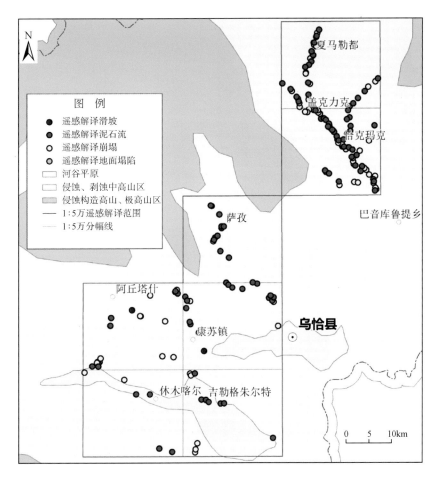

图4.15 地貌与地质灾害分布关系图（乌恰县研究区）

处等。2017年塔县和叶城县研究区最低点高程为1680m，最高点高程为5180m，高差为3500m；2018年乌恰县研究区最低点高程为1670m，最高点高程4370m，高差为2700m，地质灾害与地势密切相关（图4.16、图4.17）。地质灾害发育高程普遍在1600～3800m（图4.16），其中分布在2600～2800m范围的有89处，占总数的17.55%。分布在1700～2600m范围的有201处，占总数的39.64%；分布在2600～3600m范围的有262处，占总数的51.68%；海拔1700m以下大致为河谷冲积平原，地形平缓，地质灾害发育较少，仅有28处，占总数的5.52%；而3800m以上在研究区内大多位于近分水岭或沟源区，地质灾害数量较少，仅发育4处。

3. 坡度与地质灾害

斜坡的坡度影响坡体稳定性，坡度直接决定斜坡的应力分布形式，影响了斜坡的变形破坏方式，从而控制了地质灾害的发育、分布及规模、类型，是地质灾害发育的控制性因素之一。滑坡发生的斜坡坡度一般为20°～40°。崩塌发育发生的斜坡坡度一般为大于40°

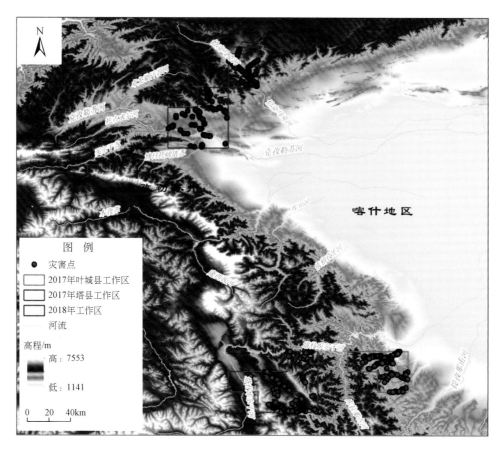

图4.16　高程与地质灾害分布关系图

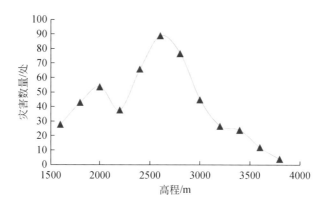

图4.17　研究区不同高程段地质灾害分布统计图

的斜坡地带，以大于50°斜坡最多，达60处，占崩塌总数的80%。泥石流沟口堆积扇斜坡坡度为5°~10°，流域内斜坡坡度分布范围较大，多集中在20°~50°（表4.7，图4.18）。

表 4.7　不同坡度范围内灾害分布统计表

项目	坡度范围/(°)						合计
	0～10	10～20	20～30	30～40	40～50	50 以上	
灾害数量/处	5	76	149	89	73	115	507
占比/%	0.99	14.99	29.39	17.55	14.40	22.68	100

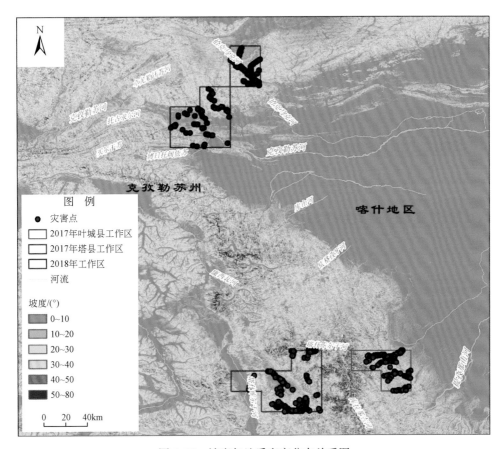

图 4.18　坡度与地质灾害分布关系图

4. 地质灾害与地层岩性

岩土体是地质灾害形成的物质基础，其工程地质特性决定了地质灾害的形成机制及其变形破坏方式。研究区出露地层表现为中部老、两侧新的特点，南侧广泛分布中更新统（Q_2）洪积扇、上更新统（Q_3）砾石层和洪积层、全新统（Q_4）冲积或洪积层。中部地层包括志留系、石炭系、侏罗系和白垩系，岩性以页岩、板岩、砂岩、泥岩和砾岩为主，区内岩体风化破碎，坡体剥蚀严重。北部地层较新，主要以新生界古近系和新近系为主，岩性主要有砂岩、粉砂岩、砾岩互层，砾岩分布较广，胶结程度较差，容易风化破碎，坡体风化厚度大于 3m，坡体表面形成一层黏土，大量的松散堆积体为泥石流活动提供了丰

富的物源。通过对研究区内 507 处灾害进行统计，区内地质灾害主要发育于松散冲洪积层
岩组，半坚硬砂、砾、泥岩岩组和半胶结的泥岩、砾岩岩组中（图 4.19、图 4.20）。

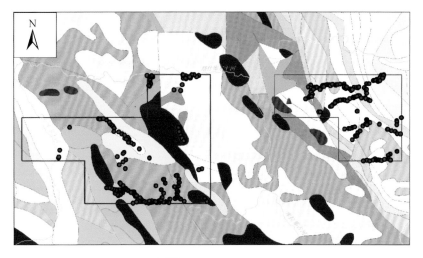

图 4.19　地层岩性与地质灾害分布关系图（塔县和叶城县研究区）

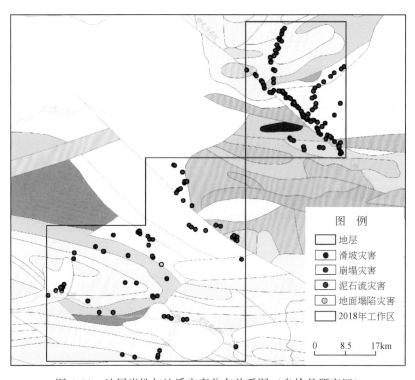

图 4.20　地层岩性与地质灾害分布关系图（乌恰县研究区）

5. 地质灾害与地质构造

地质构造既控制地形地貌，又可控制岩层的岩体结构及其组合特征，对地质灾害的发育起综合控制影响作用。测区经历多次构造变动，构造背景复杂。通过收集资料和遥感解译发现，塔县和叶城县研究区构造发育的优势方向主要集中在 NW310 ~ 355°，乌恰县研究区构造发育的优势方向主要分布在 NW285° ~ 335°范围，断裂优势方向和水系平行或小角度相交，断裂对崩塌的影响较明显，分布在断层 2km 范围内的灾害点共 244 处，占总数的48%，分布在断层 5km 范围内的灾害点共 357 处，占总数的 70%，分布在断层 10km 范围内的灾害共 442 处，占总数的 87%。断层对灾害有明显的控制作用，断裂从滑坡、崩塌中部、侧缘或后缘穿过，构成了灾害边界；断裂从泥石流流域横向、斜向或纵向穿过，影响了水系的发育，并影响斜坡的稳定和破碎程度，从而影响泥石流物源发育分布情况（图 4.21）。

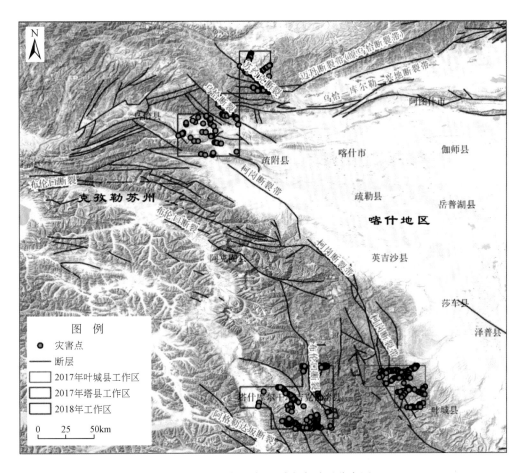

图 4.21　地质构造与地质灾害关系分布图

4.4.2　地质灾害分布规律

1. 地质灾害在行政区域分布特征

此次研究区分布在新疆南疆昆仑山地区、天山地区，涉及塔县、阿克陶县、莎车县、叶城县和乌恰县。昆仑山区主要为塔县和叶城县研究区，共解译地质灾害 334 处，占总数的 65.88%，其中以塔县和莎车县分布较多，分别为 159 处和 141 处，占总数的 31.36% 和 27.81%；叶城县分布 18 处，占比 3.55%；阿克陶县分布 16 处，占比 3.16%。天山地区主要为乌恰县，共解译地质灾害 173 处，均分布在乌恰县，占比 34.12%（表 4.8）。

表 4.8　解译地质灾害在各县区分布统计

大区	地区	灾害数量/处	占比/%	合计/处（%）
昆仑山地区	塔县	159	31.36	334（65.88）
	阿克陶县	16	3.16	
	莎车县	141	27.81	
	叶城县	18	3.55	
天山地区	乌恰县	173	34.12	173（34.12）

2. 地质灾害在图幅范围分布特征

此次研究完成 16 个图幅地质灾害遥感解译，共解译地质灾害 507 处，在各图幅中均有分布，但分布数量差距较大（图 4.22），其中 K43E024014、J43E002013 和 J43E016015 图幅分布较多，分别为 67 处、66 处和 62 处，分别占总数的 13.21%、13.02% 和 12.23%，分布最少的为 J43E015014、J43E015016 和 J43E003012 图幅，分别为 4 处、7 处和 6 处。

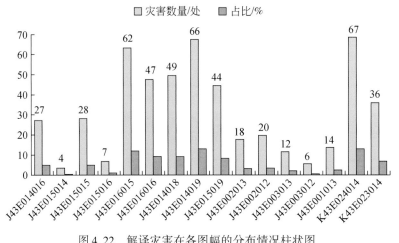

图 4.22　解译灾害在各图幅的分布情况柱状图

3. 地质灾害在水系中的分布特征

研究区整体属于塔里木河水系，塔县研究区属于塔里木河上游支流的塔什库尔干河水系，叶城研究区属于塔里木河上游主干流域，乌恰县研究区属于塔里木河支流的克孜勒苏河流域，又包括了克孜勒苏河主干和恰克玛克支流水系。河流侵蚀是最主要的地质作用之一，对地形地貌具有重要的控制性作用，同时对地质灾害的发育分布也有重要的控制作用。本次解译的 507 处地质灾害，其中，分布于塔里木河主干流域范围（叶城县研究区）的地质灾害共有 159 处，占总数的 31%；分布在塔什库尔干河流域的地质灾害共有 175 处，占总数的 35%；乌恰研究区内克孜勒苏河主干区域分布的地质灾害点 78 处，占总数的 15%，恰克玛克河流域分布的地质灾害点 95 处，占总数的 19%（图 4.23）。

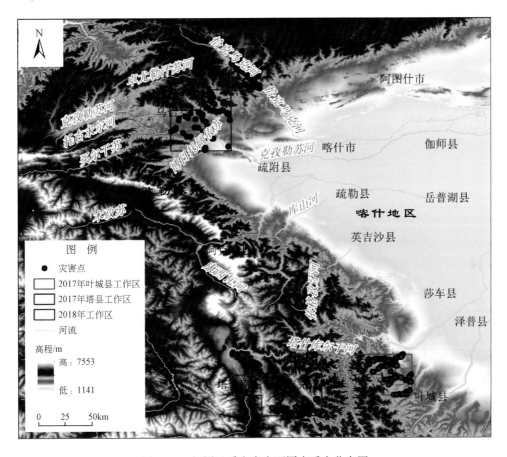

图 4.23　解译地质灾害在不同水系中分布图

4.5　小　　　结

针对研究区不同比例尺的研究尺度，选择不同精度的遥感数据，并建立滑坡、崩塌、泥石流等地质灾害的遥感解译标志。通过对研究区开展不同比例尺的地质灾害遥感调查与研究，主要取得以下四点结论。

（1）研究工作以高分二号卫星数据为主，高分一号、QuickBird 等卫星数据为辅，建立详细的地质灾害遥感解译标志，完成 16 个图幅地质灾害遥感解译，共遥感解译地质灾害隐患 507 处，包括泥石流 297 处（大型 39 处、中型 93 处、小型 165 处），崩塌 198 处（大型 22 处、中型 63 处、小型 113 处），滑坡 11 处（大型 4 处、中型 4 处、小型 3 处）及地面塌陷 1 处。

（2）根据地质灾害威胁对象划分，区内泥石流威胁聚居区的有 75 条、威胁分散农户的有 146 条、威胁县乡道的有 32 条、威胁村道的有 15 条、威胁耕地和草地的有 24 条、威胁河道的有 5 处；区内滑坡威胁聚居区的有 2 处，威胁分散农户的有 6 处，威胁县乡道的有 3 处；区内崩塌威胁聚居区的有 42 处、威胁分散农户的有 86 处、威胁县乡道的有 30 处、威胁村道的有 21 处、威胁耕地和草地的有 15 处、威胁河道的有 4 处；研究区仅发育的一处地面塌陷，主要威胁分散农户。

（3）从发育规律来看，研究区地质灾害与地形地貌的关系十分密切，有利的地形地貌为灾害的孕育提供良好的势能，是地质灾害形成的主控因素之一。昆仑山地区侵蚀、剥蚀中高山地貌发育灾害点 307 处，占总数的 92%，面密度高达 13.5 处/100km^2。天山地区的乌恰县发育地质灾害 152 处，占总数的 88%，发育密度 6.5 处/100km^2。

（4）从分布规律来看，研究区地质灾害与河流发育紧密相关，河流侵蚀是研究区最主要的地质作用之一，对地形地貌具有重要的控制性作用，同时对地质灾害的发育分布有重要的控制作用。在解译的 507 处地质灾害中，分布于塔里木河主干流域范围（叶城县研究区）的地质灾害共有 159 处，占总数的 31%；分布在塔什库尔干河流域的地质灾害共有 175 处，占总数的 35%；乌恰研究区内克孜勒苏河主干区域分布地质灾害点 78 处，占总数的 15%，恰克玛克河流域分布地质灾害 95 处，占总数的 19%。

第5章 地质灾害 InSAR 观测技术研究

5.1 概　　述

合成孔径雷达干涉测量（InSAR）技术是近十年发展起来的一项新的空间对地观测技术，它与 GPS、VLBI 和 SLR 等空间技术一起构成空间测地技术的主体。InSAR 技术成功地综合了合成孔径雷达（SAR）成像原理和干涉测量技术，是目前空间遥感获取地表面某一点三维空间信息及其微小变化的最佳技术，也是研究非常活跃的领域。地震、火山爆发、滑坡等地质灾害在发生之前通常在空间位置上有一个微小的几何量变化，如何快速准确获得形变信息为灾害发生进行预报是大地测量工作者的任务之一。传统的监测方法有常规的大地测量、GPS 测量和摄影测量等技术，但是它们都是基于点的测量，具有较低的时间分辨率和空间分辨率。InSAR 技术是一项具有潜力的形变监测技术，能高分辨率地测量大范围地形高度的细微变化，这就可能测出地震或火山爆发之前地面的膨胀，为灾害的发生提供预警信息。InSAR 是迄今为止独一无二的基于面观测的形变监测手段，有较高的时空分辨率。特别是以 InSAR 为基础发展的差分雷达干涉测量（D-InSAR）对于高程的变化具有高度的灵敏性，这意味着可以利用这一新型对地观测技术精确地测定许多地球物理现象（如断层运动、地震区形变、火山爆发前隆起和滑坡前的形变等），为地质灾害的预报提供及时准确的数据。

星载合成孔径雷达干涉测量因其高精度、高分辨率、全天候等优点已迅速成为常用的大地测量技术之一，旨在通过计算两次过境时 SAR 影像的相位差来获取数字高程模型。随之而来的差分合成孔径雷达干涉测量（D-InSAR）技术则是通过引入外部 DEM 或三轨–四轨差分实现了地表变形监测。除了地形因素外，时空失相干、大气、轨道等也是影响 D-InSAR 技术的形变监测精度的主要因素。与此同时，卫星硬件的不断发展，重返周期越来越短会导致微小形变与噪声之间的混叠，空间分辨率越来越高也会导致噪声更加复杂，这些都对常规 D-InSAR 的形变监测提出更高的挑战。此外，D-InSAR 技术获取的形变是地表真实三维形变在雷达视线（LOS）向上的投影，目前多通过除以入射角的余弦值得到垂直向的形变。但是，这需要假设水平方向上无形变，很多情况下并不满足，从而导致形变信号的错误解译。

为了突破 D-InSAR 技术的这些限制，学者们提出了多时相 InSAR 技术（multi-temporal InSAR，mT-InSAR）来进行高精度的形变监测，如永久散射体（PS）、小基线集（SBAS）和分布式散射体（distributed scatterer）等。此外，为了弥补 D-InSAR 或 MT-InSAR 技术只能获取 LOS 向形变的缺陷，学者又提出多孔径 InSAR（multi-aperture InSAR，mAI）技术来获取方位向（即卫星飞行方向）上的形变信息。以上这些 InSAR

技术已广泛应用于各类形变监测中，如城市地面沉降、矿区沉降、地震及板块运动、火山喷发、基础设施变形、冰川漂移、冻土形变、滑坡等。新疆高海拔、低植被覆盖地区，易于 InSAR 观测技术获取斜坡变形数据。本次研究选取帕米尔高原东北缘、喀喇昆仑公路洪扎河谷段、新疆伊宁县皮里青河等地区为研究区，开展地表形变、地质灾害 InSAR 观测。

5.2　帕米尔高原东北缘 InSAR 综合观测

本区选取日本 ALOS 卫星 16 景 3 幅连续的 PALSAR 雷达数据（图 5.1），条带号（path）为 525，幅号（frame）为 740、750、760，升轨，L 波段，波长 23.5cm，HH 极化或 HH+HV 极化，垂直入射角度为 38.7363°，雷达视线（LOS）向分辨率为 5.684257m，卫星飞行向分辨率为 3.142874m，多视线处理按方位向 2 像素、距离向 5 像素设置。拍摄时间为 2007 年 7 月 12 日至 2011 年 1 月 20 日。

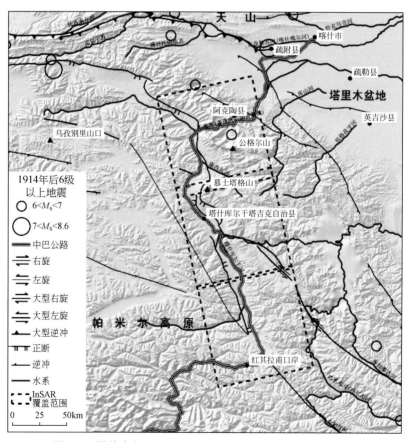

图 5.1　塔什库尔干谷地 PALSAR 数据覆盖范围及构造背景

5.2.1　帕米尔高原东北缘形变分析

　　全区共提取了 2137782 个 PS 点（图 5.2），平均密度为 17 点/km²，相对于参考点的 LOS 向变形量主要位于−54 ～54mm/a 区间范围内（图 5.2），其变形速率为正态分布，均值约 0.7mm/a，方差约 5.3mm/a。PS 点主要分布在人类活动区、草甸、冰碛物、沟壑等地，在冰雪覆盖区基本无干涉点，受 PALSAR 雷达波入射角和入射方向影响，陡峭的 NE 向坡面由于阴影效应无法照射雷达波而没有形成 PS 点（姚鑫，2015）。

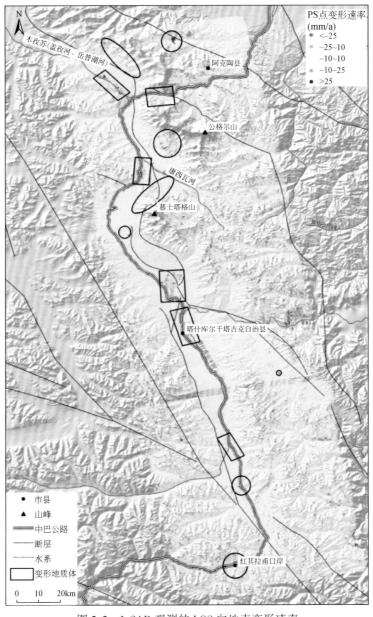

图 5.2　InSAR 观测的 LOS 向地表变形速率

　　中巴公路位于几个断陷盆地内，区域大背景为帕米尔高原上升带，根据该地区部分GPS 数据，推测水平运动主要是向西北方向滑移（李凌婧，2014）。结合 PS 点正态分布图、PS 点误差等综合分析，将变形量利用标准差划分为 5 个部分，其中极小值与极大值分别为–54 ~ –25mm/a 与 25 ~54mm/a，用来识别 LOS 向运动高异常点，也是用来划分大

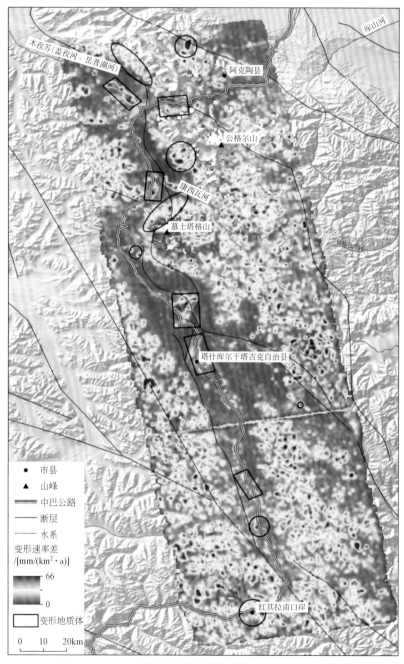

图 5.3　InSAR 观测结果的地表变形的 LOS 向变形速率差

变形地质体的区间；中间区间−10 ~ 10mm/a 主要是背景值，即总体与大的构造背景运动速率相当的地表运动；其余 2 个划分区间主要是为了识别变形量相对较小的区域。

一方面，由于局部特征变形值只占总体 PS 点的较小比例，反映斜坡变形的 PS 点被"淹没"在稳定的 PS 点中，不利于后期的目视分析和综合解译；另一方面仅仅通过变形的绝对量值进行分析，不易分离大区域的空间低频误差（如大气误差）和构造，也不易分离运动变形与小范围的斜坡地质灾害运动。因此，通过对一定面积内的 PS 点作最大与最小速度差值分析，突出小范围变形与背景变形的差异，消除由于坡度和雷达入射角度对斜坡地质灾害识别的影响。采用 ArcGIS 空间分析功能，对在 0.1km 范围内进行最高与最低速率差统计，然后再以 330m 为栅格边长进行 3×3 低通滤波，形成速度差值图（图 5.3），这体现出了局部地质体活动与稳定地质背景间的差异，结果大大提升了变形异常区的可识别度。

5.2.2　公格尔-慕士塔格地区形变分析

根据 PS-InSAR 处理流程获得的 744055 个有效线性变形 PS 点，主要分布在雷达信号反射效果好的基岩区，雪山、冰舌、地表植被变化大的地区如湿地 PS 点稀少。与地层岩性的叠加分析显示，在布伦口乡偏东地区作为相对参考基点，无明显的变形。从北至南，共有 7 个部分具有明显的变形趋势（图 5.4 中 1 ~ 7），东南部、西部显示出高变形速率差，数据处理也在靶区以外，该部分主要为山区，可能与高程误差有关，无关整体构造变形。

第 1 部分，公格尔-慕士塔格区域东北部（图 5.4、图 5.5），即苏盖特阿格孜所在处，为奥依塔克断裂通过之处，靠近西部冰舌前缘部分，可见局部视线（LOS）向正异常。大气误差、高程误差等均符合标准，根据地势分析推测该处可能为两侧斜坡的双重变形，也可能是局部解缠错误造成的。

第 2 部分，木吉盆地东北部山区（图 5.4、图 5.6），绿色的 PS 点主要为南坡的物源补给变形，东部红色点为北坡补给，两侧斜坡碎屑物不断为冰川提供物源，形成两侧斜坡的 LOS 正、负向变形，也可以侧面反映冰川的运动性。除中部冰舌前缘冰碛物无明显变形，北部与南部前缘冰碛物均以厘米级的 LOS 正向变形。

第 3 部分，公格尔山区（图 5.4、图 5.7），山顶部分冰川运动速率较大，造成失相干没有 PS 干涉点，但是通过两侧斜坡的变形也可反映出公格尔山冰川的运动情况，对比分析出该区域内变形最大，说明公格尔山冰川在该区域内活动最为强烈。冰舌前缘冰碛物则被后期冰舌不断推动，具有相对参考点 1 ~ 3cm/a 的 LOS 正向变形。圆形标注的绿色 LOS 负向 PS 变形点，为冰碛物顶部的小湖，该处较富水，因此有相对较大的沉降。

该部分冰碛物变形中间分界，方向从东南至西北，彩色的"点簇"消失在同一直线上，并且有冰碛湖的发育（绿色点团），经现场调查，该处地形变化较大，可能为山前断裂经过之处（红色虚线为推测断裂）。

第 4 部分，研究区最南部（图 5.4、图 5.8），为慕士塔格山段，该处冰川相对公格尔山冰川变形较小（橘红色点团较多，红色点分布较少），只有相对参考点约 1cm/a 的变形量，源区斜坡补给变形也没有公格尔山明显。仅在冰川前部大面积的冰碛物区域，由于斜坡重力作用产生一定变形。

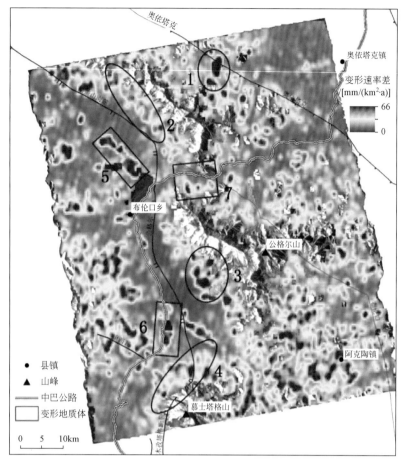

图 5.4　公格尔–慕士塔格地区变形速率差

1~7 代表第 1~7 部分

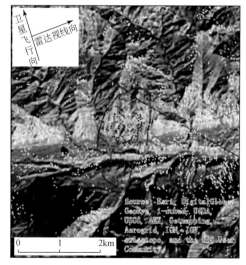

图 5.5　"第 1 部分"平均线性缓慢变形　　　　图 5.6　"第 2 部分"平均线性缓慢变形

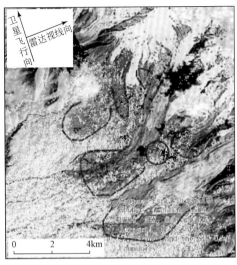

图 5.7　"第 3 部分"平均线性缓慢变形

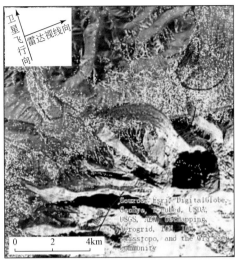

图 5.8　"第 4 部分"平均线性缓慢变形

第 5 部分，木吉盆地部分（图 5.4、图 5.9）由于湿地植被较多，因此失相干严重。在公路沿线有一些 PS 点，LOS 正向变形较大，主要在 3cm/a 左右，局部变形可达 2cm/a。该处冰川融水补给充足，分析认为，这种正向变形主要因为湿地中长满植被的冻胀丘的冻胀作用。西北角处，异常点反映为冰川泥石流堆积区的变形，为 1～2cm/a，该路段下午的融雪十分严重，经常会影响到公路通行，现场调查可见冰川融水已经影响到了公路通行，也会导致远处的堆积区变形（图 5.10）。

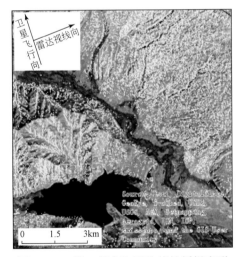

图 5.9　"第 5 部分"平均线性缓慢变形

图 5.10　冰川泥石流现场照片（镜像 NE）

第 6 部分，喀拉库勒湖南部湿地（图 5.4、图 5.11）水体没有 PS 点，变形点主要分布在湿地的电线杆、道路等人工建筑与冻胀丘上。湿地变形特征与木吉盆地湿地相同，也表现为 LOS 正向变形，约 2cm/a。西南部为斜坡变形，约 1cm/a。

第 7 部分，盖孜河谷南岸（图 5.4、图 5.12），冰川泥石流发育，物源补给充足，反映在 PS 点上为 LOS 负向变形（绿色"点簇"）。

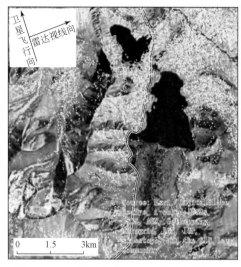 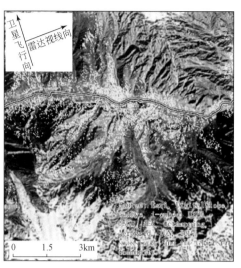

图 5.11　"第 6 部分"平均线性缓慢变形　　　　图 5.12　"第 7 部分"平均线性缓慢变形

5.2.3　塔什库尔干地区形变分析

根据 PS-InSAR 处理流程获得的 743147 个有效线性变形 PS 点，主要分布在雷达信号反射效果好的基岩区、塔什库尔干塔吉克自治县县城，雪山、地表植被变化大的地区 PS 点稀少。与地层岩性的叠加分析显示，在坚硬的侵入岩区（塔合曼）相对参考基点，无明显的变形。从北至南，选取 4 个具有意义的变形区域作分析（图 5.13 中 1~4），东部、西部山区显示出高变形速率差，主要为高山斜坡变形、高程误差等，不做详细分析；研究区东南角，康西瓦断裂经过处，该部分有明显的变形异常，主要为处理误差造成。

第 1 部分，慕士塔格山西部（图 5.13、图 5.14），山前断裂通过之处，可见明显的局部 LOS 向正异常。该处主要为冰碛物斜坡变形，相对参考点变形约 1cm/a，变形区域中部可达 2cm/a。区域显示为孤立的局部红色点团，结合地形地势，该处主要为一个较为平缓的汇水沟，上部冰川融水在此汇集，造成此处坡面相对周边变形较大。

第 2 部分，塔合曼盆地（图 5.13、图 5.15），人为活动较少，主要为高山草原湿地，有部分小型村落。PS 点干涉结果为 LOS 向正、负异常混杂的点，主要因为此处水体富集，河流纵横，河道两旁变形明显，且有部分冻胀现象。该段研究区的参考点位于塔合曼侵入岩区，较稳定。塔合曼北部，即塔合曼古滑坡，从结果可得知 2007~2011 年相对参考点是稳定不变的。

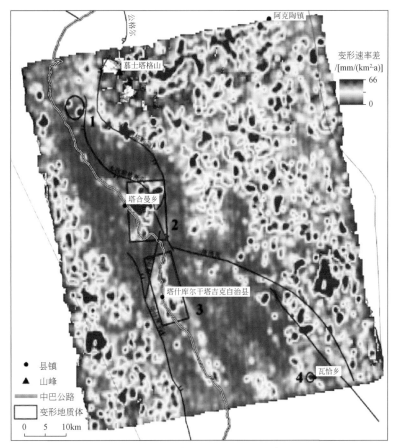

图 5.13　塔什库尔干地区变形速率差

1～4 代表第 1～4 部分

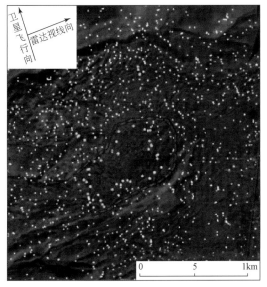

图 5.14　"第 1 部分"平均线性缓慢变形

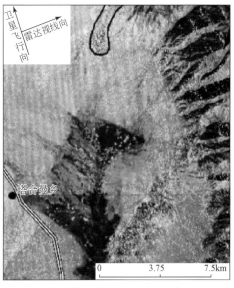

图 5.15　"第 2 部分"平均线性缓慢变形

　　第3部分，塔什库尔干塔吉克自治县县城区域（图5.13、图5.16），主要位于一大型冰川泥石流冲积扇上，由干涉结果看，冲积扇已经稳定，冰碛物无明显变形，中部水流汇集处有零星几个LOS负向变形PS点，主要为河流冲刷侧岸造成。县城东侧，靠近湿地部分变形加大，该处水源与冲积扇不同，主要为塔什库尔干河提供，LOS正向变形，变形量约1.5cm/a。

　　第4部分，研究区东南角（图5.13、图5.17），为瓦恰乡所在处，可观察到明显的2～3cm/a的大变形，该处水源充足，位于河漫滩部分，再加上东北的泥石流沟水源补给，使得该区域冻胀作用明显。

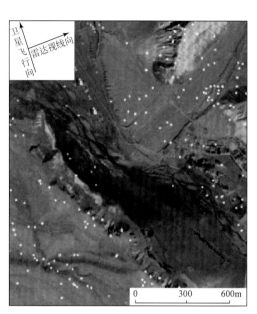

图5.16　"第3部分"平均线性缓慢变形　　　　图5.17　"第4部分"平均线性缓慢变形

5.2.4　红其拉甫地区形变分析

　　PS-InSAR处理流程获得的650580个有效线性变形PS点，主要分布在雷达信号反射效果好的基岩区，雪山、地表植被变化大地区PS点稀少（图5.18）。与地层岩性的叠加分析显示，在较稳定区域作为相对参考基点，无明显的变形。

　　第1部分，达布达尔乡西北地区（图5.18、图5.19），该部分也有轻微的LOS向负异常（浅绿色点团），数值为1～6mm/a，有遥感影像与现场调查，下沉变形主要发生在河漫滩，可能由于河流的冲刷，河岸轻微塌陷。该段公路偏南部，有较大的下沉变形，LOS负向变形达到1cm/a。

　　第2部分，达布达尔乡向南，卡拉奇古东南（图5.18、图5.20），该部分也有轻微的LOS向负异常（浅绿色点团），约3mm/a，与高数值的LOS向正异常（桃红色点团），约为2cm/a，同第1部分相似，下沉变形主要发生在河漫滩边缘，而上升则为湿地的冻胀变形。

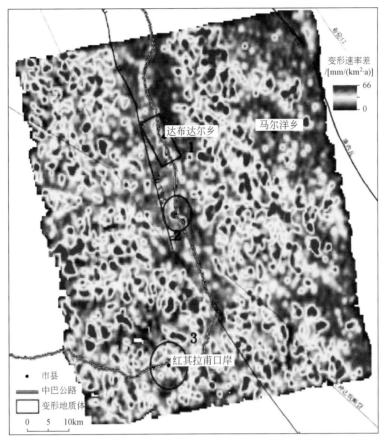

图 5.18　红其拉甫地区变形速率差

1~3 代表第 1~3 部分

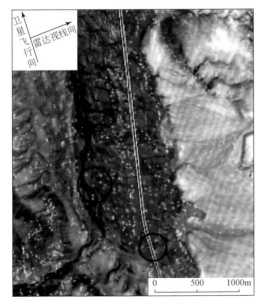

图 5.19　"第 1 部分"平均线性缓慢变形

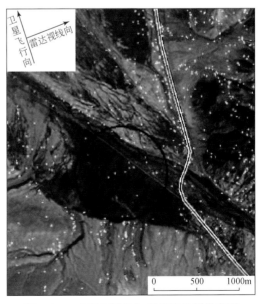

图 5.20　"第 2 部分"平均线性缓慢变形

第 3 部分，中巴边境红其拉甫口岸（图 5.18、图 5.21），海拔近 4800m，南北两侧山脊线上山峰均接近 6000m，地势高峻，山峰林立，冰川发育，河流分野，该地区变形异常点团较多，数值也较大，为 1～1.7cm/a，根据遥感影像与高程数据，主要为冰川流动造成的斜坡变形，范围较小，对公路影响不大。

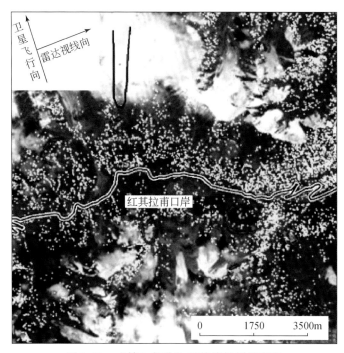

图 5.21　"第 3 部分"平均线性缓慢变形

5.3　喀喇昆仑公路洪扎河谷段地质灾害 InSAR 观测

洪扎河谷位于巴基斯坦北部，喀喇昆仑山腹地，距中巴边境红其拉甫口岸约 150km，是喀喇昆仑公路上连接红其拉甫苏斯特与巴基斯坦北部重镇吉尔吉特的交通要道，也是中巴公路重要的组成部分，在中巴经济走廊国家战略规划下，具有举足轻重的战略意义。

洪扎河谷区域内现代冰川规模巨大，因而冰川运动与冰川泥石流作为沿线最重要的地质灾害，对喀喇昆仑公路通车造成很大威胁，导致沿途路面和桥梁设施经常遭到破坏，甚至威胁人的生命财产安全。两侧分布连绵高山，河谷落差高达 5000 多米，因此崩塌、滑坡、堰塞湖等地质灾害常有发生。2010 年 1 月洪扎河谷 Attabad 村附近发生巨型山体滑坡，形成堰塞湖，近 $5×10^4$ 名村民被迫撤离。目前国内外，对巴基斯坦北部区域没有做过相关区域地质灾害调查及研究工作，对未来中巴经济走廊的各项工程建设提出严峻考验。

研究范围内构造作用主要受科希斯坦板块与欧亚大陆板块缝合带所控制，发育多级近 EW 走向的逆冲断裂，该区域以石炭系至三叠系（C—P）包含泥质岩、大理岩、角闪岩等副片麻岩和碳酸盐岩、碎屑岩为主，其中夹晚燕山期—喜马拉雅期侵入花岗岩，主喀喇昆仑断裂将石炭系—三叠系浅–中变质岩与南侧的 K—E$_2$ 的绿色片岩夹生物碎屑岩、蛇绿混杂堆积分界。

　　根据野外调查，本区主要地质灾害有 3 种：①冰川泥石流，强烈的构造运动与地表隆升提供非常丰富的松散固体物源，高山峡谷及夏季充足的积雪融水为泥石流的发育提供了良好条件，且与季节更替同周期发生，因此冰川泥石流是最典型的地质灾害；②蠕变滑坡，洪扎河谷发育多处显著或隐性的蠕变滑坡，所在地层岩性为石炭系—二叠系的浅–中变质岩，最大滑坡体位于卡里马巴德（Karimabad）镇西南，方量约 3.6×10^{8}m^3，在 InSAR监测结果上清晰可见；③崩塌、溜石坡，强烈的剥蚀与陡峭的河谷孕育了不稳定的斜坡体，从而形成大量的崩塌与溜石坡，广泛分布在喀喇昆仑公路及各个山谷，常年累积，突发时容易阻断交通。

5.3.1　数据处理

　　选取日本 ALOS 卫星 20 景 PALSAR 雷达数据，条带号为 525，升轨，L 波段的波长为23.5cm，对地表植被及大气层有较好的穿透力，极化方式有 HH、HH+HV 两种，垂直入射角度为 38.7°，雷达视线向分辨率为 5.684m，卫星飞行向分辨率 3.142m，按方位（azimuth）向 2 像素、距离（range）向 5 像素多视处理。时间跨度从 2006～2011 年，覆盖洪扎–吉尔吉特区域面积约 9921km^2（图 5.22），地形剖面图如图 5.23 所示。

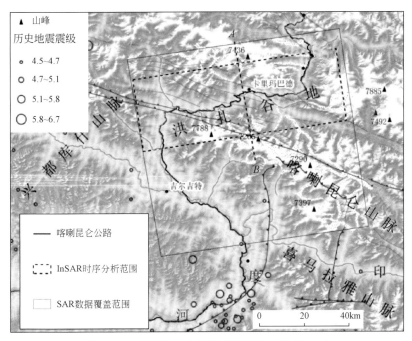

图 5.22　研究区 SAR 数据覆盖范围（单位：m）

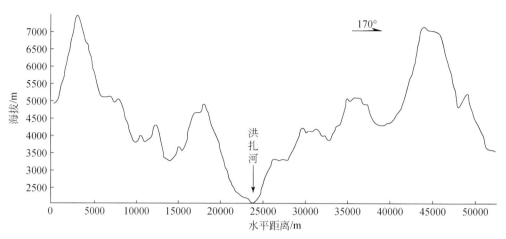

图 5.23　洪扎河谷地形剖面图（位置见图 5.22 中的 AB）

1. 数据预处理

1）DEM 纠正精度

去除地形相位的 DEM 采用 NASA SRTM 90m 分辨率数据，首先由地理坐标转换到雷达坐标之下，窗口选择以 range 向 68×azimuth 向 38，在 2584 窗口点中选取了 1694 个配准点。最终配准的 range 向和 azimuth 向标准差分别为 0.2124 和 0.1391，精度较高。

2）单视复数数据纠正精度

以 2010 年 1 月 5 日的单视复数（single look complex，SAR）数据为基准进行图像配准，各干涉像对（名称以拍摄时间表示）误差如表 5.1 所示。

表 5.1　以 2010 年 1 月 5 日的 SLC SAR 数据为基准进行图像配准的结果

序号	干涉像对	range 向误差	azimuth 向误差
1	20100105_20061228	0.0190	0.0329
2	20100105_20070212	0.0168	0.0297
3	20100105_20070630	0.0469	0.0671
4	20100105_20070815	0.0501	0.0916
5	20100105_20070930	0.0394	0.0426
6	20100105_20071231	0.0132	0.0259
7	20100105_20080215	0.0208	0.0327
8	20100105_20080401	0.0182	0.0350

续表

序号	干涉像对	range 向误差	azimuth 向误差
9	20100105_20080517	0.0466	0.0659
10	20100105_20080702	0.0522	0.2467
11	20100105_20081117	0.0248	0.0372
12	20100105_20090102	0.0220	0.0361
13	20100105_20090217	0.0205	0.0426
14	20100105_20090820	0.0278	0.0525
15	20100105_20091005	0.0397	0.0333
16	20100105_20100105	0	0
17	20100105_20100220	0.0107	0.0277
18	20100105_20100823	0.0424	0.0558
19	20100105_20110108	0.0177	0.0424
20	20100105_20110223	0.0193	0.0414

由配准结果标准偏差可知，除了 20100105_20080702 数据的 azimuth 向误差大于 0.2 以外，其他所有配准数据的 range 向、azimuth 向误差小于 0.1，SLC 数据配准精度很高。

通过 D-InSAR 差分测试实验（图 5.24、图 5.25），大概估计 20 景数据的质量，很明

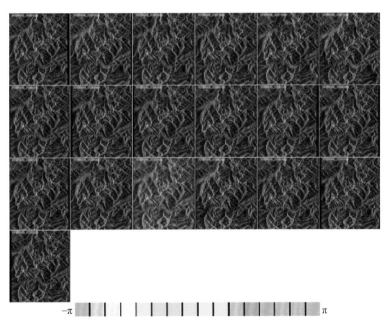

$-\pi$　　　　　　　　　　　　　　　　π

图 5.24　19 景 D-InSAR 差分测试实验结果（扣除 20101005_20091005）

显在单参考情况下，传统 D-InSAR 干涉相干性不好，其形成的干涉像对质量均较差，最差的依次为 1、7、8、9、11、12、19、20，由于数据景数较少，暂且保留，后续处理过程中可有选择地使用。

3）SLC 数据裁剪及短基线集构建

为了提高数据处理过程中的精度和效率，对全景 SLC 数据进行裁剪，裁出覆盖 Hunza 河谷段的部分（图 5.25）。

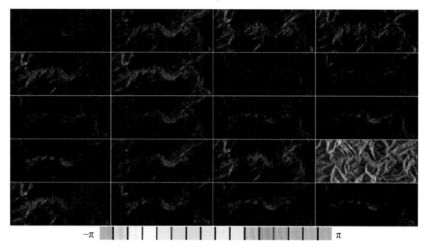

图 5.25　20 景裁剪后 SLC 数据 D-InSAR 差分结果

在多参考过程中，本次研究采用限制最大基线长度为 1500m，在时间基线不受约束的条件来构建干涉数据集，共形成 92 个短基线干涉像对，垂直基线绝对值平均长度为 772.297m（图 5.26）。以 2010 年 1 月 5 日为参考景，在单参考的模式下构成的垂直基线绝对值平均长度为 1276.823m（图 5.27）。

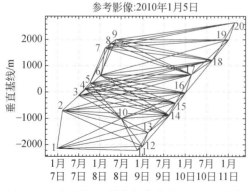

图 5.26　选用的 20 景数据构成的时-空基线集

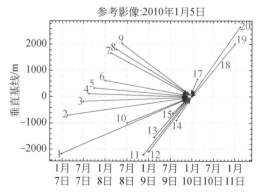

图 5.27　选用的 20 景数据构成的单参考基线时-空基线

2. D-InSAR 数据处理

D-InSAR 数据虽然容易受到各项误差的影响，变形观测精度在厘米至分米级，但可以总体初步识别轨道误差较大的影像、非线性变形、较大变形以及非稳定干涉区的短期变形。短基线集时−空基线，进行洪扎谷地地区 D-InSAR 差分处理，通过条纹特征去除轨道基线误差和二次项误差。

根据已有研究，大气延迟变形和轨道误差变形具有低频和趋势性。根据 InSAR 解译经验和该区的构造背景分析，充斥整幅影像的大范围趋势性条纹为大气延迟变形和轨道误差变形，在解译地质变形时应排除该变形影响。在条纹整体趋势下的局部变形，并与地质情况有成因联系的，可以判定为地质因素变形。

通过对 92 个短基线干涉像对进行差分、屏蔽失相干严重的干涉像对、滤波解缠、基线改正、去除二次项最终得到干涉良好、没有明显大气误差基线的解缠结果，发现 D-InSAR 整景差分结果无明显轨道误差与二次项误差（图 5.28），可用于后续影像 D-InSAR 的结果分析。

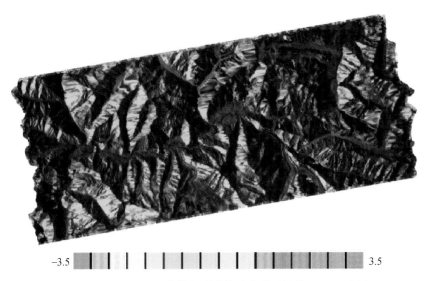

−3.5 　　　　　　　　　　　　　　　　　　　　　　 3.5

图 5.28　D-InSAR 生成的各干涉像对变形平均值（UTM 坐标）

3. IPTA-InSAR 数据处理

根据 D-InSAR 数据预处理过程中约束基线小于等于 1500m，构建了 92 个干涉像对，对 92 个干涉像对进行 PS 点提取，本次研究采用了两种方法分别提取，并综合筛选：第一种方法是基于相干信息的时间相干系数提取点目标法，该方法通过对时间域上利用长时间序列中点目标的相干性进行判断，从而识别并提取长时间保持稳定相干性的 PS 点；第二种方法是基于振幅信息的振幅离差点目标提取方法，这个方法是提取 PS 点最经典的方法（Ferretti *et al.*, 2000；Colesanti *et al.*, 2003），该方法是对空间域里信噪比情况下进行振幅离差的判别与筛选。将以上两种方法提取的点目标合并，并采用单参考干涉处理生成点干涉质量值，根据各个点目标干涉质量筛选高相干性强点，最终提取 44892 个点作为 IPTA 处理流程的核心目标，实际覆盖点数为 306029，点密度为 92.7 个/km^2，具体分布如图 5.29 所示。

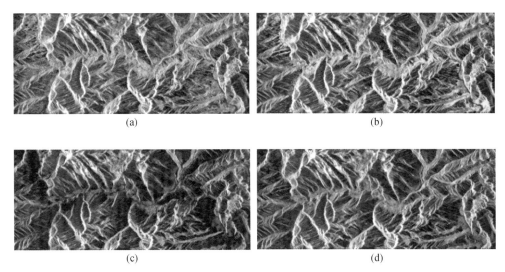

图 5.29　两种方法提取点目标分布图

（a）方法 1 提取 133109 个点，相比方法 2 其分布更均衡；（b）方法 2 提取出 205736 个点，大部分点分布在后向散射更强且稳定的河谷及山脚；（c）综合两种方法得到 306029 个高密度点；（d）IPTA 处理过程中相干性较好的 44892 个点

短基线集的处理结果其变形误差在±2mm/a，并且相干性较强的地方误差普遍很小，同样，高程纠正后的误差在±2.5m，根据第 4 章高程对变形结果影响性分析可知，这样小的高程误差几乎对形变速率不会造成明显影响。从大气误差可知，洪扎河谷干涉雷达大气效应非常明显，由于险峻的地形高差，空气差异化无论水平还是垂直分带都异常明显，对雷达信号造成明显干扰。

短基线集多参考处理后转成单参考景的解缠干涉图，20 对干涉图基线误差、大气误差及其他噪声基本已经去除，能够较好地反映地表形变相位。

4. 偏移追踪法

偏移追踪法（Offset-tracking）原理相对时序 InSAR 及 D-InSAR 都要简单，其核心思想是在 InSAR 处理配准过程中，对两幅 SAR 影像数据进行精确配准，根据配准偏移量估计实际地表位移。两幅 SAR 配准偏移量由地表位移、轨道差异、地形变化、大气电离层干扰等因素引起。其中，地形起伏及大气电离层干扰的影响程度相对有限，尤其是电离层引起的偏移量只在极地地区比较常见，并且可以通过高通滤波去除，这样配准偏移量（R_{offset}）可以认为是轨道引起的偏移量（R_{orbit}）和冰川运动位移量（R_{motion}）之和：

影像中除了冰川主体和冰雪覆盖区域，大部分是稳定的，其位移量可以假设为零，这些区域的配准偏移量近似等于轨道引起的偏移量，即 $R_{\text{offset}} \approx R_{\text{orbit}}$。基于这些配准偏移量，采用最小二乘方法就可以拟合出轨道引起的偏移量模型（Luckman *et al.*，2002）。

将配准偏移量减去拟合的轨道偏移量即为实际的冰川形变偏移量，除以时间间隔得到平均流速。

InSAR 技术采用干涉测量的方法对地表形变有很高灵敏度与测量精度，但是当地面发生较大位移变形，尤其是超过一个甚至数个雷达波长量级的位移时，会造成严重的失相干无，无法获取其形变量，如冰川运动较大的同震变形等。另外，InSAR 技术只能获取雷达视线向形变，不能直接得出地表位移或者垂直于雷达视线向的变形。而研究区覆盖巨型冰川并形成泥石流长期危害公路安全，因此用偏移追踪法测量冰川位移能很好地弥补 InSAR 技术的缺点，测出冰川历史位移量，从而对未来冰川运动及冰川泥石流发育规律研究提供数据支持。

本次处理选取时间基线、空间基线均较小的 PALSAR 4 景影像，时间跨度在 2007 年 2～12 月，空间基线长度均小于 600m，如表 5.2 所示。

表 5.2　Offset-tracking PALSAR 影像组合

时段	主影像	从影像	时间基线/m	空间基线/m
1	20070212	20070630	138	600
2	20070630	20070815	46	400
3	20070815	20070930	46	300
4	20070930	20071231	92	350

5.3.2　D-InSAR 监测结果

D-InSAR 作为一种辅助手段对 SAR 数据覆盖区进行面上的干涉识别，力求发现时序分析对非线性变形、周期性冻融变形，以及时间序列中失相干区域变形等形变监测无法实现的目的。然而，SAR 数据覆盖区域冰川积雪覆盖面积大，达 38% 左右，且地形高差达 5500m，阴影效应非常明显，加上 D-InSAR 本身的相干性缺陷问题，最终导致解缠后的干涉图编码到 UTM 坐标后，各图像失真很严重，信息提取难度较大，但仍然可以提取局部区域变形较大的斜坡地质灾害，以及许多局部影响较小溜石坡等信息。为了克服 D-InSAR 单个干涉像对图像失真的干扰，采用最小二乘法对系列解缠后的干涉图进行拟合，得到其各干涉像对的形变信息，并平均处理，这样便可剔除大量的失相干区域，保留形变信息。图 5.30 为 D-InSAR 处理后平均干涉解缠相位图，可以根据解缠后的平均干涉相位整体判别较大的形变区域，但是该方法可能有部分遗漏，此时需要逐个解译干涉像对中的形变信息。图 5.31 为 D-InSAR 平均干涉解缠图解译的斜坡地质灾害。

图 5.32 为 D-InSAR 识别 PS-InSAR 中失相干严重的斜坡地质灾害图，如溜石坡、崩塌、冰碛物等。

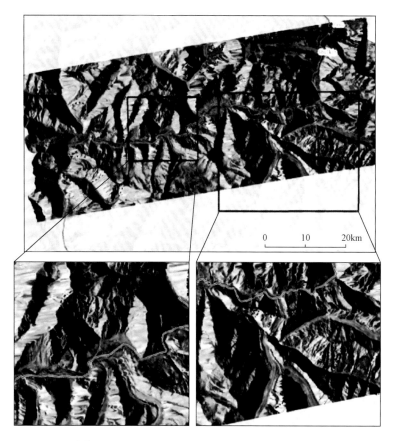

图 5.30　D-InSAR 处理后平均干涉解缠相位图

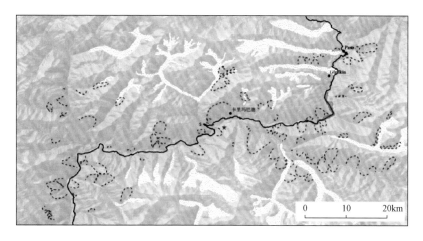

图 5.31　D-InSAR 解译地表斜坡地质灾害形变信息结果

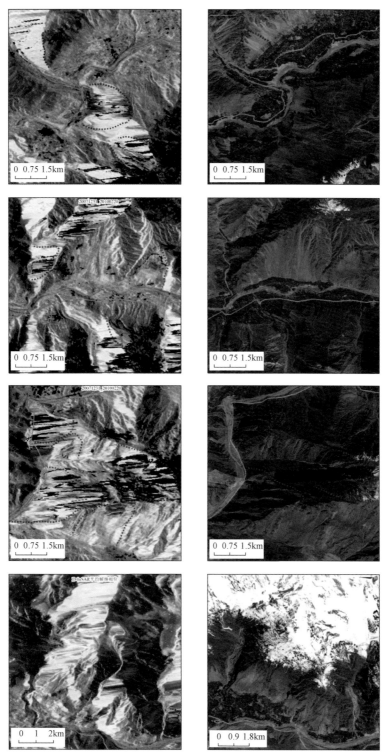

图 5.32　D-InSAR 干涉像对中的其他斜坡地质灾害

左右图分别是 D-InSAR 差分干涉解缠结果与 Google Earth 影像对比图

5.3.3　IPTA-InSAR 监测结果

根据 5.2 节构建的多小基线、多参考集进行 IPTA 处理，从 306029 个点目标分析中，最终获得 159352 个有效 PS 点，主要分布在雷达信号反射效果好的峡谷谷地基岩区和积雪覆盖较少植被相对稀疏的山脚，而冰川积雪发育及冰碛物位移较大区域没有获得有效的 PS 点分布（图 5.33）。图 5.33 中展示了 159352 个 PS 点 LOS 向变形的大小、方向及位置，根据实际的变形特征呈正态分布的特点（图 5.34），构建变形值分析区段：①速率在 –10 ~ 10mm/a 的 PS 点，位于无变形地区和非常缓慢的零散地表剥蚀或滚石位移，该区间内无明显斜坡地质灾害；②–20 ~ –10mm/a 和 10 ~ 20mm/a 的 LOS 向运动速率主要反映的是本研究获取的较小的变形区间值，反映局部的微小变形，该变形特征往往反映出典型地表外力作用下的风化剥蚀而形成长期缓慢变形的斜坡地质灾害如小型崩塌体、溜石坡、碎屑流，另外可能是泥石流灾害特征；③变形速率小于 –20mm/a 或者大于 –20mm/a 的区间内，当属变形值异常明显且较大的区域，该区域内 PS 点往往会包括 –20 ~ –10mm/a 和 10 ~ 20mm/a 变形区间的点在内，主要反映了 InSAR 观测的变形速率较大的灾害体，如滑坡、溜石坡、崩塌等典型斜坡地质灾害，位移较大的地表剥蚀或滚石，以及少量解缠错误。

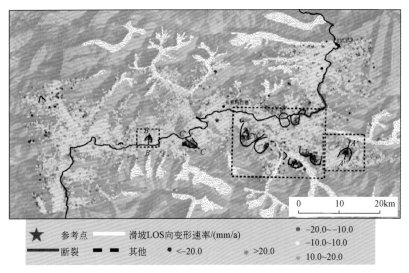

图 5.33　IPTA 结果 PS 点视线（LOS）向变形速率分布图

PS 点速率大小与数量呈正态分布，均值为 –0.54mm/a，标准偏差为 7.32mm/a，速率大小主要在大于 10mm/a 的区间范围内。图 5.35 中只标识了典型蠕变滑坡地质灾害体。

此处为了方便分析，取沿 LOS 向下方向为正，红色点对应右侧坐标，代表 2006 年 12 月 28 日至 2009 年 1 月 2 日的 D-InSAR 差分相位，单位为弧度；蓝色为 PS 点速率值对应的左侧坐标（图 5.36）。

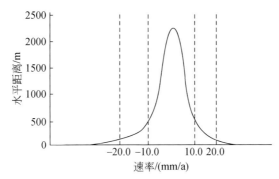

图 5.34　PS 点变形速率与相应范围点数之间关系的直方图

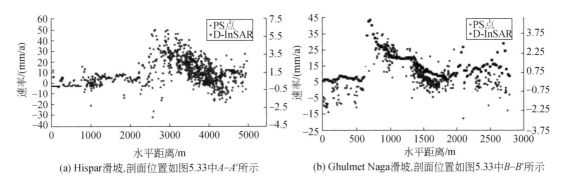

(a) Hispar滑坡,剖面位置如图5.33中A-A′所示　　　(b) Ghulmet Naga滑坡,剖面位置如图5.33中B-B′所示

图 5.35　希斯巴（Hispar）及古尔梅特纳加（Ghulmet Naga）滑坡 PS 点形变速率剖面图

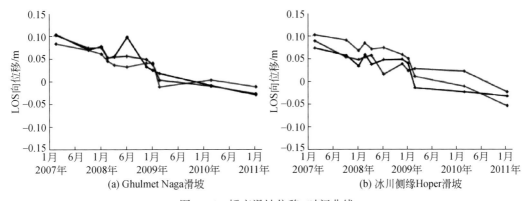

(a) Ghulmet Naga滑坡　　　　　　　　　(b) 冰川侧缘Hoper滑坡

图 5.36　蠕变滑坡位移-时间曲线

不同颜色代表滑坡不同位置

根据以上变形区间划分，并结合遥感影像解译工作及实际考察结果，可以方便地判别 InSAR 处理结果中变形异常区域的变形特征及原因，并提取出大量形变较大的斜坡地质灾害（滑坡、溜石坡、崩塌等），河漫滩沉积物位移、泥石流变形等其他相关的缓慢变形地质体，同实际地质调查结果非常吻合。下面分别从各类型灾害或变形地质体形成原因来分类，准确解译。

1. 滑坡

研究区滑坡在 InSAR 观测结果上其形变值大小基本都大于 10mm/a，滑动速率的最大值一般大于20mm/a，沿雷达视线向下，由于受到坡度、坡向及形变大小的影响，局部地区也会出现正的滑动速率即沿雷达视线向靠近雷达运动，属于正常现象。图中解译的所有滑坡干涉性相对较好，PS点集中与周围点有明显的形变差异，很容易识别（图5.37）。其中图5.37（a）滑坡为卡里马巴德（Karimabad）东南约15km处、喀喇昆仑公路对岸的大型蠕滑滑坡（图5.38），滑坡前缘紧临洪扎河床，海拔约1945m，滑坡后缘海拔约3140m，滑坡体平均厚度约300m，估算方量约$8.1 \times 10^8 m^3$。根据InSAR计算结果（图5.39、图5.40），结合计算用的2007～2011年11景位移数据拟合得到年平均滑动速率，后缘a点滑动速率约2.997cm/a，前缘滑动速率约3.427cm/a。

(a) Karimabad蠕滑滑坡(镜向NE)　　　　　　　(b) Ghulmet Naga滑坡

(c) Attabad堰塞湖滑坡(镜向NE)　　　　　　(d) Maiun滑坡

图5.37　洪扎河谷段喀喇昆仑公路旁各滑坡野外照片

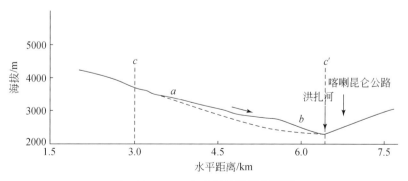

图5.38　Karimabad滑坡地形剖面图

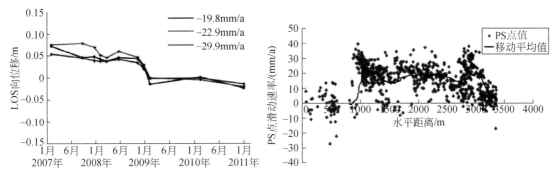

图 5.39　Karimabad 滑坡后缘位移曲线

图 5.40　Karimabad 滑坡 PS 值剖面图
剖面位置见图 5.38 的 c-c'，此处正代表顺
LOS 向向下方向

2. 溜石坡、崩塌及碎屑流

因为崩塌及风化剥蚀作用，使基岩体常年剥落的碎石沿着山体滑动堆积而形成溜石坡、碎屑流灾害，在 InSAR 结果上非常明显。由于受到坡度影响，其变形速率变化较大，小则 10mm/a，大的超过 20mm/a，有时甚至完全失相干，该类型灾害发育比较广泛，无论公路两侧，河流峡谷或冰川侧壁都发育较多。图 5.41（b）、（d）～（h）都有溜石坡、碎屑流发育。另外，图 5.41（j）显示断层附近破碎的崩塌体而形成溜石坡，PS 点位移约 27mm/a，且零星分布，表明该溜石坡松散堆积体位移较大，不能形成较多稳定的 PS 点。

(a)

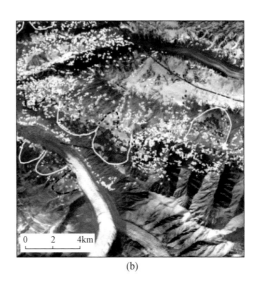

(b)

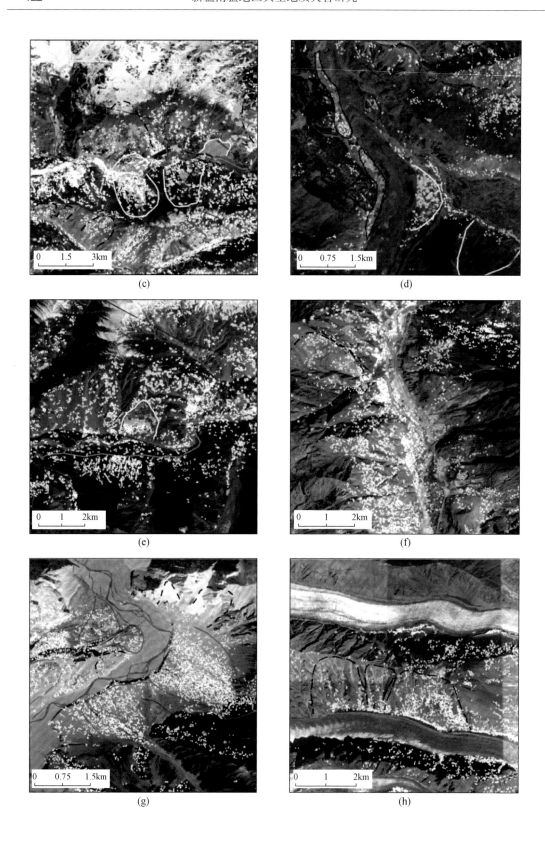

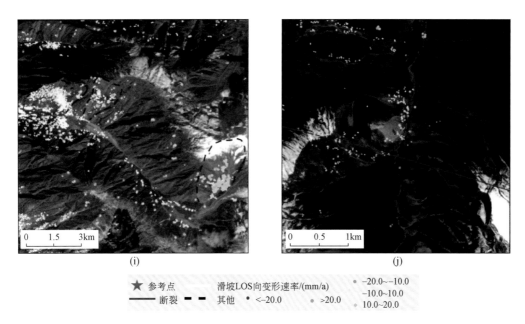

图 5.41 典型地质灾害 InSAR 时序分析 PS 点变形特征

3. 泥石流、冰碛物

研究区内有较多大型冰川泥石流及其他小型泥石流，以及大量冰碛物，其中古尔金（Ghulkin）冰川泥石流平均速率远远超过 InSAR 时序分析能识别的范围，和本身冰碛物类似，不能形成有效相干点，Offset-tracking 方法能有效监测到其位移，这里暂不讨论。时序 InSAR 处理结果中识别出的泥石流平均速率几乎都是在 -20 ～ -10mm/a，如图 5.41（f）、（g）所示，图 5.41（c）中显示发育一小型冰川及其泥石流沟，滑动速率在 -27 ～ -12mm/a。卡里马巴德（Karimabad）镇对岸的冰川图 5.41（b）显示，由于冰川运动而侧蚀两侧侧积垄，并在局部区域因边坡侧蚀而塌陷，左侧 PS 点为负，为雷达视线方向前进方向，速率为 -27 ～ -8mm/a；右侧为正，说明其运动方向沿雷达视线向靠近雷达运动，速率为 1.68 ～ 26.7mm/a。

4. 其他

由于该区域特殊的地质、地理环境，地势隆升迅速，基岩裸露，冰川积雪覆盖广，加上季节性积雪融化、冰川运动等作用，会有局部沟壑泥石碎屑、滚石及异常崩塌剥落等。InSAR 监测中产生的稀疏而变形较大的 PS 点。

5.3.4 D-InSAR 与 IPTA 监测结果对比分析

此次研究中虽然 ALOS PALSAR 数据较长的基线和轨道误差使大部分影像对失相干，

但该方法基于两幅影像进行二轨差分，自由组合干涉像对可以得到独立的相邻时间跨度内的地表形变［图 5.42（a）、（c）、（e）］，将特定时间内差分结果组合可以分析非线性变形以及滑坡破坏前的缓慢变形。根据相同地面目标的 D-InSAR 与 IPTA 结果对比可知，D-InSAR 是基于二维面干涉，能够得到地表连续性强的形变信息而非 IPTA 中孤立的点，有助于揭示滑坡体周围拉裂缝空间展布［图 5.42（c）、（e）］，而 IPTA 时序分析可以充分利用较长时-空基线的 SAR 数据，计算相干点的 LOS 向形变速率［图 5.42（b）~（d）］。图 5.42（a）、（b）为 Karimabad 镇对岸受冰川强烈侧蚀作用而发育的多处蠕变滑坡，后缘海拔均接近雪线，约 3900m。图 5.42（c）、（d）为洪扎河右岸 Ghulmet Naga 滑坡，该滑坡为典型的座滑型滑坡，其后缘速率大于前缘。图 5.42（e）、（f）为 Hispar 冰川北西西向约 10km 峡谷北侧滑坡，滑坡后缘海拔达 4700m，紧靠另一冰川。

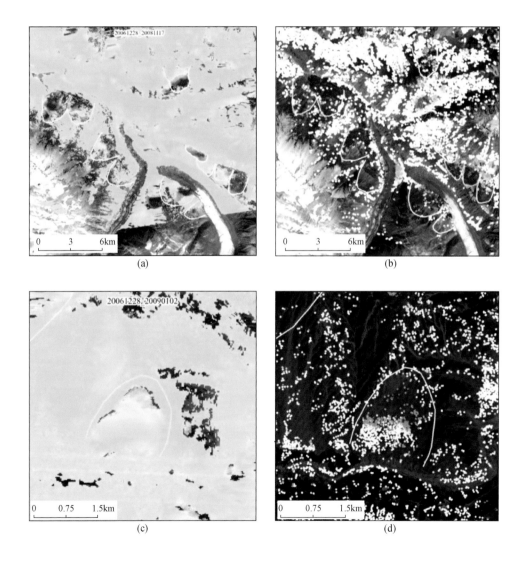

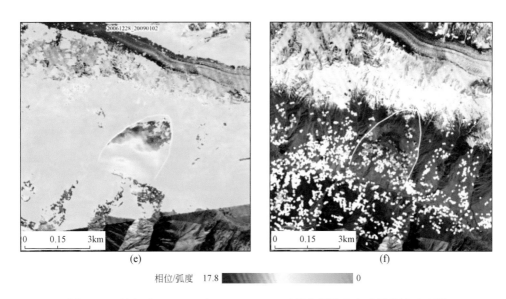

相位/弧度　17.8 �███████████████ 0

图 5.42　研究区 D-InSAR 与 IPTA-InSAR 对蠕变滑坡灾害观测结果对比图

（a）与（b），（c）与（d），（e）与（f）位置相同。（a）Karimabad 镇对岸冰川侧缘发育的多处蠕变滑坡；（b）为（a）中蠕变滑坡 PS 点分布特征，局部地区由于速率过大导致 PS 点稀疏或异常；（c）干涉结果的丢失显示了 Ghulmet Naga 滑坡后缘拉裂缝；（d）Ghulmet Naga 滑坡后缘速率为 15～33mm/a，前缘速率为 -4～6mm/a；（e）2006 年 12 月 28 日与 2009 年 1 月 2 日的干涉结果，滑坡体与周围岩体形变速率颜色差异显示了后缘拉裂缝展布，由后至前速率逐渐减小；（f）PS 点显示滑坡体后缘速率在 20～40mm/a，前缘速率约 0mm/a，几乎不动

5.3.5　Offset-tracking 监测结果

将 2007 年 2 月 12 日至 12 月 31 日期间的冰川运动分成 4 个阶段并进行计算，结果如图 5.43、图 5.44 所示，为了能使冰川位移特征更加明显，同时去掉小量级计算误差，图中只显示大于 5m 的位移值。从 4 个阶段冰川位移特征，可以得出如下几个结论：

（1）2007 年 2～12 月，将近一年时间内冰川位移速率随季节变化不是特别明显，长度在 10km 以上的冰川平均位移在 50～100m，有时甚至高达 300m，按照 2007 年 2～12 月的数据，伯苏（Pasu）冰川的平均速率为 72～450cm/d，即 262.8～1642m/a，由于数据未完整覆盖巴图拉（Batura）冰川，只能得到冰川数据覆盖区的结果，此速率相对 Pasu 冰川小，为 55.75～240m/a。显然，该地区冰川运动速率远远大于年平均速率在 10m/a 左右的慕士塔格峰冰川（Zhou *et al.*，2014；李凌婧，2015）。

（2）根据图 5.45、图 5.46 中 Pasu 冰川与 Batura 冰川速率表明，夏季 7～9 月冰川速率相对其他时间段要大，且速率更稳定，所以此时间段内冰川泥石流高发，且 2～6 月的位移曲线震荡更加激烈，变化更显著，夏季位移曲线更加平缓而稳定，说明在冬末至夏初山上冰川及积雪融化导致冰川速率变化异常显著，很容易导致雪崩等灾害发生，李凌婧对公格尔冰川位移研究得出同样的结果。其他学者用 Offset-tracking 估计冰川位移时也有类

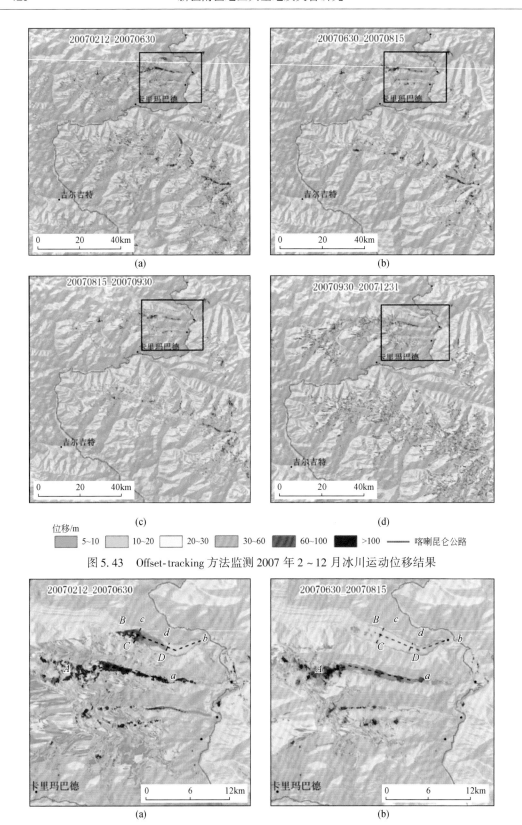

图 5.43　Offset-tracking 方法监测 2007 年 2～12 月冰川运动位移结果

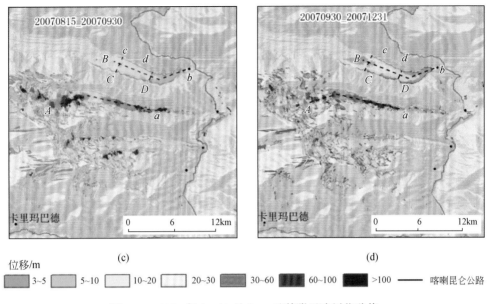

图 5.44　2007 年 2～12 月 Pasu 及其附近冰川位移值

似的规律，其中李佳等（2013）对天山南依内里切克冰川在 2007 年 7 月 9 日至 2008 年 5 月 26 日运动研究结果显示，依内里切克冰川运动速率最大值在 2008 年 4～5 月。因此在这个时间段极易发生类似于盖孜的科拉雅伊拉克在 2015 年 5 月发生的冰川跃动灾害。

（3）Pasu 冰川 6 月 30 日—8 月 15 日的位移特征与 8 月 15 日—9 月 30 日的速率变化极其相似，具有相同的变化趋势，两者的速率曲线基本吻合在一起，同时 Batura 冰川在同样两个时间段内的位移曲线变化特征却正好相反（图 5.45～图 5.47），将两者原曲线进行简化后，可以非常清楚地看到二者位移边缘特征呈波状起伏变化，且两个时间段曲线变化方向相反，由此可以推测 Batura 冰川运动呈波浪式起伏推进的特征。

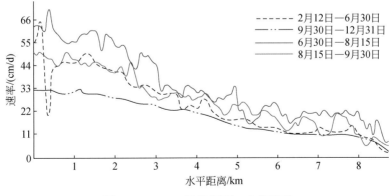

图 5.45　Batura 冰川剖面 B-b 位移图

剖面位置见图 5.44

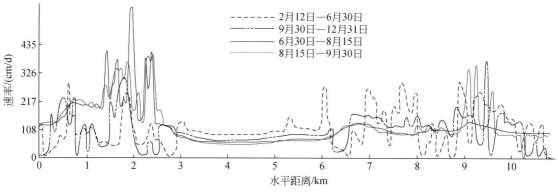

图 5.46　Pasu 冰川剖面 A-a 位移图

剖面位置见图 5.44

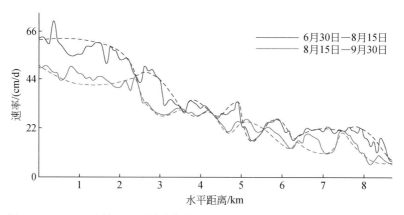

图 5.47　Batura 冰川 6～9 月相同时间段（45 天）两次偏差测量结果剖面图

5.3.6　Attabad 滑坡监测

　　2010 年 1 月 4 日，巴基斯坦北部洪扎河谷发生山体滑坡（75.82°E，36.312°N），形成了一个长约 11km 的堰塞湖，淹没数个村庄和中巴公路，淹没段长达 6km，至 2015 年才恢复通车。Attabad 滑坡高程差约 890m（2350～3240m），发育在破碎的花岗岩体上。本次 SAR 数据的拍摄时间为 2006～2011 年，因此，在 2010 年 1 月由于 Attabad 滑坡破坏发生的大规模位移使该局部区无法形成永久的散射点，另外，当只选用 2006～2009 年 12 月即滑坡破坏前的数据时，滑坡体仍然无法生成永久的散射点，于是推测滑坡破坏前发生了异常快速变形，其年形变量已超出 IPTA 方法可测范围，如位移量级为分米每年，只能采用 D-InSAR 方法。图 5.48 为 2007～2009 年部分差分干涉结果，该结果显示 2007～2009 年各时间段内的 LOS 向位移大小，可以转换为 LOS 向形变速率，为了提高读者获取滑坡各时间段内位移及滑动速率的便捷性，将各干涉像对的相关基线参数及位移结果归纳成表 5.3。

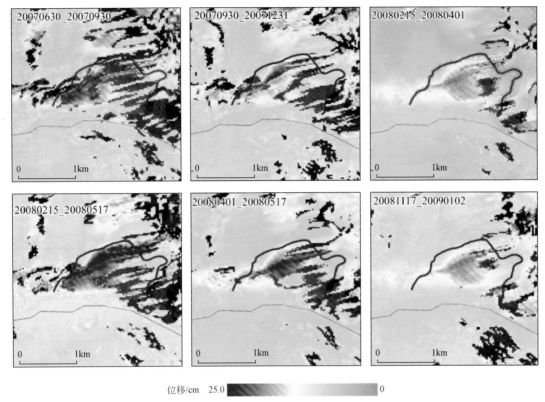

图 5.48　Attabad 滑坡破坏前部分干涉像对所在时间段内的位移

表 5.3 的位移代表相应时间段内滑坡体最小滑动位移与最大滑动位移，将二者除以时间基线即可得到该时间段内的滑动速率，速率证明了滑坡体在 IPTA 时序分析中的推测，其速率量级在数十分米每年，将 5 个时间段内速率值求平均可以估算滑坡破坏前的平均滑动速率 27.8 ~ 83.8cm/a，远远超过研究区内其他蠕变滑坡的滑动速率。从速率变化趋势可以得知，Attabad 滑坡最大滑动速率从 57cm/a 逐渐增大到 2008 年的 93.6cm/a，甚至在 4 ~ 5 月高达 129cm/a，如此大的滑动可能预示着滑坡最终破坏前的失稳状态，根据该特征状态可以对其他同类型滑坡危险性进行评价。此外，同 Karimabad、Ghulmet Naga 及 Hoper 滑坡一样，在 2008 ~ 2009 年速率有增大的趋势。该成果进一步证明了本次研究中 D-InSAR 及 IPTA-InSAR 结果的一致性（图 5.48）。

表 5.3　Attabad 滑坡滑动前 LOS 向位移及速率

干涉像对	垂直基线/m	时间基线/天	位移/cm	速率/(cm/a)
20070630_20070930	667.25	92	4.7 ~ 14.4	18.6 ~ 57.1
20070930_20071231	286.81	92	3.9 ~ 15.6	15.4 ~ 61.9
20080215_20080401	208.13	46	5.6 ~ 11.8	48.7 ~ 93.6

干涉像对	垂直基线/m	时间基线/天	位移/cm	速率/(cm/a)
20080215_20080517	486.34	92	5.2~20.6	20.6~81.7
20080401_20080517	278.21	46	4.3~16.3	34.1~129.3
20081117_20090102	170.19	46	3.7~10.0	29.4~79.3
20071231_20100220	-16.56	765	完全失相干	破坏

5.4　新疆伊宁县皮里青河下游滑坡 InSAR 观测

皮里青河位于新疆伊犁州伊宁县北，发源于伊宁县北部科古尔琴山分水岭南侧，河流向南切穿山地，流经克拉亚孜奇乡、潘津乡、达达木图乡和巴彦岱镇流入伊犁河，为伊犁河一级支流。河流全长为 77km，源头高程为 2550m，汇入伊犁河谷沟口高程为 620m，高差为 1930m，纵坡降约 25‰。我们采用 InSAR 技术对皮里青河流域开展了地质灾害 InSAR 解译、野外验证、规律分析及典型滑坡灾害分析。

5.4.1　地质灾害 InSAR 解译

由于雷达卫星是侧视成像，在地形变化较快的山区观测时，单一轨道方向观测会受到山体遮挡而无法成像，所以山区 InSAR 观测普遍使用升、降轨道结合的方式增大观测面积至 90% 以上。根据已建立的 InSAR 解译标志，联合多期升、降轨 D-InSAR 干涉图像对整个皮里青河流域变形分布情况进行解译，并结合 Google Earth 高分辨率光学遥感图像进行综合分析。皮里青河流域共解译斜坡地质灾害分为滑坡变形、斜坡蠕滑变形和岩体倾倒变形 3 类共 300 处，其中滑坡变形 145 处、斜坡蠕滑变形 141 处、岩体倾倒变形 14 处（图 5.49、图 5.50）。

解译变形体中，滑坡变形与斜坡蠕滑变形数量最多，倾倒变形较少。其中滑坡以黄土滑坡为主，主要分布在两个区域：一是中上游山区，山区内滑坡多为冻融型滑坡占绝大部分；二是流域出口处，该处滑坡则集中在煤矿开采区，此处滑坡灾害多为受地面采空沉降、煤火自燃等现象诱发的次生灾害（图 5.51）。

斜坡蠕滑变形是在皮里青河流域内广泛分布的一种变形现象，如图 5.52 所示，蠕滑变形体表现为在坡面上有多处局部蠕变滑动，但还未形成统一的整体滑动，没有形成完整的滑坡形态，但局部的小规模蠕滑一直存在，最终发育成滑坡。蠕变滑动的特性在于其变形不显著，坡面无明显形态，现场通过肉眼很难识别变形特征，目前使用对变形高灵敏度的 InSAR 方法。

图 5.49　皮里青河流域 InSAR 解译变形分布

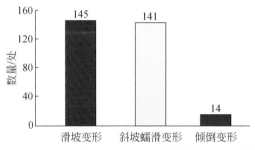

图 5.50　皮里青河流域 InSAR 解译斜坡地质灾害统计图

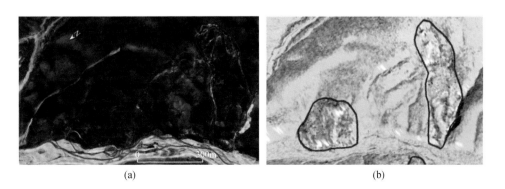

(a)　　　　　　　　　　　　　　　　　　　(b)

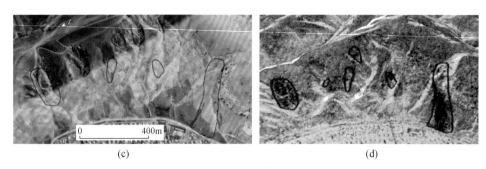

(c)　　　　　　　　　　　　　　　　　　(d)

图 5.51　InSAR 解译典型滑坡灾害

（a）、（c）分别为典型冻融型滑坡与煤火自燃区滑坡群；（b）、（d）为（a）、（c）对应的 D-InSAR 图像

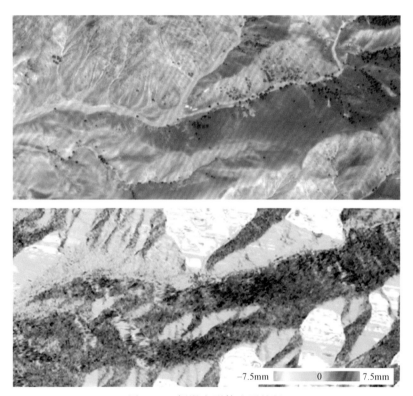

图 5.52　蠕滑变形体变形特征

　　倾倒变形主要分布在国投水库中上游西岸，该处凝灰质砂岩夹凝灰岩和泥质灰岩等大面积出露，成层性好，倾角为 30°～50°（图 5.53），西岸也是水库塌岸发育较多的地方。出露岩体顶部多出现条带状的倾倒变形现象（图 5.54）。

　　为验证 InSAR 解译斜坡地质灾害结果的准确性，工作中使用了多种手段复核验证，一共有 32 处验证点，部分点可见表 5.4。

(a)

图 5.53　水库西岸出露陡倾岩体

（a）三维遥感图像；（b）、（c）库岸出露岩体

(a)

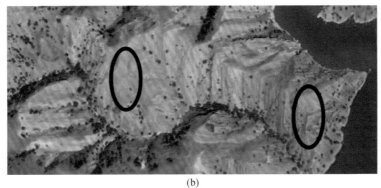

(b)

图 5.54　条带状倾倒变形体

（1）抽取不少于20个点的 InSAR 解译结果进行野外现场核实验证，覆盖全部解译斜坡地质灾害类型，其中包括典型的冻融型黄土滑坡、煤火自燃滑坡、水库滑坡等 InSAR 解译点。

（2）结合 Google Earth 高分辨率光学影像，100% 比例复核验证解译灾害点，伊宁地区大气条件较好，该地区 Google Earth 遥感影像更新速度快，截至报告完成，皮里青河流域遥感影像拍摄日期为 2018 年 9 月 4 日，可以满足遥感复核验证要求。

（3）野外工作期间积极联合当地自然资源部门，积极与国投水库、阿希金矿、鸿森煤矿、中煤能源等生产单位交流验证附近的解译地质灾害点。

表 5.4　InSAR 解译地质灾害验证点

编号	位置［经度（°），纬度（°）］	类型	照片（遥感影像）	D-InSAR 图像	描述
1	81.633913E，45.268273N	黄土滑坡			表面多级错坎
2	61.629244E，45.262648N	黄土滑坡			后缘多级错坎
3	81.627386E，44.268386N	黄土滑坡			冻融型黄土滑坡
4	81.623465E，44.244304N	斜坡变形			小型变形斜坡

编号	位置［经度（°），纬度（°）］	类型	照片（遥感影像）	D-InSAR 图像	描述
5	81.609572E，44.235627N	变形危岩			岩体陡立，拉裂缝大
6	81.623864E，44.232252N	矿渣变形			尾矿库矿渣运动变形
7	81.605808E，44.223181N	黄土滑坡			表层拉裂缝清晰
8	81.463922E，44.023335N	黄土湿陷变形			堆土场黄土层湿陷变形
9	81.495057E，44.044662N	黄土滑坡			老滑坡复活

续表

编号	位置［经度（°），纬度（°）］	类型	照片（遥感影像）	D-InSAR 图像	描述
10	81.495319E，44.046695N	黄土滑坡			可见三级错坎
11	81.495433E，44.048722N	黄土滑坡			老滑坡复活
12	81.495203E，44.075973N	黄土滑坡			老滑坡复活
13	81.498316E，44.089117N	煤火滑坡			后缘裂缝错坎明显
14	81.503350E，44.090151N	煤火滑坡			老滑坡复活

编号	位置 [经度 (°)，纬度 (°)]	类型	照片 (遥感影像)	D-InSAR 图像	描述
15	81.500002E，44.129207N	水库滑坡			水库蓄水老滑坡复活
16	81.493996E，44.126489N	黄土滑坡			降雨引起黄土滑坡
17	81.502528E，44.142912N	倾倒变形			岩体陡立倾倒变形
18	81.516660E，44.179099N	黄土滑坡			老滑坡变形
19	81.495781E，44.110519N	倾倒变形			岩体陡立倾倒变形

续表

编号	位置〔经度 (°)，纬度 (°)〕	类型	照片（遥感影像）	D-InSAR 图像	描述
20	81. 504785E，44. 195371N	黄土滑坡			老滑坡变形

5.4.2　地质灾害发育分布规律

目前 InSAR 结果解译的变形中，倾倒变形、沉降变形和其他变形共计 37 处，水量少且只分布在皮里青河流域特定地区，如倾倒变形分布在水库区左岸；沉降变形和其他变形分布在矿区；滑坡变形和斜坡蠕滑变形广泛分布在皮里青河流域，共计 286 处，数量多、分布广，是皮里青河流域内最重要的地质灾害类型。

滑坡变形与斜坡蠕滑变形在皮里青河流域内广泛分布，十分具有代表性。使用分辨率为 2m 的数字表面模型（digital surface modec，DSM）数据对流域内地形进行分析，得到皮里青河流域的坡度、坡向分布图，结合已解译的滑坡变形与斜坡蠕滑变形分布进行统计分析（图 5.55、图 5.56）。

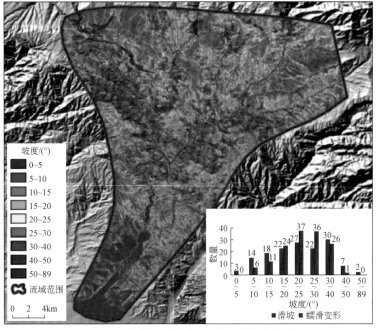

图 5.55　解译滑坡与蠕滑变形坡度分布图

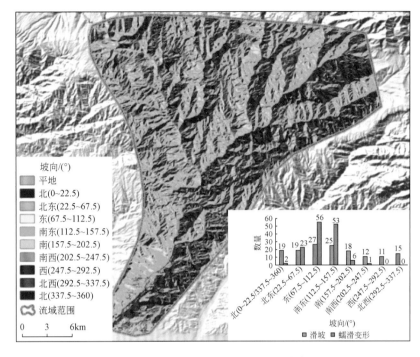

图 5.56　解译滑坡与蠕滑变形坡向分布图

　　皮里青河流域由南向北海拔逐渐升高，其坡面坡度也逐渐增大，滑坡与蠕滑变形分布都集中发育在 10°～40°的坡度中，其中滑坡在多个坡度级别中分布较为均匀，蠕滑变形多分布在 20°～25°和 25°～30°这两个坡度级别中，分别有 37 处和 36 处（图 5.55）。解译的滑坡变形与斜坡蠕滑变形具有明显的坡向性，其中蠕滑变形集中分布在北至南东方向，尤其是东和南东坡向，分别有 56 处和 53 处（图 5.56）。

5.4.3　典型滑坡分析

1. 冻融型滑坡

　　皮里青河流域表层黄土广泛覆盖，厚度由几米到几十米不等，流域沟口处黄土沉积厚度最大，向上游山中，随海拔升高黄土沉积厚度逐渐变薄。伊犁地区冬季寒冷且降水量较大，随 3～5 月气温回升，冬季积雪融化入渗，流域内分布多处冻融型黄土滑坡，其活动性与季节存在明显相关性。流域内黄土滑坡规模大小不一，活动性一般较强，多处黄土滑坡体发育多级、大型陡坎（图 5.57）。

　　图 5.58 为流域内一典型的冻融型黄土滑坡，滑坡位于皮里青河左岸，X700 乡道右侧，阿希金矿西北角，滑坡体长约 700m，宽约 190m，平均厚度约 15m，整体呈"舌"形，推移式滑动。滑体主要为表层覆盖的黄土，滑坡整体活动性明显，坡度较缓，为15°～20°，后缘发育多级裂缝（图 5.59），遥感图像上也已清晰可见，滑体表面裂缝错

图 5.57　冻融黄土滑坡错坎

坎最大可达 3 ~ 5m，裂缝宽度多在 30cm 到 1m，剖面图如图 5.60 所示。滑坡体表面植被覆盖率好，但变形破坏已非常明显，为防止人员误入受到伤害，当地政府已用铁丝网将滑坡体围住以作保护。

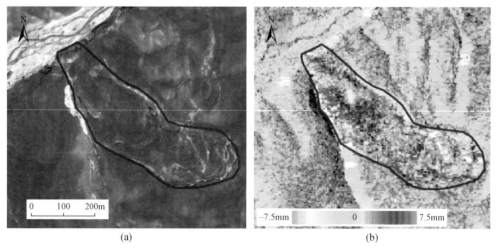

图 5.58　典型冻融型黄土滑坡

图 5.59　滑坡后缘多级裂缝（2018 年 8 月 15 日，镜像 SE）

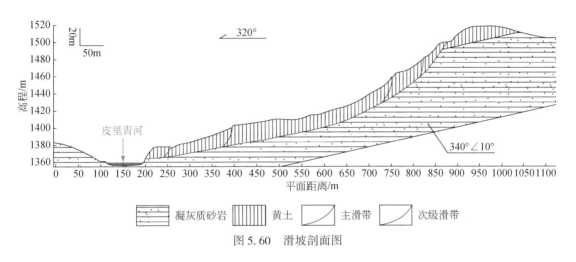

图 5.60　滑坡剖面图

为研究冻融型黄土滑坡的时空变化规律，利用 InSAR 技术的可回溯观测的特点，使用 2018 年 3 月 18 日至 2018 年 7 月 28 日间 12 期降轨 SAR 数据对该黄土滑坡做时间序列分析，得到该时间段内滑坡累计变形量图（图 5.61）。从图 5.61 中可知，滑坡体一直处于变形状态，自 2018 年 4 月 20 日后，变形开始加快，累计变形量明显增大，直到 2018 年 6 月 3 日以后，变形速率开始减慢，累计变形量变化不明显，如图 5.62 所示，4~6 月气温快速回暖、冰雪融化期间滑坡变形速率明显加快，证明冻融作用对该地区黄土滑坡变形破坏有重要的控制作用。

2. 水库型滑坡

皮里青河作为伊宁市区的水源涵养地，在其流域中部修建有国投伊犁能源科克塔斯水库，水库于 2013 年 10 月开工，2015 年 10 月开始下闸蓄水，水库最大坝高为 88m，总库容为 4613×10^{4}m^3，坝体为混凝土面板堆石坝。水库蓄水后，水位波动势必会引起岸坡稳定性发生变化，产生多处塌岸现象（图 5.63）。在本次 InSAR 观测中发现位于水库库区中部左岸有两处变形明显的滑坡（图 5.64）。其中滑坡 A 直接与水库相接，后缘存在十数米宽的拉裂槽；滑坡 B 位于水库岸边高处，并未与蓄水直接相连，为冻融、降雨等因素诱发的表面黄土覆盖层快速滑动。

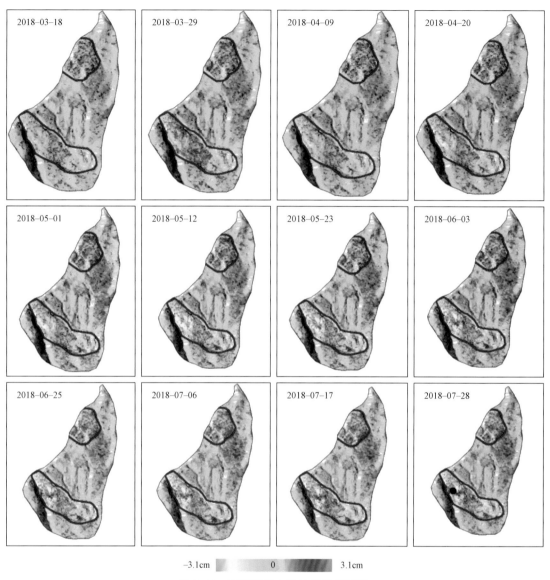

−3.1cm　　　　　　0　　　　　　3.1cm

图 5.61　冻融型黄土滑坡累计变形量

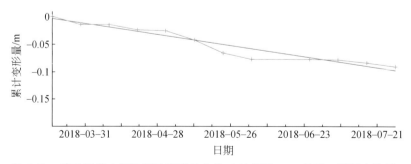

图 5.62　冻融型黄土滑坡累计变形量曲线（对应图 5.61 最后一图黑点位置）

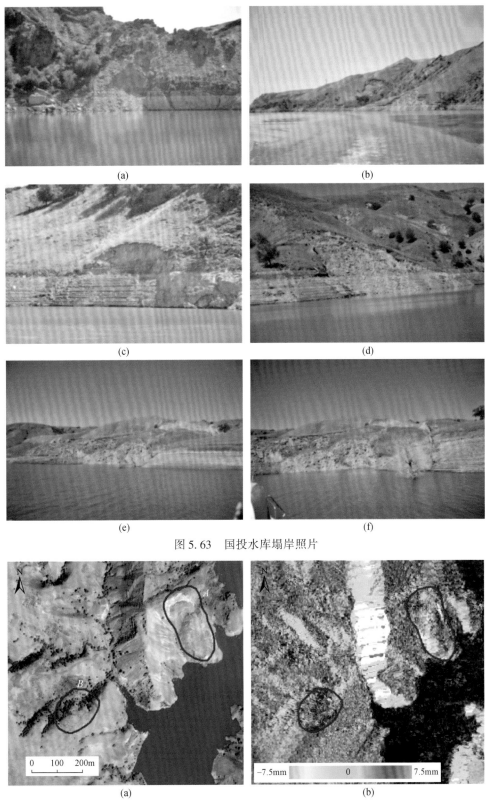

图 5.63　国投水库塌岸照片

图 5.64　水库中部两处变形明显滑坡

滑坡 A 整体呈"舌"形，滑坡体长约 280m，宽约 110m，平均厚度约 15m，后缘有宽约 10m 拉裂缝，前缘坡度缓，为 5°～10°，推测为老滑坡蓄水后诱发复活（图 5.65）。滑坡以整体向前推移的方式滑动，活动性较强，表层有 1～2m 的黄土覆盖层，剖面图如图 5.66 所示，活动性最强的后缘拉裂槽处，主要为厚层的黄土覆盖，InSAR 观测该处活动速率可达 15.8cm/a；滑体前缘向前推挤，挤压破碎，前缘可见大量碎块石，粒径为 10～30cm，棱角状无磨圆，覆盖在岸边水位波动留下的印记上，无水位波动留下的水痕（图 5.67），为本次水库泄水后堆积，说明滑坡整体有明显的变形破坏活动。

（a）　　　　　　　　　　　　　　　　　　（b）

图 5.65　滑坡 A 照片（红色虚线为推测滑带）

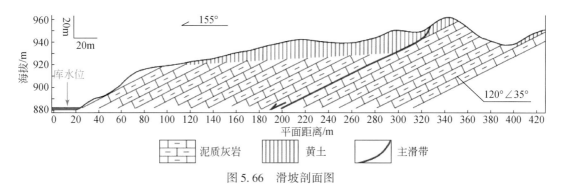

图 5.66　滑坡剖面图

图 5.67　滑坡 A 前缘棱角状碎石（2018 年 8 月 16 日，镜像 NW）

3. 降雨型滑坡灾害

滑坡 B 位于水库左岸高位处，坡度为 25°~30°，在 InSAR 结果中有明显的变形反映，变形速率最大处可达 25.2cm/a。滑坡体整体为椭圆形，长约 200m，宽约 165m，平均厚度约 4m，滑体物质主要为表层覆盖的黄土，其后缘已有多级拉裂错坎，在 2018 年7 月 21 日的遥感影像上及现场观察已表现十分明显（图 5.68）。根据时序 InSAR 结果分析，该滑坡于 4~6 月有着明显的变形加速过程，这与 4~6 月冻融作用和高降水量期时间一致（图 5.69）。

图 5.68　滑坡 B 后缘错坎

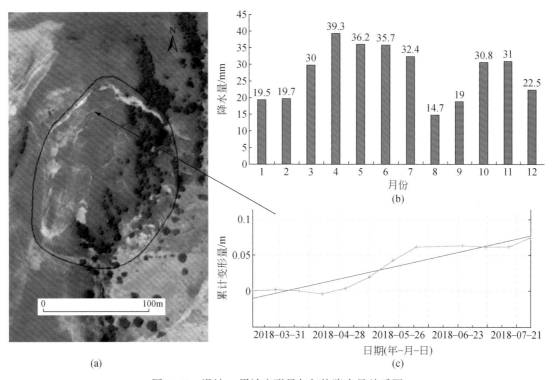

图 5.69　滑坡 B 累计变形量与年均降水量关系图

近几年来中煤伊犁能源露天矿快速扩张，其矿区东北部边坡开挖迅速，剥离大量表土，于是在矿区东北部山坡上新建一排土场。新排土场自修建以来，对渣扩张速度很快（图5.70），从遥感图像上可以看到，不到3个月的时间堆土场的占地面积扩大近3倍。

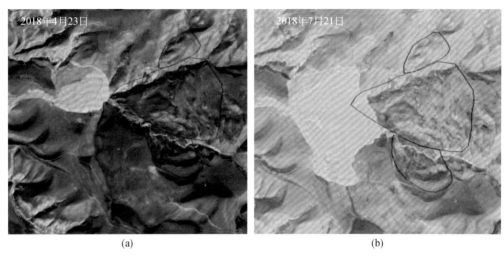

(a)　　　　　　　　　　　　　　　　　(b)

图5.70　新排土场不同时期遥感影像图

矿区东部斜坡为典型的厚黄土覆盖层区域，斜坡表面凹凸不平，冲沟发育。新排土场上方正对3条大型冲沟（图5.71），下部即为露天矿坑。InSAR结果显示新排土场上方两

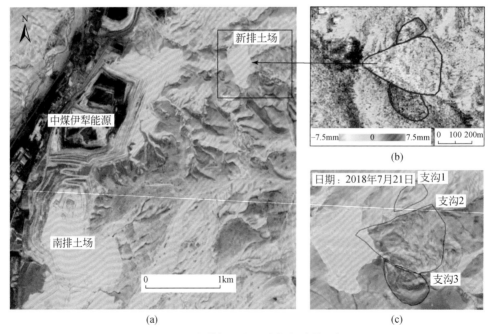

(a)　　　　　　　　　　　　　　　　　(c)

图5.71　中煤伊犁能源东侧新建排土场

条冲沟交汇处发育多处滑坡，滑坡体物质主要为覆盖层黄土，累计总面积为 0.28km²，方量约 300×10⁴m³（图 5.71），滑坡体均有明显的变形活动痕迹，处于不稳定状态。

经现场调查新排土场东侧支沟处有明显滑坡变形活动痕迹（图 5.72），从地貌上来看，排土场位于 3 条支沟的交汇处，沟内受降雨冲刷、剥蚀现象严重，是泥石流易发区。根据目前情况调查分析，多处滑坡不稳定，现状危险性大，上述滑坡不仅造成沟坡不稳定、损毁坡地，而且成为泥石流发生的动储量物源。在强降雨作用下，滑坡失稳、沿沟下泄，若泥石流量足够大，可能危及下方采场及生产设施安全（图 5.73）。

图 5.72　新排土场后山现场调查照片

（a）支沟 1 左岸滑坡；（b）支沟 1 和支沟 2 山脊间的三级滑坎；（c）支沟 2 和支沟 3 之间缓坡上发育的拉裂缝和落水洞；（d）支沟 3 处复活的老滑坡

4. 煤火自燃沉陷滑坡

该地区位于矿区北部的居民区东侧坡面处，斜坡表面沟壑纵横，经 InSAR 解译，共分布 7 处活动性较强的滑坡体（图 5.74）。据历史记载，该地区为煤火自燃区，煤炭自燃后遗留的痕迹多处可见（图 5.75）。

图 5.73　可能暴发泥石流路径示意图

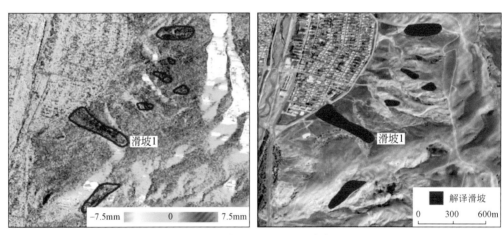

图 5.74　煤火自燃区滑坡分布

(a)　　　　　　　　　　　　　　　　　　(b)

图 5.75　煤火滑坡群后缘出露煤炭自燃痕迹照片

（a）、（b）出露的已燃烧过的薄层煤层；（c）、（d）地上散落的黑色碎块

坡体表面多处出露砖红色岩体碎块，上覆薄层状黄土，黄土层下可见已燃烧过的黑色煤层出露，薄层状，厚为 20～30cm。该区坡体整体下凹，发育多处变形体，其中滑坡 1 规模最大，长约 420m，宽约 90m，平均厚度约 5m。变形已发展至路边（图 5.74）。滑坡 1 整体变形破坏，前缘变形痕迹不明显，在其中后缘可见多条十数米长、10～30cm 宽的纵向拉裂缝，裂缝总体走向平行于坡向（图 5.76），即滑坡 1 整体以 NNW 的斜坡向滑动，InSAR 观测到其最大滑动速率可达 13.4cm/a。

图 5.76　煤火自燃区

（a）滑坡 1 中后部竖向拉裂缝；（b）附近出露煤层剖面及砖红色岩层

5.5　小　　结

利用 InSAR 技术观测工程地质问题具有覆盖面积广、观测连续、不受天气限制等优点，使其在研究中巴经济走廊这种地区偏远、人迹稀少的地区具有独特的优势，获取了许多其他手段不易观测的重要地质与地球物理信息，有助于后续区域地质条件评价工作。本章采用 InSAR 技术研究了中国境内帕米尔高原东北缘、巴基斯坦洪扎河谷段和塔吉克斯坦 Karakul 地区的多种工程地质问题，获得以下认识：

（1）综合 D-InSAR、IPTA-InSAR 及 Offset-tracking 3 种不同 InSAR 计算方法有针对性

地对缓慢变形地质体的变形特征进行解译分析，监测变形速率范围在数毫米每年至数百米每年。监测成果证明了 InSAR 技术对长期缓慢变形地质体的形变速率测量的可行性与准确性，对冰碛物、溜石坡及其他剥蚀体形变能高效而准确的识别，更能监测冰川大规模位移。已经发生过的滑坡倘若 SAR 数据时间跨度跨过滑坡触发时间，则不能形成有效的稳定 PS 点，但是在 D-InSAR 研究中，选取时间基线在滑坡破坏前的干涉像对进行多个研究对比，能清晰观测其触发前位移变化。对缓慢变形斜坡地质灾害变形速率的准确监测，证明了时序 InSAR 分析在地质灾害领域广阔的应用前景。发现了在卫星轨道误差较严重，空间基线较大的前提下，时序 InSAR 分析仍然可以有效提取地表的形变速率。

（2）IPTA 处理结果中识别的滑坡其长期缓慢变形速率只要大于 5mm/a 都能被 InSAR 时序分析检测到，并且滑坡体上的具有较高变形值的 PS 点相对比较集中，不仅能够从面上识别滑坡体的变形界限，而且能反映不同部位滑动速率的大小。结果表明本区发育若干个潜在危险性较大的蠕变滑坡，以 Karimabad、Ghulmet Naga、Hispar 及 Hoper 最为典型，滑坡长期变形速率均大于 10mm/a，大部分 PS 点值超过 20mm/a。蠕变滑坡的空间变形特征具有良好的一致性，后缘裂缝在 InSAR 监测结果上能很容易识别出来，同时该区蠕变滑坡后缘滑动速率相对前缘滑动速率较大，并且越靠近前缘滑动速率越小，说明滑坡是由后往前的推挤方式。2008 年 1 月至 2009 年 2 月普遍出现了短时间内滑动异常现象，滑动速率达 5 ~ 10cm/a，与 2008 年巴基斯坦北部的强降雨有关。

（3）对 2010 年堵塞喀喇昆仑公路并形成堰塞湖的 Attabad 滑坡采用 6 对 D-InSAR 干涉观测滑坡破坏前的变形速率，发现平均滑动速率为 27.8 ~ 83.8cm/a，远远超过研究区内其他蠕变滑坡的滑动速率。从速率变化趋势可以得知，Attabad 滑坡最大滑动速率从 2007 年 57cm/a 逐渐增大到 2008 年的 93.6cm/a，甚至在 2008 年 4 ~ 5 月高达 129cm/a，预示着滑坡最终破坏前的失稳状态。

（4）Pasu 冰川、Batura 冰川及 Ghulkin 冰川前缘冰碛物位移除了形成泥石流沟外，其形变速率在 10mm/a 以内，因此，以上几个大型冰川虽然其冰川主体运动规模远远大于慕士塔格峰及公格尔山冰川运动规模，但是冰川前缘冰碛物没有出现相应规模的运动，而是以相对较小的年平均速率在毫米级别范围内向两侧推进，从而将冰川上游势能通过较缓的坡降比及冰碛物侧移而吸收，其余集中的运动势能通过泥石流沟以泥石流形式向河谷倾泻。这个观测规律可以在实际调查中及遥感图上得到证实：无论是泥石流灾害最严重的 Ghulkin 冰川还是位移最大的 Pasu 冰川，或是 Gulmit 冰川，村落及居民点都是坐落在其前缘或侧面，除了大量的泥石流沟外并没有造成其他较大威胁。

（5）使用了 D-InSAR、SBAS-InSAR 和 IPTA-InSAR 3 种观测手段，获取了全流域变形分布情况，着重观测了滑坡变形、斜坡蠕滑变形和矿区地质灾害问题，完成了皮里青河流域 InSAR 综合解译变形体分布图，并结合当地地质、地形、水文气象等条件，分析了皮里青河流域内滑坡灾害及斜坡蠕滑变形体分布规律及发育特征，并对单体典型滑坡灾害进行时序分析。

（6）新疆皮里青河流域共解译变形体 323 处，根据变形体变形特征可以分为滑坡变形、斜坡蠕滑变形、沉降变形、岩体倾倒变形和矿区变形五类，其中滑坡变形 145 处、斜坡蠕滑变形 141 处、沉降变形 16 处、岩体倾倒变形 14 处、矿区变形 7 处。

第6章 南疆重点地区地质灾害发育分布特征

6.1 概 述

新疆地域辽阔，山脉连绵起伏，地形高低悬殊，新构造运动强烈，地质环境条件十分复杂，地质灾害高发频发。近年来区域升温融雪、强降雨和连续降雨等现象频发，中低强度地震活动越发密集，次生地质灾害明显增多增强，滑坡-泥石流链式灾害的危害性越发严重。截止到2019年，新疆地质灾害隐患共11825处，其中，崩塌6062处、滑坡2229处、泥石流2474处、地面塌陷494处、不稳定斜坡563处、地裂缝3处，威胁$5.019×10^4$人、财产$27.53×10^8$元。已发生的地质灾害造成683人死亡和失踪，直接经济损失约$9.38×10^8$元。地质灾害按地貌区域分布为天山南麓2427处、天山北麓2211处、伊犁谷地2205处、昆仑山北麓2352处、阿尔泰山南麓888处、吐哈盆地山地678处、准噶尔盆地西部山地1064处。崩塌、泥石流灾害发育程度由南疆—北疆—东疆依次递减；滑坡灾害发育程度由北疆—南疆—东疆依次递减，已查明的巨型、大型、中型、小型地质灾害隐患分别为21处、179处、1326处、9454处。2015～2019年，发生地质灾害190起，造成51人死亡和失踪，直接经济损失约$3.18×10^8$元。地质灾害发生时间主要集中于每年汛期3～9月，冬季山区偶有地质灾害发生。地质灾害诱发因素主要为局部短时强降雨和连续降雨，其次为春季升温融雪，人类工程活动也是重要因素之一，多期次中低强度地震活动的累积效应为重要诱发因素。前期调查出的地质灾害隐患点与实际发生的地质灾害点重合度较低，地质灾害孕灾背景条件、成灾机理研究程度较低，对高位远程、隐蔽性强的地质灾害调查程度低，对滑坡-泥石流等链式地质灾害成灾机理认识程度较低，调查的技术手段更新不及时。

此次研究区为南疆地质灾害高易发区，包括乌恰县、塔县、莎车县及叶城县，共26个图幅，地处塔里木盆地西端、天山南脉与昆仑山两大山系接合部、塔克拉玛干沙漠和布古里沙漠之间的叶尔羌河冲积扇平原地带，地貌类型以侵蚀构造高山、极高山区，以剥蚀为主的缓极高山区，侵蚀、剥蚀中高山区，剥蚀低山丘陵和河谷平原为主。运用高精度遥感、无人机航测、InSAR观测及地面测绘等"空-天-地"一体化技术，开展了新疆南疆重点地区的地质灾害调查，详细论述如下。

6.2 地质灾害发育特征

通过现场调查，研究区共发育地质灾害1733处，其中崩塌802处，占46.3%；滑坡89处，占5.1%；泥石流842处，占48.6%，见图6.1和表6.1。

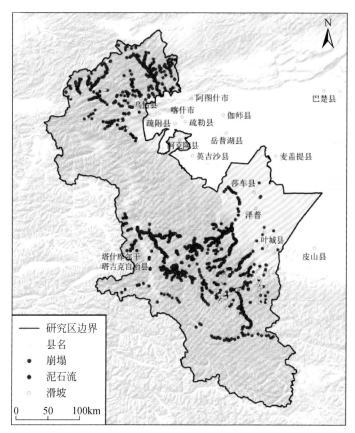

图 6.1　新疆南疆地区地质灾害分布概图

表 6.1　地质灾害统计表

地质灾害类型	发育数量/处	比例/%
崩塌	802	46.3
滑坡	89	5.1
泥石流	842	48.6
合计	1733	100

注：统计数据仅包括乌恰县、塔县、莎车县、叶城县高易发区。

6.2.1　崩塌成因模式及机理分析

1. 成因模式

从崩塌灾害调查结果得出，研究区崩塌灾害发育的平面形状主要有半圆形、矩形及不规则形三类，坡面形态主要有直线形、折线形、凹形及凸形四类；依据崩塌灾害变形破坏特征，结合边坡岩体结构特征，通过调查总结与对比分析，将崩塌的破坏模式归纳为滑移式崩塌、剥落式崩塌、坠落式崩塌及倾倒式崩塌四类。

1）滑移式崩塌

滑移式崩塌主要发生在岩体内发育有与斜坡倾向一致的、贯通或断续贯通的中-陡倾结构面斜坡中。在重力或者雨水浸润作用下这组结构面逐渐扩张，岩体力学性质降低，形成崩滑的主控结构面。当主控结构面处的上覆岩体下滑力超过该面抗滑力时，一旦主控结构面贯通，岩体迅速崩落形成崩塌。降水渗入岩体裂缝中产生的静、动水压力以及地下水对软弱面的润湿作用都是岩体发生滑移式崩塌的主要诱因。经过现场调查，这类破坏模式的崩塌多发育于存在顺坡向的层面或者软弱结构面的陡坡中，坡角通常大于45°，崩塌体通常为块状、板状（图6.2）。

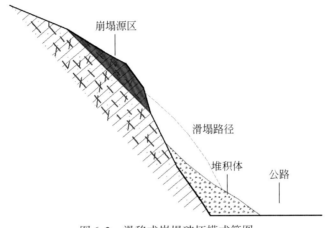

图6.2　滑移式崩塌破坏模式简图

2）剥落式崩塌

剥落式崩塌一般发生在岩层倾向坡外且倾角较陡的片岩、板岩边坡，由于片（板）理面发育密集，岩体均呈薄片状或薄板状，片（板）理面之间摩擦力、黏聚力都较小，极易开裂、剥落。当边坡坡脚受到风化营力、水流侵蚀作用或人工开挖破坏时，岩体下部支撑能力降低或丧失，上部岩体就沿着片（板）理面剥落，一般呈一层一层的后退式的剥落，每层剥落的厚度较薄，规模也比较小，剥落下来的岩石呈片状或薄板状，危害一般较小。剥落式崩塌一般沿着坡面也就是沿着片（板）理面滑落。剥落式崩塌在研究区陡倾顺向边坡中十分常见（图6.3）。

3）坠落式崩塌

坠落式崩塌主要发生在发育有多组结构面的坡体中，其中以后缘的结构面为主控结构面，倾角较大近乎直立。底部岩体失稳破坏或遭风化剥蚀形成岩腔，造成上部岩体临空。

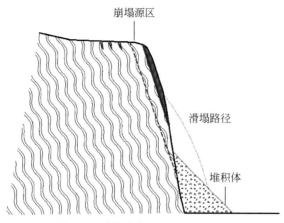

图6.3　剥落式崩塌破坏模式简图

由于风化和雨水软化作用导致结构面强度降低，裂隙逐渐贯通，一旦裂隙发育切割整个危岩体，使其脱离母体，危岩在重力作用下从母体突然脱离失稳形成崩塌（图6.4）。

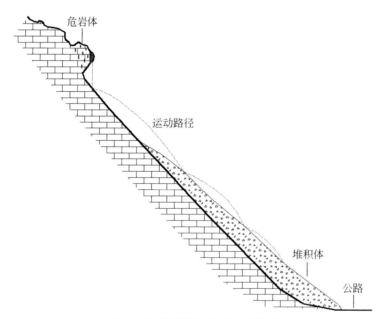

图6.4　坠落式崩塌破坏模式简图

4）倾倒式崩塌

倾倒式崩塌主要发生在边坡突出部位及陡崖处的层状结构的岩体中，研究区倾倒式崩塌并没有发生在岩层陡立的边坡中，而是发生于岩层水平或者近水平状分布的边坡中。由于坡体内存在陡倾的卸荷结构面，在卸荷和受压双重作用的影响下，结构面裂缝不断增宽伸长，与水平分布的片（板）理面或层面将岩体分割成诸多数量的柱状岩块

（条），这些岩块（条）在自重弯矩作用下，于上部开始向临空方向弯曲，这种变形持续发展下去，会导致变形范围内的岩体松动，最后在外界条件诱发下，坡体逐渐错动下滑形成倾倒滑塌体。破坏模式为倾倒式崩塌的边坡，其破坏面往往很陡，倾角比较大，趋于陡立。该类倾倒式崩塌一般规模不大，但是一旦发生即为瞬间破坏，难以进行有效的预测（图 6.5）。

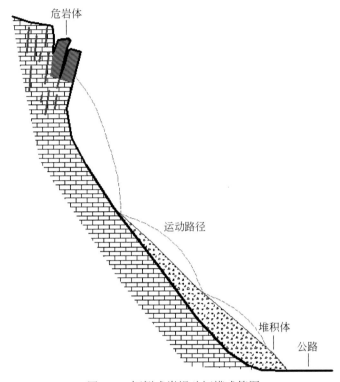

图 6.5　倾倒式崩塌破坏模式简图

2. 成因分析

1）地形地貌

地形地貌影响斜坡应力的大小和分布，影响斜坡的稳定性与变形破坏模式，是崩塌地质灾害形成的基础，它在很大程度上决定了地质灾害能否形成，以及灾害类型、数量（密度）和规模，产生不同类型的地质灾害需要具备不同的地形地貌条件。地形地貌对崩塌地质灾害的影响因子主要为分布高程和斜坡坡度，对于物理风化强烈的区域，斜坡坡向也是其影响因子之一。

塔县、叶城县、莎车县地貌类型可划分为以剥蚀为主的缓极高山区，侵蚀、剥蚀中高山区，剥蚀低山丘陵，河谷平原四类；乌恰县地貌类型可划分为侵蚀构造高山、极高山区，侵蚀、剥蚀中高山区，河谷平原三类。研究区崩塌主要分布于河谷两岸及公路沿线，且多位于斜坡中上部的位置，该地段受垂直气候影响，植被覆盖率低，多基岩裸露，岩体受风化、冻融作用强烈。

斜坡坡度对崩塌灾害发育的影响非常直观。自然条件下崩塌多发生在陡峻的斜坡上，一般大于60°以上的陡崖地带多形成崩塌，据统计分析研究区崩塌主要发育在坡度大于40°的斜坡。区内崩塌多发生在坡度≥40°陡坡地形，以≥60°陡崖地形中最为发育。沿断裂构造发育的陡崖、高陡人工边坡、孤立山嘴或凹形陡坡均为崩塌形成的有利地形，以上高陡斜坡在重力及风化、剥蚀、冻融作用下易形成崩塌。

2）地质构造

塔县、叶城县、莎车县一带自新近纪末及第四纪初以来，地质构造活动频繁而强烈，其表现特点为继承性、差异性和间歇性。昆仑山山前铁克里克断隆与塔西南拗陷的分界大断裂，形成于古生代末期，之后由于新构造运动的影响，该断裂活化，在棋盘南使古生界地层超覆于上新统的砂岩、粉砂岩之上。同时，在新构造运动的影响下，新生代岩层展布亦与老构造的展布方向相吻合。区内新构造运动的差异性比较明显，尤其以不均匀的上升和掀斜运动，反映得更为明显。由于昆仑山前拗陷的边缘部分卷入隆起，不断扩大了山系的高度和宽度。同时，构造形式也清楚地反映出来：前山带边缘的褶皱都呈不对称状态，呈现近山体的内侧倾角较陡，远离山体的外侧倾角较缓，并伴生逆断层和逆掩断层。间歇性可以从第四纪以来各地层的分布、阶地的形成及地貌特征、各不同时期沉积物的厚度与分布等，反映出自下更新统砾岩沉积之后，地壳上升，河床下切，同时使砾岩发生断裂。在之后一个相对稳定的时期，沉积了一定厚度的沉积物。在每一下切与堆积过程中，均以陡坎相接，且每个陡坎之上均有一定宽度的平台，这一相对稳定的阶段，就属新构造运动的间歇阶段。

乌恰县地处天山、昆仑山两大构造带接合部，以东被塔里木地块所制约，因此，新构造运动较新疆其他地区更为强烈，频率高、规模大，水平及垂直运动都表现明显，构造形迹中的褶曲、断裂易见。首先，是喜马拉雅运动，尤其是更新世第一幕构造运动，使天山、昆仑山区老构造运动复活，急剧隆起，并强烈挤压拗陷带内的新生界盖层，使之褶曲并伴生断裂。其次，前天山拗陷带内，上新统的沉积最厚为1500～1800m，前昆仑山拗陷带内沉积厚度达5200m，说明上新世前天山拗陷远不及前昆仑山拗陷幅度大。中新生代拗陷带内，西部受到强烈挤压，结果使中新统抬升幅度大增，而东部由于受塔里木地块制约，抬升幅度小，与西部相差较大。

3）地层岩性

据统计，崩塌地质灾害分布最多的地层为中侏罗统（J_2）、上三叠统（T_3）、中二叠统（P_2）、上二叠统（P_3）。中侏罗统（J_2）岩性以页岩、粉砂岩互层为主，夹泥质灰岩、介壳灰岩、砂岩及少量岩屑粉砂岩；上三叠统（T_3）以石英砂岩夹泥岩、碳质泥岩为主；中二叠统（P_2）以砂岩、粉砂岩、页岩为主，夹火山岩等厚互层、结晶灰岩及少量硅质岩；上二叠统（P_3）以砂岩、页岩为主，夹灰岩、安山岩、碳质页岩、砾石及底部砾岩。该类地层多为软弱页岩夹坚硬岩组，坚硬岩组夹软弱泥岩、页岩等，属于软硬相间地层，为易崩地层。页岩、砂岩、砾岩，强风化岩体裂隙发育且贯通性好，砂泥岩互层差异风化，陡峭斜坡带或切坡高陡临空面发育段易产生崩塌。

4）地下水

地下水对崩塌灾害形成的影响主要表现在对坡体岩土体的力学作用、润滑作用和冻融。

地下水的力学作用主要表现在孔隙静水压力和孔隙动水压力两方面。孔隙静水压力在降低有效应力的同时产生的扩容现象降低了岩土体的抗剪强度。孔隙动水压力主要是使岩土体产生渗透变形引起岩土体的潜蚀破坏。对于裂隙岩体，一方面静水压力使裂隙产生垂直于裂隙壁的变形；另一方面动水压力使岩土体沿裂隙产生切向变形。

地下水对岩土体的润滑作用主要表现为两个方面：一方面是水对裂隙面的润滑，导致其摩擦力减小；另一方面是产生的扬压力使裂隙面上的有效应力降低，从而降低了岩土体的抗剪强度。这种现象在由于降雨下渗使地下水位上升到潜在崩塌滑移面上时更加明显。

崩塌区地下水类型主要为基岩裂隙水，裂隙水赋存于岩体风化裂隙或卸荷裂隙中，高海拔地区冻融作用使裂隙水结冰，体积膨胀，从而造成裂隙的扩展，岩体的完整性发生破坏。温度升高，冰融化为水，既增加了岩体内静水压力，也增加坡体内的动水压力，使岩体稳定性降低。这种"膨胀—缩小—膨胀"反复不断的作用，加剧了崩塌的发生。

3. 影响因素分析

1）降雨、冰雪融水

研究区大部分为高寒山区，气候随海拔变化明显，海拔 3000m 以上多雨雪天气，局部区域冰雪常年封盖，研究区降雨及冰雪融水充沛，是造成崩塌灾害的主要因素之一。

降雨对崩塌灾害诱发主要体现在水对岩土体的软化、静水压力、动水压力和浮托力上，其中静水压力、动水压力和浮托力主要表现为力学效应。其作用过程大致为降雨入渗，静水压力加速剪切过程。研究区崩塌源多为基岩裸露的斜坡，其应力分布具有一定的规律，受各种因素的影响斜坡岩体多发于卸荷裂隙，当雨水进入时会产生静水压力。在静水压力作用下，裂缝会继续扩展，当延伸到潜在剪切面时，裂缝就会停止发展，静水压力达到最大，后缘裂缝和潜在剪切面将岩体分割成大小不一的危岩体；降雨持续入渗，动水压力加速坡体滑动。强降雨或冰雪融水持续下渗，剪切面贯通后，作用于坡体内部的力发生改变，动水压力、有效接触应力、抗剪强度等变化导致岩体失稳。

研究区崩塌基本为岩质崩塌，危岩带和危岩体卸荷裂隙发育，多被两组裂隙及结构面切割成块状，暴雨或冰雪融水会使坡体中的裂缝在短时间内聚积大量的裂隙水，当水不及时排出时，裂缝中的水会产生静水压力，如果裂缝尖端的抗拉强度小于静水压力的作用，则裂缝就会被劈开，继而造成危岩体失稳。

2）冻融作用

受冻融作用影响，岩体产生冰劈作用，由表及里劣化、剥落。在高寒地区，存在昼夜温差大、季节性温差大的特点，大温差导致的温度交替变化，加速岩体裂隙的产生和发展。在微观上，岩石内外由温差引起差异性的热胀冷缩变形，当岩石矿物间的胶结力小于冻融胀缩应力时，产生微裂纹，尤其是在岩体初始损伤处，更易首先破坏，如此往复，裂隙发生扩展。在宏观上，雨水或融雪水沿岩石裂隙渗入，当温度下降时，裂隙水冻结成冰、体积膨胀，则对岩体产生侧向膨胀力，裂隙受拉，当膨胀力大于裂隙间黏结力时，岩石则被劈裂，使得裂隙得以继续延伸。被劈开的岩体在重力、冻融及冲蚀等多重作用下，运动、堆积坡体表面，形成碎石、块石堆积，当堆积体较厚或碎石堆积体大于自然休止角时，在雨水冲蚀或其他扰动下，产生滑塌破坏，在坡体中下部形成倒石堆。

3）地震诱发

研究区位于构造发育和活动强烈地带，在研究区及其周边时有不同程度的地震发生。地震对崩塌的影响包括地震触发崩塌、地震孕育崩塌，地震诱发崩塌形成的机理主要表现在以下两方面。

（1）地震触发崩塌。受地质构造作用、冻融作用使得斜坡岩体节理裂隙发育，加之人类工程活动形成大量陡直岩质边坡，以及受江河水流强烈下切侵蚀作用导致河谷两岸岩体卸荷松弛，形成大量卸荷裂缝，在上述因素的作用下岩体完整性不断遭到破坏，形成大量危岩体，地震来袭，触发稳定性较差的坡体发生崩塌。

（2）地震孕育崩塌。山体在地震中动力响应较为强烈，导致山体破碎，破坏生态环境，造成斜坡岩体裸露，岩体中由地震作用下形成，或由风化、冻融和卸荷作用形成，地震作用加剧的裂缝发育，后期在余震、强降雨和人类工程活动的影响下节理裂隙不断地拓展、贯通，最终产生崩塌。

4）人类活动

研究区地质灾害多发与人类活动关系极为密切，大多数崩塌都是发生在人类生产、生活活动频繁的地区。修建公路高陡切坡造成岩体裸露，临空方向产生卸荷裂隙，后期在各种因素的共同作用下，最终形成崩塌。

4. 危害性

崩塌造成的危害主要是威胁坡脚下的居民生命财产安全，损坏和堵塞道路，砸坏交通工具及通信设施，每年为牧民向夏牧场转场而清理牧道上的崩塌堆积物，需要花费大量的人力、财力；另外，山区狭窄沟谷发生的崩塌灾害易为溃决性泥石流的形成提供物源条件。

6.2.2 滑坡发育特征

研究区滑坡发育程度相较于崩塌、泥石流而言较低,且多集中分布在叶城县中部区域,为黄土或类黄土主要分布区,滑坡以牵引式土质滑坡为主,规模一般较小。由于研究区地广人稀,民房建设一般选建于平缓地带,直接受滑坡威胁的情况较少。区内滑坡多分布于沟谷岸坡,滑移后参与泥石流活动形成链式灾害。

地形坡度条件是发育滑坡的前提条件。一般情况下,坡度越大,滑坡发生的概率越大。高陡的地形坡度为滑坡岩土体提供高势能的有利条件,加上其他自然因素诱发,如降雨等,一旦条件成熟则形成滑坡。根据调查成果,研究区滑坡主要发生在坡度 30°~70° 的斜坡上,故滑坡灾害的发生与地形坡度有着很大的相关性。

地层岩性是产生滑坡的物质基础。一般说,各类岩、土都有可能构成滑坡体,其中结构松散、抗剪强度和抗风化能力较低,在水的作用下其性质能发生变化的岩、土,如松散覆盖层、黄土、红黏土、页岩、泥岩、煤系地层、凝灰岩、片岩、板岩、千枚岩等,以及软硬相间的岩层所构成的斜坡带易发生滑坡。

6.2.3 泥石流发育特征

1. 泥石流启动机理

研究区主要发育崩塌–泥石流、滑坡–泥石流,从物源参与泥石流活动的成灾模式上,下面分析泥石流形成及启动机理。

1) 崩塌–泥石流启动机理

研究区泥石流相对高差较大,流域中上游海拔多为 3000m 以上,受垂直气候影响,区域内多基岩裸露,岩体受风化作用、冻融作用,岩体裂隙明显,多发育崩塌灾害为泥石流积聚了丰富的松散固体物质。崩塌物源主要参与泥石流活动的模式为①崩塌源区岩体卸荷裂隙发育,受风化、冻融作用,危岩体脱离母体后,沿前期沟槽或顺直坡面溜滑,遇到相对平缓地带,临时堆积在坡面上,或直接溜滑到坡脚,堆积在泥石流沟谷岸边,前期堆积体方量小,堆积体暂时稳定在坡面上或沟槽岸边;②随着崩塌堆积体的积累,堆积方量越来越大,坡面上堆积体将失稳溜滑到泥石流沟槽内挤占沟道;③强降雨或冰雪融水形成沟道径流,受冲刷、侧蚀作用,沟道堆积物直接启动形成泥石流或堆积体逐级溜滑进入沟道参与泥石流活动。

2) 滑坡–泥石流启动机理

受岩性、构造、地震及降雨影响,尤其是叶城县、莎车县沿塔里木盆地西缘接触带中山区沟谷两岸滑坡、岸塌密集分布,主要为黄土类滑坡,为泥石流的形成提供了丰富松散固体物质来源,其参与形成泥石流的破坏模式主要为①强降雨或冰雪融水条件下,沟道径流冲刷侧蚀斜坡坡脚，斜坡前缘局部失稳，产生滑塌，前缘变形破坏使斜坡稳定形降低，变形逐级扩展，并向上牵引；②滑面贯通后斜坡整体失稳，滑体入沟挤占、堵塞沟道；③沟道水流继续冲刷，侧蚀滑坡堆积体，沟道堆积体直接启动形成泥石流或松散堆积体逐级破坏进入沟道参与形成泥石流。

3）沟道及岸坡物源启动机理

研究区泥石流沟域面积一般较大，沟域内降雨分配不可能完全均一，只有在泥石流物源分布集中区出现集中降雨或暴雨洪水等条件时，这部分物源才可能启动参与泥石流的活动，因此，沟域内可能出现有物源分布，但未形成启动条件，而出现暴雨却没有物源分布的情况，这种降雨分布的不均一特性也决定了物源启动参与泥石流活动的不均一性，目前调查的物源往往要分多次参与泥石流活动。

其次，支沟泥石流物源并非均能参与主沟泥石流的活动，仅在形成支沟泥石流，被支沟泥石流冲出并汇入主沟的部分才可能在主沟洪水或泥石流卷动、裹挟下参与主沟泥石流的活动，其他部分则可能在支沟沟口宽缓地带或沟中相对平缓沟段内停积下来，不会参与主沟泥石流的活动，因此，可能参与主沟泥石流活动的物源量并非主支沟物源量的简单相加，支沟泥石流物源可能参与主沟泥石流活动的部分应为支沟泥石流的固体物源冲出量的一部分。

再者，即便汇入并参与主沟泥石流活动的物源也不一定全部被冲出泥石流沟，在泥石流运动过程中，随着沟道纵比降和宽度的变化，有的地段发生水沙分离，必然有相当部分固体物质沿沟道发生堆积，而不会冲出泥石流沟（图6.6）。

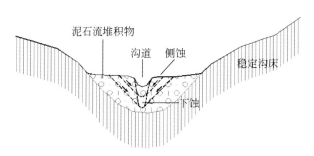

图6.6　沟道堆积物源启动模式简图

因而，泥石流物源的转化是一个复杂的过程，进行防治工程设计主要根据泥石流灾害史和以往泥石流特征值的检算结果进行。

2. 泥石流形成条件

1）地形条件

地形条件制约着泥石流的启动特征。发育泥石流的地形一般具备山高沟深、地形陡峻、沟床纵比降大及流域形状便于水流汇集等典型特征。

A. 岸坡坡度与相对高度

泥石流发育的山地岸坡坡度都较陡，根据调查统计，研究区超过80%的泥石流形成流通区沟道坡度分布在20°~50°的范围，此坡度范围利于松散固体物质存留，固体物源很丰富；流域上游岸坡坡度较陡，多基岩裸露，受风化、冻融作用崩塌物源、冰碛物源丰富，一遇暴雨激发，易产生重力侵蚀，大量物质向下流动形成泥石流。

相对高差对泥石流的形成具有关键作用，相对高差决定势能大小，相对高差越大，势能越大，泥石流的动力条件越充足，一般来说，相对高差达300m以上才有可能发生泥石流，研究区泥石流沟，沟谷相对高差达500~1500m。

B. 流域形状与沟谷形态

流域形状对暴雨及冰雪融水行径过程有显著影响，径流与洪峰流量大小，直接关系到各种松散固体物源的启动和参与泥石流活动，与泥石流活动关系密切。最有利于泥石流启动的流域形状是漏斗形、柳叶形、栎叶形、桃叶形及长条形等。泥石流流域面积对泥石流的发生具有重要影响。通过统计分析表明，流域面积在0.4~15km²范围内的泥石流沟占总数的90%以上，面积小于0.4km²或大于15km²的泥石流沟分布较少。泥石流沟床比降是流体由位能转变为动能的底床条件。据不完全统计，泥石流沟床纵坡比降分布在50‰~400‰范围内的占90%以上。

2）物源条件

泥石流的物源条件，是泥石流暴发的基础。泥石流的物源指泥石流形成区参与泥石流活动的松散固体物源总称。一般而言，固体物源越丰富，越有利于形成泥石流。松散固体物质形成与储量多少一般与地质构造、地层岩性、地震与新构造运动、滑坡崩塌等不良地质作用，以及植被与人类工程活动等有直接关系。物源往往与区内崩塌、滑坡等形成的背景条件和特征一致，由于大部分地区植被匮乏，坡面受雨水、冻融侵蚀的物源量占较高比例。

A. 地质构造

地质构造越复杂产生的松散固体物源越丰富。在构造活动强烈的地区，断裂带活动强烈，岩土体节理裂隙发育，褶皱断层变动强烈，受局部强烈挤压作用，岩层十分破碎，破碎岩体易风化，常成为泥石流的固体物源。

B. 地震

地震是现代地壳活动最明显地反映。在强烈地震力作用下，不仅岩土体受强烈震动，强度降低而变得松弛，山体稳定性遭受破坏，诱发大量滑坡崩塌，加剧了松散固体物源的积聚，为泥石流的发生提供丰富的物源。

C. 地层岩性

地层岩性直接控制着松散物源的产生。抗风化和抗侵蚀能力弱的岩石，一般易风化形成松散固体物源。研究区内地层多为砂岩、页岩、板岩、泥岩、片岩、花岗岩，在强烈的物理和化学风化作用下，岩体易崩解，形成块石、碎屑和砂砾，形成大厚度风化崩积层的松散固体物质。

D. 人类工程活动

人类工程如滥伐森林造成水土流失、开采矿山弃渣、工程弃渣、坡地耕种等往往为泥石流提供丰富的松散物源。人类工程活动主要为修建公路、新建房屋、采矿等，修建房屋及公路大面积开挖切坡，产生的弃渣堆置于岸坡或沟道内，成为泥石流的物源。

3）水源条件

泥石流暴发需要充足的水源。水既是泥石流的重要组成部分，又是泥石流的激发和搬运介质。研究区启动泥石流的水源主要为降雨、冰雪融水。

A. 降雨

泥石流暴发主要的水源为降雨。我国绝大多数泥石流为降雨型泥石流，一般来说，半湿润到半干旱的气候对泥石流的暴发最为有利，主要由于这类气候区具干湿两季分明，冬春干旱期长，夏季新疆南疆地区有明显的短时强降雨现象，降雨集中，且多暴雨，非常容易暴发泥石流。

B. 冰雪融水

冰雪融水也易启动形成大规模且破坏性强的泥石流。冰雪融水主要分布于高原现代冰川和季节性积雪地区，是泥石流的主要水源之一。

3. 泥石流危害性

泥石流危害主要表现为淤埋危害、冲毁危害和堵塞危害，具有突发性强，来势迅猛，能量大，破坏性强的特点。泥石流灾害具有明显的地段危害性，对区内泥石流沟而言，形成区和流通区无明显界限。出山口前为形成流通区，此段人类活动微弱，一般不会形成危害；出山口后即为堆积区，此段往往由于人们对泥石流认识不足，在沟口从事人类经济工程活动，而深受泥石流危害。由于泥石流以中小型为主，危险区范围一般局限在既有的冲积扇区以内。

6.3 地质灾害主控因素分析

地质灾害主要受地形地貌、地层岩性及地质构造等因素控制。

6.3.1 地形地貌因素

剥蚀低山丘陵和侵蚀、剥蚀中高山区是区内地质灾害发育密度最大的地貌单元，该区域具有山高坡陡、沟谷纵横、构造发育、岩体破碎的特征，高陡临空条件是发育地质灾害的基本条件。该区域地形起伏较大，沿沟谷坡度较缓，向两岸延伸坡度随之陡变，在沟道水流侧蚀作用下多发育牵引式滑坡灾害，基岩裸露陡壁段多发育崩塌灾害，崩塌滑坡发生后堆积于沟道内，为泥石流提供了物源，从而参与泥石流活动，因此崩滑现象多发的沟道普遍发展为泥石流灾害。此外，区内东北向、东向等日照强烈的坡段昼夜温差较大，物理风化作用强烈，地质灾害的分布较为密集。

6.3.2 地层岩性因素

研究区东部为塔里木盆缘地区，区内覆盖层以第四系风积黄土为主，厚度较大，属易崩易滑地层，区内土质滑坡较发育。中西部为昆仑山脉、喀喇昆仑山脉，发育古近系、新近系、石炭系、三叠系、二叠系等，岩性以砾岩、砂岩、砂泥岩互层、灰岩、板岩等为主，属软硬相间岩层，差异风化明显，受构造影响多呈破碎状，因此地质灾害易发。

6.3.3 地质构造因素

研究区西南部昆仑山山前铁克里克断隆与塔西南拗陷的分界大断裂形成于古生代末期，以后由于新构造运动的影响，该断裂活化，在棋盘南使古生界超覆于上新统的砂岩、粉砂岩之上。由于昆仑山前拗陷的边缘部分卷入隆起，不断扩大了山系的高度和宽度。前山带边缘的褶皱都呈不对称状态，呈现近山体的内侧倾角较陡，远离山体的外侧倾角较缓，并伴生逆断层和逆掩断层。北部区域新构造运动更为强烈，喜马拉雅运动（更新世第一幕构造运动）使天山、昆仑山区老构造运动复活，急剧隆起，并强烈挤压拗陷带内的新生界盖层，使之褶曲并伴生断裂。中新生代拗陷带内，西部受到强烈挤压，结果使中新统抬升幅度大增，而东部由于受塔里木地块制约，抬升幅度小，与西部相差较大。

强烈复杂的构造运动导致区内地表形态起伏突兀、岩体破碎，地下水活动强烈，因此构造活动及其影响区表现出类似于地貌、岩性所控制的地质灾害发育分布规律。

6.4 地质灾害发育分布规律

通过本次遥感解译及调查验证工作，研究区内发育的地质灾害类型主要有泥石流、崩塌、滑坡三类，根据地质灾害点分布特点，将地质灾害类型按照地形地貌、地质构造等因素进行统计分析。

研究区地貌单元可划分为侵蚀构造高山、极高山区（Ⅳ），侵蚀、剥蚀中高山区（Ⅲ），剥蚀低山丘陵区（Ⅱ），河谷平原区（Ⅰ）四类，侵蚀构造高山、极高山区大多由古生代地层及海西期花岗岩体组成，山顶海拔大于5000m，该地貌单元基本无地质灾害点。剥蚀构造地貌（侵蚀、剥蚀中高山区和剥蚀低山丘陵区）广泛分布于研究区内，组成地层有古生界、中生界、新生界和海西期侵入岩体，为典型的剥蚀构造地形，海拔为2500~5000m，相对高差为200~1000m，为地质灾害高密分布区。河谷平原区分布于研究区东部，地质灾害零星分布，见图6.7。

地质灾害在区内海拔上的分布与地形地貌单元的分布具有一致性，主要分布在海拔2000~3500m区段，极少数分布在4000m以上，1000~2000m区段零星分布，见图6.8。

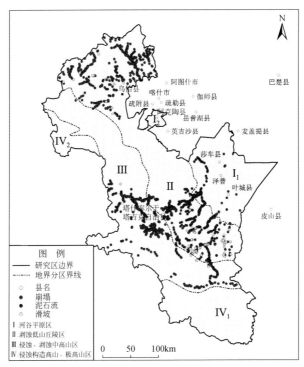

图 6.7　地质灾害按地貌单元分布关系图

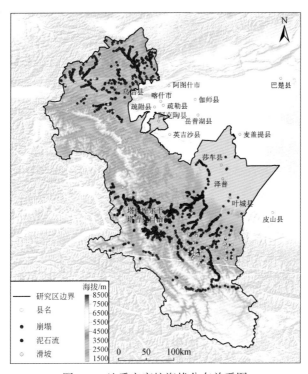

图 6.8　地质灾害按海拔分布关系图

研究区内地质灾害发育区段（尤其是崩塌灾害分布区）植被不发育，第四系覆盖层极薄或不分布，加之区内昼夜温差较大，物理风化作用强烈，因此地质灾害的分布与斜坡坡向具有一定相关性，以东北向、东向等日照强烈段发育居多；崩塌、滑坡等的发育与坡度具有紧密关系，地质灾害按不同坡向、坡度分布见图6.9、图6.10。

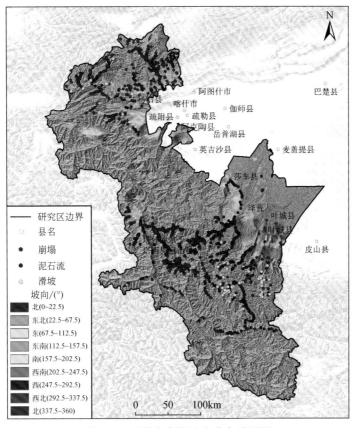

图6.9 地质灾害按坡向分布关系图

研究区内河流切割作用明显，泥石流地质灾害多发育于主要江河的支流内，加之区内公路等人类工程活动多沿河修建，对地形地貌的人为影响主要集中在河流沟谷两侧，因此崩塌滑坡灾害也主要沿河分布，见图6.11。

研究区内新构造运动及地震活动频繁，区内地质灾害发育分布受乌恰断裂、哈拉峻-阿合奇大断裂、苏约克断裂、昆仑山山前铁克里克断隆与塔西南拗陷的分界大断裂等控制，沿主断裂及其影响区是地质灾害高易发区。

区内地层以古近系、新近系、石炭系、三叠系、二叠系等为主，岩性以砾岩、砂岩、砂泥岩互层、灰岩、板岩等为主，属软硬相间岩层，差异风化明显，受构造影响多呈破碎状，地质灾害易发，见图6.12。

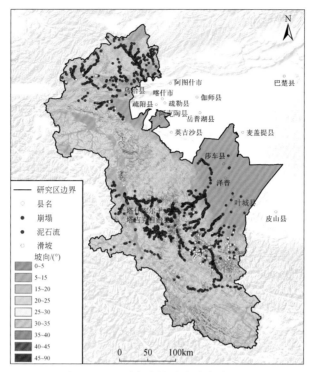

图 6.10　地质灾害按坡度分布关系图

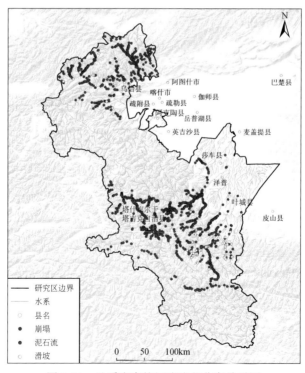

图 6.11　地质灾害按河流沟谷分布关系图

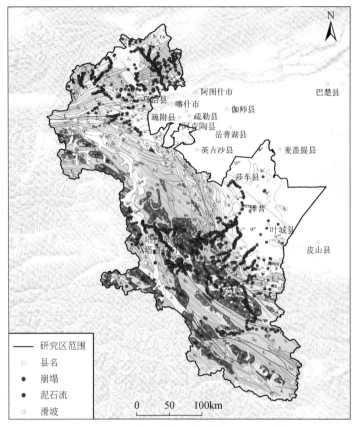

图 6.12　地质灾害按构造岩性分布关系图

6.5　地质灾害防治规划修编

在调查过程中，通过遥感解译和地面调查对研究区地质灾害发育类型、数量、规模等进行了更新，结合原有区划资料，对莎车县、叶城县、塔县及乌恰县开展了 1∶10 万地质灾害防治规划图修编，下面以乌恰县为例进行阐述。

6.5.1　地质灾害防治原则

地质灾害防治遵循以下原则：

（1）坚持统筹区划、突出重点、分步实施、全面推进的原则；

（2）坚持"以人为本"的原则；

（3）坚持预防为主、避让与治理相结合的原则；

（4）"与定居兴牧、新农村建设相结合"的原则；

（5）"地质灾害防治与地质环境保护相结合"的原则；

（6）坚持县政府对辖区内地质灾害防治工作全面负责的原则。

6.5.2　地质灾害防治要求

（1）深入贯彻落实国务院《地质灾害防治条例》《国务院关于加强地质灾害防治工作的决定》（国发〔2011〕20号文）、《新疆维吾尔自治区地质环境保护条例》，做到有法可依、依法行政，把有关精神落到实处。

（2）针对研究区内地质灾害数量较多、分布面广、威胁人口多等特点，要减轻地质灾害的损失，必须坚持以防为主、防治结合的方针，由乌恰县人民政府统一领导，县国土资源局具体负责，各区县、当地乡镇、村或矿山企业指派专人实施监测。完善县、乡（镇、场）、行政村三级地质灾害监测预警体系，落实防灾责任开展监测预警。

（3）对重要地质灾害隐患点，根据最新调查情况，编制（更新）防灾预案，发放地质灾害避险和防灾工作明白卡，配备简易监测预警设备，落实到具体监测责任人和监测人，开展监测预警工作，保证群测群防体系正常运行。

（4）根据地质灾害抢险救灾工作需要，建立地质灾害应急管理体系建设，成立县级地质灾害应急管理办公室和应急中心，指导各乡（镇、场）协调开展地质灾害应急抢险、开展应急演练和防治知识宣传培训，配备相应的应急设备。

（5）处于地质灾害易发区的工程建设项目，必须进行地质灾害危险性评估。

（6）加强地质灾害防灾知识培训宣传。每年组织举办1次监测人员专业技术知识培训班，提高监测水平；每年开展1~2次宣传活动，积极推进和强化地质灾害防治知识宣传、培训，全面提高群众的防灾意识和防灾能力。

6.5.3　地质灾害防治分区

1. 分区原则

根据研究区地质环境条件、人口及工程设施分布、地质灾害发育分布现状及危险性、地质灾害易发程度分区结果等进行地质灾害防治分区，结合工区各县地质灾害详细调查与本次遥感解译调查工作，将工区各县防治分区划分为重点防治区、次重点防治区以及一般防治区等三个区。分区突出以人为本、轻重缓急的指导思想，尽可能地减少地质灾害造成人员伤亡和财产损失，并结合地方经济发展现状及规划进行。

将地质灾害发育密集、受威胁较严重的人口集中区、主要交通干线、工矿企业等地质灾害危险性大的地区划分为地质灾害重点防治区；将地质灾害发育少、人口稀少、地质灾害致灾概率及危害程度相对较低等地质灾害危险性中等的地区划分为次重点防治区；将无地质灾害点分布、高海拔、人类工程活动少等地质灾害危险性小的地区划分为一般防治区。

表 6.2　乌恰县地质灾害防治分区表（2018 年修编）

防治分区	分布位置	分区面积/km²	地质灾害	危害程度	防治分期与分级	防治措施
地质灾害重点防治区（I）	主要包括地质灾害危险性大区，主要分布于县境内东北部南天山侵蚀、剥蚀构造中山区的恰克马克河流域（包括其主要支流苏约克河流域）、东部铁列克河流域、中部乌滚克河一库孜滚河流域的中下游地带，西北部南天山侵蚀、剥蚀构造中山区的吉根河一卓尤勒干苏河流域，中南部克孜勒苏河中游地带、西南部膘尔托阔依河流域等区域	9011.28，占全县总面积的 47.73%	现状条件下分布地质灾害点 491 处，占县境内地质灾害点总数的 93.17%，其中，地质灾害详细调查新增 429 处，遥感解译调查验证新增灾害点 62 处；崩塌灾害 308 处，地质灾害详细调查 304 处（大型 27 处，中型 111 处，小型 166 处），调查验证新增崩塌 4 处（中型 2 处，小型 2 处）；泥石流灾害 172 处，地质灾害详细调查泥石流灾害 114 处（大型 1 处，中型 11 处，小型 102 处），调查验证新增泥石流 58 处（大型 6 处，中型 34 处，小型 18 处）；滑坡灾害 9 处，地质灾害详细调查滑坡 9 处（中型 1 处，小型 8 处），调查验证新增滑坡 0 处；地面塌陷灾害 2 处，地质灾害详细调查地面塌陷 2 处（小型 2 处），调查验证新增地面塌陷 0 处	区内受地质灾害威胁人口约 1945 人，地质灾害隐患点可能造成的直接经济损失约 10839.58×10⁴ 元	划分出近期防治点 169 处，其中，地质灾害详细调查近期防治点 134 处（崩塌 93 处，泥石流 35 处，滑坡 5 处，地面塌陷 1 处），调查验证新增近期防治点 35 处（崩塌 2 处，泥石流 33 处）；远期防治点 322 处，其中，地质灾害详细调查远期新增防治点 295 处（崩塌 211 处，泥石流 79 处，滑坡 4 处，地面塌陷 1 处），调查验证远期新增防治点 27 处（崩塌 2 处，泥石流 25 处，滑坡 1 处，地面塌陷 1 处），调查重点防治点 35 处（崩塌 2 处，泥石流 33 处）；重点防治点 72 处，其中，地质灾害详细调查重点防治点 37 处（崩塌 25 处，泥石流 10 处，滑坡 1 处，地面塌陷 1 处），调查验证新增重点防治点 35 处（崩塌 2 处，泥石流 33 处）；一般防治点 419 处，其中，地质灾害详细调查一般防治点 392 处（崩塌 279 处，泥石流 104 处，滑坡 8 处，地面塌陷 1 处），调查验证新增一般防治点 27 处（崩塌 2 处，泥石流 27 处）	根据该区地质灾害发育特征，重要防治点主要采用搬迁避让、工程治理等防治措施；一般防治点采用监测预警的防治措施

续表

防治分区	分布位置	分区面积/km²	地质灾害	危害程度	防治分期与分级	防治措施
地质灾害重点防治区（Ⅱ）	主要包括地质灾害危险性中等地区，分布于县境内东北部恰克马克河流域上游一带，中部康苏河一库孜滚河一乌瑞克河流域的上中游地带，西南部玛尔坎苏河一嚯尔托阔依河以及木干萨依河流域的上中游地带，西北部吉根河流域上游地带、西南部昆盖山东山线北侧周边地带，东南部克孜勒苏河中下游地带等区域	9063.75，占全县行政区总面积约47.60%	现状条件下分布地质灾害点36处，占县境内地质灾害点总数的7.74%，其中大型4处、中型7处、小型16处），泥石流灾害7处（均为小型），滑坡灾害2处（大型1处，小型1处），地裂缝灾害1处（小型）	区内受地质灾害威胁人口约80人，地质灾害隐患点可能造成的直接经济损失约62.5×10⁴元	划分出近期防治点1处（崩塌1处），远期防治点35处（崩塌26处、泥石流6处、地裂缝1处）；重点防治点3处（崩塌1处，泥石流1处），一般防治点33处（崩塌26处、泥石流5处、滑坡1处、地裂缝1处）	根据区内高中山-极高山区虽然地质灾害发育，但人类活动微弱的灾害发育特征，重要防治点主要采用监测预警，工程治理防治等防治措施；一般防治点采用监测预警的防治措施，区内地处地形平坦开阔处，不具备崩塌、滑坡、泥石流等山地地质灾害发生的地质环境背景条件区域，采用防治地质灾害防治措施主要是预防措施，防止人类工程经济活动引发新的地质灾害，如避免在较高陡边坡及高填方时形成崩塌、滑坡灾害；避免生活垃圾及建筑垃圾堆积在沟谷中成为泥石流灾害的物源而引发泥石流灾害等
地质灾害一般防治区（Ⅲ）	主要为地质灾害危险性小区的分布范围，分布于县境内东南部山前盆地及周边区域，克孜勒苏河出山口的下游区域，中部乌恰县县城（乌恰镇）所在的山间洼地等区域	969.19km²，占全县行政区总面积的5.09%	由于地处地形平坦开阔处，不具备崩塌、滑坡、泥石流等山地地质灾害发生的地质环境背景条件（隐患）点不发育	区内无受地质灾害威胁人口，未造成经济损失	—	该区内地质灾害不发育，采用的地质灾害防治措施主要是预防措施，防止人类工程经济活动引发新的地质灾害

2. 分区评价

研究区地质灾害防治分区划分为重点防治区（Ⅰ）、次重点防治区（Ⅱ）、一般防治区（Ⅲ）等 3 个区，在防治分期上，按照轻重缓急分为近期和远期两个防治阶段。乌恰县地质灾害防治分区见表 6.2，图 6.13。

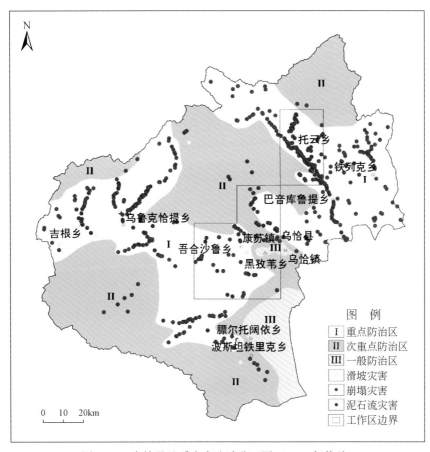

图 6.13 乌恰县地质灾害防治分区图（2018 年修编）

6.5.4 地质灾害防治措施与建议

地质灾害防治工作应突出"以防为主，防治结合"的防治方针，依靠人民群众，在政府的统一领导指引下，提高群众防灾救灾意识，合理控制和规范人类生产活动，采取综合措施防止地质环境恶化和破坏，最大限度地减少和避免各类地质灾害的发生。对一般地质灾害危险点，应落实监测责任人，并由专业人员向当地群众传授地质灾害监测预报知识，对重要地质灾害（隐患）点，编制地质灾害防灾预案，形成一个相对完善的群测群防网络。总体而讲，地质灾害的防治重点工作为群测群防体系建设。

1. 灾害点的防治措施及建议

1）基本防范措施

（1）首先对于新建的各类工程，应做好相应的选址论证。对于已处于危险区的可能受灾对象，则应具体评估受威胁程度（人员、财产损失情况），采取工程治理、监测预报、搬迁避让等措施，对于已建成、在建的重要大、中型工程设施、重要交通干线，则采用以治理为主的方式。

（2）保护草原植被，禁止过度放牧和开垦耕地。

（3）对因人类经济工程活动而形成的人工边坡、弃土弃渣场所等应进行预防性防护工程。尽量减少因修路建房、修建渠道等各项工种开挖边坡形成高陡临空面，在这些因人工切坡形成地质灾害部位及时进行预防性工程措施，如修建排水沟渠、修建阻挡墙等。

（4）开展全县矿山地质环境专项调查工作，查清矿山地质环境问题与矿山地质灾害发育情况，并提出防治措施。

（5）在地质灾害专项勘查工作方面，通过专项勘查工作查明地质环境条件和地质灾害成因、特征、危害程度及危险性，提出地质灾害防治方案，为防治工程设计施工提供依据。

（6）在地质灾害防治工程工作方面，按照避让为主、防治结合，全面规划与重点防治相结合的原则，对城镇、乡村、学校、医院、旅游景区等周边的重要地质灾害隐患点，有计划、分步骤地安排开展工程治理。

2）群测群防体系的建设

根据国土资源部令第 394 号文《地质灾害防治管理条例》，危险区、危险点、重大灾害点及潜在崩滑斜坡变形点的监测，采取目标责任制，落实到每一个点，落实到具体负责人。在此基础上，根据详查及遥感解译调查验证成果，以及区内地质灾害的危险性大小及防治区划分期、防治重点等，建立地质灾害的预警监测网。地质灾害的预警监测应本着"群测群防，群专结合"的原则，实施分级管理，县、乡镇、村三级政府组织监督，发动灾区群众自觉监测，共同防御。全县整个监测体系由县级、乡镇级、村级三级监测组成，各负其责，责任到人，层层签订责任书。

3）搬迁避让

根据《滑坡崩塌泥石流地质灾害详细调查规范》要求，将受地质灾害威胁的分散农户、村落搬迁至具有生产生活条件和环境的安全地带，摆脱地质灾害威胁，是适应该地区地质灾害点多、面广、规模小、稳定性差、单点威胁人数及财产不多、经济发展水平不高等特点最为有效的方法。

区内危险性大的地质灾害危害对象多是一些临时性牧屋、居住条件差或危害对象较少，要对其进行工程治理，其费用比避让搬迁要高得多。因此，对于在地质灾害高易发区、重点防治规划区内居住的居民应尽早搬迁，并在危险区设立警示标志，提醒人们远离危险区。

4）工程防治措施

采取工程治理的灾害点主要为威胁重要交通设施、矿山、重要的居民点，对于不同地质灾害类型，所采取的方法也有所不同。

（1）滑坡、崩塌：地表排水、削方减载、坡面防护、坡脚支挡、锚固。

（2）泥石流：开挖排洪沟、修拦沙坝进行排导。

（3）地面塌陷：对矿山采空区进行强制放顶，然后进行回填，对人防工程采取对其顶部及周边浇灌砼进行加固。

5）生物防治

生物防治主要指恢复植被和合理耕种。采取乔、灌、草等植物科学搭配，充分发挥其滞留降水、保持水土、调节径流等功能，从而达到预防和制止地质灾害的发生，减小灾害发生规模，减轻其危害程度的目的。与工程防治措施相比，生物防治措施具有应用范围广、投资省、风险小、能促进生态平衡、改善自然环境条件的好处，具有生产效益以及防治作用持续时间长的特点，同时还能与当前的退耕还林政策相吻合。

2. 隐患点的防治措施及建议

地质灾害给乌恰县人民的生命财产造成重大损失，影响经济的正常运行，影响人民生活，并造成继发性灾害，地质灾害进一步恶化地质生态环境。动员组织全社会力量，积极开展地质灾害防治，保护人民生命财产安全是各级政府的重要责任。编制地质灾害防灾预案，是执行以预防为主的地质灾害防治工作指导方针，以及减轻灾害损失，确保乌恰县社会稳定、经济建设顺利进行的重要措施。

根据实地调查情况，结合近年来地质灾害防治工作实际，对危险性大、成灾概率高、灾情严重、威胁到居民点人民生命安全、威胁到重要的生命线工程，以及威胁到重大基础建设工程的重要地质灾害（隐患）点编制防灾预案，并相应填写防灾避险明白卡、防灾工作明白卡，落实监测人、监测责任人、防灾减灾措施及应急措施。

同时，针对地质灾害隐患点，对一般隐患点采取群测群防进行预防，尤其需加强融雪、汛期巡视检查进行防治，而对于重要地质灾害隐患点，需根据灾害规模、灾情险情等级、防治措施经济技术比选等因素，综合选择相应的防治措施。

6.6　小　　结

在遥感解译的基础上，通过现场调查，得出如下结论：

（1）研究区共发育地质灾害 1733 处，其中崩塌 802 处，占 46.3%；滑坡 89 处，占

5.1%；泥石流842处，占48.6%，主要受地形地貌、地层岩性及地质构造等因素控制。

（2）地质灾害在区内海拔上的分布与地形地貌单元的分布具有一致性，主要分布在海拔2000～3500m区段，极少数分布在4000m以上，1000～2000m区段零星分布；地质灾害的分布与斜坡坡向具有一定相关性，以东北向、东向等日照强烈段发育居多，崩塌、滑坡等的发育与坡度具有紧密关系；泥石流地质灾害多发育于支流内，由于公路开挖等人类工程活动影响，崩塌滑坡灾害主要沿河谷分布；地质灾害发育分布受乌恰断裂、哈拉峻-阿合奇大断裂、苏约克断裂、昆仑山山前铁克里克断隆与塔西南拗陷的分界等断裂带控制；区内地层岩性以砾岩、砂岩、砂泥岩互层、灰岩、板岩等为主，属软硬相间岩层，差异风化明显，受构造影响多呈破碎状，地质灾害易发。

（3）通过遥感解译和地面调查对研究区地质灾害发育类型、数量、规模等进行了更新，结合原有区划资料，修编了莎车县、叶城县、塔县和乌恰县地质灾害防治分区图，为地方政府地质灾害防治规划提供依据。

第7章 新疆南疆地区地质灾害成灾模式研究

7.1 概 述

新疆南疆地区具有典型的大陆性干旱–半干旱气候特点，温差大、气温垂直分带明显、降水分布不均；地形地貌较为复杂，西南高北东低，由西南向北东倾斜，势如梯状，高山顶部发育有冰川；同时，该区位于喜马拉雅西构造段，是现今内陆新构造运动最活跃、变形最强烈的大陆地块之一，区内及邻区1989~1998年发生6级以上地震共计35次，根据中华人民共和国《中国地震动峰值加速度区划图》（GB18306—2015），研究区内地震动峰值加速度由西部昆仑山腹地的0.40g，向东逐渐过渡为0.30g、0.20g、0.10g，至沙漠区为0.05g，分别对应地震基本烈度Ⅸ度区、Ⅷ度区、Ⅷ度区、Ⅶ度区、Ⅵ度区。

研究区内地形陡峭、冰川密布、地震频繁、断裂活跃、地质灾害发育，沿线人民生命财产和工程设施遭受过严重的损失。强烈的新构造运动变形造就了高差达数千米的地表起伏度，发育7000m以上山峰19座。区内活动断裂发育，地震多发，宽达数百米，垂直断错达几米的地震地表破裂带在帕米尔高原段大量分布。采用"空–天–地"一体化观测技术，在遥感解译工作的基础上，结合现场调查结果，开展典型地质灾害发育特征研究。研究区共查明地质灾害507处，其中，泥石流297处，占总数的58.58%；崩塌198处，占39.05%；滑坡相对较少，共11处，占总数的2.17%；地面塌陷仅1处，占0.2%。通过对研究区内地质灾害发育分布特征与区内地形地貌、地层岩性、地质构造地震等相关性分析，区内地质灾害发育分布特征受地形地貌、地层岩性、地质构造地震等控制明显；区内典型地质灾害类型包括：地震诱发滑坡型、滑坡–泥石流型、冰川泥石流型、冰碛物滑坡等。

7.2 地震诱发滑坡

在对塔什库尔干塔吉尔自治县（简称塔县）境内所有地震滑坡进行详细调查的基础上，总结了区内地震导致滑坡地质灾害的模式主要有两种：强震触发大型顺向岩质滑坡和长期连续小规模岩质崩塌。

7.2.1 地震诱发滑坡成灾模式

1. 强震触发大型顺向岩质滑坡

强震触发大型顺向岩质滑坡主要沿塔什库尔干河左岸分布（图7.1）。图7.2~图7.5

为研究区域典型强震触发大型顺向滑坡的照片。其模式可以概括为：节理控制的顺向坡在强震作用下沿节理面发生大规模滑坡。

图 7.1   大型顺向滑坡沿塔什库尔干河左岸分布

图 7.2   塔什库尔干河典型地震触发顺向岩质滑坡 1（位置见图 7.1）

图 7.3   塔什库尔干河典型地震触发顺向岩质滑坡 2（位置见图 7.1）

图 7.4　塔什库尔干河典型地震触发顺向岩质滑坡 3（位置见图 7.2）

图 7.5　塔什库尔干河典型地震触发顺向岩质滑坡 4（位置见图 7.2）

1）形成条件

岩性上，这类滑坡均由花岗岩、花岗岩为母岩的构造岩、片麻岩等变质岩组成。新鲜岩石质地坚硬，强度较高。但是由于此类岩石中存在较多的原生节理、矿物定向构成的流线、流面构造和变质作用形成的片麻理等，因此结构面发育，且表面岩体沿结构面风化剥落严重（图 7.6）。由于此类滑坡的滑面深度较大，岩石风化对滑坡的形成不起控制性作用。

地形上，塔什库尔干河由于青藏高原的隆升而不断下切，形成了两岸陡峭的河谷岸坡，河谷高程分布在 2000 ~ 4000m，坡顶面和坡脚之间的垂直落差高达数百米甚至上千米。岸坡的坡度在 30° ~ 90°，多为 40° ~ 80°。另外，这些滑坡的分布均位于塔什库尔干河切割所形成的凸岸地段，三面临空（图 7.7）。这些条件均为这些滑坡的发生提供了良好的地形条件。

图 7.6　研究区片麻岩

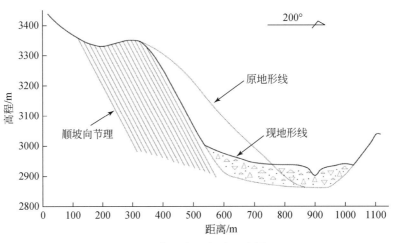

图 7.7　典型大型岩质滑坡剖面

　　岩体结构和坡体结构上，研究区的岩体被三组节理切割，分别是：第一组产状为 170°~200°∠45°~80°，间距为 0.8~2m。这组节理为坡体结构的控制性节理，它的产状与花岗岩流面、片麻岩片麻理平行，使塔什库尔干河左岸的岸坡形成顺向坡、斜向坡和横向坡，右岸形成逆向坡、斜向坡和横向坡。左岸的大型顺向滑坡均是沿这一组节理滑动破坏（图 7.7）。第二组产状为 260°~330°∠30°~50°，间距为 0.8~1.2m。第三组产状为 20°~85°∠30°~80°，间距为 0.8~1.2m。第二组和第三组节理的节理面紧闭，对此类顺向滑坡发生的控制性作用不明显。

　　构造上，此类滑坡的源区或者周围均有断层通过。图 7.8 和图 7.9 为遥感解译的该区域断层分布图，从图中可以看出，在大型顺向岩质滑坡的坡体中或者周围均有断层通过。在其中一个滑坡堆积物中，由于堆积物结构变化小，基本保持了原有结构，因此能够比较清晰地观察到断层穿过（图 7.10）。但是尚不清楚这类断层的活动性，以及在滑坡发生中所起的作用。

图 7.8　塔什库尔干河大型顺向岩质滑坡分布区断层分布遥感解译图 1

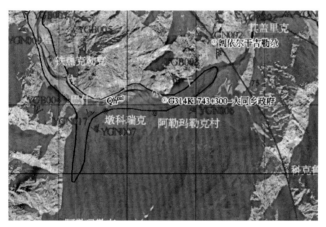

图 7.9　塔什库尔干河大型顺向岩质滑坡分布区断层分布遥感解译图 2

图 7.10　滑坡堆积物中的断层

触发因素上,可以推断为强震触发大规模顺向岩质斜坡失稳破坏。如此集中的大规模岩质滑坡,没有强烈的触发因素是不可能的。研究区地处寒旱地区,每年的降雨量为68.1mm,没有大规模的集中降雨;融雪的速度较慢,其融水的深度也有限,因此触发作用有限。考虑到塔县为的基本烈度为Ⅸ度,可以推断这些大型顺向岩质滑坡为历史上一次或者多次强震触发。

2)基本特征

这类滑坡是强震作用下,斜坡岩体沿控制性节理(倾向与坡向一致的节理)发生顺向滑动的大规模失稳破坏(具体过程见破坏机理数值模拟部分),方量大,体积一般在 $1 \times 10^4 \sim 200 \times 10^4 \mathrm{m}^3$,其中如图 7.5 所示的滑坡体积达到了 $500 \times 10^4 \mathrm{m}^3$ 以上。且此类地震触发的滑坡突发性强,危害极大。

滑坡发生以后,往往留下高 $10 \sim 200 \mathrm{m}$ 的后壁,平直光滑。滑坡堆积物以块石和砾石为主,它们的体积含量一般达到 50% 以上,块石直径最大可以达到 20m 以上。由于地形的限制,滑体的运动距离均小于1000m,堆积于河谷之中,形成堰塞湖。有的地方出露湖相沉积物,厚度超过 10m(图 7.5),显示堰塞湖存在的时间较长。

3)分布规律和主控因素

这类强震触发的大型岩质顺向滑坡在塔县境内主要是沿塔什库尔干河左岸分布,且根据上述分析,它们主要分布在符合下述 3 种条件的岸坡中:①河流切割形成的陡峭且三面临空的岸坡中,斜坡的坡度一般在40°以上,坡高一般为100m以上,最高达到2000m;②坡体受平行于坡面的一组节理切割为顺向坡;③坡体中或者附近有断层出露。

这类滑坡发生的主控因素,除了以上地形、坡体结构因素(目前尚不清楚断层在滑坡发生过程中的作用),还需要有强震触发。

2. 长期连续小规模岩质崩塌

除了上述强震触发的大型岩质滑坡,在塔县大部分斜坡地带广泛分布有长期持续的小规模岩质崩塌,这类崩塌的方量小,一般在 $1 \sim 1000 \mathrm{m}^3$,但是由于坡体长期连续失稳,堆积物在坡脚形成数百立方米至数万立方米的碎屑颗粒堆积物,为泥石流提供物源,危害较大。图 7.11 ~ 图 7.14 为塔县境内典型的小规模斜坡破坏所引起的碎屑堆积物。

图 7.11　横向坡发育长期连续的小规模崩塌在坡脚形成碎屑堆积物

图 7.12　顺向坡发育长期连续的小规模崩塌在坡脚形成碎屑堆积物

图 7.13　斜向坡发育长期连续的小规模崩塌在坡脚形成碎屑堆积物

图 7.14　逆向坡发育长期连续的小规模崩塌在坡脚形成碎屑堆积物

1）发生条件

塔县境内这类小规模崩塌的发生条件如下：在岩性上，这类滑坡主要发生在花岗岩及其变质岩上，包括片麻岩、构造岩和混合岩，其中以片麻岩为主（图7.15、图7.16）。这几类岩石的特点比较鲜明，矿物定向排列程度高，抗风化能力低，易层层剥蚀风化。在滑坡堆积物中，1~10cm直径的碎屑颗粒占了50%以上，说明风化剥蚀是坡体失稳的主要原因之一。

图7.15　构造岩矿物定向排列，在风化中层层剥蚀

图7.16　片麻岩层层剥蚀风化

此类小型岩体破坏与上述大型顺层滑坡不一样，在地形上不需要高陡斜坡和凸形岸坡，一般的斜坡地段均可能发生。

在岩体结构上，这类破坏的斜坡岩体也是受三组节理的切割（图7.17、图7.18）。如图7.17所示齐热哈塔尔水电站坝址区的横向坡和逆向坡（75°34′45.72″E，37°50′47.96″N）

中，岩性为明显的片麻岩，岩体被三组节理切割，产状分别为：35°∠70°、325°∠75°、75°∠25°，最后一组节理与片麻理平行。岩体较为破碎，三组节理面将岩体分为块状；另外，由于岩体易沿片麻理风化剥蚀。因此，这类破坏可以认为是在节理和风化作用共同控制下的岩体小规模崩塌，并堆积在坡脚。

图 7.18 为受三组节理切割的片麻岩，可以清楚地看到其中有一组节理与片麻理平行，另外两组节理与它垂直。

图 7.17　斜坡岩体受三组节理切割　　　　　图 7.18　岩体受三组节理切割

在诱发因素上，因为节理在早期的构造运动及河流切割过程中已经形成，因此，这里只考虑对岩体风化作用有影响的因素。因为该地区年降水量只有 68.1mm，但是处于Ⅷ度和Ⅸ度高地震烈度区和寒旱地区，因此本次研究不考虑降雨对岩体风化的影响，而是考虑地震和冻胀循环作用对岩体风化的影响，进而对坡体失稳破坏的影响。

2）基本特征

这种类型岩质斜坡的破坏，主要是由于坡体内三组节理和变质岩风化作用控制的小规模连续崩塌，因此，原始坡体显得十分破碎，山体表面 1～3m 的深度内岩体成碎裂状（图 7.19、图 7.20）。这类崩塌就是表层碎裂状岩体逐渐往下剥落的过程。

图 7.19　节理和风化作用控制下坡体表面岩体　　　图 7.20　节理和风化作用控制下坡体表面岩体
　　　　　　十分破碎 1　　　　　　　　　　　　　　　　十分破碎 2

因此，这类岩质破坏有如下特点：

（1）每次崩塌的规模较小，大多数在 1 ~ 1000m³，且失稳破坏前的变形十分明显，因此，具体到单次破坏的危险性小。

（2）崩塌的堆积物级配较细，小于 10cm 的颗粒占了 60% 以上（图 7.11 ~ 图 7.14），碎屑颗粒的运动距离小，堆积于坡脚。

（3）长期的崩塌使在坡脚处的堆积物体积在数百立方米至数万立方米之间，且往往是沿河谷或沟谷岸坡沿线堆积（图 7.11）。而河谷和沟谷中在夏季易形成暂时性洪流，冲刷这些细粒堆积物诱发泥石流。这种模式的泥石流在塔县较为普遍（图 7.21、图 7.22），危害性大。

图 7.21　库克西力克乡泥石流

图 7.22　破碎山体小规模崩塌为泥石流提供物源

3）分布规律和主控因素

这种模式的岩质崩塌，对地形和构造没有特殊要求，而岩性上主要为花岗岩及其变质岩类（主要为片麻岩）。因此，在塔县境内，除了上述第一种地震诱发大型顺层滑坡以外，其余大部分花岗岩及其变质岩分布区均广泛发育这种小规模岩质崩塌。

对于此类小规模岩体崩塌的主控因素，可以认为岩体中的三组节理切割和岩体风化作用在崩塌发生过程中起控制性作用。

7.2.2　地震诱发滑坡致灾机理

采用室内试验和数值模拟相结合的方法，对强震触发大型顺层岩质滑坡、地震诱发长期连续小规模岩质崩塌的致灾机理分别进行研究。

1. 强震触发大型顺层岩质滑坡

对于塔县地区地震触发的大型顺向岩质滑坡，采用离散元数值软件 3DEC 和有限差分软件 FLAC3D，模拟斜坡在不同加速度地震力作用下的变形与破坏过程，获取地震作用下斜坡变形破坏过程中的应力场、位移场和稳定系数，揭示研究区强震触发大型顺向岩质滑坡的机理。

本书选择了沿塔什库尔干河左岸的 3 个典型顺向滑坡分别进行有限差分和离散元数值

模拟，再综合它们的模拟结果，对该类型的滑坡变形失稳过程和机理进行分析，揭示塔县地区强震触发大型顺向岩质滑坡的机理，并通过反算获取类似结构斜坡失稳破坏的临界地震加速度范围，为该类滑坡的预测预报提供理论支撑。

由于 3 个滑坡的建模过程、模拟和结果都相似，所以本书只显示了 1 个滑坡的模拟结果。

典型强震触发大型顺向岩质滑坡为地质模型（图 7.2、图 7.7），建立离散元数值模型和有限差分模型。

1）3DEC 数值模型

此岩质斜坡发育有三组节理，产状分别为：①200°∠73°，为一组脆性节理与岩层面一致，变质以后沿层理脆性切割，节理间距为 80～200cm；②295°∠77°，节理间距约为 80～120cm；③ 85°∠32°，节理间距 80～120cm。这三组节理，尤其是第一组节理控制着坡体结构，因而也控制着斜坡的变形破坏模式和稳定性，对研究其变形破坏机理尤为重要。本次研究利用 3DEC 软件能够很好地建立岩体中结构面的优点，在数值模型中建立这三组节理。考虑到计算速度和结果可靠性之间的平衡，本次模拟对三组节理模型间距进行放大，分别设置为 20m、40m、40m，在不影响结果可靠性的前提下提高数值计算效率。最终建立好的模型如图 7.23 所示，共划分块体个数 4644 个，单元个数 696353。另外，在原始斜坡中轴线上布设 4 个监测点（图 7.23），以监测斜坡不同部位变形情况。

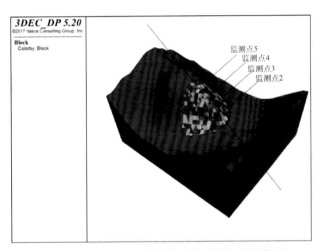

图 7.23　3DEC 三维斜坡模型及监测点布设位置

2）FLAC3D 数值模型

依据原始地形数据建立有限差分数值模型（图 7.24），单元个数为 390833 个。但是，不同于 3DEC 软件中有专门设置节理模型的模块，在 FLAC3D 中考虑节理面的建模过程繁琐，节理面交叉或设置节理面数量过多都会影响模型计算速度和结果的可靠性。本次 FLAC3D 模型中只考虑一组对斜坡变形破坏模式和稳定性具有控制作用的优势结构面和变形体底部破坏面两组结构面。优势结构面即产状为 200°∠73°的节理面，节理间距设置为 20～40m。在该模型中同样设置与 3DEC 模型中位置一致的 4 个位移监测点，以监测不同部位的变形。

上述 3DEC 和 FLAC3D 所建数值模型的底面和两侧均选取固定边界，通过约束位移来控制这些边界的变形，而坡表选择为自由边界。

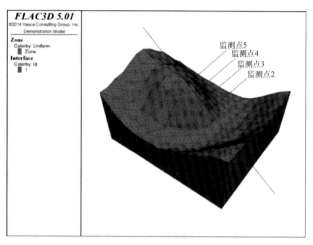

图 7.24　FLAC3D 三维斜坡模型及监测点布设位置

3）参数选取

本次数值模拟计算中，两种软件均采用莫尔–库仑本构模型计算岩体力学行为，节理面采用库仑接触滑移模型（Coulomb-slip）。计算中岩体和结构面物理力学参数根据当地经验参数和前人资料综合确定，具体取值见表 7.1、表 7.2。

表 7.1　岩体参数取值

岩性	$\gamma/(kN/m^3)$	E/GPa	u	c/MPa	$\varphi/(°)$
岩体	26.0	12.0	0.24	0.3	34

表 7.2　结构面参数取值

结构面	K_n/GPa	K_s/GPa	—	c/MPa	$\varphi/(°)$
节理一	0.65	0.25	—	0.03	20
节理二	0.90	0.60	—	0.10	25

4）计算工况

为了研究斜坡在地震作用下的变形破坏机理和运动过程，并获取斜坡变形破坏的临界地震加速度，本次两种数值方法的模拟均采用如下 4 种工况。

工况 1：天然状态；

工况 2：地震水平加速度（2.5m/s²）相当于Ⅷ度烈度的均值加速度；

工况 3：地震水平加速度（3.54m/s²）相当于Ⅸ度烈度的最小加速度；

工况 4：地震水平加速度（7.07m/s²）相当于Ⅸ度烈度的最大加速度。以下详细分析 4 种工况。

A. 工况 1：天然状态

a. 3DEC 计算结果

图 7.25 ~ 图 7.27 分别为天然状态下斜坡位移云图及最大不平衡力曲线、斜坡纵剖面位移云图和监测点位移曲线。图中显示，天然状态下，最大不平衡力最终趋于 0，意味着整个斜坡趋于稳定；斜坡整体变形量较小，最大位移发生在坡肩附近，约为 19cm。由于受到节理面的切割作用以及三面临空的影响，斜坡外凸向河谷的三面均有变形迹象。另外，由斜坡纵剖面位移云图和监测点曲线显示，变形形式主要是坡表轻微变形和层间错动。总体来说，斜坡仅在斜坡表面发生一些轻微变形，整体稳定性好。

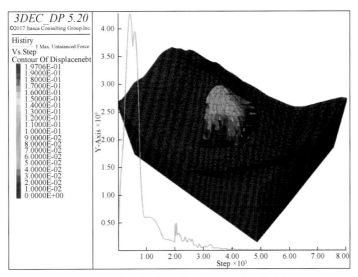

图 7.25　斜坡位移云图及最大不平衡力曲线

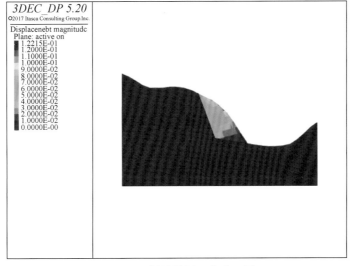

图 7.26　斜坡纵剖面位移云图

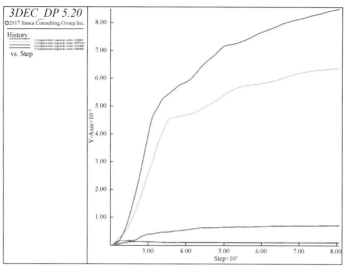

图 7.27 监测点位移曲线

图 7.28、图 7.29 是天然状态下斜坡纵剖面的最大、最小主应力云图，可以看出，斜坡最大和最小主应力迹线整体发生偏转，而且随深度增加而增加，总体来说并无异常，说明斜坡稳定性好。

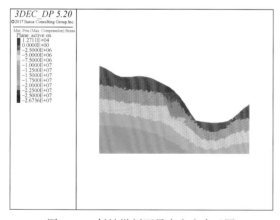

图 7.28 斜坡纵剖面最大主应力云图

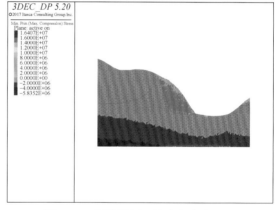

图 7.29 斜坡纵剖面最小主应力云图

b. FLAC3D 计算结果

图 7.30 ~ 图 7.32 分别为斜坡位移云图和最大不平衡力曲线、斜坡纵剖面位移云图和 4 监测点位移曲线。图中显示，在天然状态下该岩质斜坡整体变形量较小，最大位移量约为 1.35cm，相比 3DEC 计算的结果小了一个数量级，这是由于少了两组节理面的切割导致位移的减小。但变形的位置基本一致，最大位移均为坡肩附近，且由于斜坡三面临空，三面均有变形迹象。斜坡纵剖面位移云图和监测点位移曲线进一步证实在天然状态下该斜坡变形较小，坡肩位置的监测点 3 和监测点 4 的最大位移仅 0.85mm 左右，整体稳定性好。值得注意的是，图 7.31 清楚地显示层间错动是斜坡的主要变形方式，在坡肩附近岩层错动距离最大。

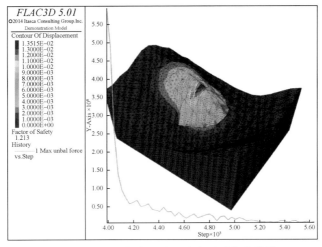

图 7.30　斜坡位移云图及最大不平衡力曲线

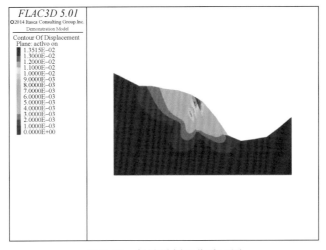

图 7.31　斜坡纵剖面位移云图

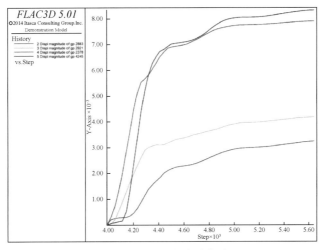

图 7.32　监测点位移曲线

　　图 7.33 ~ 图 7.36 分别为斜坡整体和纵剖面的最大和最小主应力云图，可以看出，在天然状态下，FLAC3D 与 3DEC 所得应力的数值和方向均一致，差别不大，证明两种数值方法计算结果的可靠性。另外，两者所得应力分布规律也一致，斜坡应力整体随深度增加而增加，受地形的影响，在靠近坡表的地方发生应力偏转。

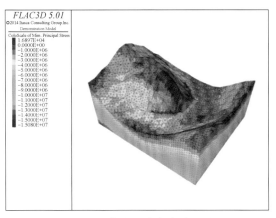

图 7.33　斜坡最大主应力云图

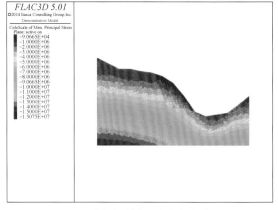

图 7.34　斜坡纵剖面最大主应力云图

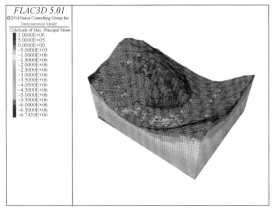

图 7.35　斜坡最小主应力云图

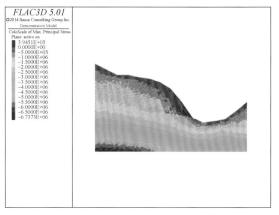

图 7.36　斜坡纵剖面最小主应力云图

　　图 7.37 为斜坡纵剖面剪应变增量与安全系数图，由图可以看出，斜坡在天然状态下，层间有一定的剪切错动，最大应变值为 0.02%，其余位置并无大的变形。进一步说明斜坡的变形方式主要为层间错动。

　　通过 FLAC3D 自带的强度折减法，计算的斜坡天然状态下安全系数为 1.31，稳定性好。

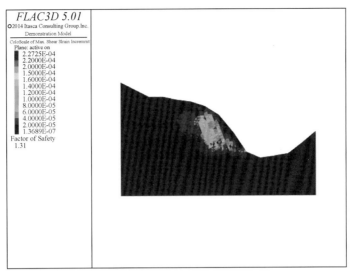

图 7.37　斜坡纵剖面剪应变增量与安全系数

B. 工况 2：地震水平加速度（2.5m/s²）相当于Ⅷ度烈度的均值加速度

a. 3DEC 计算结果

图 7.38 ~ 图 7.40 为斜坡位移云图及最大不平衡力曲线、斜坡纵剖面位移云图和监测点位移曲线。图中显示，在加速度为 2.5m/s² 的地震作用下，该岩质斜坡整体变形量有所增加，最大位移仍然出现在坡肩附近，约为 48cm；另外，变形形式仍然为坡表轻微变形和层间错动。总体来说，斜坡仅在斜坡表面发生一些轻微变形，整体稳定性较好。

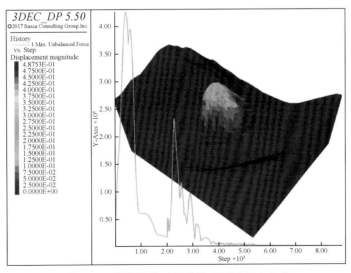

图 7.38　斜坡位移云图及最大不平衡力曲线

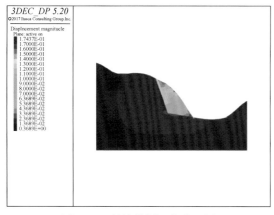

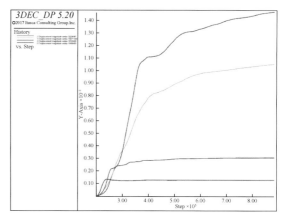

图 7.39　斜坡纵剖面位移云图　　　　　　　　图 7.40　监测点位移曲线

　　图 7.41 和图 7.42 为斜坡纵剖面的最大和最小主应力云图，可以看出，由于受到地震力作用，斜坡的最大和最小主应力相对于天然状态下有所增加，应力偏转现象更为明显，且在结构面处的应力集中现象较为明显。总体来说，应力分布无异常，斜坡稳定性较好。

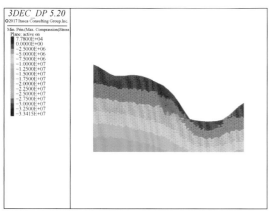

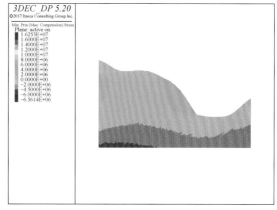

图 7.41　斜坡纵剖面最大主应力云图　　　　　图 7.42　斜坡纵剖面最小主应力云图

　　b. FLAC3D 计算结果

　　图 7.43 ~ 图 7.45 分别为斜坡在加速度为 $2.5\mathrm{m/s^2}$ 的地震力作用下的斜坡位移云图及最大不平衡力曲线、斜坡纵剖面位移云图和监测点位移曲线。图中显示，在地震作用下该岩质斜坡整体变形量增加，最大位移量在坡肩附近，约为 1.95cm，相比 3DEC 计算的结果仍然小了一个数量级。但变形的位置基本一致，最大位移均在坡肩附近，且由于斜坡三面临空，三面均有变形迹象。斜坡纵剖面位移云图和监测点位移曲线进一步证实在天然状态下该斜坡变形较小，坡肩位置的监测点 3 和监测点 4 的最大位移分别约为 1.2cm 和 1.45cm，整体稳定性较好。斜坡图 7.44 显示在地震作用下层间错动更加明显，错动位移更大。

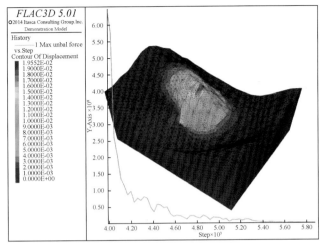

图 7.43　斜坡位移云图及最大不平衡力曲线

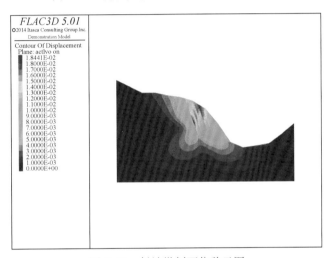

图 7.44　斜坡纵剖面位移云图

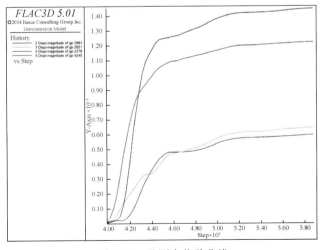

图 7.45　监测点位移曲线

　　图7.46～图7.49分别为地震作用下斜坡整体和纵剖面的最大和最小主应力云图。可以看出，在天然状态下，FLAC3D与3DEC所得应力的数值和方向上均一致，差别不大，证明两种数值方法计算结果的可靠性。另外，两者所得应力分布规律也一致，斜坡应力整体随深度的增加而增加，受地形的影响，在靠近坡表的地方发生应力偏转。但是较之天然状态下，在加速度为2.5m/s²的地震力作用下，斜坡大、小主应力偏转和结构面处应力集中的现象均更加明显。

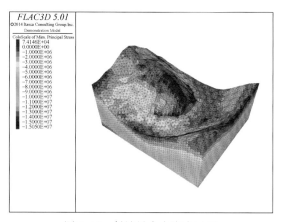

图7.46　斜坡最大主应力云图

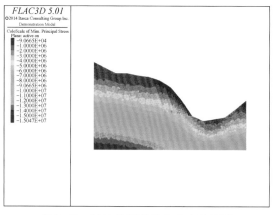

图7.47　斜坡纵剖面最大主应力云图

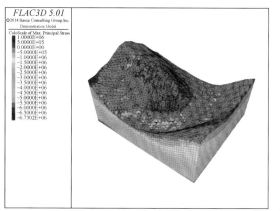

图7.48　斜坡最小主应力云图

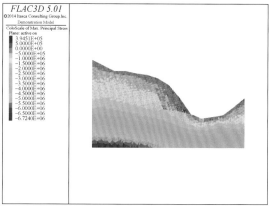

图7.49　斜坡纵剖面最小主应力云图

　　图7.50为地震作用下斜坡纵剖面剪应变增量与安全系数图，图中显示，在加速度为2.5m/s²的地震作用下，层间剪切错动的范围更大，主要集中在约200m的深度附近，且层间错动的应变较天然状态下更大，最大值达到约0.03%。

　　通过FLAC3D自带的强度折减法，计算在加速度2.5m/s²的地震力作用下，斜坡的稳定系数为1.14，处于基本稳定状态。

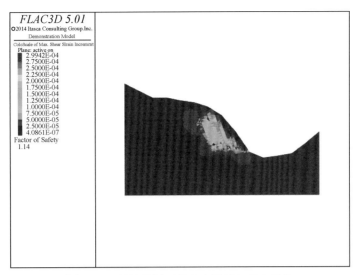

图 7.50　斜坡纵剖面剪应变增量与安全系数

C. 工况 3：地震水平加速度（3.54m/s²）相当于Ⅸ度烈度的最小加速度

a. 3DEC 计算结果

图 7.51 ~ 图 7.53 为斜坡在加速度为 3.45m/s² 的地震力作用下的斜坡位移云图及最大不平衡力曲线、斜坡纵剖面位移云图和监测点位移曲线。图中显示，该岩质斜坡整体变形量有所增加，最大位移仍然出现在坡肩附近，约为 1m，变形位移已经较大，位移仍然集中在坡肩表面，下部坡脚处变形较小，因此无整体贯通性破坏。

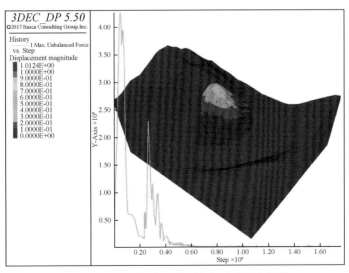

图 7.51　斜坡位移云图及最大不平衡力曲线

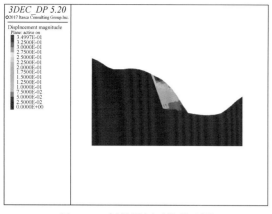
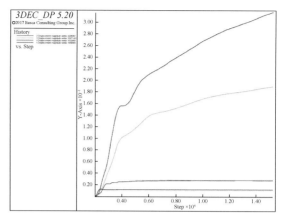

图 7.52　斜坡纵剖面位移云图　　　　　图 7.53　监测点位移曲线

　　图 7.54 和图 7.55 为斜坡纵剖面的最大和最小主应力云图，可以看出，由于受到地震力作用，斜坡的最大和最小主应力相对于工况 2 进一步增加，应力偏转现象更为明显，且在结构面处的应力集中现象较为明显。

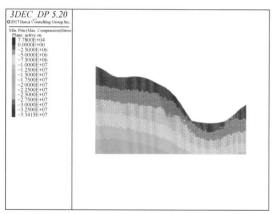
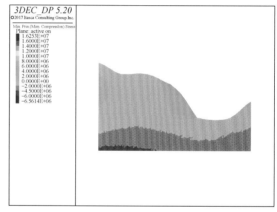

图 7.54　斜坡纵剖面最大主应力云图　　　　图 7.55　斜坡纵剖面最小主应力云图

b. FLAC3D 计算结果

　　图 7.56～图 7.58 分别为斜坡位移云图及最大不平衡力曲线、斜坡纵剖面位移云图和监测点位移曲线。图中显示，由于地震加速度增大，该岩质斜坡整体变形量显著增加，最大位移转移到坡脚处，说明斜坡的坡脚在上部荷载作用和上部变形位移的挤压下开始出现变形破坏，最大位移量约为 21.6cm。由斜坡纵剖面位移云图（图 7.57）可知，地震作用下层间错动进一步增加，贯通的滑移面已经初步形成，上部岩体沿层间错动，而坡脚处岩体向坡体前方作大致水平方向上的运动。

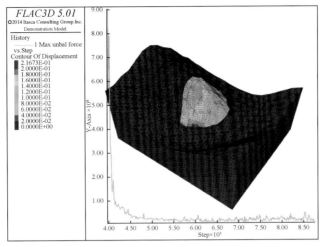

图 7.56　斜坡位移云图及最大不平衡力曲线

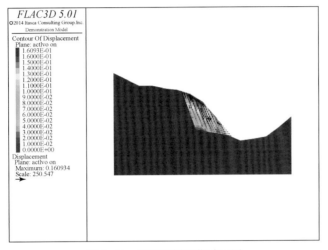

图 7.57　斜坡纵剖面位移云图

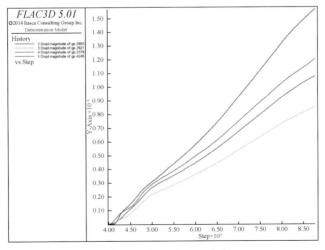

图 7.58　监测点位移曲线

　　图 7.59～图 7.62 分别为在加速度为 3.45m/s² 的地震力作用下斜坡整体和纵剖面的最大和最小主应力云图。相对于天然状态和加速度为 2.5m/s² 的地震力作用，工况 3 所得斜坡最大和最小主应力偏转和结构面处应力集中的现象均有所增加。尤其值得注意在图 7.60 和图 7.62 中，在潜在滑面处，最大和最小主应力集中现象明显。

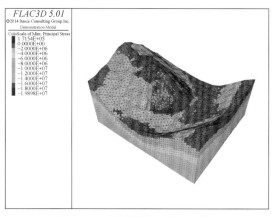

图 7.59　斜坡最大主应力云图

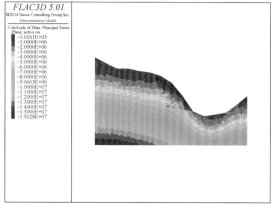

图 7.60　斜坡纵剖面最大主应力云图

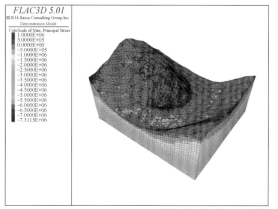

图 7.61　斜坡最小主应力云图

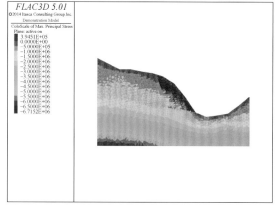

图 7.62　斜坡纵剖面最小主应力云图

　　图 7.63 为斜坡纵剖面剪应变增量与安全系数图，可以看出，在加速度为 3.45m/s² 的地震力作用下，节理层间剪切错动加剧，顺坡向的滑移面有即将贯通的趋势。最大应变值出现在潜在滑面附近，约为 0.3%。

　　通过 FLAC3D 自带的强度折减法，计算的斜坡在加速度为 3.45m/s² 的地震力作用下安全系数为 1.02，处于临界稳定状态。

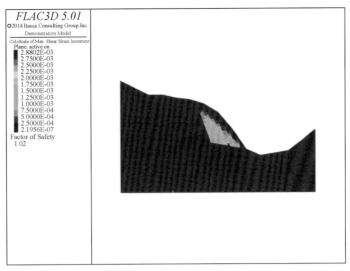

图 7.63　斜坡纵剖面剪应变增量与安全系数

D. 工况 4：地震水平加速度（7.07m/s²）相当于Ⅸ度烈度的最大加速度

a. 3DEC 计算结果

图 7.64 ~ 图 7.71 为加速度为 7.07m/s² 的地震力作用下斜坡位移及纵剖面位移云图。图中显示，在地震力作用下，时步为 1000 步时，斜坡的贯通滑动面已经形成，最大不平衡力增加，说明滑体有下滑的趋势（图 7.65）；时步为 5000 步时，坡体沿着滑面整体下滑，最大不平衡力继续增加；时步为 10000 步时，滑体开始达到河谷对岸并开始爬升，前缘滑体阻力开始增加，最大不平衡力开始下降；时步为 15000 步时，部分滑体爬升到对岸最高位置并开始回落（图 7.72），滑坡体趋于平稳，最大不平衡力下降并趋于零。

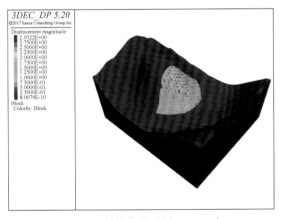

图 7.64　斜坡位移云图（1000 步）

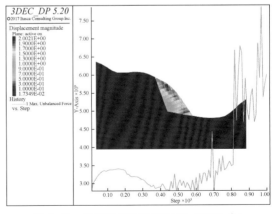

图 7.65　斜坡纵剖面位移云图（1000 步）

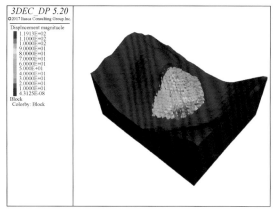

图 7.66　斜坡位移云图（5000 步）

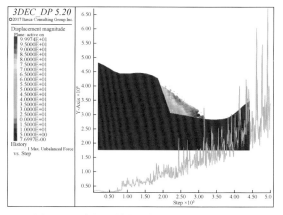

图 7.67　斜坡纵剖面位移云图（5000 步）

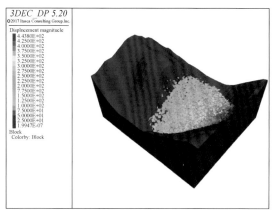

图 7.68　斜坡位移云图（10000 步）

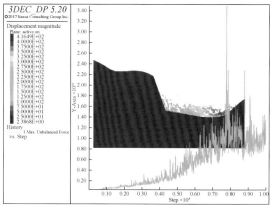

图 7.69　斜坡纵剖面位移云图（10000 步）

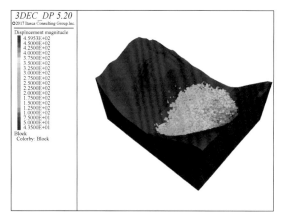

图 7.70　斜坡位移云图（15000 步）

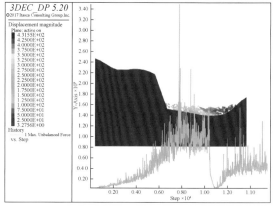

图 7.71　斜坡纵剖面位移云图（15000 步）

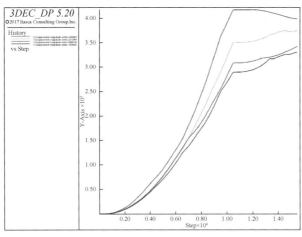

图 7.72　监测点位移曲线

　　由以上计算所得斜坡位移及纵剖面位移云图可知，由于受三组节理面切割岩体较为破碎，在加速度为 7.07m/s^2 的地震作用下岩质斜坡发生整体破坏失稳，最终堆积在河谷，其堆积情况与现场调查所得结果基本一致，证明数值模拟结果较为可靠。由位移监测曲线可以看出，斜坡坡脚部位监测点变形最大，运动速度最快，滑移至对岸爬升一定的高度后，受到对岸坡体的阻挡作用开始发生回落，其余 3 个监测点在重力和地震力作用下逐渐向河谷运动堆积。

　　b. FLAC3D 计算结果

　　图 7.73 ~ 图 7.75 分别为在加速度为 7.07m/s^2 的地震力作用下斜坡位移云图及最大不平衡力曲线、斜坡纵剖面位移云图和监测点位移曲线。图中显示，在地震力作用下坡体失稳，各个部位的位移急剧增加。图 7.74 显示被顺坡向节理切割的岩体节理面急剧错动并向下滑动。

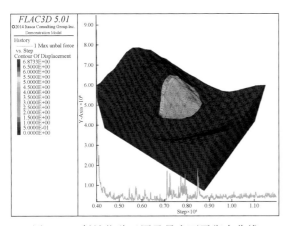

图 7.73　斜坡位移云图及最大不平衡力曲线

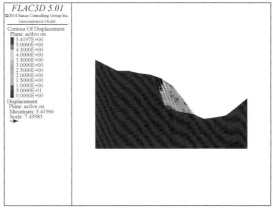

图 7.74　斜坡纵剖面位移云图

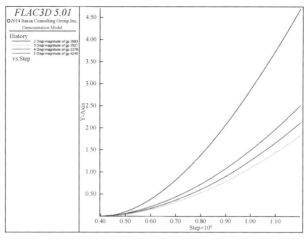

图 7.75　监测点位移曲线

　　图 7.76 ~ 图 7.79 分别为在加速度为 7.07m/s^2 的地震力作用下斜坡整体和纵剖面的最大和最小主应力云图。相对于工况 1、2、3，最大和最小主应力值明显增加，且从纵剖面主应力图可以看出，滑面处应力集中更为明显。

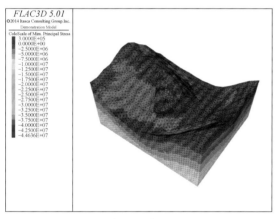

图 7.76　斜坡最大主应力云图

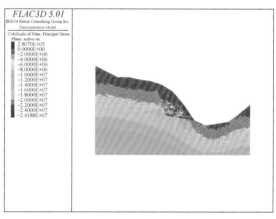

图 7.77　斜坡纵剖面最大主应力云图

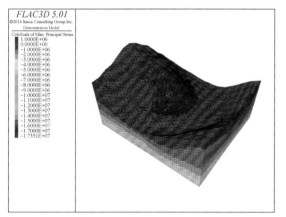

图 7.78　斜坡最小主应力云图

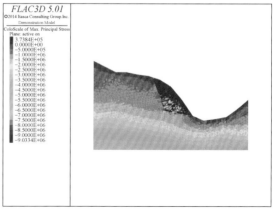

图 7.79　斜坡纵剖面最小主应力云图

图 7.80 为在加速度为 $7.07\mathrm{m/s}^2$ 的地震力作用下斜坡纵剖面剪应变增量与安全系数，相对于前 3 种工况，斜坡中最大剪应变出现在滑面附近，已经达到了 7.24%，说明贯通性破坏面已经形成，斜坡已经失稳。通过 FLAC3D 自带的强度折减法，计算的斜坡天然状态下安全系数为 0.91。

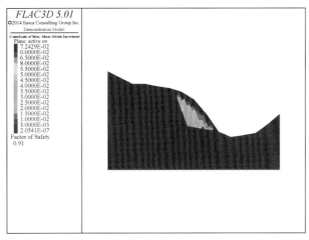

图 7.80　斜坡纵剖面剪应变增量与安全系数

2. 地震诱发长期连续小规模岩质崩塌

如上所述，此类岩质斜坡的破坏主要是由斜坡岩体中的三组节理和层状岩体风化作用控制的。三组节理是在青藏高原隆起和河流切割成坡过程中形成的，这里不做研究。因为塔县属于高寒干旱地区和地震烈度Ⅸ度区，所以本次研究的重点是干湿冻融循环和地震力作用下岩体的风化剥落机理。

本次研究选取塔县地区分布最广，在此类破坏类型的斜坡岩体中岩性比例最高的片麻岩，进行岩石动三轴和冻融试验，获取地震和冻融循环作用下岩体的强度和结构劣化规律，揭示塔县地区变质岩斜坡长期小规模崩塌破坏的成因机理。

1）片麻岩冻融循环试验

A. 试验流程与工况

塔县地区虽然年均降水量只有 68.1mm，但是冬季降雪及融雪能够使斜坡表层数米厚的岩体饱和。另外，根据塔县近 30 年的温度记录（图 7.81）显示，该区的最高和最低温度约为 ±30℃。因此，本次测试工况主要是研究在干燥和饱和条件下片麻岩受 ±30℃ 温度循环作用 0 次、10 次、20 次和 30 次后结构的劣化规律。

本次试验采用的是中国地质大学（武汉）岩土体实验室的 XUTEP CD3192 恒温控制器（图 7.82）。首先将样品切成直径为 5cm、高 0.5cm 的薄片（图 7.83），将两个样品分别进行干燥和饱和处理以后，同时进行 10 次、20 次和 30 次的冻融循环。每次冻融循环中在 -30℃ 环境下冷冻时间为 4 小时，在 30℃ 环境下解冻 4 小时。在样品表面圈定一定范围进行天然状态以及不同循环次数冻融作用以后的电镜扫描测试，获取冻融作用及其循环次数对片麻岩微观结构的裂化规律。

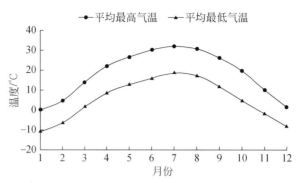

图 7.81　塔县近 30 年月平均最高与最低温度曲线

图 7.82　XUTEP CD3192 恒温控制器

图 7.83　进行冻融循环的片麻岩样品（左侧为干燥样品，右侧为饱和样品）

B. 试验结果

分别对片麻岩样品 0 次、10 次、20 次和 30 次循环的冻融试验结果进行分析。

a. 干燥片麻岩样品冻融循环试验结果

图 7.84 ~ 图 7.86 分别为干燥片麻岩样品在 0 次和 10 次冻融循环作用后放大 300 倍、1000 倍和 2000 倍的扫描电镜图像。

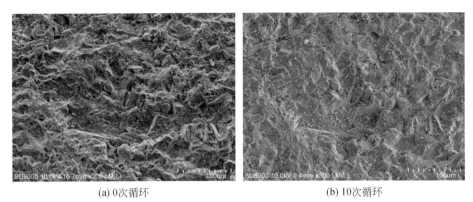

(a) 0 次循环　　　　　　　　　　　　　(b) 10 次循环

图 7.84　干燥样品冻融循环前后 SEM 扫描图（放大 300 倍）

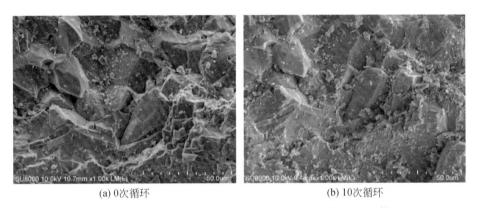

(a) 0 次循环　　　　　　　　　　　　　(b) 10 次循环

图 7.85　干燥样品冻融循环前后 SEM 扫描图（放大 1000 倍）

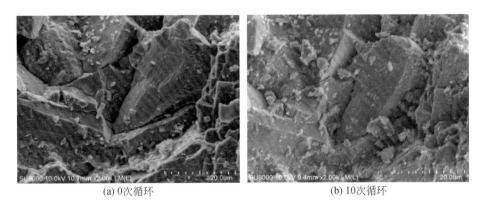

(a) 0 次循环　　　　　　　　　　　　　(b) 10 次循环

图 7.86　干燥样品冻融循环前后 SEM 扫描图（放大 2000 倍）

图 7.87 ~ 图 7.89 分别为干燥片麻岩样品在 10 次和 20 次冻融循环作用后放大 300 倍、1000 倍和 2000 倍的扫描电镜图像。

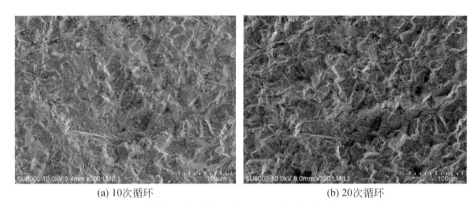

(a) 10次循环　　　　　　　　　　　　　　　(b) 20次循环

图 7.87　干燥样品冻融循环前后 SEM 扫描图（放大 300 倍）

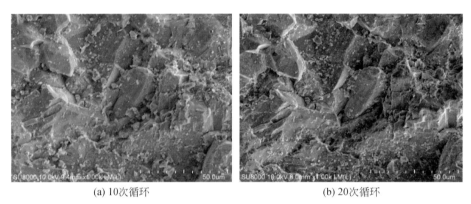

(a) 10次循环　　　　　　　　　　　　　　　(b) 20次循环

图 7.88　冻干燥样品冻融循环前后 SEM 扫描图（放大 1000 倍）

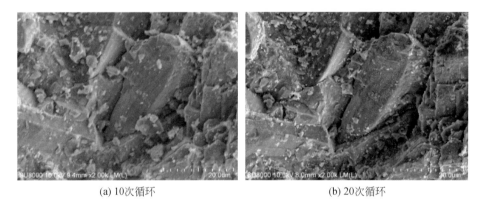

(a) 10次循环　　　　　　　　　　　　　　　(b) 20次循环

图 7.89　干燥样品冻融循环前后 SEM 扫描图（放大 2000 倍）

　　图 7.90～图 7.92 分别为干燥片麻岩样品在 20 次和 30 次冻融循环作用后放大 300 倍、1000 倍和 2000 倍的扫描电镜图像。

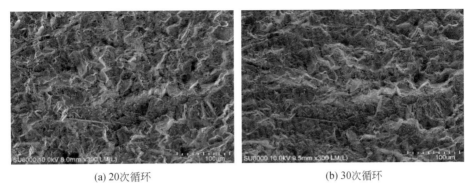

(a) 20次循环　　　　　　　　　　　　　(b) 30次循环

图 7.90　干燥样品冻融循环前后 SEM 扫描图（放大 300 倍）

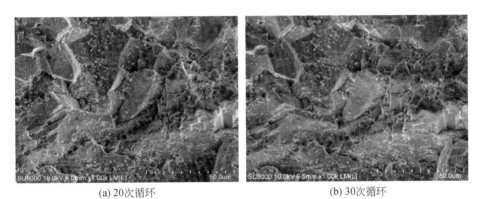

(a) 20次循环　　　　　　　　　　　　　(b) 30次循环

图 7.91　干燥样品冻融循环前后 SEM 扫描图（放大 1000 倍）

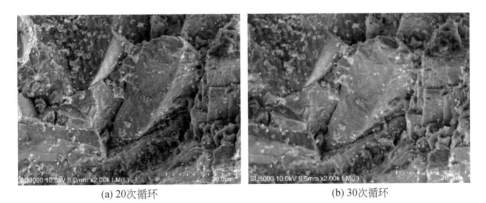

(a) 20次循环　　　　　　　　　　　　　(b) 30次循环

图 7.92　干燥样品冻融循环前后 SEM 扫描图（放大 2000 倍）

对干燥片麻岩样品 0 次、10 次、20 次和 30 次冻融循环后的扫描电图片进行对比，可以看出，10 次冻融循环后，样品表面破碎，甚至出现了明显的局部剥落现象；20 次冻融循环后，样品表面更加破碎，矿物的析出剥落现象明显加剧，剥落的矿物颗粒增多；30 次冻融循环后，矿物继续剥落。说明随着冻融次数增多，片麻岩的矿物颗粒不断风化剥落。

b. 饱和片麻岩样品冻融循环电镜扫描结果

图 7.93～图 7.95 分别为饱和片麻岩样品在 10 次和 20 次冻融循环作用后放大 300 倍、1000 倍和 2000 倍的扫描电镜图像。

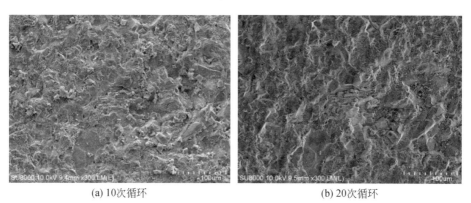

(a) 10次循环　　　　　　　　　　　　　　(b) 20次循环

图 7.93　饱和样品冻融循环前后 SEM 扫描图（放大 300 倍）

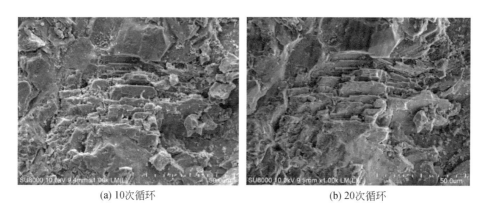

(a) 10次循环　　　　　　　　　　　　　　(b) 20次循环

图 7.94　饱和样品冻融循环前后片麻岩 SEM 扫描图（放大 1000 倍）

(a) 10次循环　　　　　　　　　　　　　　(b) 20次循环

图 7.95　饱和样品冻融循环前后片麻岩 SEM 扫描图（放大 2000 倍）

　　图 7.96~图 7.98 分别为饱和片麻岩样品在 20 次和 30 次冻融循环作用后放大 300 倍、1000 倍和 2000 倍的扫描电镜图像。

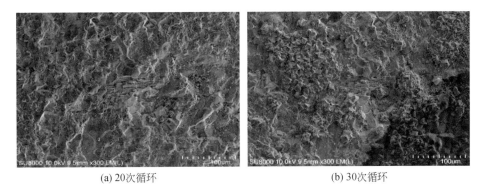

(a) 20 次循环　　　　　　　　　　　(b) 30 次循环

图 7.96　饱和样品冻融循环前后 SEM 扫描图（放大 300 倍）

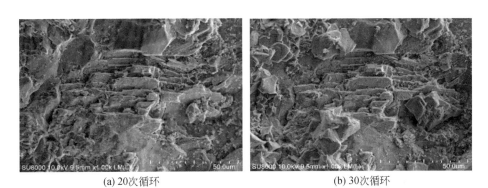

(a) 20 次循环　　　　　　　　　　　(b) 30 次循环

图 7.97　饱和样品冻融循环前后 SEM 扫描图（放大 1000 倍）

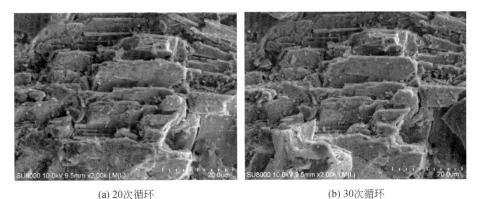

(a) 20 次循环　　　　　　　　　　　(b) 30 次循环

图 7.98　饱和样品冻融循环前后 SEM 扫描图（放大 2000 倍）

　　对比冻融 10 次、20 次和 30 次的片麻岩样品电镜扫描图片，可以看出饱和样品经过冻融循环作用后，表面更加破碎，呈片状分布，局部剥落现象更加明显。表明相对于干燥条件，水在冻融循环过程中的冻胀楔裂作用加剧了岩体的劣化。

2）片麻岩动三轴试验

A. 试验装置

本次试验采用中国科学院武汉岩土力学研究所的 MTS815.03 型岩石力学试验系统（图7.99）。该试验机最大轴向荷载为 4600kN，最大围压可达 140MPa，最大振动频率达 10Hz，振动波形可为正弦波、三角波、方波、斜波及随机波。

图 7.99　岩石动三轴试验仪

B. 试验工况

本次动三轴试验主要是研究片麻岩在地震荷载作用下强度与结构的劣化效应及其规律。对岩石动三轴压缩强度影响较大的因素包括：静三轴压缩强度、围压、应力水平、振幅、加载频率和循环次数。本次试验主要研究应力水平、循环次数和加载频率对岩体强度的劣化效应及规律。因此，如表 7.3 所示，试验所采用的围压 6MPa，相对于深度为 71～113.8m 深处岩体所受的围压水平，采用的振幅为岩石静三轴压缩强度的 10%。

表 7.3　动三轴试验工况

试样编号	静三轴压缩强度/MPa	围压/MPa	应力水平/MPa	振幅/MPa	加载频率/Hz	循环次数/次
1-1	250	6	75	25	5	30
1-2	250	6	100	25	5	30
1-3	250	6	125	25	5	30
1-4	250	6	150	25	5	30
1-5	250	6	175	25	5	30
2-1	152	6	91	15	5	10
2-2	152	6	91	15	5	20

试样编号	静三轴压缩强度 /MPa	围压 /MPa	应力水平 /MPa	振幅 /MPa	加载频率 /Hz	循环次数 /次
2-3	152	6	91	15	5	30
2-4	152	6	91	15	5	50
3-1	200	6	45	15	5	30
3-2	200	6	75	15	5	30
3-3	200	6	120	15	5	30
4-1	180	6	100	10	0.25	30
4-2	180	6	100	10	0.5	30
4-3	180	6	100	10	1	30
4-4	180	6	100	10	2	30
4-5	180	6	100	10	4	30
4-6	180	6	100	10	8	30

　　本次试验共进行 4 组共 18 种工况的动三轴试验，所需片麻岩分别取自 3 个顺向滑坡的源区，分别进行两组不同应力水平、一组不同循环次数和一组不同循环荷载频率的动三轴试验。为了确定试验所需采用的应力水平和振幅，需要先获取这 4 种岩石试件的静三轴压缩强度。通过静三轴压缩试验，它们的静三轴压缩强度分别为 250MPa、152MPa、200MPa 和 180MPa。

　　第一组试验为了研究应力水平对岩体强度的劣化，采用的应力水平分别为试件静三轴压缩压缩强度的 0.3 倍、0.4 倍、0.5 倍、0.6 倍和 0.7 倍，其他条件保持不变。试验采用岩石三轴试验机对上述 5 个试样进行三轴循环加载试验，加载过程采用荷载控制。第一阶段，等速率（60MPa/min）施加围压到 6MPa；第二阶段，保持围压恒定，对不同的试样等速率（60MPa/min）施加初始轴压到相应的应力水平；第三阶段，保持围压恒定，以循环荷载均值为起点，施加频率为 5Hz，振幅为 25MPa 的正弦波，每个试件进行 30 个振动循环。试验中测量试样的纵向变形。动荷载施加完成后，对试件在 6MPa 围压下，进行常规三轴压缩试验得到其三轴抗压强度及相应的弹性模量。

　　第二组试验为了研究地震力循环次数对试样岩体强度的劣化，采用的循环次数分别为 10 次、20 次、30 次、50 次。试验采用岩石三轴试验机对上述 4 个试样进行三轴循环加载试验，加载过程采用荷载控制。第一阶段，等速率（60MPa/min）施加围压到 6MPa；第二阶段，保持围压恒定，对不同的试样等速率（60MPa/min）施加初始轴压到 $0.6\sigma_2$；第三阶段，保持围压恒定，以循环荷载均值为起点，施加频率为 5Hz，振幅为 15MPa 的正弦波，对试样分别进行 10 次、20 次、30 次和 50 次的振动循环。试验中测量试样的纵向变形。动荷载施加完成后，对试件在 6MPa 围压下，进行常规三轴压缩试验得到其三轴抗压强度及相应的弹性模量。

　　第三组试验为了研究应力水平对岩体强度的劣化，采用的应力水平分别为 45MPa、75MPa 和 120MPa，其他条件保持不变。试验采用岩石三轴试验机对上述 3 个试样进行三轴循环加载试验，加载过程采用荷载控制。第一阶段，等速率（60MPa/min）施加围压到6MPa；第二阶段，保持围压恒定，对不同的试样等速率（60MPa/min）施加初始轴压到相应的应力水平；第三阶段，保持围压恒定，以循环荷载均值为起点，施加频率为5Hz，振幅为15MPa的正弦波，每个试件进行30次振动循环。动荷载施加完毕后，采用中国地质大学（武汉）岩土体实验室的高分辨率场发射扫描电子显微镜SU8010，分辨率为1.3nm，能对各种固态样品表面形貌的二次电子成像、反射电子像观察及处理，具有形貌、化学组分综合分析能力。首先将试样编号为3-1、3-2、3-3的岩石圆柱样品切成直径为5cm、高为0.5cm的若干薄片，每个岩样挑选一个典型薄片，然后将每个薄片用丙酮清洗除去表面杂质，并对薄片镀金，最后便可进行电镜扫描试验。

第四组试验为了研究地震波频率对岩石强度的劣化，采用的循环荷载频率分别为0.25Hz、0.5Hz、1Hz、2Hz、4Hz和8Hz，其他条件保持不变。试验采用岩石三轴试验机对上述6个试样进行三轴循环加载试验，加载过程采用荷载控制。第一阶段，等速率（60MPa/min）施加围压到6MPa；第二阶段，保持围压恒定，对不同的试样等速率（60MPa/min）施加初始轴压到相应的应力水平；第三阶段，保持围压恒定，以循环荷载均值为起点，施加频率分别为0.25Hz、0.5Hz、1Hz、2Hz、4Hz和8Hz，振幅为10MPa的正弦波，每个试件进行30次振动循环。动荷载施加完成后，对试件在6MPa围压下，进行常规三轴压缩试验得到其三轴抗压强度及相应的弹性模量。

C. 试样制备

试件岩性为片麻岩，取自塔县一处大型顺层滑坡滑源区。按《水利水电工程岩石试验规程》（SL 264—2001）规定制备试件，试件片理面方向与最大主应力方向平行，试件尺寸为50mm×100mm，试件高度、直径允许偏差控制在±0.3mm内，试件两端面的不平整度控制在±0.05mm内，端面应垂直试件轴线，允许偏差±0.25°，共制备试样22个，含水率状态为自然风干状态。

D. 试验结果及分析

a. 应力水平对岩石力学性质的影响

图7.100为片麻岩试件经历不同应力水平地震力循环作用30次后，在6MPa围压下压缩至破坏所得静三轴压缩强度变化曲线。

此组试件在未受动荷载影响下的三轴抗压强度为250MPa，在施加应力水平为$0.3\sigma_1$的动荷载后其三轴抗压强度为183.60MPa，应力水平为$0.4\sigma_1$动荷载作用后三轴抗压强度为178.99MPa，应力水平为$0.5\sigma_1$的动荷载后其三轴抗压强度为174.62MPa，应力水平为$0.6\sigma_1$的动荷载作用后三轴抗压强度为169.20MPa，施加应力水平为$0.7\sigma_1$的动荷载后其三轴抗压强度降低为161.08MPa。说明动荷载作用对岩样的三轴抗压强度有较明显的影响，随着施加的动荷载应力水平的增加，岩石的三轴抗压强度也随之降低，且随着应力水平的增大其三轴抗压强度降低得越快。动荷载的施加，会使岩石产生不可逆变形，在不断加卸载过程中，岩石内部裂纹反复张开和闭合，引起了裂纹两壁反复的相互摩擦，当荷载循环应力水平较高时，摩擦比较剧烈，会对岩石内部造成疲劳损伤，从而降低岩石的力学性质。应力水平越高，对岩石的损伤程度越大，故随着应力水平的增加，岩石的三轴抗压强度降低的速率越大，其抗压强度也越低。

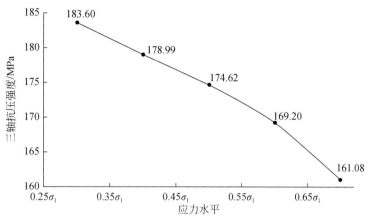

图 7.100　不同应力水平下岩样的三轴抗压强度

图 7.101 为片麻岩试件经历不同应力水平地震力循环作用 30 次后，在 6MPa 围压下压缩至破坏所得弹性模量变化曲线。

此组试件在未受动荷载影响下的弹性模量为 35.79GPa，在施加应力水平为 $0.3\sigma_1$ 的动荷载后其弹性模量为 16.67GPa，应力水平为 $0.4\sigma_1$ 时对应的弹性模量为 13.68GPa，施加应力水平为 $0.5\sigma_1$ 的动荷载后其弹性模量为 11.43GPa，应力水平为 $0.6\sigma_1$ 作用后弹性模量为 9.52GPa，施加应力水平为 $0.7\sigma_1$ 的动荷载后其弹性模量降低为 8.12GPa。据以上结果可知，动荷载对片麻岩的变形模量影响显著；随着动荷载应力水平的增加，岩石三轴压缩条件下的弹性模量逐渐降低。动荷载对岩石的损伤主要表现在矿物颗粒界面的摩擦，以及循环加载过程中岩石损伤所导致的塑性变形，而塑性变形主要来源于岩石中微裂隙的扩展及贯通。随着动荷载应力水平的增加，岩石内部矿物颗粒界面间的摩擦现象越显著，微裂隙的扩展越明显，对岩石的结构性损伤及岩石的塑性变形越严重，故其弹性模量会随着动荷载应力水平的增加而降低。

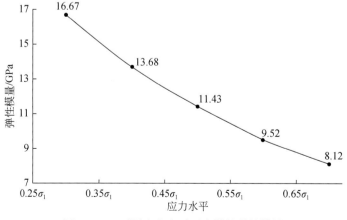

图 7.101　不同应力水平下岩样的弹性模量

b. 循环次数对岩石力学性质的影响

对该组岩石试件分别施加 10 次、20 次、30 次、50 次的循环动荷载后，同样进行常规静三轴压缩试验，在 6MPa 的围压下压缩至破坏。

图 7.102 为岩石在不同循环荷载次数下岩样的三轴抗压强度变化曲线。图中显示，在未受动荷载作用的情况下，三轴抗压强度为 152MPa，循环荷载次数 10 次时为 148.85MPa，20 次时为 133.64MPa，30 次时为 128.52MPa，50 次时为 125.45MPa，即随着循环荷载次数的增加，岩石的三轴抗压强度逐渐降低。在循环荷载次数从 10 次上升到 20 次的过程中，三轴抗压强度降低了 9.8%，从 20 次上升到 30 次的过程中，三轴抗压强度降低了 3.3%，从 30 次上升到 50 次的过程中，三轴抗压强度仅降低了 2.4%。说明循环荷载次数对岩石抗压强度的影响主要集中在最初的几次循环加载过程。在施加循环荷载的初期，岩石内部微裂隙的萌生、扩展现象明显，故在此阶段，岩石的抗压强度降低得较明显，随着循环荷载次数的增加，每次循环形成的微裂纹数目逐渐减少，岩石内部薄弱区形成微裂纹的过程趋于完成，岩石的物理力学性质趋于稳定，故随着循环荷载次数的增加，岩石的三轴抗压强度将逐渐趋于稳定。

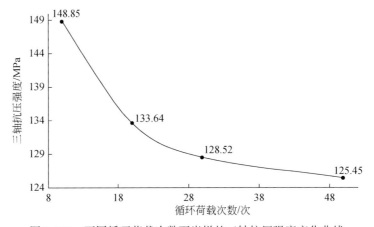

图 7.102　不同循环荷载次数下岩样的三轴抗压强度变化曲线

图 7.103 为岩石在不同循环荷载次数下试件的弹性模量变化曲线。该组试件在未施加动荷载的条件下其弹性模量为 32.8GPa，循环荷载次数为 10 次时，弹性模量为 20.01GPa，20 次时为 19.2GPa，30 次时为 16.74GPa，50 次时为 13.83GPa。随着循环荷载次数的增加，弹性模量逐渐降低。此次试验对该组岩样施加的动荷载较高，在这些动荷载作用下，将造成岩石的微观结构损伤，主要表现为岩石内部次生微裂隙的产生及发展，进而增大岩石的变形量，从而降低其弹性模量。

c. 不同应力水平对岩石微观结构的影响

为了分析不同应力水平循环荷载作用对岩石微观结构的影响，进而从细微观尺度上探讨片麻岩在地震荷载作用下强度的劣化效应及规律，分别对 3 种应力水平作用后的岩石薄片进行电镜扫描试验。共得到 30 余幅不同放大倍率的岩石扫描照片，从中选取典型照片作为 3 种工况下代表性的微观结构照片，如图 7.104 所示。

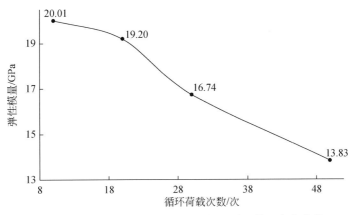

图 7.103　不同循环荷载次数下试件的弹性模量变化曲线

　　从图 7.104 可以看出，在 3 种不同应力水平动荷载条件下，岩石表面均出现微小裂纹，但裂纹的形态有明显差异。应力水平为 45MPa 时 ［图 7.104 （a）］，裂纹数量少、宽度窄，断裂的深度浅，断口齐整，延伸距离短，延伸方向单一，岩石表面碎屑颗粒较少，裂缝内部无充填物；应力水平为 75MPa 时 ［图 7.104 （b）］，裂纹数量增多，宽度增加，断裂的深度也较应力水平 45MPa 时深，裂缝断口较齐整，延伸距离较远，裂纹的延伸方向有微小的偏转，岩石表面碎屑颗粒较多，裂缝内部有少量的碎屑颗粒物填充；应力水平为 120MPa 时 ［图 7.104 （c）］，裂纹数量较多，宽度较宽，裂纹的深度也较前两种应力水平深，裂纹断口呈锯齿状，裂纹长度较长，且裂纹延伸方向相互交叉，微观上将岩石分割成许多小块体，岩石表面碎屑颗粒较多，裂缝内部碎屑颗粒物填充现象明显。

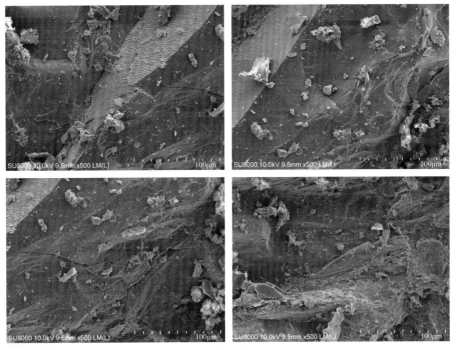

(a) 应力水平为45MPa

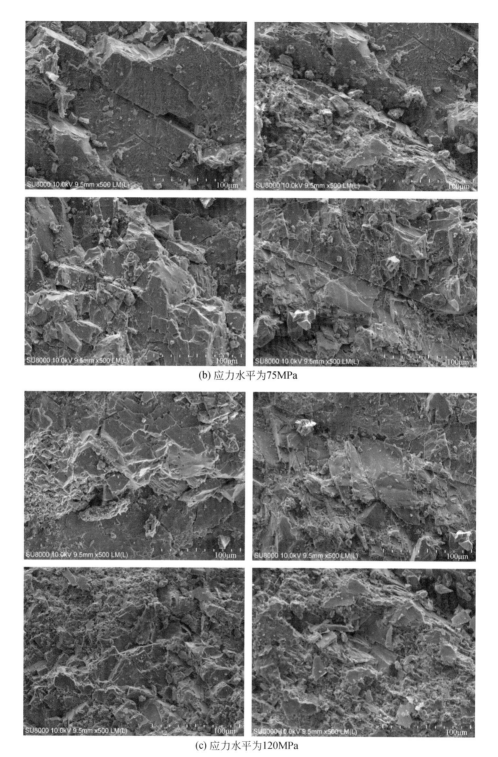

(b) 应力水平为75MPa

(c) 应力水平为120MPa

图 7.104　不同应力水平作用后岩石围观结构扫描电镜图

在循环荷载作用下，岩石试样处在平均压应力和一定的循环压缩应力的共同作用下，各个裂纹会不断发生张开和闭合，在此过程中岩石内部逐渐产生损伤劣化。由图 7.104 可见，岩石表面存在大量的位错，由位错产生的滑移带是疲劳裂纹产生的根本原因，滑移主要是由于矿物颗粒的不协调变形导致应力集中造成的。在不断加卸载过程中，裂纹反复张开和闭合，引起了裂纹两壁反复的相互摩擦，当应力水平较高时，摩擦比较剧烈，裂纹延伸方向应力集中现象比较明显，产生的颗粒物碎屑较多，裂纹延伸较远。在高频率（5Hz）循环荷载下时间很短，在如此短暂的瞬间，产生的碎屑颗粒来不及调整到合适的位置，且随着应力水平的增加，许多碎屑颗粒塌入裂纹中，造成裂纹内部应力的重分布，从而导致裂纹的扩展方向发生转移，所以裂纹断口的形状随着荷载水平的增大，逐渐由齐整向锯齿状发展，裂纹的数量也逐渐增多，对岩石的微观损伤程度也逐渐增大。

d. 不同荷载频率对岩石力学性质的影响

图 7.105 为片麻岩试件经历不同频率地震力循环作用 30 次后，在 6MPa 围压下压缩至破坏所得的三轴抗压强度变化曲线。

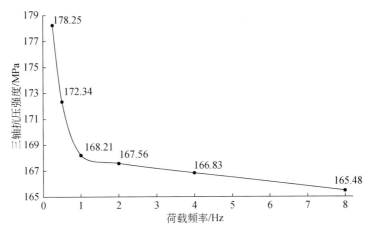

图 7.105　不同循环荷载频率下试件的三轴抗压强度变化曲线

图 7.105 中显示，在未受动荷载作用情况下，三轴抗压强度为 180MPa，循环荷载频率为 0.25Hz 时为 178.25MPa，0.5Hz 时为 172.34MPa，1.0Hz 时为 168.21MPa，2.0Hz 时为 167.56MPa，4.0Hz 时为 166.83MPa，8.0Hz 时为 165.48MPa，即随着荷载频率的增加，岩石的三轴抗压强度逐渐降低，且频率越高，岩石三轴抗压强度降低得越小。在循环荷载频率由 0.25Hz 增加到 1.0Hz 的过程中，三轴抗压强度降低了 5.6%，而频率从 1.0Hz 增加到 8.0Hz 的过程中，三轴抗压强度仅降低了 1.6%。说明循环荷载频率越低，对岩石三轴抗压强度影响越大。随着动荷载的施加，岩石内部微裂隙会不断地张开和闭合，荷载频率越高，微裂隙张开和闭合的速度就越快，如此短暂的时间，岩石内部碎屑颗粒难以填充到微裂隙中，所以微裂隙内部应力集中现象越不明显，对岩石的微观损伤程度就越小，故其三轴抗压强度降低得越小。

图 7.106 是岩石在不同循环荷载频率下试件的弹性模量变化曲线。该组试件在未施加动荷载的条件下弹性模量为 28.5GPa，循环荷载频率为 0.25Hz，弹性模量为 27.65GPa，

0.5Hz 时 为 26.48GPa，1.0Hz 时 为 25.83GPa，2.0Hz 时 为 25.15GPa，4.0Hz 时 为 24.86GPa，8.0Hz 时为 24.53GPa。随着荷载频率的增加，弹性模量逐渐降低。荷载频率由 0.5Hz 上升到 2.0Hz 的过程中，岩石的弹性模量下降了 9.04%，而由 2.0Hz 上升到 8.0Hz 的过程中，岩石弹性模量仅下降了 2.5%。说明荷载频率越低对岩石的弹性模量影响越大，循环荷载频率越低，岩石在相同循环荷载次数下所受荷载时间越长，岩石内部累积的塑性变形量越大，所以岩石的弹性模量降低得越大。

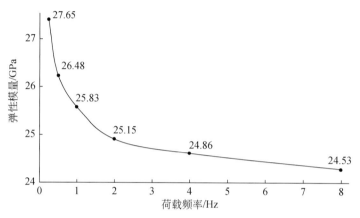

图 7.106　不同循环荷载频率下试件的弹性模量变化曲线

7.2.3　地震诱发滑坡早期识别标志

因为地震诱发长期持续的小规模崩塌突发性不强，且每次规模不大，危害性小。所以这里主要针对地震触发的大型顺层岩质滑坡的早期识别标志进行总结。

在塔县地区沿塔什库尔干河河谷还有许多顺坡向节理控制的大型顺层岩质岸坡（图 7.107）。另外，通过上述的数值模拟研究，该类滑坡的临界地震加速度为Ⅸ度地震

图 7.107　塔什库尔干河河谷中分布有大量的大型顺层岸坡

烈度对应的加速度，而塔县大部分地区处于地震烈度Ⅸ度区，因此地震再次触发大规模顺层岩质滑坡的概率非常大，而在塔什库尔干河河谷中分布有几处大型的水电站和乡镇居民点。因此，对其早期识别标志进行总结十分必要。

通过上述研究，提出塔县地区强震触发大型岩质滑坡的早期识别标志如下。

（1）地形标志：①河流切割形成的高陡岸坡，坡角一般在 40°以上，而坡顶和坡脚的高差在 100m 以上；②岸坡由于河流切割而三面临空的凸岸地形。

（2）岩体与坡体结构：河谷岸坡受到与岩层面（片麻岩片麻理、构造岩和花岗岩的矿物定向方向）平行的节理切割成顺向坡。

（3）构造标志：岸坡坡体中或周围有断层出露。

（4）触发因素：地震为触发因素，且地震加速度在 7.07m/s² 以上。

7.3　滑坡–泥石流

7.3.1　滑坡–泥石流基本特征

1. 滑坡形态特征

皮里青河滑坡平面形态呈舌形，坡度为 37°，主滑方向 32°。滑坡右侧边界以因土体下错形成的深沟为界，沟宽约 2m，深约 5m，左侧以下错陡坎为界，陡坎高约 5m。滑坡周界明显，后缘右侧形成多条高约 3m 的下错及陡坎，其上覆盖积雪，积雪厚约 20cm。滑坡中部最宽达 96m，前缘最窄为 60m，滑体最大纵长约 175m，面积约 $1.36 \times 10^4 m^2$，滑体厚度 3~6m，总方量约 $6.08 \times 10^4 m^3$，如图 7.108~图 7.110 所示。皮里青河滑坡最大滑动距离为 107m，滑坡滑动速度约为 19.0m/s，属高速滑坡。

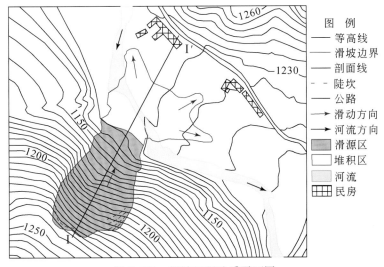

图 7.108　滑坡工程地质平面图

图 7. 109　皮里青河滑坡体全貌

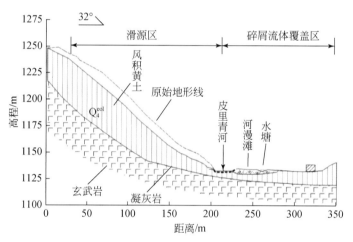

图 7. 110　滑坡工程地质 *I-I'* 剖面图（剖面方向 32°）

根据在皮里青河获得的多年水文径流资料，丰水期（4~7 月）平均流量为 10.7m³/s；枯水期（1~3 月，8~12 月）平均流量为 2.9m³/s。皮里青河水流量随季节变化明显，3~5 月积雪消融形成春汛。皮里青滑坡发生时间为枯水期向丰水期变化时间，当天滑坡处河水流速测得为 2.6m/s，流量为 12m³/s。

2. 滑坡变形破坏特征

对比研究区 2015 年 7 月 15 日前 Google Earth 遥感影像及 2017 年 3 月 28 日无人机航拍影像，结果显示皮里青河滑坡分两次滑动（图 7. 111）。第一次滑动是 2015 年 7 月 15 日前，从遥感影像分析，滑坡已发生局部坍塌，并且能看到明显的圈椅状地形，后缘出现数条较小的裂缝。第二次滑动在 2017 年 3 月 28 日，皮里青河滑坡整体滑动，堆积体堵塞河道形成堰塞湖。滑坡后缘、左右侧边界均变形明显,滑坡体滑动后出现了滑坡壁、滑坡台阶、左右侧拉裂坎等现象。滑坡后缘右侧形成数条高约 3m 的下错及陡坎。

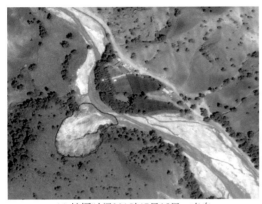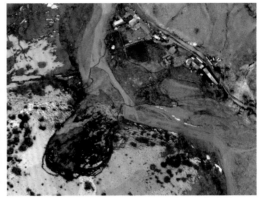

(a) 拍摄时间2015年7月15日,来自 Google Earth遥感影像

(b) 拍摄时间2017年3月28日,来自无人机航拍

图 7.111 皮里青河滑坡两期遥感影像

7.3.2 滑坡–泥石流运动特征

滑坡启动后,高速滑下的冻土块体首先铲刮了河道和对岸岸坡的卵砾石,并向前运移,铲刮厚度 0.8 ~ 1.5m。部分冻土块体由于巨大的动能,越过地面 3m 高的位置,撞击了河道左岸树木(图 7.112),滑坡产生的巨大气浪压倒了数十颗果树。因此,滑坡从失稳到堆积整个运动过程可分为启动下滑和铲刮堆积两个阶段。

图 7.112 冻土块体撞击树木

　　本书采用 DAN-W 数值模拟软件通过试错比选法，选取最优模型搭配和参数来模拟滑坡在启动下滑和铲刮堆积阶段的运动特征（表 7.4）。

　　采用 Frictional 模型模拟滑坡启动下滑阶段运动过程，其方程表达式为

$$T = A\gamma H\left(\cos\alpha + \frac{a_{\mathrm{c}}}{g}\right)(1 - \gamma_{\mathrm{u}})\tan\varphi$$

式中，T 为流体基底剪切阻力；γ 为重度；H 为流体厚度；α 为运动路径坡角；$a_{\mathrm{c}} = v^2/R$，为离心加速度，取决于运动路径曲率；γ_{u} 为孔隙水压力系数；φ 为内摩擦角。

　　采用 Voellmy 模型模拟滑坡铲刮堆积阶段的运动过程，其方程表达式为

$$T = A\left[\gamma H\left(\cos\alpha + \frac{a_{\mathrm{c}}}{g}\right)\tan\varphi + \gamma\frac{v^2}{\xi}\right]T = A\left[\gamma H\left(\cos\alpha + \frac{a_{\mathrm{c}}}{g}\right)\tan\varphi + \gamma\frac{v^2}{\xi}\right]$$

式中，ξ 为流体运动中的湍流扩散系数，其他参数与 Frictional 模型相同。

表 7.4　滑坡流动模型参数

模型	重度/(N/m³)	内摩擦角/(°)	摩擦系数	湍流系数/(m/s²)
Frictional	18.3	26	—	—
Voellmy	18.3	26	0.19	220

　　图 7.113 给出了皮里青河滑坡运动过程中，不同时刻的二维厚度剖面图。可以看出，整个滑坡从启动到堆积共历时 12.8s，与调查访问情况基本相符。滑坡启动时总体积为 $42.2\times10^3\mathrm{m}^3$ ［图 7.113（a）］；

　　当 $t = 3.0\mathrm{s}$ 时，滑体前缘运动至 118m 处，由于铲刮侵蚀了河床的卵砾石，体积增加到 $43.3\times10^3\mathrm{m}^3$，最大侵蚀深度 0.6m，速度为 11.3m/s ［图 7.113（b）］；

　　当 $t = 6.0\mathrm{s}$ 时，滑体前缘运动至 150m 处，滑坡体铲刮了对岸岸坡卵砾石，最大铲刮厚度达到 1.5m，体积增加到 $45.9\times10^3\mathrm{m}^3$，最大厚度达到 5.8m，速度升高为 14.7m/s ［图 7.113（c）］；

　　当 $t = 9.0\mathrm{s}$ 时，滑坡前缘运动至 198m 处，掩埋了鱼塘，最大厚度达到 7.6m，速度下降为 14.1m/s ［图 7.113（d）］；

　　当 $t = 12.8\mathrm{s}$ 时运动结束，滑坡前缘运动至 236m 处，最大厚度降低到 5.9m，平均厚度 4.9m，体积达到 $49.1\times10^3\mathrm{m}^3$，速度为 0m/s ［图 7.113（e）］。

　　图 7.114 为皮里青河滑坡运动全过程速度曲线，可以看出，滑坡启动后，约 $42.2\times10^3\mathrm{m}^3$ 的滑坡体高速下滑，巨大的势能转换为动能，使滑坡运动过程中不断加速，最大速度达到了 17.7m/s，发生在滑体冲向鱼塘处，水平距离 175m 的位置，滑体进入鱼塘之后速度开始下降，继续运动了约 60m 后，堆积逐渐停止，滑动总距离 139m。

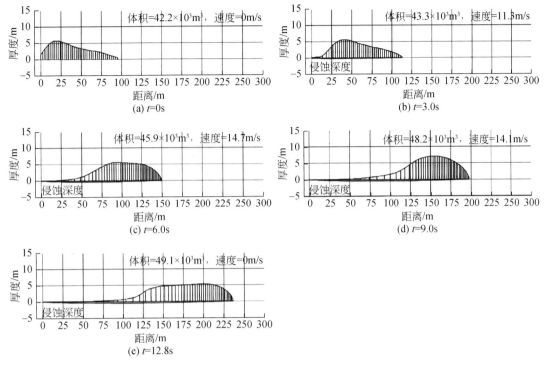

图 7.113　皮里青河滑坡厚度剖面图

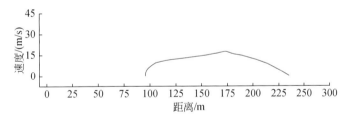

图 7.114　皮里青河滑坡运动速度与运动距离关系

7.3.3　滑坡-泥石流成灾机理分析

1. 滑坡变形破坏机理

皮里青河滑坡形成及堵河模式大致可概括为以下 4 个阶段：前缘局部滑动阶段→蠕滑-拉裂阶段→整体滑动阶段→堰塞湖溃决阶段（图 7.115）。

（1）前缘局部滑动阶段：随着气温回升，冰雪消融，皮里青河水流流量剧增，流速增大，对河流两侧岸坡侵蚀作用加强，尤其对于河流转弯凹岸侧蚀作用更甚，掏蚀岸坡，滑坡前缘局部出现滑动［图 7.115（a）］。

（2）蠕滑–拉裂阶段：滑坡前缘局部破坏临空，坡体支撑力减小。雪水下渗入坡体，土体中水分冻结，在冻胀作用下，坡体裂缝被增大，后缘出现拉裂缝，坡体表层出现剪切蠕变，在重力作用下发生蠕滑–拉裂破坏［图7.115（b）］。

（3）整体滑动阶段：冰雪融水大量下渗裂缝，滑坡上土体含水达到饱和，改变了原有土体结构的性质，造成土体内部摩擦力急剧减小；同时造成滑坡孔隙水压力增高，滑面力学强度降低，抗剪强度减小，滑坡高速下滑，堵塞皮里青河，使断流处上游河水上涨，水位壅高1m左右，形成堰塞湖［图7.115（c）］。

（4）堰塞湖溃决阶段：水位不断壅高，库水推力不断增大，堰塞湖自然溃决［图7.115（d）］。

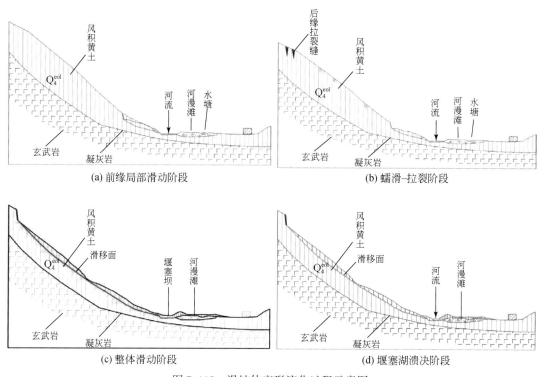

(a) 前缘局部滑动阶段　　　　　　　　(b) 蠕滑–拉裂阶段

(c) 整体滑动阶段　　　　　　　　　(d) 堰塞湖溃决阶段

图7.115　滑坡体变形演化过程示意图

2. 冰雪消融入渗对滑坡稳定性的影响

利用GeoStudio中的SLOPE模块来研究皮里青河滑坡的稳定性。采用Morgestern-Price法来分析冰雪消融入渗对滑坡稳定性的影响（图7.116）。

主要根据非饱和–饱和渗流数值模拟结果，得到滑坡体中暂态孔隙水压力情况，通过SLOPE/W模块来计算冰雪消融入渗对滑坡稳定性的影响，采用Morgestern-Price法来对滑坡稳定性开展研究，其中滑坡物理力学参数见表7.5。

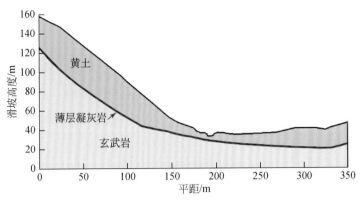

图 7.116　滑坡渗流计算模型

表 7.5　滑坡体物理力学参数取值

材料	重度 （γ）/（kN/m³）		黏聚力 （c）/kPa		内摩擦角 （φ）/（°）	
	天然	饱和	天然	饱和	天然	饱和
黄土	19.2	20.3	31	29	36	19
薄层凝灰岩	18.6	20.2	39.7	31.6	32	26
玄武岩	18.9	20.9	53.1	39.7	35	29

由前述滑坡机理分析可知，由于气温回升，冰雪消融下渗，坡体稳定性降低进而发生滑坡。根据滑坡区域气温资料（2017 年 3 月 1~24 日），不同日期内的气温变化与滑坡稳定性之间的关系曲线见图 7.117。

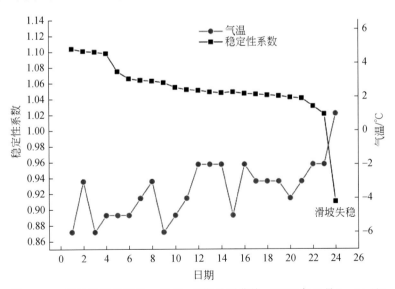

图 7.117　滑坡稳定性系数、气温-日期关系曲线（2017 年 3 月 1~24 日）

可知，在气温回升，冰雪消融加快情况下，滑坡稳定性系数由 1.106 降至 0.909。在 3 月 23~24 日气温回升至 0℃以上，融雪入渗速度加快，坡体内的地下水位上涨，滑坡稳定性系数下降至0.909，发生失稳破坏。

7.3.4　滑坡-泥石流早期识别标志

皮里青河滑坡平面形态呈舌形（图7.118），滑坡分区见图7.119。皮里青河滑坡形成及堵溃模式大致可概括为以下四个阶段（图7.120）：前缘局部滑动阶段→蠕滑-拉裂阶段→整体滑动阶段→堰塞湖溃决阶段（图7.115）。

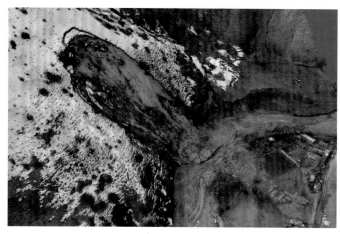

图7.118　皮里青河"3·24"滑坡无人机影像

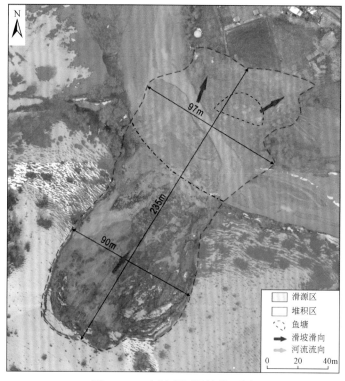

图7.119　皮里青河滑坡分区图

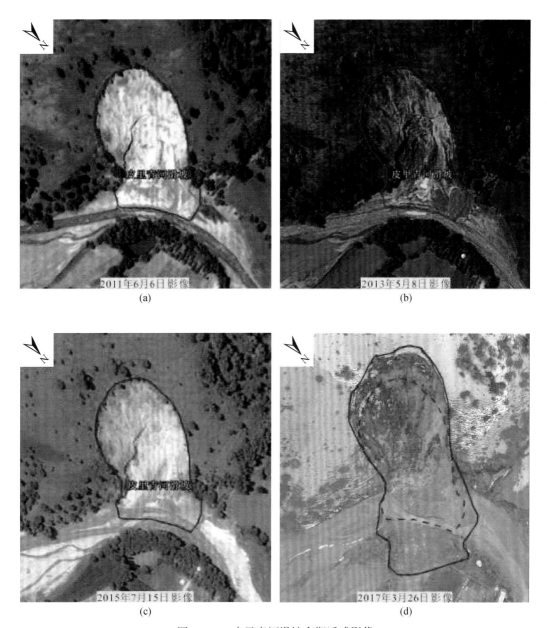

图 7.120　皮里青河滑坡多期遥感影像

　　通过以上分析，从地形地貌、物源条件、水源条件、气温条件、变形破裂迹象几方面提出了堵溃型滑坡–泥石流链状灾害的早期识别方法，见表 7.6。

表7.6　堵溃型滑坡–泥石流链状灾害早期识别标志

地质环境条件	早期识别标志	成灾过程
地形地貌	"V"型河谷，坡度为40°~60°，沟道纵坡降比在3°~6°	
物源条件	黄土层厚度一般大于3m	
水源条件	极端强降雨或瞬时暴雨	
气温条件	气温回升（3~5月），冰雪（冻土）消融	
变形破裂迹象	前缘扰动（河流冲刷、切坡），前缘局部滑动破坏；后缘有拉裂缝	

7.3.5　典型堵溃型滑坡–泥石流风险评价

目前，对于规模较大的滑坡滑移距离和运动速度的估计大多采用雪橇模型。较为简便的计算公式为（Scheidegger，1973）：

$$V = \sqrt{2g(H - f \cdot L)}$$

式中，V 为滑动速度；g 为重力加速度；H 为滑坡后缘顶点至滑程估算点的高差；L 为滑坡后缘顶点至滑程上估算点的水平距离；f 为滑坡后缘顶点至滑坡运动最远点的连线至斜率，即等效摩擦系数。

对皮里青河流域典型滑坡-泥石流的规模及成灾范围等参数进行统计，采用雪橇模型计算反演出等效摩擦角如表 7.7 所示。

基于雪橇模型计算出的等效摩擦角划分滑坡危险性分区：①$\varphi'>12°$ 为危险区；②$\varphi'=10°\sim12°$ 为影响区；③$\varphi'<10°$ 为安全区。

编制皮里青河流域地质灾害风险分区图，见图 7.121。

表 7.7　典型滑坡-泥石流等效摩擦角计算表

滑坡名称	坐标（经度，纬度）	垂直距离 H/m	水平距离 L/m	视摩擦系数 f	等效摩擦角 φ'/(°)	备注
克孜勒赛滑坡群 1 号滑坡	81°32′59.73″E，44°28′37.23″N	147	317	0.440	13.1	高位
克孜勒赛滑坡群 2 号滑坡	81°32′53.15″E，44°08′35.29″N	131	253	0.383	13.3	高位
克孜勒赛滑坡群 3 号滑坡	81°32′51.93″E，44°08′33.77″N	36	145	0.248	13.9	
克孜勒赛滑坡群 4 号滑坡	81°32′41.29″E，44°08′31.76″N	37	172	0.215	12.1	
克孜勒赛滑坡群 5 号滑坡	81°32′33.77″E，44°08′30.38″N	41	175	0.234	13.2	
克孜勒赛滑坡群 6 号滑坡	81°32′29.05″E，44°08′28.57″N	30	121	0.248	13.9	

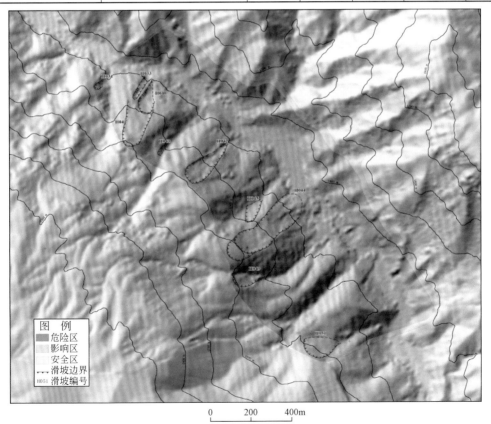

图 7.121　皮里青河流域地质灾害风险分区图

7.4　冰川泥石流

在研究区帕米尔东北缘–西昆仑地区，以盖昆山、公格尔山和慕士塔格山为主的冰川作用中心受气候、构造地貌的影响亦发展成冰川泥石流作用中心，冰川泥石流的类型主要以冰雪融水型泥石流为主。冰川泥石流是中巴公路沿线发育最为普遍灾种，自 1965 年以来愈发严重。

中巴公路国内段所处的帕米尔东北缘–西昆仑地区地处欧亚大陆腹地，由于远离海洋，湿润的印度洋季风难以到达此处，气候干燥。然而高海拔的慕士塔格山和公格尔山犹处于帕米尔高原和塔里木盆地的一道屏障，有效阻挡了湿润的高空西风，使该处现代冰川获得了良好的发育环境。研究区气候有暖干向暖湿转型的趋势。气温和降雨量的增长使得研究区现代大陆性冰川的活动性得到加强，在盖昆山、公格尔山及慕士塔格山附近冰舌下伸较低。湿热的水热条件致使冰川不断退化，消融加剧。研究区丰富的冰碛堆积体与谷地内广泛分布的第四纪冲洪积物成为冰川泥石流的主要固体物质来源。构造隆升，河流深切所形成的地形高陡险峻，高差巨大，此为冰川泥石流提供强大的动能优势（图 7.122）。整体上，研究区形成 3 个冰川泥石流灾害较为严重的地区，分别为木吉盆地东北缘盖昆山北部地区、公格尔山北麓和慕士塔格西山麓。

研究区冰川泥石流的形成具有明显的分段性，即流域主要起集水作用，泥石流的松散固体物质以沟口冰碛物或老泥石流堆积扇上的物质为主。造成以上情况，或由于冰舌下伸较低，占据流域的沟谷，或由于冰川泥石流历经多次暴发，沟谷内的松散物质较少。同时沟谷汇集的水量及地形条件很大程度上决定了冰川泥石流暴发的规模。

 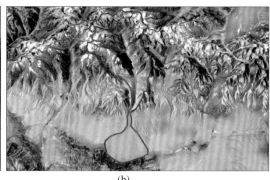

(a)　　　　　　　　　　　　　　　　　　(b)

图 7.122　解译的冰川泥石流沟谷流域（底图来源于 Google Earth）

（a）冰川下伸较低，完全占据着沟谷，解译的流域不包含泥石流；（b）经过多次暴发后，沟谷内松散物质极少，解译的流域不包含泥石流堆积区

冻融型（冰川）泥石流主要分布在塔什库尔干河左岸，遥感解译冻融型（冰川）泥石流 25 处，按规模可划分大型泥石流 18 处、中型泥石流 7 处。

7.4.1　冰川泥石流成灾模式

冰川泥石流是冰川退化的结果。随着冰川的退化，消融的加剧，冰舌后退引发径流量增大或冰湖面积扩大，加之丰富的冰碛物沟谷及两岸松散固体物质，在自身陡峻的地形的作用下，容易导致大规模的冰川泥石流的发生。在现代，冰川泥石流主要集中在冰川急剧消退的高海拔山区，冰川的类型、物理性质冰川区的热循环条件制约着冰川泥石流的分布和发育程度。西构造结强烈的构造运动与地表隆升使地表风化强烈，基岩裸露从而提供丰富的松散固体物源，高山峡谷及夏季充足的积雪融水为泥石流的发育提供了良好条件，且与季节更替同周期发生，因此冰川泥石流是最典型的地质灾害。其特征及发育规模各不相同，频率高、速度快，每年夏季 7~9 月，下午四时至晚上八时，该时间段冰川泥石流高发，流量大，很容易阻断交通、冲毁路基、桥梁和涵洞。

冻融型（冰川）泥石流是在高海拔地区，随着气温升高、冰川堆积物内部冰块溶解，形成崩塌、滑坡，在冰雪融水的作用下挟裹冲出沟道形成泥石流（图 7.123、图 7.124）。

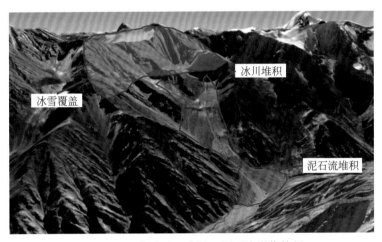

图 7.123　冻融型（冰川）泥石流影像特征

物源区主要物源类型为冰川、冰水堆积物。冰川、冰水堆积物以块碎石沙土为主，含大量的冰水，在冰冻期为固体形式，随着温度升高，固体冰逐渐融化，在堆积体中前部形成崩塌、滑坡破坏，随着水流增大逐渐被挟裹带出沟道。

沟道中部相对较宽阔，呈"U"形带状，该区域是冰川、冰水堆积物主要分布区域。整个沟域呈漏洞状，上宽下窄，上陡下缓，沟道纵比降较高，一般集中在 200‰~500‰。

塔县全境年降水量达 50~90mm，平均为 68.5mm，以夏季（6~8 月）降水最为集中，占全年降水的 60% 以上。冻融型泥石流物源区中上部主要以冰雪覆盖为主，该区降雨稀少，主要以降雪为主，随着温度升高和冰雪融化，融水是该类型沟道主要的水动力条件。

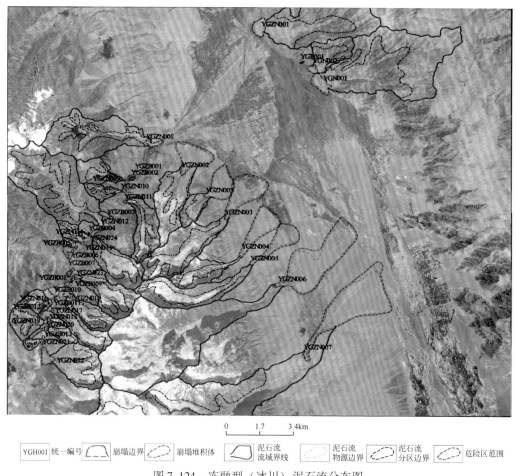

图 7. 124　冻融型（冰川）泥石流分布图

7.4.2　冰川泥石流的启动和运移机理

冰川泥石流有自己的特点。由于处在冰川下方的冰碛区，故其以大量的冰碛、冰水沉积物、沟岸两侧的崩滑堆积体为主要物质来源，以冰雪融水、冰湖溃决洪水、冰崩、雪崩为水源条件，在暴发时以比同样冰雪融水大数倍乃至十几倍的流量沿着沟床迅猛下泄，最后在沟外地势平缓处发生堆积形成冰川泥石流堆积扇。与暴雨泥石流相比，冰川泥石流具有规模大、流动时间长、大冲大淤等特征，是现阶段最快速的地质地貌动力过程之一。

冰川泥石流根据水动力条件，大致可分为如下三类，依次为冰雪融水型泥石流、冰崩雪崩型泥石流和冰湖溃决型泥石流。研究区的泥石流类型为冰雪融水型泥石流。

冰川泥石流灾害是喀喇昆仑公路沿线分布最显著、发育最频繁的地质灾害。影响最严重的泥石流灾害集中在盖孜河谷段、巴基斯坦境内的红其拉甫至齐拉斯段和洪扎河谷段，其中几处大型泥石流受巨型冰川影响危害较大，分别是盖孜检查站的科拉雅伊拉克冰川泥石流、Batura 冰川泥石流、Pasu 冰川泥石流、Ghulkin 冰川泥石流等，这些典型冰川泥石流常年活跃，有大量的物源补给，以及丰富的冰川融雪，尤其是近年来气候异常，极端高温天气增多，导致冰川活动更加明显。喀喇昆仑公路沿线典型冰川及冰川泥石流见表 7.8。

表 7.8　喀喇昆仑公路沿线典型冰川及冰川泥石流

类型	名称	规模	位置	流域特征	物质组成	灾害形式	发育阶段	泥石流发生时间	危害程度
冰川	科拉雅伊拉克	冰川长度约18km	公格尔山北侧盖孜村	标准型泥石流	冰碛物	冰川跃动、泥石流	发展期	几十年一次	巨大
冰川及泥石流冲积扇	布伦口		公格尔山东侧布伦口水库大坝	标准型、山坡型泥石流	冰碛物、溜石	降雨型泥石流、冰川积雪消融型泥石流	旺盛期	每年夏季	大
泥石流冲积扇	塔合曼	40km²	塔合曼盆地周围	标准型泥石流	冲洪积物、冰碛物	降雨及冰川消融型泥石流、冲洪积	旺盛期	多年	中
冰川	Batura	冰川长度约50km	Pasu 北侧	标准型泥石流	冰碛物	冰湖溃决型泥石流	衰退期	多年	大
冰川	Pasu	冰川长度约19km	Pasu	标准型泥石流	冰碛物	冰湖溃决型泥石流	衰退期	多年	大
冰川	Ghulkin	14.3km	Ghulkin	标准型泥石流	冰碛物	冰川消融型泥石流	旺盛期	每年夏季	巨大
冰川	Gulmit	9.1km	Gulmit	标准型泥石流	冰碛物	冰川消融型泥石流	衰退期	少	中
冰川	Karimabad	冰川长度约17km	Hunza、Karimabad	河谷型泥石流	冰碛物、河流堆积量小	冰川消融型泥石流、冰川跃动	衰退期	少	小

7.4.3　冰川泥石流易发性评价

冰川泥石流的易发性评价是冰川泥石流评价的基础，其可为后期冰川泥石流的风险评估提供依据，对于冰川泥石流的防灾减灾工作具有重要意义。

冰川泥石流本身是个复杂的系统，其形成过程涉及水流的冲刷本构模型、松散堆积物（冰碛物等）岩土力学性质，以及冰川体物理力学性质，各组分之间相互联系，相互制约，定量地对冰川泥石流的易发性进行研究目前比较困难。冰川泥石流成因较一般泥石流复杂，影响因子众多，如冰川积雪面积、日最高温度、空气湿度、松散物总量、流域面积、主沟长度、流域最大高差、植被覆盖面积等。对于冰川泥石流这样一个复杂系统来说，影响冰川泥石流因素权重的分配较难做到合理，这样经常会造成样本的错判或漏判，致使评判结果不理想。对于大区域的复杂系统的评价，目前采用比较多的评价方法主要有层次分析法、基于神经网络的评级方法和基于模糊理论的评价方法。

本次研究采用定量与定性相结合的层次分析法，这种方法对于解决类似地质灾害这种多信息源、具有复杂目标结构的问题有良好的应用，它通过拆解结构，对影响目标的因素及因素间的逻辑关系进行深度剖析，利用较少的定量信息使得决策的思维过程数学化。

1. 层次分析法简介

层次分析法（analytic hierarchy process）是 20 世纪 70 年代美国运筹学家匹茨堡大学教授 T. L. Saaty 提出的一种层次权重决策分析方法。

层次分析法的基本思想如下：将要达成的总目标分解为影响总目标因素的集合，在此基础上按照因素间的隶属关系及相互关联影响将因素按不同层次组合，从而形成一个多层次的分析结构模型，见图 7.125；通过两两比较构造矩阵，进行数学计算，从而使问题最终归结为最低层（供决策的方案、措施等）相对于最高层（总目标）的相对重要权值的确定或相对优劣次序的排定。

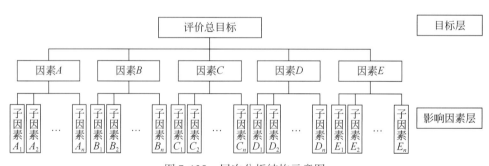

图 7.125　层次分析结构示意图

运用层次分析法对目标进行评价，大体可以分为以下 4 个步骤：

（1）建立层次结构模型；

（2）构造判断矩阵；

（3）层次单排序及其一致性检验；

（4）层次总排序及其一致性检验。

判断矩阵表示本层所有因素之间相对重要性的比较，采用两两比较的方法，矩阵中表示因素 i 与因素 j 相对重要性的比值，比值大小选取参见表 7.9。构成的判断矩阵如下式：

$$A = \begin{bmatrix} a_{11} & a_{12} & \cdots & a_{1,n-1} & a \\ a_{21} & a_{22} & \cdots & a_{2,n-1} & a \\ \vdots & \vdots & & \vdots & \\ a_{n1} & a_{n2} & \cdots & a_{n,n-1} & a \end{bmatrix} \qquad (7.1)$$

表 7.9　判断矩阵中两两比较值 1~9 标度的含义

标度	含义
1	两个因素相比，具有相同重要性
3	表示两个因素相比，前者比后者稍重要
5	表示两个因素相比，前者比后者明显重要
7	表示两个因素相比，前者比后者强烈重要
9	表示两个因素相比，前者比后者极端重要
2、4、6、8	表示上述相邻判断的中间值
倒数	若因素 a_i 与因素 a_j 的重要性之比为 a_{ij}，那么因素 a_j 与因素 a_i 重要性之比为 $a_{ji}=1/a_{ij}$

在实际构造判断矩阵 A 的过程中，两两比较后我们会发现，矩阵 A 中可能会出现如下情况：

$$a_{ik} \times a_{kj} \neq a_{ij} \qquad (7.2)$$

即所构造的判断矩阵 A 虽然为正反矩阵，但不是一致阵。对于此种不一致（但在允许范围内）的比较矩阵 A，一般采用最大特征根的特征向量作为权向量，其经归一化后的向量即为同一层次因素对于上一层次某因素相对重要性的排序权值，这一过程称为层次单排序。层次单排序是否合适，还需要进行一致性检验。

一致性检验即为确定不一致比较矩阵 A 的不一致的允许范围。当 A 为 n 阶正反阵时，A 的最大特征根 $\lambda \geq n$，当且仅当 $\lambda = n$ 时 A 为一致阵。对于非一致的正反矩阵，A 的不一致程度取决于 λ 比 n 大多少。λ 比 n 大的越多，A 的不一致性越明显，用最大特征值对应的特征向量作为被比较因素对上层某因素影响程度的权向量，其不一致程度越大，引起的判断误差越大。至此，引入一致性指标 CI 来衡量 A 的不一致程度，CI 定义如下式：

$$CI = \frac{\lambda - n}{n-1} \qquad (7.3)$$

当 CI$=0$，有完全的一致性，CI 越接近于 0，一致性越好。

为衡量 CI 的大小，引入随机一致性指标 RI，见表 7.10。

表 7.10　随机一致性指标 RI

n	1	2	3	4	5	6	7	8	9	10
RI	0	0	0.58	0.90	1.12	1.24	1.32	1.41	1.45	1.49

定义一致性比率如下式：

$$CR = \frac{CI}{RI} \tag{7.4}$$

当一致性比率 CR<0.1 时，认为 A 的不一致程度在容许范围之内，通过一致性检验。可用其归一化特征向量作为被比较因素对上层某因素影响程度的权向量，否则要重新构造成对比较矩阵 A，对 a_{ij} 加以调整。此过程是层次单排序和一致性检验。

当计算某一层次所有因素对于最高层（总目标）相对重要性的权值，称为层次总排序。这一过程是从最高层次到最低层次依次进行的。

如图 7.126 所示，假设 A 层 m 个因素对评价总目标的层次单排序为 a_1，a_2，…，a_m，B 层 n 个因素对 A 层因素 $A_j(0<j \leqslant n)$ 的层次单排序为 b_{1j}，b_{2j}，…，$b_{mj}(0<j \leqslant n)$，设 B 层的层次总排序为 b_1，b_2，…，b_m 有

$$b_i = \sum_{j=1}^{m} a_j b_{ij} \tag{7.5}$$

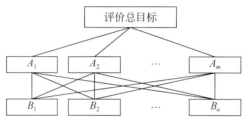

图 7.126　多层次结构图

设 B 层 B_1，B_2，…，B_n 对上层（A 层）中因素 A_j（$0<j \leqslant n$）的层次单排序一致性指标为 CI_j，随机一致性指标为 RI_j，则层次总排序的一致性比率为

$$CR = \frac{a_1 CI_1 + a_2 CI_2 + \cdots + a_m CI_m}{a_1 RI_1 + a_2 RI_2 + \cdots + a_m RI_m} \tag{7.6}$$

当 CR<0.1 时，认为层次总排序通过一致性检验，否则需要重新调整那些一致性比率高的判断矩阵的元素取值。

对于多层的层次结构，由最高层次到最低层次依次进行以上步骤，计算最底层所有因素对于最高层（总目标）相对重要性的权值，根据最下层（决策层）的层次总排序做出最后决策。

2. 冰川泥石流层次分析计算

影响冰川泥石流形成的因子众多，如冰雪系数、松散堆积物分布、流域面积、流域高程差、坡度等，本书冰川泥石流活动性评价的层次结构图如图 7.127 所示。

不同影响因子对冰川泥石流的形成贡献大小不同。依照上诉层次分析的过程，首先进行下层影响因素对冰川泥石流活动性的层次单排序。

通过两两比较，构造得判断矩阵：

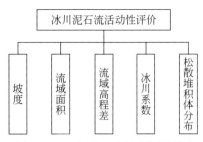

图 7.127　冰川泥石流层次结构图

$$A = \begin{bmatrix} 1/1 & 2/1 & 2/1 & 1/1 & 1/1 \\ 1/2 & 1/1 & 2/1 & 1/2 & 1/3 \\ 1/3 & 1/2 & 1/1 & 1/2 & 1/4 \\ 1/2 & 2/1 & 3/1 & 1/1 & 1/2 \\ 2/1 & 3/1 & 3/1 & 2/1 & 1/1 \end{bmatrix} \qquad (7.7)$$

解算矩阵得到其最大特征值 $\lambda_{max} = 5.0605$；特征向量归一化后为（0.2379，0.1230，0.0810，0.1944，0.3637）。

一致性检验：

$$CI = \frac{\lambda - n}{n - 1} = \frac{5.0605 - 5}{5 - 1} = 0.015125$$

$$CR = \frac{CI}{RI} = \frac{0.015125}{1.12} = 0.0135 < 0.1$$

A 的不一致程度在容许范围之内，通过一致性检验。故而流域内坡度、流域面积、流域高程差、松散堆积体分布、冰雪系数对冰川泥石流形成的贡献权值分别为 23.79%、12.30%、8.10%、19.44%、36.37%。

下面依据各影响因子的分类指标对各影响因子进行分类。影响因子的分类指标依据藏东南地区冰川泥石流的经验取值及专家的经验。

依据流域提取的结果，在 ArcGIS 上计算沟谷源区面积，其中计算的最小面积为 75763m²，最大面积为 1.414×10^9 m²。沟谷源区的面积越大，其对冰川泥石流形的成贡献越大，形成的冰川泥石流规模也就越大，我们将研究区冰川泥石流沟谷流域面积按表 7.11 所示的分类指标进行分级。

表 7.11　流域面积分类指标

流域面积 /10⁶m²	0~5	5~10	10~20	20~30	30~50	50~80	80~150	150~300	300~800	800~1500
级别	1	2	3	4	5	6	7	8	9	10

冰川泥石流的水源主要来源于流域内的冰雪融水，沟谷流域内冰雪融水的多寡很大程度上决定了泥石流的发生的规模及破坏性。该地区冰川发育，雪量丰富，即便是流域面积相对小的沟谷，夏季冰雪融化水量也极为丰富。

实地考察发现，冰川泥石流活动性与冰川面积并无直接的关系，单纯以冰雪面积来衡量其对泥石流形成的贡献，不是很合理。与冰川泥石流活动性呈正相关的与冰川在沟谷的覆盖情况有关，沟谷内冰川覆盖率越大，泥石流越容易发生。此处将冰川在沟谷的覆盖情况定义为冰雪系数，其值为

$$冰雪系数 = \frac{冰雪面积}{沟谷流域面积} \tag{7.8}$$

冰雪系数分级指标见表7.12（在有的海拔3700m左右的沟谷流域内冰川不发育或已退化，流域内冰体面积较少，考虑季节性降雪，故将其冰雪系数列为0.1）。

表7.12　冰雪系数分类指标

冰雪系数	<0.1	0.1~0.2	0.2~0.3	0.3~0.4	0.4~0.5	0.5~0.6	0.6~0.7	0.7~0.8	0.8~0.8	0.9~1.0
级别	1	2	3	4	5	6	7	8	9	10

流域高程差体现势能转换的大小，流域高程差越大，泥石流所具有的能量越大。流域高程差分类指标见表7.13。

表7.13　流域高程差分类指标

流域高程差/m	<400	400~800	800~1200	1200~1600	1600~2000	2000~2400	2400~2800	2800~3200	3200~3600	>3600
级别	1	2	3	4	5	6	7	8	9	10

沟谷流域内的松散堆积体分布分类指标如表7.14所示。

表7.14　松散堆积体分布分类指标

松散堆积体分布	有	无
级别	8	2

坡度越陡，越有利于泥石流的发生，流域内坡度分类指标如表7.15所示。

表7.15　坡度分类指标

坡度/(°)	<5	5~10	10~17	17~24	24~31	31~38	38~45	45~55	55~70	70~90
级别	1	2	3	4	5	6	7	8	9	10

根据上述各影响因子的分类指标，在ArcGIS上作图，得到结果如图7.128~图7.132所示。

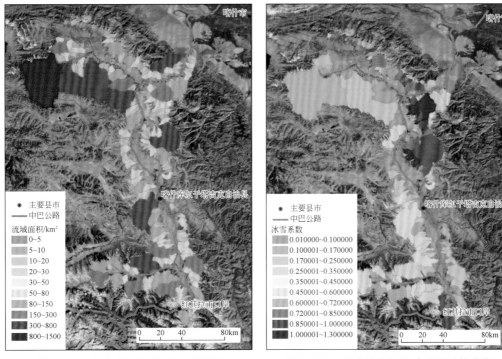

图 7.128　盖孜公格尔流域面积分类　　　图 7.129　盖孜公格尔流域冰雪系数分类

图 7.130　盖孜公格尔流域高程差分类　　　图 7.131　盖孜公格尔流域松散堆积体分布

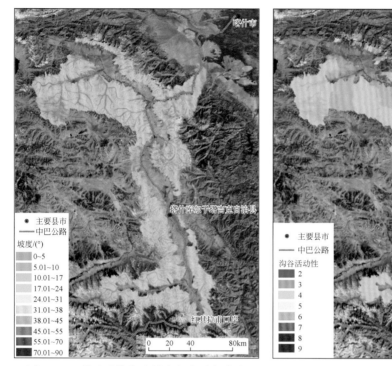

图 7. 132　盖孜公格尔流域沟谷内坡度分类　　　　图 7. 133　沟谷叠加计算结果

借助 ArcGIS 平台，依照上述层次分析得出的权重值进行叠加分析（流域内坡度、流域面积、流域高程差、松散堆积体分布、冰雪系数对冰川泥石流形成的贡献权值分别为 23. 63% 、12. 92% 、9. 67% 、19. 67% 、34. 11% ），得到结果如图 7. 133 所示。

前述提到，冰川泥石流堆积区活动性评价与上游的沟谷流域密切相关，故而按照它们之间的对照关系，按水流路径进行索引，如图 7. 134 所示，根据沟谷易发性计算结果对堆积区进行活动性评定（以木吉地区为例），计算得到的结果如图 7. 135 所示。

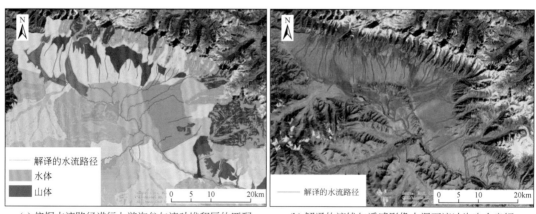

(a) 依据水流路径进行上游沟谷与流动堆积区的匹配　　　(b) 解译的流线与遥感影像中泥石流冲沟吻合良好

图 7. 134　沟谷流域与流动堆积区对照（以木吉地区为例）

现将两者集成在一起，最终得到全流域的冰川泥石流活动性评价图，如图 7.136 所示。

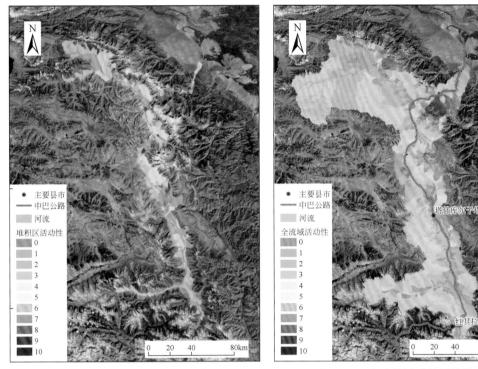

图 7.135　堆积区活动性评价结果　　　　图 7.136　全流域活动性评价结果

研究区冰川泥石流的评价结果表明在公格尔山北坡至西坡、慕士塔格西麓和木吉盆地东北缘盖昆山 3 个地区的冰川泥石流的易发性较高。实地考察的结果与易发性评价结果较为符合。

在公格尔山北坡，冰川泥石流流域面积巨大，最大的为克拉牙伊拉克冰川流域，面积为 $2.61 \times 10^8 \text{m}^2$。北坡各流域内普遍覆盖着巨厚的冰川，且地形陡峭，海拔由最高峰 7649m 迅速下降至盖孜河谷的 2400m，近 5250m 的落差，为冰川泥石流提供巨大的能量。泥石流沟口正对沿盖孜河谷展布的中巴公路，冰碛物规模巨大，一旦发生冰川泥石流，泥石流规模巨大，极易造成公路线路中断，且有堵塞盖孜河的可能，该处是冰川泥石流防治的重点路段。

在公格尔西坡和慕士塔格西麓，尽管冰川泥石流流域面积不大，但流域内覆盖满冰川体，下伸极低的冰舌春夏季融水量巨大，冰雪融水沿着冰舌前缘陡峻的地形强烈冲刷冰碛物等松散堆积形成泥石流。虽然该区冰川泥石流的规模普遍不大，但数量多，且冰川泥石流形成的堆积区运移距离远，冰舌距离公路有一定距离，但泥石流堆积区可抵进公路，对公路影响较大。

木吉盆地东北缘盖昆山冰川非常发育，同慕士塔格西麓的冰川一样，沟谷内冰舌下伸较低，春夏季冰雪融水量大，加之沟谷在冰川的刨蚀下，地势陡峭、高程差大，故而泥石流十分发育。由于中巴公路（中国段）未经过该路段，故无需对该地区的冰川泥石流进行防治。

冰川泥石流的频繁发生困扰着中巴公路（中国段）的建设与运营，根据研究区冰川泥石流的易发性评价结果，对中巴公路的冰川泥石流风险性进行评估。选取距离中巴公路2km的地区为评估目标区。共将距离中巴公路2km范围内的目标分成11段，如图7.137所示。其中公格尔山北坡至公格尔山西坡中段的路段为中巴公路（中国段）全线风险最高的路段。慕士塔格西麓和靠近边境口岸红其拉甫的路段泥石流风险高。公格尔山北坡至公格尔山西坡中段、慕士塔格西麓冰川泥石流发育的原因前面已述及，而靠近红其拉甫的路段冰川泥石流发育是因为该区海拔高、冰川发育、地势陡峭、冰碛物堆积丰富。塔什库尔干塔吉克自治县县城、盖孜河谷奥依塔克以东的路段由于海拔低、无冰川发育、地形起伏不大、松散堆积物较少，整体上冰川泥石流风险最低。在塔什库尔干塔吉克自治县县城以南以北各约50km的路段冰川泥石流风险性中等。此两路段周围地势较平缓，冰川后退到两侧山体的高海拔地区，无类似公格尔和慕士塔格山冰舌下伸的现场，虽然第四纪冲洪积物丰富，仅当冬季积雪在春季融化时才有发生冰川泥石流的可能。

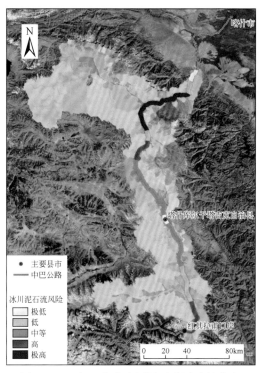

图7.137　中巴公路冰川泥石流活动性分段

7.5　冰碛物滑坡

一方面冰碛物是被冰川搬运并在冰川融化时沉积而形成的碎块石类土，属于非重力分异沉积，具有极宽的级配，呈紧密的镶嵌结构，粉粒和黏粒的胶结作用很大程度上决定了其较好的力学性质，另一方面冰碛物一般位于冰川末端，坡度相对舒缓，以往一直认为冰碛物地层不易发生大型高速远程滑坡。但在塔什库尔干的宽谷内的公格尔和慕士塔格冰川的前缘，调查发现了若干大型冰碛物滑坡的遗迹，最大滑行距离超过 10km，体积超过 $10\times 10^8 m^3$，本书针对这一特殊灾种的识别特征、分布、形成时代、岩土力学性质和滑坡稳定性等特征开展了遥感解译、野外调查、成因分析、年代学测试和稳定性计算等工作，对冰碛物滑坡和中巴经济走廊宽谷段的工程地质条件有了更深入认识。

7.5.1　冰碛物滑坡的分布和识别

全新世以来，研究区的冰川作用减弱。冰川体前进时裹挟夹带的碎石在冰退后原地堆积，形成了该区如今广泛发育的面积巨大的山前冰碛台地。野外调查发现在公格尔山及慕士塔格山前的冰碛台地上发育有滑坡，中巴公路（中国段）从滑坡体上穿过，滑坡与公路的相对空间位置，如图 7.138 所示。

滑坡范围的圈定是研究滑坡的基础，但由于滑坡发育在冰碛地貌上，而滑坡体与冰碛物堆积在形态上不易区分，因此辨别两者显得十分重要。Hewitt（1999）在前人研究的基础上总结了滑坡体堆积地貌形态、堆积规模和沉积学特征等，如表 7.16 所示。

表 7.16　滑坡体的典型特征

类型	特征
堆积地貌形态	常规地区特征： 1. 席状、叶形或舌形； 2. 较低矮的鼓丘（<5m），弧形脊； 3. 高起的边缘
	在不平坦地区，由地形所限表现出的特征： 1. 大型（>10m）径向和横向挤压鼓包； 2. 冲上高坡； 3. 不对称增厚； 4. 堆积物前缘可能分成几支
堆积规模	1. 体积：最小 $1.5\times 10^6 m^3$，有可能超过 $1000\times 10^6 m^3$； 2. 面积：很少小于 $2km^2$，可能超过 $40km^2$； 3. 厚度：大部分 2~10m，有些超过了 50m，甚至 150m
沉积学特征	1. 物质特征：碎屑、粗砾+砾石、砂和黏土； 2. 结构：混杂结构； 3. 粒径：黏土、砂和砾石； 4. 最大粒径：通常大于 10m； 5. 磨圆：棱角明显； 6. 分选：分选极差； 7. 孔隙度：内部低，表层高

依据表 7.15 滑坡体的典型特征，针对慕士塔格和公格尔冰碛物滑坡开展了较详细的实地考察。考察内容主要包括冰碛物滑坡的后壁陡坎、滑坡两侧边界、滑坡堆积物的范围、滑体微地貌形态特征及其结构特征等。现场可见滑坡体低矮的鼓丘及弧形脊，滑坡后壁具有明显的地形起伏，如图 7.138（a）所示；滑坡体上遍布巨大的漂石，粒径大者可达 10m，漂石上发育有厚层岩石漆，如图 7.138（b）所示，岩石漆表明滑坡发生的年代较为久远；由于滑坡体物源为冰碛物，结构混杂，分选极差，棱角分明；在滑坡的最前

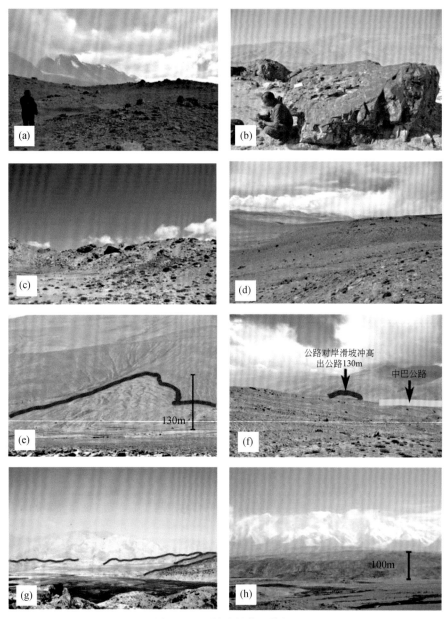

图 7.138　滑坡的典型特征

（a）低矮的鼓丘，弧形脊；（b）滑坡体上丰富的漂石；（c）混杂结构，分选极差，棱角分明；（d）高起的边缘；（e）、（f）滑坡冲高，高度达 130m，伴有挤压鼓包；（g）滑坡堆积体前缘分成好几支；（h）滑坡堆积体厚度可达 100m

缘，滑坡冲上对岸山包上，形成高度达 130m 的冲高，冲高堆积体伴有明显的挤压鼓包，如图 7.138（e）、（f）所示，滑坡冲高说明了滑坡发生时滑坡前缘极高的能量；在滑坡前缘的其他地方，滑坡体的边缘明显高出周围，前缘的滑坡堆积体厚度可达 100m，如图7.138（d）、（g）、（h）所示。

结合遥感影像解译与现场照片定点信息，最终确定了慕士塔格山与公格尔山前的冰碛物滑坡范围，如图 7.139～图 7.141 所示。

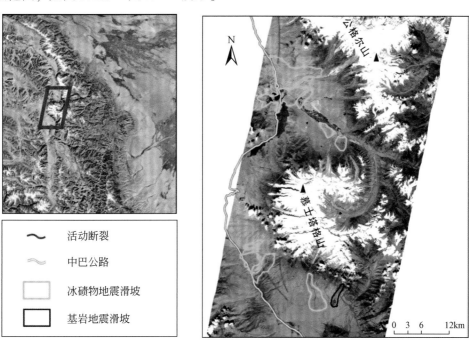

图 7.139　公格尔滑坡和慕士塔格滑坡分布图

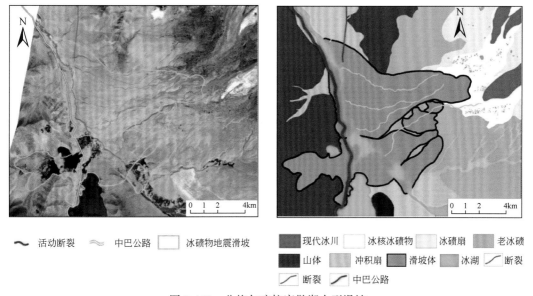

图 7.140　公格尔喀拉库勒湖大型滑坡

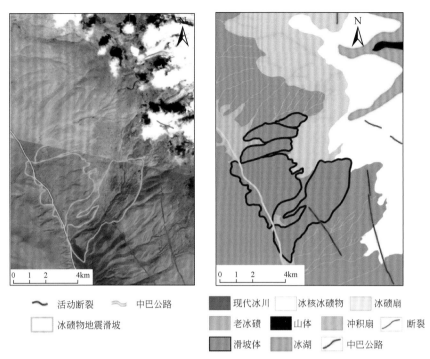

图 7.141　慕士塔格大型滑坡

公格尔滑坡群由 5 个冰碛物滑坡组成，总面积达 $61.23 \times 10^6 \, m^2$，若滑坡平均厚度以 100m 计，则公格尔滑坡群总体积为 $61.23 \times 10^8 \, m^3$。同样公格尔滑坡群亦由 5 个冰碛物滑坡组成，总面积为 $27.44 \times 10^6 \, m^2$，滑坡平均厚度取 100m，则慕士塔格滑坡群总体积达 $61.23 \times 10^8 \, m^3$。

7.5.2　冰碛物滑坡的稳定性计算

结合光释光（opically stimulated luminescence，OSL）测年结果以及前人相关的研究资料，认为公格尔和慕士塔格滑坡群系地震触发的，为了验证这种观点，在现场调查基础上选取公格尔滑坡群和慕士塔格滑坡群的典型剖面，对其展开极限平衡稳定性计算，根据分辨率为 30m 的 GDEM 绘制了剖面图，如图 7.142 所示。

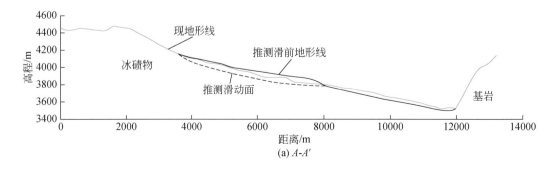

(a) A-A'

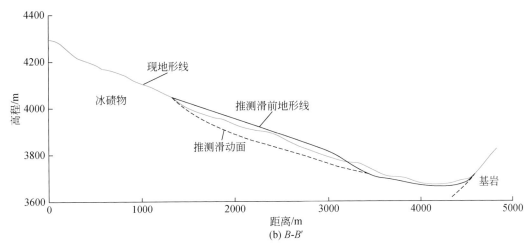

图 7.142　冰碛物滑坡剖面图

A-A′为公格尔冰碛物滑坡剖线；B-B′为慕士塔格冰碛物滑坡剖线

采用 GeoStudio 软件开展极限平衡计算分析，分析方法为简化的 Bishop 法，计算过程中根据冰碛物滑坡后壁陡坎位置、推测的前缘剪出口位置进行滑动面的自动搜索。首先选取不同的强度参数开展天然状态下的安全系数计算，当冰碛物的力学强度参数取下限值时（黏聚力取 10kPa，内摩擦角为 30°），滑坡仍具有较高的安全系数（公格尔典型剖面的安全系数为 9.970，慕士塔格的为 3.840），故计算中黏聚力和内摩擦角取各自的下限值，这样偏于安全，冰碛物重度取 21kN/m³。

对于剖面 A-A′，即使黏聚力取 10kPa，内摩擦角为 30°，其天然状态下安全系数为7.97，现场调查推测的滑动面与计算过程中搜索得到的滑动面具有较好的一致性，如图7.143 所示。由此可见，斜坡在天然状态下是稳定的。考虑不同条件的地震作用，其安全系数变化见图 7.144，由此可见，当地震加速度为 0.5g 时，安全系数为 0.985，斜坡不稳定。因此，该斜坡应为强震触发造成的失稳破坏。

图 7.143　剖面 A-A′天然状态下安全系数及潜在滑动面

对于剖面 B-B′，即使黏聚力取 10kPa，内摩擦角为 30°，其天然状态下安全系数为3.84，对比根据现场调查推测的滑动面与计算过程中搜索得到的滑动面，两者具有较好的一致性，如图 7.145 所示。由此可见，斜坡在天然状态下是稳定的。考虑不同条件的地震作用，其安全系数变化见图 7.146，由此可见，当地震加速度为 0.4g 时，安全系数为1.003，斜坡处于临界稳定状态，当地震加速度大于 0.4g 时，斜坡安全系数即小于 1.0。

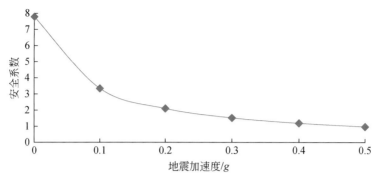

图 7.144　剖面 A-A' 的安全系数随地震加速度的变化

因此，该斜坡应为强震触发造成的失稳破坏。

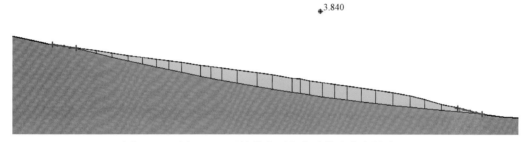

图 7.145　剖面 B-B' 天然状态下安全系数及潜在滑动面

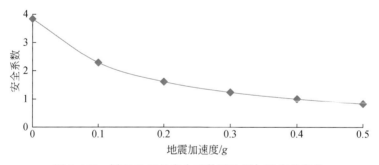

图 7.146　剖面 B-B' 的安全系数随地震加速度的变化

　　通过上述分析，即使对冰碛物的强度参数取低值，即黏聚力为 10kPa、内摩擦角 30°，两个斜坡在天然状态下仍具有较高的安全系数，两者处于稳定状态，只有当地震加速度达到 0.4~0.5g 时，斜坡才能发生破坏，由此可见，上述滑坡应系强震触发的。

　　此外上述的计算表明在公格尔拉张系谷底内，紧邻中巴公路（中国段）分布的冰碛物台地天然状态下是稳定的，当有强震发生时，区域的地震峰值加速度超过 0.4~0.5g，冰碛物台地易发生失稳，继而危害中巴公路（中国段）。鉴于公格尔拉张系内构造活动强烈，强震频繁，因此冰碛物台地失稳对中巴公路（中国段）形成危害是潜在的，需要引起关注。

7.5.3　冰碛物滑坡滑动机理分析

在地震外动力的作用下，滑坡范围内的冰碛物启动。同时该滑坡所在的冰碛物下的冰体（此种情况在临近的公格尔山科拉雅伊拉克冰川跃动得到验证，具体的表碛有多厚有待进一步验证）结构受到破坏，出现裂隙，开始融化，一方面影响上层冰碛物的稳定，加剧了冰碛的运动，如图 7.147 的 D 区所示，另一方面，冰融水向下游汇聚经过 C 区至 B 区。D 区的冰碛物启动后，向下游运动，势能和水的渗流和冲刷携带作用使在 C 区形成鼓包隆起地貌。在经过 D 区和 C 区后，随着冰体融水的汇聚增多，滑坡体内含水量增加，坡体物质的流动性增强，形成了 B 区的高速流动区，含水率极高的高速流动坡体物质冲入谷地，向对岸冲去，形成滑坡冲高区 A。E 区由于滑坡的滑动，应力状态发生变化，发生小变形，为牵引变形区（图 7.147）。

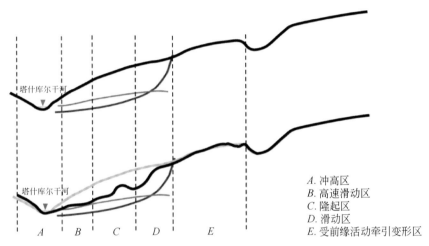

图 7.147　慕士塔格滑坡形成机制分析（红线为滑坡后壁）

在中国段的公格尔拉张系宽谷段，发育公格尔和慕士塔格两个巨型高速远程冰碛物滑坡群，每个由 5 个子滑坡组成。根据滑坡前缘湖相沉积下层细沙光释光测年结果，确定公格尔和慕士塔格滑坡群发生年代为距今 7.0~6.1ka。采用 GeoStudio 软件对滑坡体的典型剖面进行极限平衡计算分析表明，滑坡在天然状态下处于稳定，具有较高的安全系数，当地震加速度为 0.5g 时，公格尔滑坡群安全系数为 0.985，斜坡不稳定；当地震加速度大于 0.4g 时，慕士塔格冰碛物滑坡群斜坡安全系数即小于 1.0，斜坡不稳定。结合区域构造背景、气候环境、灾害形态特征等因素综合分析，触发因素为伴随着断裂错断的强烈地震。由公格尔和慕士塔格滑坡群典型剖面的计算可知在公格尔拉张系内分布广泛的冰碛台地在天然状态下处于稳定状态，但鉴于公格尔拉张系内构造活动强烈，强震频繁，在中巴经济走廊的宽谷段内也存在着遭受大型地质灾害的风险，需要引起关注。

7.6　小　　结

本章对地震诱发滑坡型、滑坡–泥石流型、冰川泥石流型、冰碛物滑坡等典型地质灾害类型的成灾模式、识别标志及机理分析，得出如下四点认识。

（1）地震诱发滑坡主要有两种：强震触发大型顺向岩质滑坡和长期连续小规模岩质崩塌。强震触发大型顺向岩质滑坡主要沿塔什库尔干河左岸分布，其模式为节理控制的顺向坡在强震作用下沿节理面发生大规模滑坡。长期持续的小规模岩质崩塌，这类崩塌的方量小，一般为 $1 \sim 1000\mathrm{m}^3$，但是由于坡体长期连续失稳，堆积物在坡脚形成数百立方米至数万立方米的碎屑颗粒堆积物，为泥石流提供物源，危害较大。

（2）滑坡–泥石流形成及堵河模式大致可概括为以下 4 个阶段：前缘局部滑动阶段→蠕滑–拉裂阶段→整体滑动阶段→堰塞湖溃决阶段。

（3）冰川泥石流是在高海拔地区，随着气温升高、冰川堆积物内部冰块溶解，形成崩塌、滑坡，在冰雪融水的作用下挟裹冲出沟道形成泥石流。冰川泥石流根据水动力条件，大致可分成如下三类，依次为冰雪融水型泥石流、冰崩雪崩型泥石流和冰湖溃决型泥石流。

（4）冰碛物滑坡：一方面冰碛物是被冰川搬运并在冰川融化时沉积而形成的碎块石类土，属于非重力分异沉积，具有极宽的级配，呈紧密的镶嵌结构，粉粒和黏粒的胶结作用很大程度上决定了其较好的力学性质；另一方面冰碛物一般位于冰川末端，坡度相对舒缓，以往一直认为冰碛物地层不易发生大型高速远程滑坡。但在塔什库尔干的宽谷内的公格尔和慕士塔格冰川的前缘，调查发现了若干大型冰碛物滑坡的遗迹，最大滑行距离超过 $10\mathrm{km}$，体积超过 $10\times10^8\mathrm{m}^3$。

第8章　新疆南疆典型地质灾害启动机理研究

8.1　概　　述

泥石流的形成与物源条件、地形条件及水源条件三者密不可分，但某一泥石流的发生往往受其中一个或两个因素的影响较大，称其为主控因素。流石流形成、发展过程中，其主控因素也随时间发生着变化（李金洋，2015）。

频繁的自然灾害不仅导致地形地貌变化，还引起表层土壤流失，尤其是在干热河谷的脆弱生态系统，因人为干扰与自然灾害的叠加作用，造成土壤严重退化（Zhang *et al.*，2014）。干热河谷区存在水土流失严重、地形条件复杂、高差大、降雨集中且丰富等条件，干热条件加剧了泥石流的形成，干热河谷区泥石流活动可能性高，对重大交通干线沿线工程存在严重的威胁（高云建等，2018）。金沙江干热河谷气候炎热干燥，水热矛盾突出，生态环境十分脆弱。金沙江一级支流小江及其支沟两岸地形陡峭，植被覆盖率低，加之历史上的采薪炼钢及现代的陡坡垦殖，致使地表植被稀疏、土层裸露，坡面侵蚀和沟谷侵蚀强烈，崩塌、滑坡及泥石流灾害十分严重（崔鹏等，2004）。

姚鑫等（2007）选取陆地资源卫星（Landset-7）的 ETM+ 作为主要数据源，ASTER 数据作为补充，获取典型已知灾害样本点，并提出对多光谱遥感数据的挖掘，进行自动、半自动定量解译，如传统的神经网络法和新兴的支持向量机方法等。陈剑等（2011，2016）通过粗颗粒石英的光释光单片再生法（SAR）测年研究，获得金沙江上游干热河谷段古泥石流大规模暴发的年代，提出丰富的风化碎屑物源、陡峻的地形及雨季降水集中是该区古泥石流形成的主要原因；并采用指标熵模型对干热河谷区泥石流的影响因子进行敏感性分析，最后筛选出流域地貌熵值、岩土类型、坡向、坡度、植被归一化指数、月均降雨量等6个因子作为泥石流启动易发性的评价因子。贺拿等（2013）发现陡峭的地形条件是泥石流形成的基础，巨大的高差为泥石流的运动提供了能量条件，极端干旱气候及地震活动的影响、季节性的干湿循环、持续的降雨过程及强降雨的激发作用是泥石流启动的主要原因。项良俊（2014）分析了 Surfer、GOCAD 和 ICEM 各软件的优势，基于这3种软件建立三维地质模型，使用 CFX 流体模拟软件，泥石流流变特征用 Bingham 流变模型描述，根据费俊祥公式来确定模型相关参数，在此基础上采用单相流 k-ε 湍流模型进行泥石流三维流场数值模拟。郭鹏（2015）基于 SPSS 软件，对构成泥石流易发条件的背景环境因子：流域面积、相对高差、流域形状、坡度、坡向、曲率、沟谷比降、水系长度、水系曲率、流域切割密度、地形指数等地形因子，以及地层、岩性、构造等地质因子，构成外部影响的植被覆盖等、外部诱发降雨因子等进行主成分分析、因子独立性检验，并对降雨、流域面积、坡度、离差、沟谷比降、岩性、植被覆盖共7个基础背景环境因子展开评估来研究泥石流启动机制。徐慧娟（2016）系统分析了怒江流域高山峡谷区泥石流成灾的降水驱动力（降雨特征）、地质驱动力（构造运动、地震、地层岩性) 和重力驱动力 (微地貌、松散物源) 三大关键驱动力条件对泥石流启动机制的影响; 并结合重大泥石流灾害重点从多尺度降水特征、微地貌、松散物源等方面入手, 运用数理统计、遥感解译等方法和技术手段, 从泥石流流域尺度分析了典型泥石流灾害的成灾机制。

新疆山区面积较广, 是一个泥石流多发的省份, 多数泥石流是由暴雨和融雪产生洪水引起的 (刘春涌等, 2000)。塔什纳村小流域泥石流位于新疆喀什地区莎车县达木斯乡, 其坐标为 76°38′16.3″E, 37°48′32.4″N, 海拔为 1690 ~ 2162m。该区域发育两条泥石流沟 (图 8.1), 此泥石流沟最近一次发生是在 2016 年 7 月 9 日的 1 号泥石流沟, 损失了 200 只羊, 7 间房屋, 冲毁了大量的农田及树木农作物, 本书研究对象为 1 号泥石流沟, 按泥石流规模分类表等级划分结果为小型泥石流, 通过现场踏勘和收集资料分析, 确定泥石流沟

图 8.1　塔什纳村泥石流遥感影像图

为稀性泥石流。从诱发因素分类，属于暴雨型泥石流。按其汇水区域的地形地貌特征分类属沟谷型泥石流。塔什纳村的两条泥石流沟沟道中分布着大量的由两侧坡体风化剥落后堆积的砂、卵砾石，粒径在 2～300mm，松散物厚度在 0.2～6.5m，沟谷下部山坡坡体表层为第四系粉土覆盖。由于泥石流沟顶分水岭海拔较低，无常年积雪。每年 6～9 月持续降雨，降雨强度较大时，易形成暴涨暴落、峰高量小的暴雨洪水，洪流对沟道冲刷与降水对坡体面蚀及下切作用，形成大量物源顺流而下，该沟经常发生水流携带沟道及坡体的泥沙及碎石一并冲出的现象，因此该沟口以上部位既是汇水区也是物源区，划分为形成-流通区，下部为堆积区。

研究区内基岩山体表层植被极稀疏，植被覆盖率不足 1%，生态环境极其脆弱。植被稳固坡面松散物的能力十分有限，可忽略不计。泥石流沟道内生长有零星植株，主要为一年生耐旱草本植物，多为梭梭柴，覆盖率小于 5%。沟口扇形堆积区上目前新建有达木斯乡 8 村的牧民安居点，下游依次为牧民的老居住区、农田、林带、X505 线公路及艾亚河。灾害威胁新建安居房屋 48 间，沟口老居民区有住家户 10 户，耕地面积约 50 亩；在堆积区受泥石流威胁柏油公路约 80m，道路来往行人及车辆若干；共计受泥石流威胁总人数约103 人，受威胁财产约 290 余万元。因此对该泥石流沟的启动机制及危险性分区展开研究非常有必要。

采用高精度遥感解译、无人机航测、现场调查、岩土测试等技术方法，基本查清了塔什纳村泥石流沟的边界特征，分析其启动机制，运用数值模拟预测泥石流暴发后的威胁范围，进行危险区划，对相似地质环境条件下的泥石流发生提供参考。

8.2　莎车县塔什纳村泥石流启动机制研究

8.2.1　流域基本特征

塔什纳村泥石流流域地形呈西北高东南低（图 8.2）。形成北、西、东三面环山，南边为艾亚河，向南开口的地形。地貌单元主要有剥蚀-侵蚀中低山沟谷、山前沟口冲洪积扇和河谷冲积阶地。

1 号泥石流沟主沟长约 2900m，沟头分水岭最高高程为 2162m，沟口高程为 1690m，相对高差为 472m，沟道平均纵比降为 163‰，两侧山体地形坡度为 40°～70°，沟床宽度为10～110m。在主沟左侧发育两条支沟，支沟 1 沟道长约 431m，流域面积为 0.098km²，最高点高程为 1974m，支沟 1 沟口高程为 1820m，平均纵比降为 200‰，沟床宽为 4～28m，沟道大致走向正南方向。支沟 2 沟道长约 225m，流域面积为 0.061km²，最高点高程为1999m，支沟 2 沟口高程为 1875m，平均纵比降为 209‰，沟床宽为 5～31m，沟道大致走向为南偏西方向。支沟的沟道里面堆积物较少，主要堆积在沟口，支沟 1 堆积物体积约为2368m³，支沟 2 堆积物体积约为 2011m³。

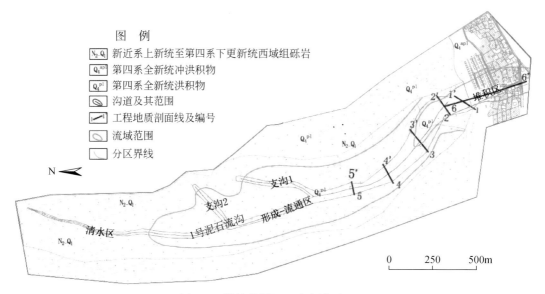

图 8.2 塔什纳村泥石流流域平面图

根据流域的地形地貌和沟道内的松散堆积物可以将沟道分为清水区、形成–流通区和堆积区（图 8.3）。

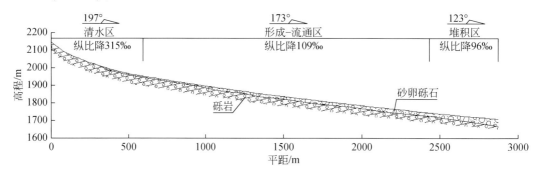

图 8.3 塔什纳村 1 号泥石流沟主沟沟道剖面图

清水区位于沟道最末端，长约 619m，平均纵比降为 315‰，沟床及两侧山体坡度较陡，三面环山，汇集面积小，两侧坡体较陡，沟道较窄，约 15m 宽，走向南偏西方向约 197°，由于风化形成的坡积物在沟道堆积，沟底平坦，呈深"U"形，沟道堆积体磨圆度较高，粒径为 2～35cm，沟道植被稀疏，固沙能力弱，坡积物部分固体颗粒在重力和流水作用下被搬运至下游，所以其级配较差，粒径差别很大（图 8.4）。

清水区往下长约 1825m 为塔什纳村泥石流的形成–流通区（图 8.5），此段沟道平均纵比降约 109‰，沟道宽为 28～75m，沟道走向南方向，约 173°，沟道两侧山体坡度在 45°～60°，沟道内堆积了大量坡积物，以及上游搬运于此逐渐累积的松散物质，粒径为 5～30cm，磨圆度高，粗细较均匀，级配较差，此段汇水面积大，集水流量开始显著提升，流体携带的固体物质增多，固体颗粒半径及其具有的动能变大，开始出现"揭底"现象，逐步形成泥石流。

图 8.4　清水区现场照片

图 8.5　形成–流通区现场照片

堆积区在接近沟口 438m 位置时，沟道变缓，平均纵比降约 96‰，宽度变宽，为 76 ~ 136m，沟道走向东南向约 123°，泥石流流体在此逐渐扩散，动能降低，携带的固体物质开始沉积，并在沟口形成堆积扇，沟口堆积扇上有大量的人类工程活动，新建的移民安置小区、公路等，在沟口堆积扇两侧仅有当地人自己堆砌的简易的拦挡坝，排导能力十分有限，当泥石流暴发时，严重威胁着当地居民的生命财产安全（图 8.6、图 8.7）。

图 8.6　沟口堆积区现场照片 1

图 8.7　沟口人工堆砌简易拦挡坝

塔什纳村泥石流沟流域内出露的基岩为上新统—下更新统（N_2—Q_1）砾岩（图 8.8、图 8.9），主要分布于研究区两条泥石流沟谷两侧低山区，砾岩胶结程度一般，呈灰色、棕灰色，粒径大小不一，坚硬，厚层状，砂砾结构，钙质胶结，表层风化破碎。砾石主要成分以灰岩、砂岩、花岗岩为主，一般粒径为 2 ~ 60mm，充填物以粉细砂为主，岸坡砾岩岩层产状为 8°∠62°，属于逆向坡结构。

图 8.8　研究区上新统—下更新统砾岩地层

图 8.9　研究区出露砾岩近照

　　由于砾石成分主要为砂岩、花岗岩等硬质岩石,通过岩石的抗压和直剪实验得到流域内钙质胶结的砾岩抗压强度高,但是由于其胶结程度一般,故抗剪强度较差,强度值如表8.1所示,新疆地区昼夜温差大,物理风化作用强,因此两侧坡体多发育如树枝般的小冲沟,形成的坡积物磨圆度好、硬度高、方量大。

表 8.1　塔什纳村泥石流流域岸坡砾岩强度表

试样编号	单轴抗压强度/MPa		直剪强度			
	天然	饱和	天然		饱和	
			c/MPa	φ/(°)	c/MPa	φ/(°)
NY1	138	115	5.0	56.5	4.0	54.5
NY2	137	117	5.0	56.0	4.5	55

8.2.2　塔什纳村泥石流启动条件分析

1. 工程地质条件

　　由于流域是北、西、东三面环山,向南开口,呈西北高、东南低的地形,沟道两侧坡体的坡度较陡,地形地貌上十分利于雨水的汇集(图8.10)。流域内第四系堆积物厚度较厚,山区植被稀少,只有河谷阶地植被较为发育。形成–流通区沟床纵坡降较陡,虽然整体沟床拓宽,但是泥石流主要沿着沟床上新近掏蚀的狭窄沟槽(图8.11)处排泄,流速在此段形成强烈加速,使得泥石流在此处得以快速流动。

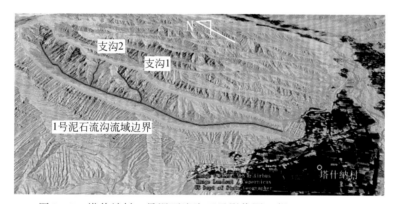

图 8.10　塔什纳村 1 号泥石流沟卫星影像图(据 Google Earth)

　　另外根据野外调查成果,并结合探井、物探成果,研究区内主要分布 3 层地层:上新统—下更新统(N_2—Q_1)砾岩、第四系全新统洪积砂卵砾石(Q_4^{pl})和第四系全新统冲洪积粉土(Q_4^{pl})。

　　上新统—下更新统砾岩主要分布在流域两侧山体,钙质胶结,胶结程度一般,表层风化破碎。砾石主要成分以灰岩、砂岩、花岗岩为主,粒径不一,充填物以粉细砂为主。

图 8.11 沟床上掏蚀的狭窄沟槽

第四系全新统洪积砂卵砾石主要分布在研究区两条泥石流沟沟道内，灰白色，干燥，松散，一般粒径为 2~50mm，大于 2mm 的砾石含量占 70% 左右，最大粒径可达 350mm，砾石主要成分以灰岩、花岗岩为主，充填物为中细砂、粉土，级配差，分选性较好。

第四系全新统冲洪积粉土主要分布于沟口洪积扇下游的艾亚河西岸一级阶地，目前均为农田区和居民区。阶地高出河床 1~2m，岩性为粉土，黄褐色，干燥-稍湿，松散-稍密，分选较差，可塑，夹薄层粉砂，含植物根系和少量砾石，层底埋深大于 5m。

2. 物源条件

在泥石流形成区，源头处三面环抱，一面出口，主要有两条支沟，但是流域两侧岸坡上冲沟较发育，呈树枝状展布，汇水面积较大，这种地形地貌条件便于泥石流物质汇集。根据野外调查成果，塔什纳村泥石流沟床内分布有大量的松散堆积物，其主要成分为砂砾石（图 8.12）。沟道两侧山坡出露的基岩岩性主要为砾岩，岩石风化作用强烈，遇水更易软化，容易形成崩坡积物，在雨水冲刷下易形成崩塌、滑塌堆积物等松散覆盖层堆积于沟底、坡体下部（图 8.13）。因此，该泥石流物源主要由这两部分组成：主要物源是流域范围内各沟道冲洪积所形成的堆积物，其次是沟道两侧山体坡面风化、坡脚泥石流冲刷掏蚀等作用形成的坡积物、崩滑堆积物。

图 8.12 泥石流沟道堆积体

图 8.13 两侧山体坡面形成的崩坡积物

为了确定 1 号堆积体的物源量，结合探槽、探井等实物工作，在沟道内选取几条典型泥石流沟工程地质剖面，大致确定不同区段岸坡、沟道松散堆积体厚度及沟道宽度，相乘得到沟道松散堆积物约 $26.02 \times 10^4 m^3$，沟道内接近沟口位置的松散堆积体最厚可达 6.5m，往上游其厚度相对较浅为 $1.5 \sim 3.6m$。

3. 降雨条件

水源条件与泥石流的形成关系极为密切，一方面是泥石流体的重要物质组成，另一方面又是泥石流搬运的动力介质及水动力条件，同时还是泥石流暴发的激发因素。

研究区地处欧亚大陆腹地中低山区，属暖温带大陆性干旱气候区，海拔在 $1700 \sim 2100m$，区内全年降水量较少，年降水量为 $70 \sim 150mm$，多年平均降水量约 93.6mm，但年内降雨较为集中，多集中在 $5 \sim 9$ 月（图 8.14），占全年降水量的 65% 以上。在汛期来临时，若某次降雨量较大且过程较长，水流在短时间内汇聚、径流、冲出沟口，从而引发泥石流灾害，因此暴雨是研究区内泥石流形成的直接诱发因素和主导因素。

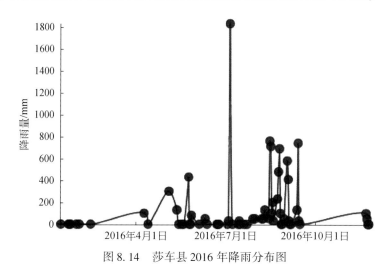

图 8.14　莎车县 2016 年降雨分布图

8.2.3　塔什纳村泥石流启动过程研究

塔什纳村泥石流沟在正常情况下沟道内干枯无水，流域面积 $1.1km^2$，只是在降雨或者融雪情况下，沟道内会聚集流水，而在降雨作用下塔什纳村泥石流的启动过程主要分为 3 个阶段：第一阶段降雨强度小于土体渗透率，降雨全部渗入地下土体中，在地表面无积水；第二阶段在降雨的持续或加强下，表层土体吸水开始逐渐达到饱和，开始产生积水现象，并出现薄层径流；第三阶段地表薄层径流开始汇集，径流深度不断加深，流水携沙量增加，加上地表的凹凸不平，紊流加剧，携带的沙石在水中翻滚跳跃，进一步导致下层松散物质被搬运而出现"揭底"现象，泥石流由此形成。本书将在此基础上进一步阐述塔什纳村泥石流启动形成机制。

1. 降雨侵蚀入渗地表过程

在降雨入渗这一过程开始时，上覆松散堆积物处于非饱和状态，其主要是受到雨水打击这一外力条件，具有一定动能的雨水降落时直击地表松散物质，使部分土体颗粒分散剥离被溅飞，丧失颗粒之间的黏结性，产生雨滴击溅侵蚀（图 8.15），增强地表薄层径流紊动。

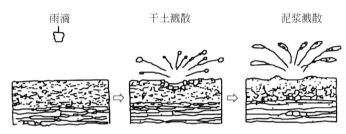

雨滴　　　　　　　干土溅散　　　　　　　泥浆溅散

图 8.15　雨滴击溅侵蚀过程图（据张洪江，2000，有删改）

雨滴击溅侵蚀早在 20 世纪 40 年代就有学者进行过相关研究，其认为主要取决于降雨的强度、地表岩土体性质和雨滴动能等，并通过统计数据得出雨滴侵蚀总量的相关经验公式，近几十年来，对雨滴侵蚀的研究更多学者开始从最直接的影响因素着手，如地表坡度、土体强度等。

假设在降雨过程中雨滴对地面的击打力不变，雨滴击打产生的侵蚀量与地表土体的可蚀因子有关，如土体的黏聚力、内摩擦力等，土体物质成分及含量不同，其土颗粒之间的黏结能力和其形成的粒团强度也不同，粒团强度越高，雨滴击打地面时粒团的分散量越低，侵蚀量也就越低。对于性质相同的土体来说，雨滴侵蚀量取决于地表坡度的陡缓，一般来说，溅蚀量坡下的大于坡上的，陡坡大于缓坡，坡度越陡，溅蚀的距离也越远，有时天气、植被等因素也会影响溅蚀量，如风力推动会影响溅蚀距离，植被、落叶等会阻碍雨滴击打地面，消除雨滴侵蚀，但是在新疆塔什纳村流域范围植被覆盖率很低，雨滴侵蚀几乎可以忽略植被因素的影响。

在降雨过程中，雨水在分子力、毛细管力和重力的综合作用下从地表渗入土壤内部，这一物理过程按照作用力的组合变化及其运动特征可划分为 3 个阶段（左其亭，2006）。

（1）渗润阶段。刚开始降雨时，地表岩土体属于干燥状态，雨滴降落在其表面形成薄膜水，在分子力的作用下，雨水下渗能力较强，直至在土体含水量达到最大分子持水量的时候，这一阶段基本结束。

（2）渗漏阶段。在渗润阶段结束后，下渗时孔隙中的毛细管力占主导作用，直至雨水充盈整个孔隙使其达到饱和时力的作用消失，这个阶段的特征是下渗率变化很大。

（3）渗透阶段。在渗漏阶段毛细管力消失后，水分又在重力作用下运动，下渗率稳定。

新疆塔什纳村所处之地年降水量总体较少，但是降雨非常集中，降雨时间短的暴雨对泥石流的启动起着关键作用，但是泥石流暴发之前的前期降雨对泥石流的发生也有着重要的意义，它直接影响着泥石流物源松散堆积体的含水率及抗剪强度，前期降雨在渗流到泥石流松散堆积体内时，会改变堆积体在天然状态时本该有的特性及几何形态，使原来稳定的堆积体处于不饱和或饱和状态，并开始逐渐地趋于破坏。

2. 地表薄层径流过程

在南方地区降雨量和湿度较大的地方，当降雨到达地面后，最初有大部分的雨水吸附在土颗粒表面，浸湿土体表面，再逐渐往下移动，形成了包气带的水分，这些水分沿着土体孔隙再接着往下渗，经过若干时间或者渗入不透水层时，就会流出地面，但在新疆塔什纳村泥石流流域，属于干旱–半干旱地区，降雨很少，其量远远小于蒸发量，因此当降雨量小于入渗量时，在雨水下渗这段时间内就已经蒸发了大部分水分，来不及等到雨水到达不透水层便在溢流处形成水流，只有当降雨量大于或等于土体下渗率的时候，降下来的雨来不及下渗，部分水分就会沿着地表土体斜面形成薄薄的一层地表径流，此时雨滴击穿表面土体上的薄层径流打击地表时，部分能量被抵消。对此也有相关学者进行过研究，梅欣佩等（2003）通过水槽模拟降雨实验发现在临界坡度内雨滴击溅作用降低了坡面薄层水流流速、弗汝德数，而超过临界坡度则相反。曾凡伟（2005）通过统计研究重庆市北碚区坡面泥石流的降雨总动能表明在分水岭之下，随着水流向下汇集，径流深度越来越深，雨滴对坡面的击溅作用越来越弱，最后消失。

由于降雨的溅击侵蚀作用，地表松散土体量增大，降雨增强后形成的地表径流携沙量也增大，而雨滴溅蚀作用与地表径流深成负相关，随着地表径流深的增加，雨滴溅蚀作用逐渐减弱，汤立群（1995）通过对黄土地区降雨的研究表明当水层厚度大于3倍雨滴的直径时，雨滴动能全部用于击穿水层，此时的溅蚀作用几乎为零，塔什纳村泥石流纵比降约163‰，坡度较平缓，清水流的冲刷作用相对较弱，前期主要是靠降雨击溅侵蚀，薄层水流起着搬运分散的土体细小颗粒至下游的作用，一般用一维浅水波方程组来表达薄层径流：

$$\frac{\partial h}{\partial t}+v\frac{\partial h}{\partial x}+h\frac{\partial v}{\partial x}=q^* \tag{8.1}$$

$$\frac{\partial v}{\partial t}+v\frac{\partial v}{\partial x}+g\frac{\partial h}{\partial x}=q^*\frac{v}{h}+g(S_f-S_0)=0 \tag{8.2}$$

该表达方法是基于明渠水力学的方法，将薄层径流看着是一定的非均匀的沿着流程方向的变量，其水力特性是由降水量和下垫面土壤情况决定的。

3. 沟道泥石流堆积体启动过程

当径流深度大于3倍雨滴直径的时候，雨滴对地表的击溅几乎可以忽略（汤立群，1995），地表径流汇集，径流深不断加深，携带的沙砾越来越多，再加上流域内地表凹凸起伏，地表径流的紊动加剧，也使得其携带的沙砾在水流中滑动、翻滚、跳跃，做无规则运动，并不断与地表面冲击、碰撞，导致地表下层土体颗粒开始松动被水流带走，混合着土体颗粒的水流质量逐渐变大，具有的动量也开始增大，碰撞地面的冲量也越来越大，较大的卵砾石开始被冲走，就这样一层层的松散固体物质被搬移，出现"揭底"现象，掺杂土石的水流像"滚雪球"一般越来越凶猛，最终形成泥石流。

8.2.4　塔什纳村泥石流启动力学模型分析

1. 自然条件时沟道堆积体力学模型

自然条件下塔什纳村泥石流流域内无流水，沟道内的松散固体物质呈稳定状态，在没有强降雨或大型人类工程活动等情况下，基本不会发生破坏启动，沟道泥石流堆积体受力示意图如图 8.16 所示。

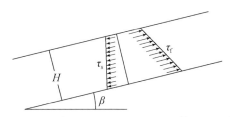

图 8.16　自然条件下沟道泥石流堆积体受力示意图

天然情况下沟道松散固体物质的启动力 τ_s 主要为其自身重力在平行于沟道纵剖面方向的分力，抗启动力 τ_f 主要为其在底部未启动的沟床上法向自重分力产生的摩阻力及沟道堆积体之间的黏聚力：

$$\tau_s = W\sin\beta = \gamma_s H\sin\beta \tag{8.3}$$

$$\tau_f = W\cos\beta\tan\varphi + c = \gamma_s H\cos\beta\tan\varphi + c \tag{8.4}$$

式中，W 为沟道松散固体物质的自重，N/m^2；β 为沟底松散固体物质表面坡度，(°)；γ_s 为松散固体物质的容重，N/m^3；H 为松散堆积体的厚度，m；φ 为内摩擦角，(°)；c 可以理解为土体的黏聚力和植被的固结力，由于塔什纳村泥石流流域内植被稀少，植被固结力几乎可以忽略，所以 c 可以认为是土体的黏聚力，kPa。

堆积体在天然情况下处于稳定，即不论其厚度有多大，任何时候 $\tau_f > \tau_s$，并且随着其厚度的加深，抗启动力增大的幅度比启动力要大，堆积体也就越稳定。

假定黏聚力（c）不随堆积体深度变化，启动力 τ_s 和抗启动力 τ_f 同时对堆积体厚度 H 求导，可得稳定情况下：

$$\tan\beta < \tan\varphi \tag{8.5}$$

式（8.5）也表明天然工况下堆积体表面坡度小于其内摩擦角，也就是其天然休止角时，就处于稳定状况。

自然条件下通过第 3 章测得塔什纳村泥石流沟道堆积体在天然含水率 4% 时其内摩擦角为 35.9°，而塔什纳村泥石流沟平均坡度在 13° 左右，由此可以判断在天然工况下塔什纳村泥石流沟道堆积体处于稳定状态。

2. 降雨入渗时沟道堆积体受力模型分析

在刚开始降雨的初期，沟道泥石流堆积体表面还未形成径流，相比天然状况下其受力多了雨滴的击打力为 F_P，在雨滴打击下，部分土体颗粒发生分离。其受力示意图如图 8.17 所示。

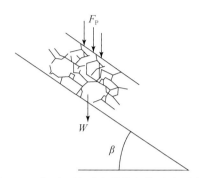

图 8.17　降雨入渗时沟道堆积体受力示意图

沟道堆积体的启动力 (τ_s) 和抗启动力 (τ_f) 分别为

$$\tau_s = (F_P + W)\sin\beta \tag{8.6}$$

$$\tau_f = (F_P + W)\cos\beta\tan\varphi + C \tag{8.7}$$

Wischmeier 等（1959）对土壤损失进行了回归分析得出雨滴的击打侵蚀力为

$$F_P = EI_{30} \tag{8.8}$$

$$E = \sum e \cdot P \tag{8.9}$$

$$e = 11.897 + 8.73\log i \tag{8.10}$$

式中，E 为降雨动能，J/m^2；I_{30} 为最大 30 分钟降雨强度，mm/h；e 为这段时间内单位雨量的降雨动能，$J/m^2 \cdot mm$；P 为这时间段内的降雨量，mm；i 为降雨较平稳的时间段的雨强大小，mm/h。

联立式（8.8）~ 式（8.10）可知：

$$I_{30} = \left(\frac{C}{\sin\beta - \cos\beta\tan\varphi} - W\right) / E \tag{8.11}$$

当降雨强度超过 I_{30}，地表松散固体颗粒在雨滴击打作用下开始发生分离跃迁，在降雨作用下开始运动位移。

3. 沟道径流时堆积体受力模型分析

在降雨达到一定时长和强度后，堆积体表面土体含水量逐渐达到饱和，开始形成地表薄层径流，经过不断地聚集，在沟道汇流，径流的挟沙能力也得到加强，对沟道表面的土体不断冲刷侵蚀，堆积体表面浅层土体达到饱和后，在土体内部也会形成壤中流，沿着壤中流流动方向会对土体骨架形成渗流力，表现出对土体的剪切破坏，取沟道某一小段堆积体作受力分析，假设径流深度为 h，地表到饱和浸润线中间的饱和厚度为 H，径流对堆积体表面土体的侵蚀冲刷拖拽力为 F_1，地下壤中流的渗流力为 F_2，同时单位面积的饱和堆积体还受到饱和浸润线以上沟床基质孔压（Q）、沟床支持力（N）、摩阻力（F_3）和浮重力（W）的作用，其受力示意图如图 8.18 所示。

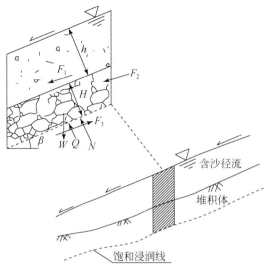

图 8.18　沟道泥石流堆积体启动受力示意图

塔什纳村泥石流为稀性泥石流,需要考虑泥沙颗粒间的相互摩擦、碰撞以及浆体间的相互作用,因此特意采用 Voellmy 模型的流动剪应力来作为泥石流对堆积体表面的冲刷拖拽力。

$$F_1 = \mu\gamma_{\mathrm{m}}h\cos\beta + \frac{\gamma_{\mathrm{m}}v^2m}{\varepsilon} \qquad (8.12)$$

式中,$\mu\gamma_{\mathrm{m}}h\cos\beta$ 为摩擦项;$\dfrac{\gamma_{\mathrm{m}}v^2m}{\varepsilon}$ 为紊流项;μ 为沟床摩擦系数;γ_{m} 为泥石流重度;v_{m} 为泥石流平均速度;ε 为 Voellmy 液相作用参数。

降雨时浅层饱和土体中的壤中流产生的渗流力 F_2(匡乐红,2006):

$$F_2 = \rho g J H \qquad (8.13)$$

式中,ρ 为水的密度;J 为水力坡降,饱和土体壤中流流速变化不大,因此在松散堆积体中水头损失即为两点间的水位差,所以:

$$J = \tan\beta \qquad (8.14)$$

饱和浸润线上单位面积的饱和堆积体与含沙径流的重量 W:

$$W = \rho_{\mathrm{sat}}gH + \rho_{\mathrm{m}}gh \qquad (8.15)$$

$$\rho_{\mathrm{sat}} = (\rho_{\mathrm{s}} - \rho)C_* + \rho \qquad (8.16)$$

$$\rho_{\mathrm{m}} = \frac{\rho\tan\beta}{\tan\varphi - \tan\beta} + \rho \qquad (8.17)$$

式中,ρ_{s} 为松散固体物质的密度;ρ_{m} 为含沙径流的密度;C_* 为堆积体的体积浓度,当堆积体达到饱和时一般取 0.812。

堆积体表面受水流作用引发泥石流的临界深度 h 为(潘华利等,2012):

$$h = \left[\frac{C_*(\sigma - \rho)\tan\varphi}{\rho\tan\beta} - \frac{C_*(\sigma - \rho)}{\rho}\right]d_{\mathrm{m}} \qquad (8.18)$$

式中,σ 为砂砾密度;d_{m} 为砂砾平均粒径,$d_{\mathrm{m}} = (d_{16} + d_{50} + d_{84})/3$,$d_{16}$、$d_{50}$ 和 d_{84} 分别为颗粒分析级配曲线上累计质量为 16%、50% 和 84% 时对应的颗粒粒径,其值可以由第 3 章

实验数据分析所得的级配曲线图读出。地表到饱和浸润线中间的饱和厚度 H，即泥石流堆积体的启动层厚，通过塔什纳村泥石流现场调查测量可知。

所以饱和浸润线上单位面积的饱和堆积体的启动力为

$$\tau_s = F_1 + F_2 + W\sin\beta = \mu\gamma_m h\cos\beta + \frac{\gamma_m v_m^2}{\varepsilon} + \rho gH\tan\beta + (\rho_{sat}gH + \rho_m gh)\sin\beta \tag{8.19}$$

饱和浸润线以上沟床基质孔压为

$$Q = (\rho_s - \rho)gH + \rho gh \tag{8.20}$$

由图 8.18 可知饱和浸润线下沟床对其上覆单位面积饱和堆积体的支持力为

$$N = W\cos\beta - Q \tag{8.21}$$

因此上覆单位面积饱和堆积体在沟床上产生的摩擦力为

$$F_3 = N\tan\varphi = (W\cos\beta - Q)\tan\varphi \tag{8.22}$$

所以饱和浸润线上单位面积的饱和堆积体的抗启动力为

$$\tau_f = F_3 + c = (W\cos\beta - Q)\tan\varphi + c \tag{8.23}$$

由抗启动力 τ_f 与启动力 τ_s 的比值 K 来表示饱和堆积体的稳定性：

$$K = \frac{\tau_f}{\tau_s} = \frac{(W\cos\beta - Q)\tan\varphi + c}{\mu\gamma_m h\cos\beta + \frac{\gamma_m v_m^2}{\varepsilon} + \rho gH\tan\beta + (\rho_{sat}gH + \rho_m gh)\sin\beta} \tag{8.24}$$

当 $\tau_f < \tau_s$ 时，饱和堆积体开始运移，发生泥石流，因此可以由式（8.24）推导出泥石流暴发时的临界平均流速为

$$v_m = \sqrt{\frac{\varepsilon}{\gamma_m}\left[(W\cos\beta - Q)\tan\varphi + C\mu\gamma_m h\cos\beta - \rho gH\tan\beta - W\sin\beta\right]} \tag{8.25}$$

由第 3 章得知饱和土体的抗剪强度参数 c、φ 分别为 8.57kPa 和 29.9°，式（8.25）代入相关数据可以得到塔什纳泥石流启动的临界平均流速为 0.71m/s，而通过第 3 章的泥石流动力学特征参数的计算，可知塔什纳泥石流平均流速达到 4.14m/s，远大于其启动所需的临界平均流速，因此该泥石流完全可以启动。

8.2.5 塔什纳村泥石流危险区划研究

1. 计算理论及软件简介

塔什纳村泥石流数值模拟涉及的计算流体动力学（computational fluid dynamics，CFD），是计算机和流体力学相结合的产物，CFD 是应用多种离散变量建立数学代数方程来计算模拟流体的流动过程和其中的热量传输问题，广泛使用于航空航天、化工等多个领域，其基本计算过程见图 8.19。

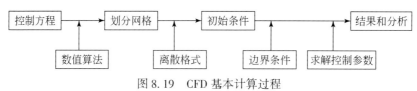

图 8.19　CFD 基本计算过程

本次模拟所用软件 CFX 是 ANSYS 公司旗下专门针对流体模拟的软件之一，是建立在有限体积法（finite volume method，FVM）的基础之上计算效率高、收敛性好的一款软件，广泛应用于 CFD 软件开发（姚丽，2017）。

CFX 的计算方法（FVM）其核心体现在区域离散的方式上，将求解空间分成许多互不相交的网格，即计算网格（grid）。CFX 求解过程被分块成多个模块，它并不是一个单一的软件，而是由多个模块组合而成的软件包，包括：前处理器（CFX-Pre）、求解管理器（CFX-Solvermanager）、后处理器（CFD-Post）（刁仁辉，2015），一次完整的 ANSYS CFX 数值模拟建模分析过程如图 8.20 所示。

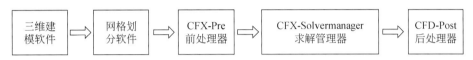

图 8.20　数值模拟建模分析完整流程图

主要的分析步骤为：

（1）通过多种手段获取模拟区域的地形条件，建立三维地质模型。

（2）模型的网格划分，合理选择网格类型，生成合适的网格数量和质量。

（3）前处理：定义求解类型、时长，设置边界条件、初始化条件等。

（4）求解：定义求解格式、求解精度，设置监测数据等。

（5）后处理：处理结果文件，生成云图、矢量图等图表和报告，也可以生成动画来更直观的表达。

2. 五十年一遇降雨引发泥石流危险区划模拟

塔什纳村泥石流流域内除了沟口堆积扇至叶尔羌河分支艾亚河的河漫滩区域内有建筑、农田和公路外，沟道里面并无人类工程活动，因此在本次塔什纳村五十年一遇泥石流的模拟研究时，选择泥石流沟的沟口作为模拟研究对象，这样既可以直观的了解此次泥石流的大小和危害，又可以减少计算量，节省模拟工作时间。

1）模型的建立和网格划分

在进行数值模拟之前首要的工作就是地质模型的建立，常用的建模软件有 Pro-E、Rhino、3DMAX 等，ANSYS 自身也能建模，但是对于泥石流这类复杂不规则的三维地形模型，就显得较为棘手，不仅效率低、难度高，而且对于后期的模型网格的划分和计算分析都难以满足精度要求，因此在建立复杂模型的时候，需要运用到其他功能强大的商业建模软件，不仅能提高效率，还能满足精度要求，取得良好的效果。

图 8.21　塔什纳村泥石流流域沟口等高线

本次建模需要用到的软件有 AutoCAD 和 Rhino，Rhino 作为一款专门建模的商业软件，拥有丰富的接口功能，能实现在各个建模软件和计算软件之间的相互转换。建模需要用到的等高线是通过无人机手段得到的，大致步骤还是遵循"线—面—体"的思路，把所需的泥石流沟流域沟口等高线截出来（图 8.21），导入

Rhino 软件，通过曲面工具里"嵌面"工具得到模型的三维曲面（图 8.22），嵌面过程可以调节取样点间距、曲面在 U、V 方向的跨距数及硬度，跨距数值越大，硬度值越低建立的模型三维曲面精度越高，得到模型的三维曲面后，在实体工具里使用"挤出曲面"功能，得到模型的三维实体（图 8.23）。由于泥石流主要是沿着沟道流动，因此在建立沟谷三维地质模型时可以省去山体，保留需要的沟道和平原，减少模型的大小，提高模拟计算速度。

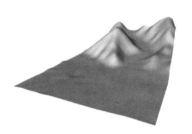 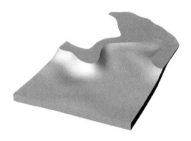

图 8.22　塔什纳村泥石流流域三维地形图　　　图 8.23　流域三维实体模型（切除多余山体后）

　　对于数值计算来说，网格处理是至关重要的，因此需要合理的划分网格，网格的数量越多，在同样的情况下计算的结果越精确，但是过多、过密的时候也很有可能导致计算速度变慢，计算时间变长，这就需要更高配置的计算机。对于网格类型来说，四面体网格适应性广，但是会使网格数量增加，六面体网格虽然生成网格的数量和精度都比较合适，但是一般难以生成，棱柱体网格则是介于前面两者之间。比较规则的模型用六面体网格划分的质量比较好，复杂模型则用四面体网格划分质量更好，因此一个模型划分时，最好是四面体和六面体网格结合起来划分，这样网格划分在难易程度和网格质量上的取舍更合理、效果更好。

　　本次模拟的网格划分采用 ANSYS ICEM 软件划分，由于塔什纳村泥石流沟的三维模型复杂不规则，考虑到网格的顺利生成和网格的质量等，采用四面体和六面体混合网格的划分方式进行网格划分，并对重要边界入口和出口边界进行加密处理，生成的网格数量为786797 个（图 8.24、图 8.25），并保存为网格文件，以便后续 CFX 软件数值计算进行前期处理。

 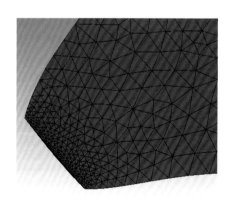

图 8.24　网格划分图　　　　　　　　图 8.25　入口网格加密细节图

2）泥石流流体材料的设定

CFX 前处理时由于自带的材料库里面并没有泥石流流体材料，需要进行自定义泥石流流体（mud），一般需要定义的参数有密度、流变模型、黏滞系数等。

流体分为牛顿流体和非牛顿流体，一般把符合牛顿内摩擦定律的流体如空气、乙醇、水等称为牛顿流体，不符合牛顿内摩擦定律的流体如接近凝固的石油、泥浆、高分子聚合物的浓溶液等称为非牛顿流体。流变模型是表达流体受到的剪切应力与剪切速率之间的关系，常用的流变模型主要为宾厄姆（Bingham）流体模型、牛顿流体、假塑性流体模型、膨胀性流体模型等，各个模型的剪切应力与剪切速率之间的关系曲线见图 8.26。

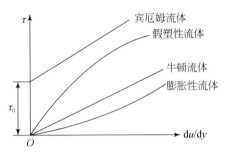

图 8.26　不同流体 τ 与 $\mathrm{d}u/\mathrm{d}y$ 的关系

多年来在泥石流流体性质的研究中，泥石流的流体性质与宾汉模型中的宾厄姆流体更为接近，属于非牛顿体，其在所受剪切应力大小不同时表现出不同的性质，塔什纳村泥石流密度为 1494kg/m³，其容重处于稀性泥石流向黏性泥石流过渡阶段，因此在塔什纳村泥石流数值模拟中可以选择宾厄姆流体模型作为泥石流的流变模型，宾厄姆流体的流变特性用式子表达如下：

$$\tau = \tau_{\mathrm{B}} + \eta \frac{\mathrm{d}u}{\mathrm{d}y} \tag{8.26}$$

式中，τ_{B} 为宾厄姆极限剪应力；η 为黏滞系数；$\mathrm{d}u/\mathrm{d}y$ 为其流体的流速求导，即流速梯度。

费祥俊和舒安平（2004）在研究了黄河泥沙悬浮液的流变实验数据后，得到了宾厄姆极限剪应力（τ_{B}）与体积比浓度（S_v）的关系：

$$\tau_{\mathrm{B}} = 9.8 \times 10^{-2} \mathrm{e}^{(B\varepsilon + 1.5)} \tag{8.27}$$

$$\varepsilon = \frac{S_v - S_{v0}}{S_{vm}} \tag{8.28}$$

$$S_v = \frac{S_{vm}}{\left(1 + \dfrac{1}{\lambda}\right)^3} \tag{8.29}$$

$$S_{v0} = 1.26 S_{vm}^{3.2} \tag{8.30}$$

式中，B 为常数，取值 8.45；S_v 为固体体积浓度比，等于固体体积与总体积的比值；S_{v0} 为费祥俊和舒安平（2004）等通过实验测得的悬浮液由牛顿体转变为非牛顿体（宾厄姆体）的临界浓度，它的值大小和悬浮液颗粒组成特性有关，对于比较均匀粗颗粒的极限浓度（S_{vm}）

来说，其取值范围为 0.55~0.60；λ 为线性浓度，取值 8.82。

泥石流的黏滞系数（η）主要受泥石流流体的浓度和携带物质的颗粒级配的影响，当泥石流携带的固体物质较少时，可以假定固体颗粒是无黏性的球状颗粒，且大小较均匀，颗粒之间距离较远、无相互影响的时候，其相对黏滞系数（μ_r）可以用 A. Einstein 公式（王勇智，2008）：

$$\mu_r = 1 + 2.5S_v \tag{8.31}$$

式中，μ_r 为悬浮液与纯液体在相同温度下的黏滞系数的比值，在以上的假定不变时，只是泥石流流体的浆体浓度提高，流体中固体颗粒距离较近，会互相影响，颗粒间开始有力的相互作用时，上式相对黏滞系数（μ_r）需进行校正：

$$\mu_r = 1 + k_1 S_v + k_2 S_v^2 + k_3 S_v^3 + \cdots \tag{8.32}$$

式中，k_1、k_2、k_3 为常数，各个学者提出过不同的数值，然而更高项的系数还是难以得到，Thomas（1956）在整合已发表的资料，统计分析了大量数据后，提出了一个形式上封闭的方程式：

$$\mu_r = 1 + 2.5S_v + 10.05S_v^2 + A\exp(BS_v) \tag{8.33}$$

式中，A、B 为可以调整的常数，分别取值 0.00273 和 16.6（王勇智，2008）。塔什纳村泥石流固体颗粒主要为卵砾石，符合上述公式的假设条件，其流变模型参数的取值和计算结果如表 8.2 所示。

表 8.2　流变模型参数取值及计算结果表

参数	S_{vm}	λ	S_v	S_{v0}	ε	τ_B/Pa	μ_r
取值	0.57	1.82	0.368	0.21	0.28	4.68	4.5

3）域及边界条件的设定

在将三维建模、划分网格后的几何体导入计算软件 CFX 后，需要指定计算分析类型和域，分析类型有稳态分析和瞬态分析，稳态分析主要是用于研究具有不随时间改变而变化的性质的流体，而瞬态分析主要研究对象为流动性质随时间改变而改变的流体，需要定义流场的初始形态。塔什纳村泥石流流体特性是与时间有关系的，因此本次模拟使用的是瞬态分析，初始流场全为静态空气，空气的体积分数为 1，泥石流流体的体积分数为 0，模拟时长为 600s，时步为 1s。

域是泥石流模拟求解需要计算的区域，即三维建模得到的几何区域，分为固体域和流体域，需要设置的参数有：域的类型、流体及颗粒的定义、参考压力、浮力、流体模型等，这些参数的设定对模拟的收敛性、计算速度和精度有着至关重要的影响，此次模拟的域的性质为流体域，域的运动状态为静止，流体为空气和自定义的泥石流流体，其形态为连续流体，由于泥石流运动时热交换几乎可以忽略，因此不设置热传导相关参数。参考大气压为 1atm（1atm=1.01325×10⁵Pa），设置参考浮力密度为空气的密度 1.185kg/m³，重力加速度为垂向向下 9.8m/s²，流体模型为均质多相流模型，湍流模型选择最常用的标准型 k-ε 模型。

CFX 边界条件有 5 种，即入口、出口、壁面、开口和对称面。边界条件是设置在计算域上，对计算的收敛性和结果的准确性有很大的影响，合理设置边界条件，不要过度约束是非常关键的。本次塔什纳村泥石流沟口危险范围的模拟以沟道口上游为入口，堆积区下游和两侧为出口，出口压强设置为静态压强，大小为 1atm，顶部设置为开口，设置为开放式压力及方向，大小为 1atm，其他设置为壁面，无滑移，砂粒粗糙度取 0.1m，流域边界条件设置见图 8.27。

入口边界条件相比其他边界条件而言，入口的流体速度、流量、流动时间对泥石流危险范围的大小都有着直接的影响，因而显得尤为重要，入口速度采用质量流量，最大流量为洪峰流量，入口质量流量 $Q(t)$ 随时间变化而变化，可以拟合泥石流一次洪峰过程的流量，用多项式表达出来，写进 CEL 语言（CFX expression language），持续时间为一次泥石流洪峰过程时间，定义最大流量出现在洪峰过程时间的 1/3 左右处，泥石流入口质量流量曲线如图 8.28 所示。

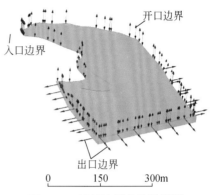

图 8.27　流域边界条件设置图

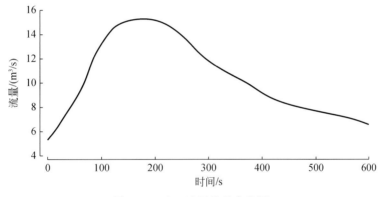

图 8.28　入口边界流量变化图

质量流量函数表达式如下：

$$Q(t) = 3.23572E-17 \times t^6 - 1.95E-13 \times t^5 + 4.36E-10 \times t^4 - 4.17E-07 \times t^3$$
$$+ 1.3E-04 \times t^2 + 0.01634 \times t + 5.05544 \tag{8.34}$$

4）求解过程控制

求解过程主要包括求解器控制和输出控制的设定，求解控制里需要设置对流格式、湍流格式和收敛控制，求解器的设置直接影响到求解精度、求解的稳定性及求解时间。

本次模拟求解器控制中对流格式设置为默认的高精度格式，湍流格式为一阶向后欧拉格式，对于瞬态分析，时间步在 CFX 的计算中起着非常重要的作用，当时步太长时收敛时会比较困难，甚至会计算失败，当时步太短时，收敛的速度变慢，计算时间就变长了，本次时间步长设为 1s，收敛控制为循环迭代系数，最大值设为 10，残差类型为基于所有控制体的平均残差，残差目标为 1.0×10^{-4}，多相流控制设置为双精度、体积加权。

　　输出控制主要是设置保存备份结果文件及监测数据，大部分操作设置为系统默认输出的结果，为了防止意外事故，设置为每 20s 备份一次，每 10s 输出一次结果文件，同时对流域的入口边界和出口边界设置质量流量监测，监测的命令可以使用 CEL 语言进行编辑表达，设置完毕后导出文件在 CFX 求解器进行求解，得到收敛曲线（图 8.29 ~ 图 8.31）、自定义的监测曲线（图 8.32）和结果文件等，进行下一步后处理分析。

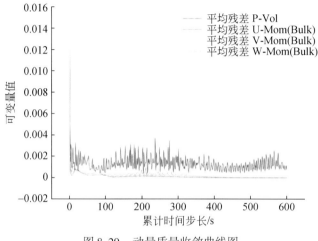

图 8.29　动量质量收敛曲线图

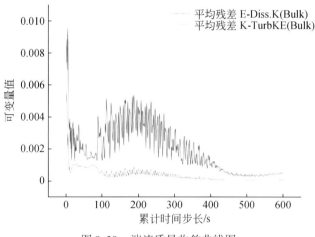

图 8.30　湍流质量收敛曲线图

　　由进出口质量流量监测图可以看出，入口的质量流量曲线与前面 CEL 语言编辑的入口流量曲线一致，入口流量开始随着时间的增加而增大，在 180s 时达到最大，然后开始下降，在 90s 之前，泥石流流体域内流动，90s 后出口才开始流出，且流出的流量激增，达到 1.9×10^4 kg/s 后开始出现波动，出口质量流量在 270s 达到最大，为 2.35×10^4 kg/s，之后流量开始慢慢变小，这些现象也符合泥石流一次洪峰流量的流动过程。

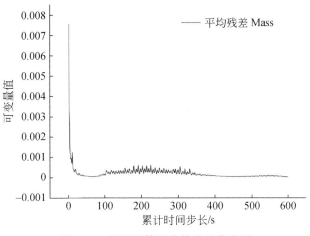

图 8.31　泥石流体积分数收敛曲线图

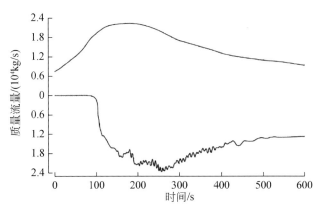

图 8.32　进出口质量流量监测曲线

5）后处理及结果分析

此次塔什纳村五十年一遇泥石流数值模拟采用 CFX 自带的 ANSYS CFD-Post 后处理软件，其功能强大，可以生成泥石流相关参数（如速度、压力等）的云图、速度矢量图和流线图，也可以计算参数的极值、平均值，可生成图表，显示自定义的每一帧的图像，还可以自动生成报告，利用 CFD-POST 我们能制作出非常专业的后处理图形、曲线、数据、视频等。

本书是通过泥石流在不同时刻的液面速度云图来进行观察分析，计算得到泥石流体积分数为 1.3007×10^{-3}，以此数据建立泥石流液面，生成不同时刻液面速度云图，如图 8.33 ~ 图 8.40 所示，生动地再现了泥石流流动、堆积和泛滥过程。

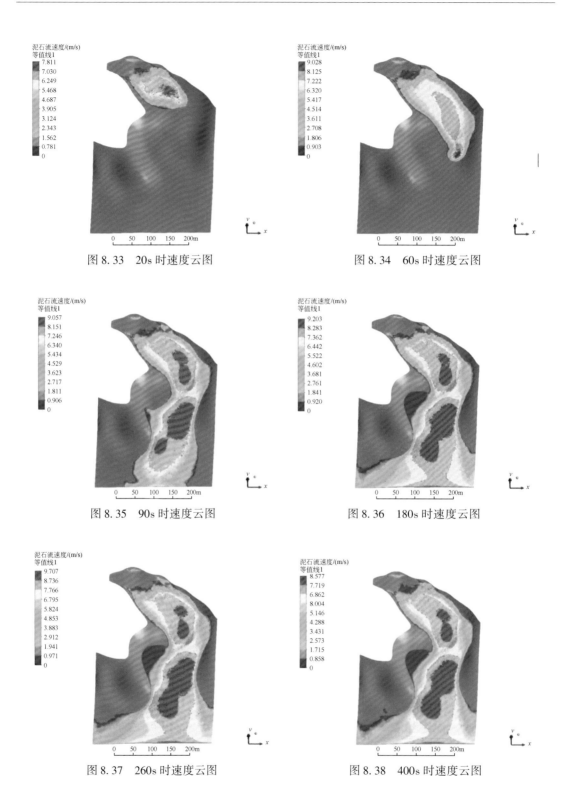

图 8.33　20s 时速度云图

图 8.34　60s 时速度云图

图 8.35　90s 时速度云图

图 8.36　180s 时速度云图

图 8.37　260s 时速度云图

图 8.38　400s 时速度云图

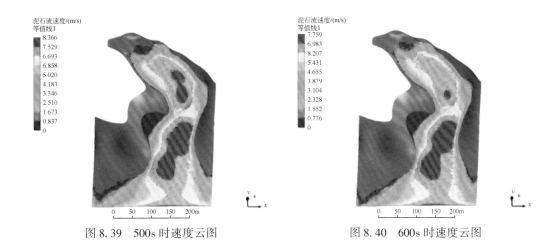

图 8.39　500s 时速度云图　　　　　图 8.40　600s 时速度云图

结合图 8.33～图 8.40 从流动时间角度分析，在刚开始时泥石流龙头流体速度最大达到 7.8m/s，最前沿由于与沟床接触，速度较小，0～180s 内随着时间推移，入口流量增大，速度也相应地增加，180s 入口流量达到最大，入口最大速度约 7.382m/s，而在 260s 时整个流域内危险区到达最大，在动能与势能的相互转化过程中，危险区内最大速度为 9.707m/s，继续流动 10s 后 270s 时出口流量开始达到最大，260s 之后流域内流体始终保持在原来流动范围内流动，但危险区范围有所缩小，因此取 260s 时的危险区范围作为本次塔什纳村五十年一遇泥石流的最大危险区范围。

从空间角度分析，以 260s 最大危险区速度云图为例，在入口处，由于两侧山体的阻挡，泥石流沿着沟道流动，泥石流液面中心速度最大，8.736～9.707m/s，然后两侧速度依次减小，在流经沟道弯道处，受到右侧山体的阻隔，弯道处速度减小至 6.795～7.766m/s，流动方向也随着沟道而转变，并在弯道附近凹形处形成漩涡汇流（图 8.41），流过弯道处，由于泥石流流体在弯道处冲高后向下回落，速度骤然增加，再次达到最大速度的范围，由于沟道逐渐变宽，直到沟口处泥石流少了两侧山体的约束，地势平坦开阔，速度矢量开始发散，向四周蔓延开来，速度矢量的合速度也开始下降（图 8.42），导致泥石流流体具有的动能降低了，泥石流携带的固体物质也开始沉积下来形成堆积扇。模拟所得塔什纳村五十年一遇泥石流最大危险区时平均速度为 4.6m/s，与计算所得的平均速度 4.14m/s 误差 11.1%，基本与实际调查后计算结果相符合。

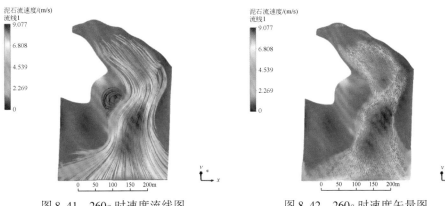

图 8.41　260s 时速度流线图　　　　　图 8.42　260s 时速度矢量图

塔什纳村泥石流数值模拟结果和实际通过现场调查的危险区范围大致相同，吻合度达

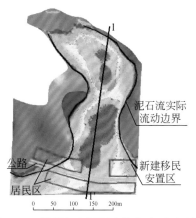

泥石流实际
流动边界

公路
居民区
新建移民
安置区

图 8.43　模拟与实际调查的危险区对比图

80.6%（图 8.43），其误差主要产生在沟道里，由于原来泥石流发生后将沟床下切侵蚀成沟槽，模拟时会使得危险区模拟结果范围偏小，而在沟口堆积区由于原来泥石流携带着大量固体物质沉积于此，抬高了地面，模拟结果向两侧扩散，造成沟口危险区模拟结果偏大。

如图 8.43 所示，在泥石流危险区中间位置做一个剖面，可以获得 1-1′剖面的泥位线，如图 8.44 所示，测量泥位线与实际地面的高差获得泥石流的堆积厚度，经测量 1-1′剖面泥石流在沟口堆积的厚度较厚，最大达到 6.5m 左右，沟口上游堆积体厚度则在 3m 左右，平距 150m 左右时由于处于弯道处的左岸，泥石流流体主要从右岸经过，所以在此沉积下来的固体物质厚度相对薄一些。模拟结果与 8.2.2 节中使用探槽、探井等手段查明的堆积体厚度相一致，也证明了此次数值模拟结果的可靠性。

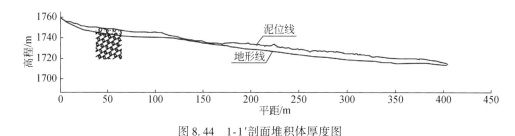

图 8.44　1-1′剖面堆积体厚度图

8.2.6　百年一遇降雨引发泥石流危险区划模拟

在塔什纳村五十年一遇泥石流的数值模拟效果与实际踏勘结果比较吻合的前提下，对塔什纳村泥石流沟设计频率 1%（百年一遇）的泥石流进行模拟，可以提前对百年一遇降雨时塔什纳村泥石流的危险区大小进行预测，提高人们对泥石流危害的进一步认识，同时对防灾减灾也有一定的意义。

1. 设计参数计算

研究区百年一遇的最大日降雨量为 52.8mm，以全疆统一的暴雨点-面换算系数为 1.263，换算得到最大一日面降雨量为 66.7mm，换算成最大 24h 降雨量 75.36mm。利用推理式（8.35）和式（8.36）设计频率 1%（百年一遇）洪峰流量公式：

$$Q_{mp}=0.278\times\frac{HF}{\tau} \tag{8.35}$$

式中，Q_{mp} 为设计洪峰流量，m^3/s；H 为汇流时间内的降雨量，mm，根据汇流时间查询降

雨时间分配曲线图（图 8.45）；F 为流域面积，km^2；τ 为汇流时间，h：

$$\tau = 0.278 \frac{L}{V_c} \qquad (8.36)$$

式中，L 为泥石流沟道长度，km。

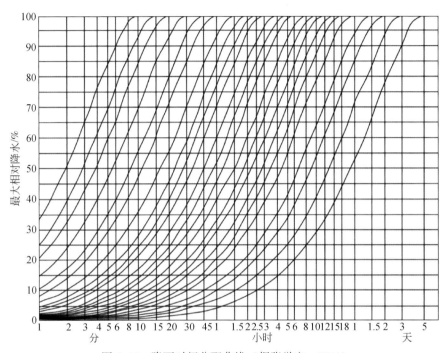

图 8.45　降雨时间分配曲线（据张学文，1994）

其中泥石流平均汇流速度（V_τ）为

$$V_\tau = mJ^\sigma Q_{mp}^\lambda \qquad (8.37)$$

式中，σ、λ 为经验常数，分别取值 1/3、1/4；J 为沟道纵比降，‰；m 为汇流参数，根据表 8.3 取值 1.1。

表 8.3　汇流参数 m 值查用表

类别	雨洪特性、河道特性、土壤植被条件简述	推测公式洪水汇流参数 $m \sim \theta = L/J^{1/3}$		
		1~10	10~30	30~90
Ⅰ	雨量丰沛的湿润山区，植被条件优良，森林覆盖率可高达 70% 以上，多为深山原始森林区，枯枝落叶层厚，壤中流较丰富，河床呈山区型大卵石、大砾石河槽，有跌水，洪水多呈缓落型	0.2~0.3	0.3~0.35	0.35~0.4
Ⅱ	南方、东北湿润山丘、植被条件良好，以灌木林、竹林为主的石山区或森林覆盖率达到 40%~50% 或流域内以水稻田或优良的草皮为主，大洪水为尖瘦型，中小洪水多为矮胖型	0.3~0.4	0.4~0.5	0.5~0.6
Ⅲ	南方、北方地理景观过渡区，植被条件一般，以稀疏林、针叶林、幼林为主的土石山丘区或流域内耕地较多	0.6~0.7	0.7~0.8	0.8~0.95
Ⅳ	北方半干旱地区，植被条件较差，以荒草坡、梯田或少量的稀疏林为主的土石山丘区，旱作物较多，河道呈宽浅型、间歇性水流，洪水陡涨陡落	1~1.3	1.3~1.6	1.6~1.8

通过试算法求解推理公式，先假设一汇流时间 (t)，通过汇流时间 t 查询降雨时间分配曲线得到相应时间段内的降雨量 (H)，计算出设计洪峰流量 (Q_{mp})，再用 Q_{mp} 得到汇流平均速度 (V_τ) 和汇流时间 (τ)，此时的假设汇流时间 (t) 与计算得到的汇流时间 (τ) 有可能不一致，若时间不一致时继续假设汇流时间 (t) 的值为计算得到的汇流时间 (τ) 值，直到汇流时间的计算结果与假设结果一致，然后得到设计洪峰流量参数取值及计算结果（表8.4）。

表8.4　塔什纳村百年一遇泥石流设计洪峰流量参数取值及计算结果

参数	流域面积/km²	沟道长度 L/km	流速 (V_c) /(m/s)	汇流时间/h	降雨量/mm	设计洪峰流量 (Q_{mp})/(m³/s)
取值	1.1	2.9	8.5	0.032	2.36	22.5

2. 模拟求解

同样的方法对塔什纳设计频率1%（百年一遇）泥石流一次洪峰过程进行数值模拟，通过 CEL 语言设置其入口边界的质量流量随时间变化关系为

$$Q(t) = 6.47E{-}17 \times t^6 - 3.9E{-}13 \times t^5 + 8.72E{-}10 \times t^4 - 8.34E{-}07 \times t^3$$
$$+ 2.6E{-}04 \times t^2 + 0.03268 \times t + 10.11 \tag{8.38}$$

设置过出口质量流量监测，得到其入口和出口的质量流量图，如图8.46 所示，设置入口质量流量从一开始就逐渐增大，在240s 的时候达到最大入口质量流量，之后开始逐渐减小，监测得到出口在65s 时就开始有流体流出，并在280s 时出口流量达到最大，约 5.5×10^5 kg/s，之后逐渐减小，由于入口流量充足，出口质量流量监测曲线总体平稳。

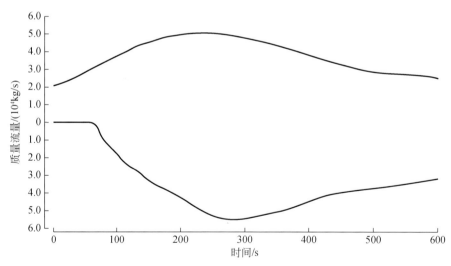

图8.46　百年一遇泥石流入口和出口质量流量监测图

3. 后处理及结果分析

通过 CFD-Post 对设计频率1%（百年一遇）泥石流的数值模拟结果进行后处理，过程

同五十年一遇相同，得到百年一遇泥石流最大危险区速度云图（图 8.47）。

　　由图 8.47 可知塔什纳村设计频率 1%（百年一遇）的泥石流在达到最大危险区的时候，流体最大速度为 10.967m/s，平均速度约 7.9m/s，与计算所得平均速度 8.5m/s 误差为 7%。相比五十年一遇最大流速增加了 13%。

　　通过 CFX-Post 导出五十年一遇和百年一遇泥石流的边界范围（图 8.48），对比得到在沟道弯道处，百年一遇泥石流向左右两岸分别扩张了最大约 1.8m 和 2.1m，沟道内由于两侧山体约束，流动范围变化不大。在沟口处由于沟口平坦地区右侧地势较低，所以右侧扩张范围较大，最大向右延伸了 10.77m，左侧增大的相

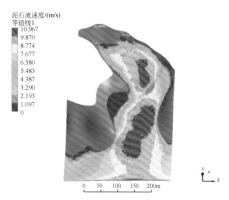

图 8.47　百年一遇泥石流最大危险区速度云图

对较少，最大约 3.8m，流出沟道后向沟口右侧流动扩大的趋势明显，对沟口居民在泥石流暴发时的危险区范围可以起到一定的预测预警作用。

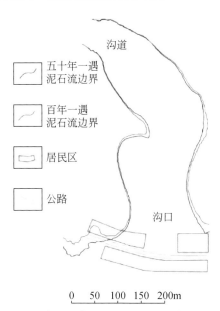

图 8.48　不同降雨频率下泥石流沟口危险区范围对比图

8.2.7　防治措施建议

　　该泥石流活动频率较高，每年汛期均不同程度暴发，一般以水石流为主，多在强降雨半小时之后暴发，该泥石流危害方式以淤埋为主，冲击力较弱。目前均采用了相对较为简易的防治措施进行了初步处理，但防治效果较一般。

　　根据区内泥石流及崩塌灾害的形成特征、危害形式、危害程度和发展趋势，防治总体

目标是减轻泥石流危险区范围内居民的生命财产安全，并为受威胁的安居点社会经济发展创造良好的环境。建议对泥石流采取"拦挡坝+排导槽+单边防护堤"的综合防治措施；对沟内崩塌体建议进行专业监测。

1）拦挡坝

在泥石流沟域中适当部位修建"拦桩梁组合"结构进行挡坝。

2）排导槽

对两处泥石流扇体中部的天然排泄通道进行拓宽加深，修建排导槽，加速泥石流物质的疏导。

3）单边防护堤

在安居点房屋后方修建单边防护堤，防止泥石流物质直接冲击安居点。

4）监测措施

安装专业监测设备，加强群测群防措施，定期巡视地质灾害，如有险情及时疏散。

8.3　乌恰县托云乡乔库而泥石流运移机理研究

为了进一步揭示新疆南疆地区滑坡–泥石流的转化运移机理，本书以乌恰县托云乡乔库而泥石流为例，通过现场调查、岩土测试和离散元数值模拟等手段开展工作。首先查明了乔库而泥石流的工程地质环境条件；通过颗分和直剪试验分析了泥石流堆积物的颗粒级配和剪切强度参数随运动距离的变化规律，通过环剪试验获取了泥石流运移过程中剪切强度和孔隙水压力的变化规律；运用离散元数值模拟了乔库而泥石流的失稳启动和运移过程，反演其失稳启动过程中的动力学参数。在上述研究结果的基础上，揭示了乔库而泥石流的转化运移机理。

8.3.1　乔库而泥石流的工程地质条件

乌恰县托云乡乔库而泥石流位于苏约克河的西岸，距离乌恰县托云乡集镇场址约15km，主要的威胁对象为河流漫滩上的牧场（图8.49）。

乔库而泥石流区的岩性主要为古近系和新近系的红色砂泥岩和白垩系的黑色砂岩、砾岩。泥石流区被一逆冲断层横切（图8.50），断层下盘为红色的砂泥岩，由于成岩时间短，力学性质较弱，受风化作用，岩体表面较为破碎，在其组成的斜坡坡脚处往往堆积有小规模的细粒崩坡积层；下盘为黑色的砂岩、砾岩，断层面附近岩体极为破碎，形成的崩坡积物是乔库而泥石流的主要物源（图8.51）。图8.51为泥石流沟北侧沟壁所显示的断层面，可以看出，断层面两边的红色砂泥岩和黑色的砂岩、砾岩均很破碎。图8.52为泥石流南侧沟谷上的断层面，断层破碎面附近山体，特别是上盘山体发生的崩塌滑坡堆积物堆积在坡脚，为泥石流提供丰富的松散物源（图 8.53）。我们在 8 月初降雨季进行现场调查的过程中没有发现地下水出露，可以推断，乔库而泥石流区的地下水位较深。

图 8.49　乔库而泥石流全景照，远处黑色砂砾岩组成的山体被断层错动极为破碎

图 8.50　托云乡乔库而泥石流平面图

图 8.51　泥石流沟北侧显示的断层面

图 8.52　泥石流沟南侧断层面，两侧岩体破碎，断层破碎带周围堆积物为泥石流提供物源

图 8.53　断层上盘破碎山体坡脚的松散堆积物称为泥石流的主要物源

　　根据现场调查，虽然乔库而泥石流沟的整个流域面积为 $4.42km^2$，但是主要的物源区、流通区和堆积区如图 8.50 所示，在物源区上游的广大区域，虽然也有松散物源提供，但是物源的量非常少，在本次研究中不予考虑，本次研究的对象主要为上述 3 个区域，根据这 3 个区域所画的典型剖面如图 8.54 所示。

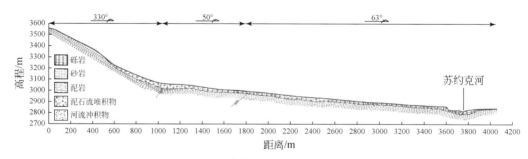

图 8.54　乔库而泥石流典型剖面图

　　根据如图 8.50 所示物源区、流通区和堆积物的面积，以及现场调查所得它们的厚度对整个乔库而泥石流堆积物体积进行计算，得出其堆积物的总体积约为 $204×10^4m^3$。

　　乔库而泥石流的物源区主要为临近断层面的上盘、沟谷南侧破碎山体失稳堆积在坡脚的滑坡和崩塌堆积物（图 8.52、图 8.53），根据估算，物源区堆积物的方量约为 $120 \times 10^4 \mathrm{m}^3$。物源区的堆积物中发育大型的沟谷，前缘也有新近失稳的迹象，说明此物源中的土体曾多次失稳破坏并最终转化为泥石流。

流通区分布在断层下盘的沟谷底部，长度约为 1500m。在流通区的两侧为红色砂泥岩组成的沟壁，由于成岩时间短，强度较弱，风化作用使其发生连续的小规模崩塌，松散细粒物质堆积在坡脚（图 8.55）。泥石流在流通的过程中不断铲刮这些细粒物质，体积也不断地增加。

图 8.55　泥石流流通区两侧沟壁坡脚堆积的细粒堆积物

在堆积区，泥石流由于没有两侧沟谷的限制，堆积物呈扇形堆积。堆积区面积一共约为 $0.11 \mathrm{km}^2$，平均厚度约为 4m，堆积物的体积约为 $44 \times 10^4 \mathrm{m}^3$，堆积物土体以 0.1m 以下的颗粒为主。从泥石流堆积物多期次堆积的特征可以判断，乔库而泥石流以前多次暴发。

8.3.2　乔库而泥石流堆积物的颗粒级配和剪切强度变化

为了获取泥石流运移过程中的颗粒级配和剪切强度变化规律，本次研究在图 8.50 所示的 B01、B03～B13 共 12 个取样点取泥石流的堆积物进行颗分和直剪试验，获取它们的颗粒级配和剪切强度参数。

1. 颗粒级配变化

本次颗分主要采用的筛分法获取不同粒组颗粒的重量，然后绘制各个样品的累计曲线。为了便于比较，把 B01、B03～B13 共 12 个样品分成两组，每组 6 个样品，把 6 个样品的累计曲线放在一起，如图 8.56 所示。

从颗粒级配曲线可以看出，除了 B06 和 B07 两个样品是取的流通区两侧红色砂岩的细粒堆积物，它们的颗粒较细外，总体上，B01、B03～B05、B08～B13 共 9 个沿着泥石流失稳、流通和堆积路线上取的样品，从物源区到堆积区，搬运的距离越远，则泥石流堆积

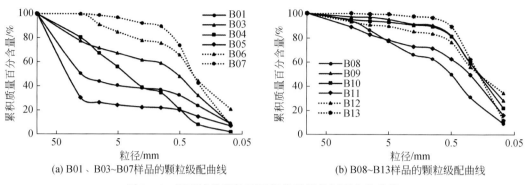

(a) B01、B03~B07样品的颗粒级配曲线　　　　(b) B08~B13样品的颗粒级配曲线

图 8.56　泥石流堆积物不同部位的颗粒级配变化曲线

物的颗粒级配越细。B01 样品取自物源区，它的颗粒以 5 ~ 100mm 的颗粒为主；B12 和 B13 是泥石流堆积区的样品，颗粒较细，以 5mm 以下的颗粒为主。而 B06 和 B07 取的是流通区沟谷两侧坡脚处的崩坡积物，主要物质为红色砂泥岩的风化物，颗粒较细，也以 5mm 以下的颗粒为主。

2. 剪切强度参数变化

将 B01、B03 ~ B13 共 12 个样品进行直剪测试，获取它们在不同含水率条件下的剪切强度参数。本次直剪采用的是不固结不排水剪切，测试每个样品在 5 种不同含水率下的剪切强度参数黏聚力和内摩擦角，共计 60 组试验。5 种不同的含水率分别为天然、饱和以及中间 3 个含水率。因为每个样品的颗粒组成不一样，所以除了天然含水率均接近 10% 以外，它们饱和含水率均不一样，因此选用的中间 3 个含水率也都不一样。每种含水率做 4 种法向荷载的直剪试验，分别为 100kPa、200kPa、300kPa 和 400kPa。根据《土工试验规程（SL 237—1999）》和本次试验的剪切盒尺寸，剔除 2mm 以上的颗粒。具体的测试数据这里不一一列举。图 8.57 为测试获取的 B01、B04、B06、B08、B10、B12 等 6 个样品的直剪强度参数黏聚力和内摩擦角随含水率的变化曲线，可以看出，虽然个别曲线有波动，但是总体上，这些样品的内摩擦角和黏聚力都是随着含水率的增加而减小的。

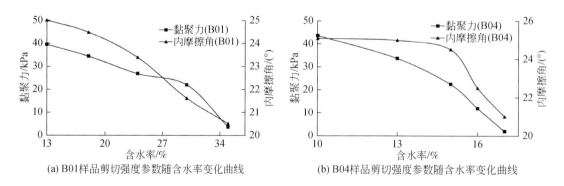

(a) B01样品剪切强度参数随含水率变化曲线　　　(b) B04样品剪切强度参数随含水率变化曲线

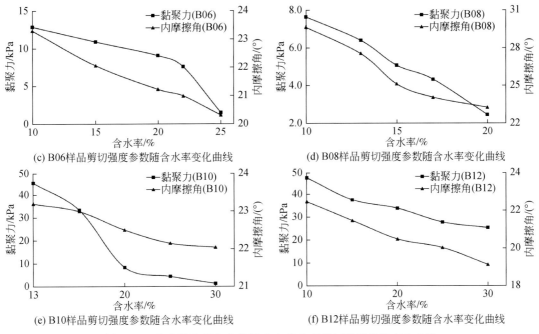

图 8.57　代表性取样点土体随含水率升高剪切强度参数变化曲线

另外，为了比较同一含水率状态下泥石流物源区、流通区和堆积区沿运移路径堆积物的剪切强度变化，将 B01、B03、B04、B09～B013 等 8 个在泥石流运移路径上的土体样品在天然条件下（10% 含水率）的内摩擦和黏聚力显示在图 8.58 中。可以看出，随着运移距离增加，泥石流物质的内摩擦角减小，但是黏聚力略微增加，这是因为土体中细粒物质随运动距离增加而增加。但是总体来说，泥石流土体的剪切强度是随着运移距离增加而减小的。

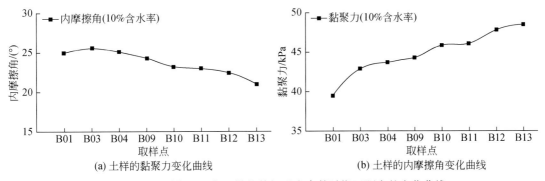

图 8.58　不同搬运距离土样的剪切强度参数随搬运距离的变化曲线

8.3.3　泥石流堆积物环剪试验

不同于传统的直剪、三轴试验，环剪试验能够持续地长距离剪切，以获取土体在长距离剪切条件下的剪切强度参数和孔隙水压力变化。为了获取乔库而泥石流运动过程中土体的剪切强度参数和孔隙水压力变化规律，取泥石流物源区的土样进行环剪试验。试验样品取自乔库而泥石流物源区 B01 处堆积物（图 8.50）。受环剪仪剪切盒尺寸的限制，将 B01 中>5mm 的颗粒剔除。

1. 试验工况

为了研究不同含水率条件下泥石流土体的剪切强度参数变化，本次环剪试验采用了天然（13%）、中间（20%、27%）和饱和（35%）4 种含水率土体的环剪试验。由于泥石流实际运动速度较快［远高于环剪仪最高剪切速率 360（°）/min，最大线速度仅 0.8cm/s］，孔隙水难以及时排出，试验中统一采用固结不排水剪，剪切速率采用仪器最大剪切速率 360（°）/min，剪切距离选择仪器允许的最大剪切位移 2.4m。泥石流物源区堆积物厚度为 8m，据此计算出垂向荷载约为 100kPa。因此，本次试验采用表 8.5 所示的 4 种工况。

表 8.5　环剪试验工况

试样编号	含水率/%	剪切方式	剪切速率/[（°）/min]	剪切距离/m	垂向荷载/kPa
1	13	固结不排水	360	2.4	100
2	20	固结不排水	360	2.4	100
3	27	固结不排水	360	2.4	100
4	35	固结不排水	360	2.4	100

2. 试验结果与分析

图 8.59 为工况 1 条件下采用天然样品（即初始含水率为 13%）时环剪试验所得的孔隙水压力、土样剪应力和垂向位移随剪切位移的变化曲线。图中显示，从剪切开始，垂向位移便不断地增加，开始增加速度较快，到最后逐渐稳定在约 2mm，表明此样品为剪切破碎型土体，在剪切的过程中由于颗粒在挤压剪切作用下不断的破碎，土体体积不断减小，因此，样品的垂向位移随着剪切位移增加而增加。在剪切位移达到一定值后，颗粒破碎逐渐停止，垂向位移也趋于稳定。

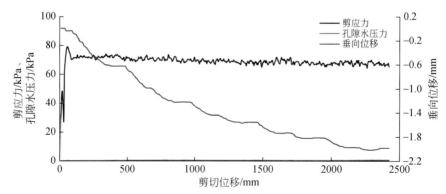

图 8.59　工况 1 条件下土样的剪应力、孔隙水压力、垂向位移随剪切位移的变化曲线

由于样品中的初始含水率低，土体体积的缩小并没有引起孔隙水压力的明显变化。土体的剪应力最开始不断升高达到峰值强度 78.9kPa，随后剪应力下降至 73.5kPa 左右。随后由于土体颗粒不断破碎变细，土体的剪应力缓慢减小并逐渐稳定在残余强度 70kPa。说明没有孔隙水压力的作用，土体的颗粒级配变化引起的剪切强度变化不大。

图 8.60 为工况 2 条件下（初始含水率为 20% 的土体）环剪试验所得的土样剪应力、孔隙水压力和垂向位移随剪切位移的变化曲线。同样，随着剪切位移增大，土体颗粒不断破碎，土样的垂直位移逐渐增大，最终稳定在 1.5mm 左右。与工况 1 不一样，工况 2 的土体由于初始含水率较高，因此，在剪切开始前土体中有一定的孔隙水压力，约为 2.5kPa，最后由于土体体积收缩，孔隙水压力缓慢上升到约为 6kPa。

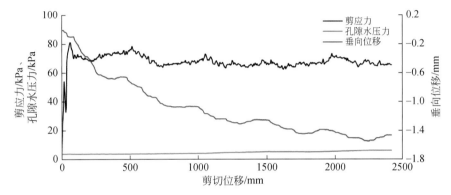

图 8.60　工况 2 条件下土样的剪应力、孔隙水压力、垂向位移随剪切位移的变化曲线

剪应力在剪切开始时迅速上升至 81.3kPa，并在剪切位移为 51.3mm 时达到峰值强度 81.3kPa，随后迅速下降至约 75kPa，并在剪切的过程中逐渐稳定在约 65kPa 的残余强度。与工况 1 的结果相比，说明除了颗粒破碎导致的剪应力下降，孔隙水压力上升对剪应力的大小也有一定的影响。

图 8.61 为工况 3 条件下（初始含水率为 27% 的土体）环剪试验所得的土样剪应力、孔隙水压力和垂向位移随剪切位移的变化曲线。同样，随着剪切位移增大，土体颗粒不断破碎，土样的垂直位移逐渐增大，最终稳定在 1.3mm 左右。但是与前面的工况不一样，由于土体的体积收缩，土体中孔隙水压力迅速上升，由初始的约 3kPa 上升至约 34kPa。

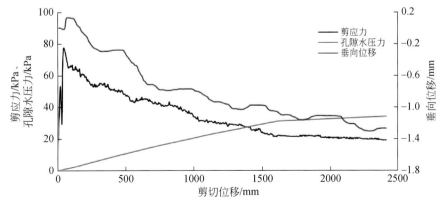

图 8.61　工况 3 条件下土样的剪应力、孔隙水压力、垂向位移随剪切位移的变化曲线

剪应力在达到峰值78.4kPa以后,迅速下降至约73.5kPa;由于颗粒的破碎导致的孔隙水压力上升,剪应力也逐渐下降至约19kPa,说明孔隙水压力的上升,土体中的有效应力减小,导致剪应力逐渐减小。当剪应力稳定在残余应力时,等摩擦角只有约10.8°。

图8.62为工况4条件下土样的剪应力、孔隙水压力和垂向位移随剪切位移的变化曲线。随着剪切位移增大,土体颗粒不断破碎,土样的垂直位移逐渐增大,最终稳定在1.65mm左右,与前3种工况相差不大。与工况3一样,由于颗粒破碎导致的土样体积收缩,孔隙水压力由3.5kPa左右上升至40kPa;而剪应力在剪切开始迅速上升至81.4kPa,随后迅速下降至约65kPa,并由颗粒破碎和孔隙水压力上升而逐渐下降至17kPa的残余剪应力,等效摩擦角仅为9.6°。

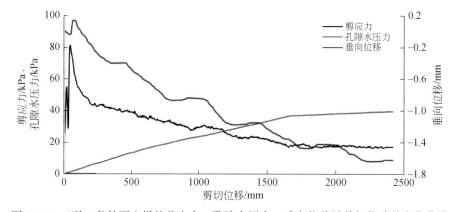

图8.62 工况4条件下土样的剪应力、孔隙水压力、垂向位移随剪切位移的变化曲线

在环剪试验停止剪切后,把土样取出剪切盒进行颗分,结果如图8.63所示。可以看出,工况1~4剪切后土样与剪切前原始土样相比,粗颗粒减少了,细颗粒增加,颗粒级配明显变细,说明在土体剪切的过程中持续发生颗粒破碎。工况1~4剪切后的颗粒级配变化并不大,说明4种工况中颗粒破碎的程度是相近的,因此可以判断,是初始的含水率而不是颗粒破碎导致了四种工况中土样的最高孔隙水压力和残余剪切强度相差如此大。

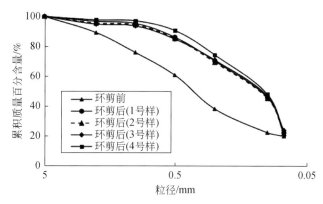

图8.63 环剪试验前后土样的颗粒级配变化

上述颗分和环剪试验结果均表明,随着运移距离增加,泥石流中土体的颗粒级配变

细，这有两方面的原因。

（1）在泥石流的流通区，沟谷两侧的细粒砂泥岩风化土层堆积在坡脚，泥石流在运移过程中不断铲刮这些堆积物。

（2）在泥石流运移的过程中，其中的土体颗粒由于受到挤压剪切作用而持续破碎。

直剪和环剪试验的结果表明，泥石流在运移的过程中泥石流土体的剪切强度逐渐减小，甚至发生了液化现象。由于运移过程中颗粒的破碎导致泥石流的体积收缩，孔隙水压力上升。颗粒的破碎和两侧细颗粒堆积物的融入导致土体颗粒变细，也有利于土体剪切强度降低和土体液化的发生。汇水面积大，大部分雨水汇集到流通区，使堆积在流通区细粒物质处于饱和状态，甚至在低洼处形成积水，泥石流运移过程中会铲刮饱和松散物质以及低洼积水，导致泥石流中的孔隙水压力上升，剪切强度降低。

由于乔库而泥石流物源区相对于沟谷谷底高程较高且其地形较陡，降雨时泥石流汇水区的雨水大部分不会深入物源区的堆积物中，另外，研究区的年降水量小，因此，可以推测，乔库而泥石流并不是水动力型泥石流。物源区的堆积物在降雨作用下并没有直接转化为泥石流，只是先破坏产生滑坡，但是在其启动以后运移的过程中，自身的土颗粒不断的破碎，且不断铲刮谷底的饱和松散细粒物质以及洼地的积水，使泥石流中的土体孔隙水压力上升，剪切强度降低，并出现液化现象转化为泥石流，所以能够长距离运移至堆积区。

8.3.4　泥石流启动与运移过程离散元数值模拟

由于无法获取研究区详细的降雨量数据及对应的泥石流暴发情况，本次研究采用离散元数值软件 PFC 模拟乔库而泥石流的启动和运移过程，结合前述直剪试验所得土体抗剪强度参数随含水率的变化曲线，反演泥石流在运动不同位移时土体的剪切强度参数及对应的含水率，进一步分析乔库而泥石流的启动与运移机理。

1. 数值模型及模拟工况

本次反演的具体思路为：首先，根据乔库而泥石流的典型剖面，建立其数值模型；其次，根据遥感影像和现场调查，估算威胁牧场和牧民的最小泥石流冲出量；然后，反演乔库而泥石流相当于最小泥石流冲出量的土体失稳启动和泥石流正常运行至河谷两种工况下，土体所对应的 PFC 中数值模型中颗粒的微观参数；随后，利用 PFC 双轴试验获取相应微观参数对应的泥石流土体的宏观剪切强度参数；最后，结合直剪试验所得的土体剪切强度参数随含水率变化的曲线，得到泥石流土体相应的含水率。

根据图 8.54 中乔库而泥石流的典型剖面建立其数值模型。另外，乔库而物源区的堆积物中碎石含量占 20%～30%，碎石粒径以 0.5～20cm 为主，最大可达 1～2m，呈棱角状，具体的颗粒级配见图 8.11 中所示的 B01 号样品的颗粒级配曲线，根据此级配生成模型中的颗粒（ball）。在数值模型中根据物源区地形条件，将物源区分为 4 个部分，分别用颗粒填充。考虑到计算速度和结果可靠性之间的平衡，本次模拟采用的颗粒最小半径为0.25m，最大半径为 1m，颗粒总数为 16785 个，采用高斯分布。为了更好地模拟物源区散体物质的特征，颗粒之间的接触模型选用接触黏结模型。除了物源区的土体，其余的边界都用墙（wall）来代替。在不影响结果可靠性的前提下提高数值计算效率，最终建立的模型如图8.64所示。另外，在物源区上布设4个监测点，以监测物源区不同部位在泥石流启动及运移过程中的速度、位移变化情况。

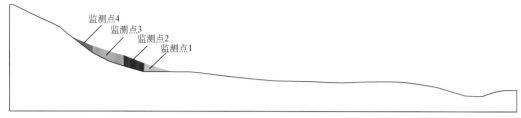

图 8.64   PFC2D 泥石流模型及监测点布设位置

本次数值模拟采用墙和球的计算参数如表8.6所示。墙的参数包括法向和切向刚度、摩擦系数取常用值，固定下来。球体用接触黏结模型，模型中需要的8个参数中，密度、法向刚度、切向刚度、半径系数取经验值固定下来，而法向抗拉强度、切向抗拉强度、黏聚力和内摩擦角用来反演。

表 8.6   接触黏结模型参数取值

墙的参数			球的参数							
法向刚度/MPa	切向刚度/mPa	摩擦系数	密度/(kg/m³)	法向刚度/MPa	切向刚度/MPa	法向抗拉强度/kPa	切向抗拉强度/kPa	黏聚力/kPa	内摩擦角/(°)	半径系数
20	20	0.5	1600	2	0.2	反演	反演	反演	反演	1

根据遥感影像和现场调查，假设当泥石流堆积物约为1m厚的时候，就会对牧场和牧民产生威胁；而乔库而泥石流堆积区的面积为 $11\times10^4\,\mathrm{m}^3$，因此，我们估算当泥石流一次性冲出 $11\times10^4\,\mathrm{m}^3$ 的时候，就会对泥石流扇前方和侧缘的牧场和牧民产生威胁。

本次数值模拟反演了两种工况：①乔库而泥石流物源区至少有 $11\times10^4\,\mathrm{m}^3$ 物质失稳，这种工况下反演出的土体剪切强度参数和含水率是泥石流启动所需要的最低强度和含水率；②乔库而泥石流物源区的物质全部启动，形成的泥石流到达河谷，这种工况下反演出的土体剪切强度参数和含水率是正常条件下形成泥石流所需要的最低土体强度和含水率参数。

2. 数值模拟结果

1）工况1模拟结果

经过多次反演计算，当球体的法向抗拉强度、切向抗拉强度、黏聚力和内摩擦角分别为20.4kPa、22.7kPa、20kPa和10°的时候，所得的泥石流启动结果与要求最为符合。

图8.65～图8.76为多次数值反演计算得到的泥石流启动，以及运动过程中速度监测曲线及云图。如图8.65～图8.76所示，时步为20000步时，最大速度出现在失稳土体后缘，而前缘土体的运移速度和位移几乎为0，说明泥石流物源区启动的初始阶段，后缘土

体先失稳进而推动前缘土体运动；时步为 60000 步时，后缘土体的运移速度逐渐降低，而前缘土体的运移速度增至最大，说明后缘土体逐渐推动前缘土体开始运动；时步为 100000 步时，最大速度出现在失稳土体前缘，且整个土体的运移速度逐渐降低，说明失稳土体逐渐趋于稳定；时步分别为 250000 步和 500000 步时，失稳土体后缘运动速度降低为 0，前缘土体的运移速度也在降低，说明物源区后缘已经达到稳定状态，而前缘土体尚未稳定；时步为 1500000 步时，计算达到平衡，整个失稳土体的速度均为 0，说明土体达到了稳定状态。

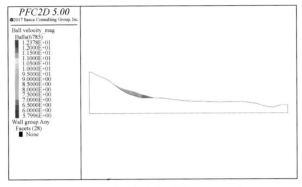

图 8.65 泥石流速度云图（20000 步）

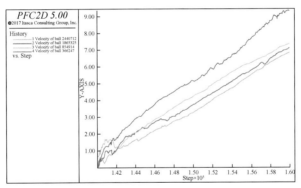

图 8.66 监测点速度曲线（20000 步）

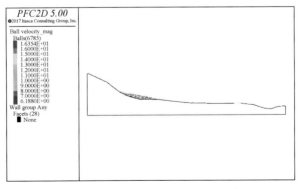

图 8.67 泥石流速度云图（60000 步）

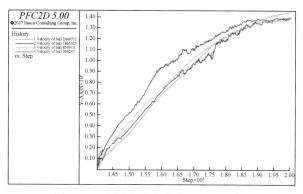

图 8.68　监测点速度曲线（60000 步）

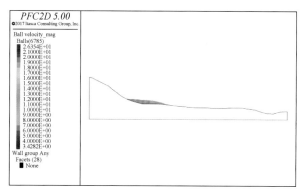

图 8.69　泥石流速度云图（100000 步）

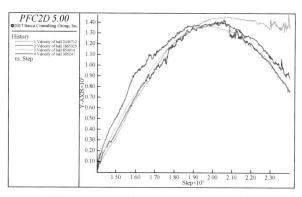

图 8.70　监测点速度曲线（100000 步）

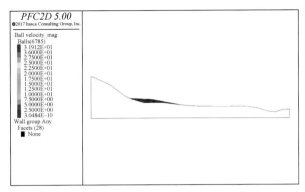

图 8.71　泥石流速度云图（250000 步）

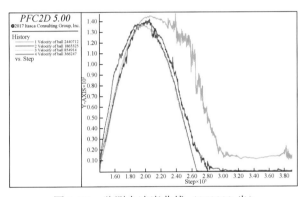

图 8.72　监测点速度曲线（250000 步）

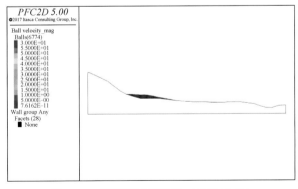

图 8.73　泥石流速度云图（500000 步）

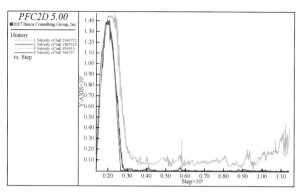

图 8.74　监测点速度曲线（500000 步）

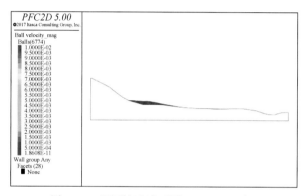

图 8.75　泥石流速度云图（1500000 步）

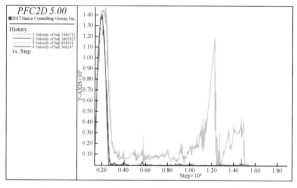

图 8.76　监测点速度曲线（1500000 步）

图 8.77 为工况 1 数值模拟所得乔库而泥石流的发展过程，直观地显示了物源区土体从失稳、运移到动能耗尽并最终停积下来的全过程。数值反演计算得到的堆积体的分布特征如图 8.77（f）所示，虽然物源区整体失稳，但是最终大部分土体（深蓝色、绿色和红色部分）稳定下来，几何形态没有发生变化，而前缘蓝色部分土体发生解体并有较大的位移，这部分土体的方量约为 $10.1 \times 10^4 \mathrm{m}^3$，与我们估算的最小威胁泥石流方量接近。

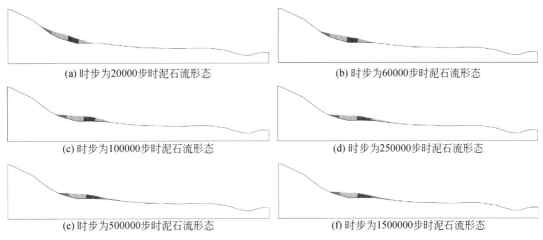

(a) 时步为20000步时泥石流形态　　　　　　　　(b) 时步为60000步时泥石流形态

(c) 时步为100000步时泥石流形态　　　　　　　(d) 时步为250000步时泥石流形态

(e) 时步为500000步时泥石流形态　　　　　　　(f) 时步为1500000步时泥石流形态

图 8.77　工况 1 数值模拟所得乔库而泥石流发展过程

继续利用上述反演所得的球体的微观参数包括法向抗拉强度（20.4kPa）、切向抗拉强度（22.7kPa）、黏聚力（20kPa）和内摩擦角（10°），和表 8.6 所示的其他参数进行双轴压缩试验，可以得到工况 1 中泥石流物源区启动时的剪切强度参数。

本次双轴压缩数值试验选用的颗粒尺寸和黏结模型（接触黏结模型）与上述泥石流数值模拟相同。在进行双轴压缩数值试验时，为保证数值试样具有足够的颗粒和消除试样的尺寸效应，将数值双轴试验的模型尺寸定为 240m×480m，颗粒的数量为 8920 个（图 8.78）。根据泥石流数值模拟得到的细观参数，设置双轴压缩试验颗粒的细观参数，分别在围压为 50kPa、100kPa、150kPa 的条件下进行双轴压缩数值试验。

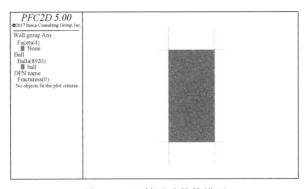

图 8.78　双轴试验数值模型

图 8.79～图 8.81 为 3 种围压下双轴试验的应力应变曲线，3 种围压下的峰值剪切强度分别为 164kPa、246kPa、304kPa。利用 3 种围压及对应的峰值剪切强度绘制莫尔破坏包络线如图 8.82 所示。因此，可得物源区土体的黏聚力 c 为 19.2kPa，内摩擦角（φ）为 21.5°。由室内直剪试验得到的物源区黏聚力（c）、内摩擦角（φ）与土体含水率关系曲线可知，当黏聚力（c）为 19.2kPa 时对应的土体含水率为 33%，内摩擦角（φ）为 21.5° 时对应的土体含水率约为 31%。说明当物源区土体含水率为 31%~33%，即快达到饱和状

态时（饱和含水率为35%），乔库而泥石流物源区的土体才约有$10.1 \times 10^4 \text{m}^3$的土体失稳启动并有一定的运动位移。

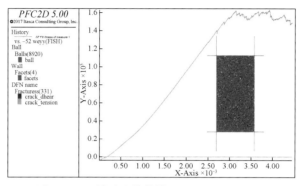

图 8.79　双轴试验数值模型（围压为50kPa）

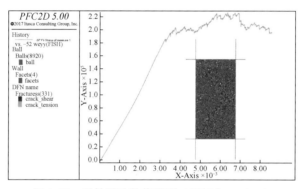

图 8.80　双轴试验数值模型（围压为100kPa）

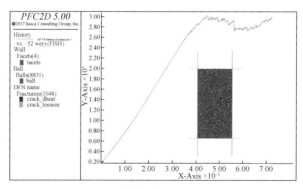

图 8.81　双轴试验数值模型（围压为150kPa）

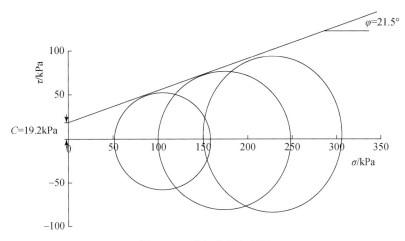

图 8.82 莫尔破坏包络线

2）工况 2 模拟结果

改变数值模型中球体的法向抗拉强度、切向抗拉强度、黏聚力和内摩擦角，试算直至乔库而泥石流的流动距离能达到河谷，这时，上述 4 个参数的值分别为 12.8kPa、15.4kPa、15kPa 和 8°。

图 8.83~图 8.94 为多次数值反演计算得到的泥石流运动过程中速度监测曲线及云图。如图 8.83~图 8.94 所示，时步为 20000 步时，最大速度出现在土体后缘，而前缘的运移速度较小，说明泥石流启动的初始阶段，后缘土体先失稳进而推动前缘土体运动。时步为 60000 步时，后缘土体的运移速度逐渐降低，而前缘土体的运移速度增至最大，说明后缘土体继续推动前缘土体的运动。时步为 100000 步时，最大速度出现在前缘，且后缘的运移速度逐渐降低，前缘土体速度趋于稳定。时步为 500000 步和 1000000 步时，后缘运动速度降低为 0，位移保持不变。前缘土体的运移速度也在降低并逐渐趋于稳定，位移则缓慢增大。说明物源区后缘已经达到稳定状态，而前缘土体尚未稳定。时步为 2000000 步时，计算达到平衡，整个失稳土体的速度均为 0，说明泥石流达到了稳定状态。

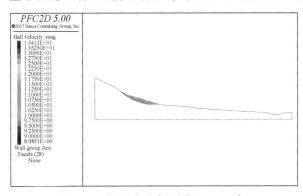

图 8.83 泥石流速度云图（20000 步）

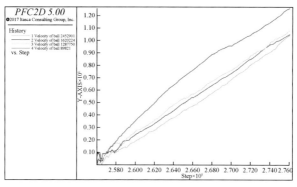

图 8.84　监测点速度曲线（20000 步）

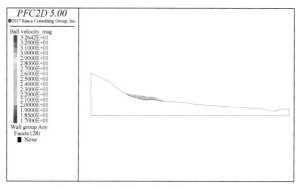

图 8.85　泥石流速度云图（60000 步）

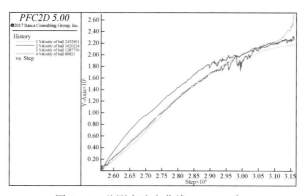

图 8.86　监测点速度曲线（60000 步）

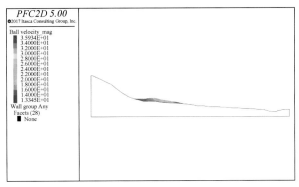

图 8.87　泥石流速度云图（100000 步）

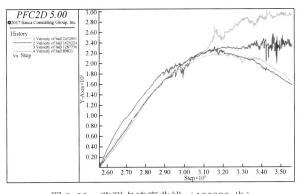

图 8.88　监测点速度曲线（100000 步）

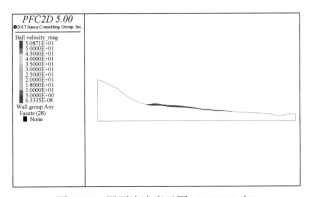

图 8.89　泥石流速度云图（500000 步）

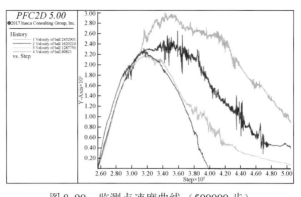

图 8.90　监测点速度曲线（500000 步）

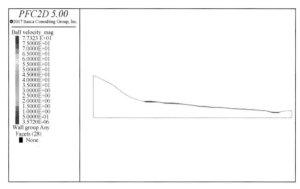

图 8.91　泥石流速度云图（1000000 步）

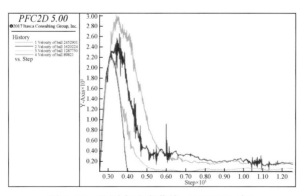

图 8.92　监测点速度曲线（1000000 步）

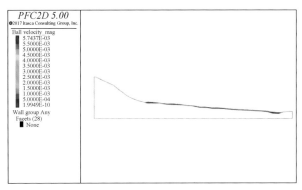

图 8.93　泥石流速度云图（2000000 步）

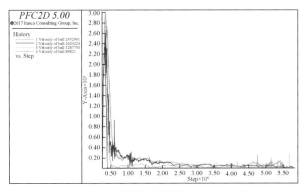

图 8.94　监测点速度曲线（2000000 步）

图 8.95 为数值模拟中泥石流堆积物形态，直观地显示了物源区土体从失稳、运移到动能耗尽并最终停积下来的全过程。模拟得到泥石流堆积体的分布特征如图 8.95 所示，由物源区运移到流通区和堆积区的土体方量约为 $48 \times 10^4 \mathrm{m}^3$，泥石流的最大运动距离约为 2450m。

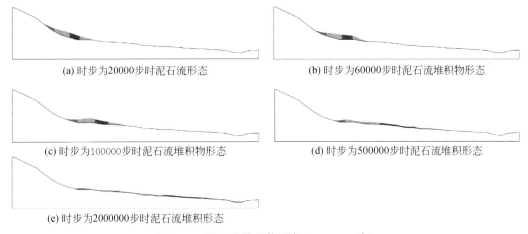

(a) 时步为20000步时泥石流形态

(b) 时步为60000步时泥石流堆积物形态

(c) 时步为100000步时泥石流堆积物形态

(d) 时步为500000步时泥石流堆积物形态

(e) 时步为2000000步时泥石流堆积形态

图 8.95　泥石流堆积物形态（2000000 步）

将所得参数进行与工况 1 相同的双轴试验，可以得到物源区土体的黏聚力（c）为 12kPa，内摩擦角（φ）为 9°。这个范围已经远低于泥石流物源区土体饱和含水率所对应的 c、φ 值。数值模拟结果表明，如果乔库而泥石流物源区的堆积物要转化为泥石流达到苏约克河河谷，含水率要超过其饱和含水率。

3. 结果分析

上述两种工况的数值模拟结果显示，当乔库而泥石流物源区土体的含水率接近饱和的状态下，仅有约 $10\times10^4\mathrm{m}^3$ 的土体启动解体并产生一定的位移；而乔库而物源区的堆积物要转化为泥石流搬运到苏约克河河谷，其物源区土体的内摩擦角和黏聚力需要达到约 9° 和 12kPa，已经远低于其饱和含水率所对应的 c、φ 值。但是，乔库而泥石流物源区的地形较高较陡，除了物源区本身接受的雨水，其余汇水区汇集的雨水很难渗入物源区土体中，加上研究区年降水量低，因此可以推测，物源区土体的含水率很难高于其饱和含水率。因此，物源区的土体在降雨作用下仅能失稳，如果没有其他因素导致这些土体在启动和运移过程中剪切强度降低，它们将很难形成远程运动的泥石流。

数值模拟的结果也进一步证实了根据土工测试和环剪试验的结果所推测的结论，乔库而泥石流物源区的土体，在降雨作用下仅能失稳启动，但是启动之后，因为土体颗粒破碎和铲刮流通区沟底的饱和细粒物质和低洼处积水，土体的孔隙水压力逐渐上升，剪切强度逐渐降低，甚至发生液化，最终形成远程泥石流运移到苏约克河河谷。

8.4　乌恰县康苏红层滑坡-碎屑流运动特征研究

8.4.1　康苏红层滑坡-碎屑流概况

康苏红层滑坡位于新疆克孜勒苏柯尔克孜自治州乌恰县康苏镇，具体位于康苏镇至吉勒格朱尔特村的 415 县道 0.8km 的西侧，距离乌恰县城 22km。滑坡-碎屑流中心点坐标为 75°1′2″E，39°39′33″N。边坡后缘高程为 2140m，高差达到 60m。边坡坡向为 133°，坡度接近 40°。研究区内红层形成年代较晚，为白垩纪—新近纪。受长期风化及冻胀作用等因素影响，危岩体拉裂失稳，下落并撞击坡面，以碎屑流的状态高速运动，呈现出典型的高位红层滑坡-碎屑流灾害特征。

根据滑坡-碎屑流的运动情况和灾害特征，将康苏红层滑坡-碎屑流分为崩塌区、碎屑流区和堆积区（图 8.96）。

崩塌区：滑坡区岩性主要为古近系上统砂岩、砂质泥岩，从出露地层可见，地层单层厚度为 0.5 ~ 3m，呈中厚-巨厚层状。滑坡体坡度为 70° ~ 80°，滑坡区体段长 454m，高 20m，厚度达到 5 ~ 8m，体积大约为 $11\times10^4\mathrm{m}^3$，呈近北东-南西带状展布。

碎屑流区：岩性主要为第四系全新统崩积层碎石。在平面上呈现"扇形"，面积约为 $5.5\times10^4\mathrm{m}^2$，滑体平均厚为 1 ~ 3m，体积约为 $11\times10^4\mathrm{m}^3$。受雨水冲刷作用，表面分布有多条冲沟。在东侧，有较大巨石分布，直径范围为 3 ~ 17m。

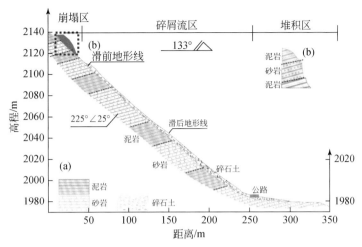

图 8.96　滑坡工程地质剖面图和滑坡-碎屑流区岩体结构图

堆积区：岩性主要以第四系全新统崩积层碎石为主，同时夹杂有第四系全新统冲洪积层圆砾、卵石等。在平面上呈现"长方形"，面积大约为 $1.5 \times 10^4 \text{m}^2$，厚度平均为 $1 \sim 3\text{m}$，体积约为 $3 \times 10^4 \text{m}^3$。同时，县道从堆积区北侧穿越而过，其余三侧被雨水冲刷成沟。

根据野外地质调查，围绕研究区内县道发育有滑坡-碎屑流 14 处，这些都对公路运输造成一定的隐患。康苏红层滑坡-碎屑流是其中规模较大的一处，通过对其成灾机理和运动学特征分析，对类似的红层地区的滑坡-碎屑流地质灾害研究提供参考。

8.4.2　康苏红层滑坡-碎屑流形成特征及失稳模式

1. 形成特征

康苏红层滑坡-碎屑流位于公路西侧，边坡总体上呈现上陡下缓［图 8.97（a）］。滑坡的岩性主要为砂岩和泥岩互层结构，其中自下而上依次分布有泥岩、砂岩和泥岩［图 8.97（b）］。经测试，砂岩饱和抗拉强度为 1.96MPa，相对较低，易风化。饱和单轴抗压强度为 15MPa。破碎岩体受地质应力作用易形成剪切、拉张裂隙。红层软岩具有蒙脱石、高岭石和伊利石等矿物成分，水敏性强，脱水时收缩易干裂，遇水时易膨胀软化（王志荣，2005；李保雄和苗天德，2004），同时在冻胀和地震等地质作用下易形成拉张和剪切裂隙［图 8.97（b）］，岩体结构面强度降低，诱发危岩滑坡-碎屑流体发生。

在滑坡体中，岩体中主要存在两组节理控制面，产状分别为 27°∠22° 和 311°∠67°。边坡坡向为 133°∠75°，岩层产状约 225°∠25°。利用极射赤平投影法进行稳定性分析，结果表明：在边坡坡体完整的情况下，两组主要节理及岩层结构面对边坡的稳定性影响较小［图 8.97（c）］。但是由于危岩体的砂泥岩互层结构具有差异风化的特征，坡体易于形成与岩层走向一致的临空面，即局部岩体组成的坡体坡向约为 50°∠60°。同时节理 1 和节理 2 的交线产状为 30°∠20°，其倾向与局部坡体坡向大致一致，倾角相对较小，则坡体的稳定降低。这主要是两组节理起着切割、破碎岩体的作用，其裂面平直，无充填，结合性

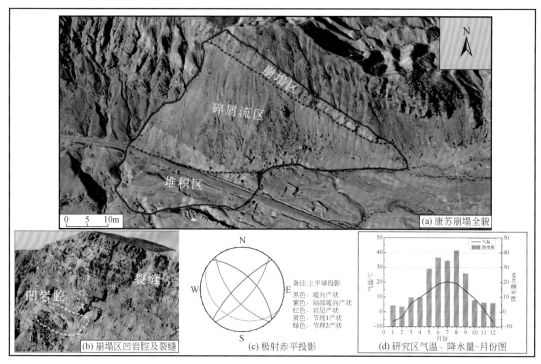

图 8.97　康苏红层滑坡–碎屑流全貌图 (a) 及形成特征 (b)、(c)

差，临近临空面处由于拉张作用张开度较大，这为滑坡体发生提供了良好的岩体结构条件。

　　研究区所处地貌为剥蚀构造地貌，年降水量可达 230mm，每年的 5～8 月为相对集中降水期，降水量为 100.8mm，占全年降水量的 58%［2011～2016 年；图 8.3 (d)；杨鹏鹏，2018］；且在冬春交替时期，坡体内部节理裂隙水结冰，形成冻结滞水，裂隙受冻胀作用而扩大。在 3 月初，气温升高，地表融雪沿着裂隙入渗，降低了裂隙面的摩擦阻力，增加了裂隙内的水压力，裂隙进一步扩大，这为滑坡发生提供了良好的水文地质条件。同时，滑坡体所处位置海拔较高，重力势能转化为动能后，使得滑坡–碎屑流体启动后运动速度较快、运动距离较远，这为滑坡–碎屑流运动提供了良好的动力条件。

　　综上可见，康苏红层滑坡–碎屑流具有典型的高位滑坡–碎屑流地质灾害特征，其主要受危岩体岩性组合和坡体结构面组合控制。砂泥岩互层结构、两组节理控制面及降雨融雪入渗是危岩体失稳破坏的重要因素。

2. 失稳模式

　　基于野外地质调查和无人机影像图，结合康苏滑坡–碎屑流形成因素，利用滑坡–碎屑流灾害演化运动全过程的方法来分析康苏滑坡–碎屑流的失稳机制，并将滑坡–碎屑流体的孕灾—裂化—崩落的整个过程分为以下 4 个阶段 (图 8.99)。

　　(1) 差异风化阶段［图 8.98 (a)］：康苏滑坡岩层结构主要为砂泥岩互层结构，其中泥岩抗风化剥蚀能力弱，在降雨冲刷和风力等地质营力的作用下不断风化剥蚀，而砂岩抗风化能力较强，即形成了较为明显的差异风化现象，这造成了砂泥岩互层结构中的泥岩内缩，产生了凹岩腔结构，为滑坡-碎屑流的形成提供了空间。

（2）岩体结构变形破坏阶段［图8.98（b）］：此阶段，在降雨和冻胀作用下，岩体的裂隙进一步发育，降低了裂缝的力学性能和增加了裂缝内的水压力。同时临空面周围岩体发生了卸荷回弹，出现应力重新分布、应力分异现象（李秀珍等，2019；史文兵等，2018）。临空面附近为拉应力集中带。基座底部（危岩体底部）为剪应力增高带。危岩体内部向临空方向出现卸荷回弹，致使坡体上部沿着节理裂隙进一步发展成为卸荷裂隙带。

（3）悬挑危岩阶段［图8.98（c）］：当卸荷裂隙带进一步扩张，危岩体在自重作用下，沿着裂隙面滑移。当下滑力大于裂隙面间的摩阻力时，危岩体出现了拉裂破坏。

（4）滑坡失稳堆积阶段［图8.98（d）］：在降雨和冰雪融水等外力作用下，危岩体最终失稳并坠落撞击坡面，以碎屑流的形式向前运动，并冲至县道直至运动停止。

综上所述，康苏红层滑发生在海拔位于1990~2150m的中低山区，滑坡体高位剪出启动，撞击坡面并转化成碎屑流，由于坡角处附近地形开阔、坡度变缓，转化成扩散型碎屑流散落堆积，呈现出典型的"高速远程"成灾模式。

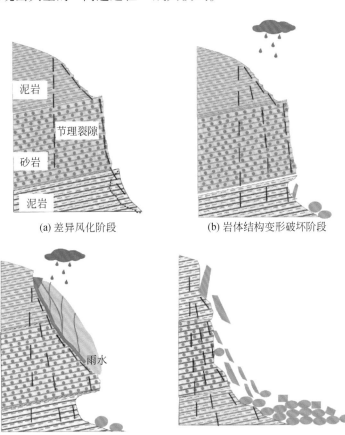

(a) 差异风化阶段　　　　　　　(b) 岩体结构变形破坏阶段

(c) 悬挑危岩阶段　　　　　　　(d) 滑坡失稳堆积阶段

图8.98　滑坡-碎屑流失稳过程示意图

8.4.3　康苏滑坡-碎屑流数值模拟

1. 基本原理

DAN-W 是 Hungr 提出的用于模拟碎屑流运动全过程，研究碎屑流动力学的数值模拟软件。DAN-W 主要利用圣维南方程的拉格朗日解析解的方法，并由具有一定流变属性材料的若干个块体组合形成（图8.99）。在曲线坐标中，对每一个块体建立相应的物理方程和平衡方程来进行求解（Hungr，1995，2000，2009）。根据康苏滑坡-碎屑流的动力灾害特征，数值计算重点主要是围绕滑坡-碎屑流的运动过程进行演化分析来开展，对滑坡-碎屑流危岩体的裂解过程进行略化处理。

$$F = \gamma H_i B_i \mathrm{d}s \sin\alpha + p - T \tag{8.39}$$

式中，F 为下滑力，N；γ 为重度，kN/m^3；H 为块体高度，m；B 为块体宽度，m；α 为坡角，（°）；p 为内部切向压力，N；T 为基底阻力，N。

$$v_i = v'_i + \frac{g(F\Delta t - M)}{\gamma H_i B_i \mathrm{d}s} \tag{8.40}$$

式中，v 为滑体运动速度，m/s；M 为动量通量；其他参数同式（8.39）。

$$h_j = \frac{2V_j}{(S_{i+1} - S_i)(B_{i+1} + B_i)} \tag{8.41}$$

式中，j 为块体边界顺序；i 为块体顺序；S 为曲线位移，m；其他参数同式（8.39）。

$$V = V_R + \sum V_{\mathrm{point}} + \sum_{i=1}^{n} Y_i L_i \tag{8.42}$$

式中，V 为滑坡-碎屑流的总体积，m^3；V_R 为滑坡-碎屑流体初始体积，m^3；V_{point} 为不稳定体体积，m^3；Y 为屈服速率；L 为块体长度，m；i 为块体顺序。

通过式（8.39）~式（8.41），来计算滑坡-碎屑流的运动速度和堆积体厚度等。在 DAN 软件中，滑坡-碎屑流运动过程中受到的阻力大小主要受不同的基底摩擦流变模型来控制。DAN 提供了多种流变模型，根据已有的研究成果和试错法，Voellmy 模型和 Frictional 模型比较适合滑坡动力学灾害研究（Yin et al.，2016；Hungr，2009），根据已有研究成果发现，Frictional 模型比较适合残余粒径较大的崩滑体，多用于滑源区。Voellmy 模型适合模拟运动路径有明显液化层的滑坡-碎屑流，多用于模拟碎屑流区和堆积区。

（1）Voellmy 模型基底阻力的表达式如下：

$$\tau = f\sigma + \gamma \frac{v^2}{\xi} \tag{8.43}$$

式中，f 为块体的摩擦系数；σ 为与滑动路径方向相垂直的总应力，N；γ 为材料重度，kN/m^3；v 为块体的运移速度，m/s；ξ 为湍流系数；τ 为滑体底部阻力，N。

（2）Frictional 模型：假定滑体受到的正应力控制碎屑流的运动，其受到的阻力 τ 的表达式如下：

$$\tau = \upsilon(1 - \gamma_\mu)\tan\varphi \tag{8.44}$$

式中，γ_u 为孔隙压力系数，即孔隙压力与总应力的比值；φ 为内摩擦角，（°）；其他参数同式（8.42）。

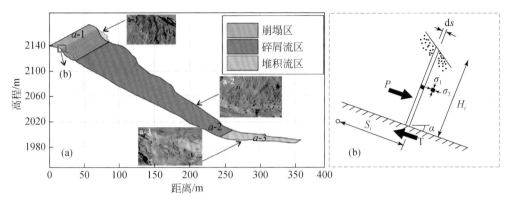

图 8.99　康苏滑坡–碎屑流 DAN-W 三维模型图（a）和块体受力图（b）

2. 模型建立和参数选取

1）模型建立

在 DAN-W 软件中，计算结果的准确性取决于滑坡–碎屑流运动的轨迹、流变模型和参数选取这 3 个重要因素（Mcdougall and Hungr，2005）。首先，根据无人机航拍影像图和野外地质调查，来确定碎屑流发生前后的地形线。其次，康苏红层滑坡–碎屑流分为滑坡区、碎屑流区和堆积区，根据不同区域的灾害特征，对不同区域选用合适的流变模型显得至关重要。由于滑坡区从危岩体底部处启动，基岩出露处有较为明显的擦痕迹，根据已有的研究成果，发现滑坡区适合运用 Frictional 模型。碎屑流区和堆积区分别运用 Frictional 模型和 Voellmy 模型。根据滑坡路径顺序，F-F-F、F-F-V、F-V-V、F-V-F 这 4 组流变模型组合分别被用于模拟康苏滑坡–碎屑流的动力学灾害效应（表 8.7），发现 F-F-V 模型结果更符合康苏滑坡–碎屑流的运动情况。

表 8.7　康苏滑坡–碎屑流模型试算组合表

模型	滑坡–碎屑流区	碎屑流区	堆积区
F-F-F	F	F	F
F-V-V	V	F	V
F-V-F	F	V	F
F-F-V	F	F	V

2）参数选取

在本书中，康苏滑坡–碎屑流的模拟参数主要依靠室内土工试验，试错法和已有的研究成果来获得。对于 Voellmy 模型，主要参数：湍流系数 $\xi=400\text{m/s}^2$（软件提供的取值范围为200～500m/s²）和块体的摩擦系数 $f=0.2$，其摩擦系数的大小直接影响滑动距离的远近。对于 Frictional 模型，主要参数是孔隙水压力系数和动摩擦角。孔隙水压力系数是孔隙水压力与正应力的比值，一般设置为常数。由于冰雪融水入渗导致超孔隙水压力增加，同时根据已有研究成果，将孔隙水压力系数（R_u）设置为0.7（软件提供的取值范围为0～1.0），动摩擦角为17°（动摩擦角一般远远小于内摩擦角，主要通过试错法获得）。试错法的比较标准主要是通过对比模拟获得的最远距离与实际的最远距离的接近程度，来选取最佳的流变模型和参数。最后，根据室内岩土试验，岩体密度为25kN/m³，如表8.8所示，基于试错法和已有的研究成果的基础上，这些流变模型组合和参数被用来模拟康苏滑坡-碎屑流的动力学特征。

表 8.8　康苏模型（F-F-V）参数

模型	密度/(kN/m³)	动摩擦角/(°)	摩擦系数	湍流系数/(m/s²)	孔隙水压力
F	25	17	—	—	0.7
V	25	—	0.2	400	—

3. 计算结果分析

1）滑体前后缘运动特征

利用 DAN-W 动力学软件和 F-F-V 模型计算得到，康苏滑坡-碎屑流运动的总时间约为50s，假定滑坡启动时的速度为0。由图8.100和图8.101可知，前缘在0～4s内速度急剧增加，在4s时，滑坡进入碎屑流区，至水平距离62m处，速度最大值达到11.5m/s，同时也是滑坡运动的最大速度。在4～24s，滑坡体的运动速度呈现波动性，但是一致保持高速运动的状态，速度范围为8～11m/s。在26s时，前缘运动至坡脚，此时速度降至5.3m/s。滑坡-碎屑流继续向前运动，在27s时到达公路时的速度为5m/s，最终滑坡-碎屑流在水平距离 $X=315$m 处运动停止。同时，后缘启动后，速度在0～3m/s范围内波动，水平运动最远距离为37m。在实际情况中，后缘受到凹陷负地形阻挡，致使滑坡区有碎屑流体堆积，数值计算结果与此相符。计算结果表明，滑坡-碎屑流运动速度呈现出加速启动、速度波动性增长和逐渐衰减的特征，呈现出典型的"高速远程"的特点。

同时，本书也利用雪橇模型（即等效视摩擦角的概念，即滑坡后缘顶点与滑动距离最远点之间的连线的斜率）来对崩滑体的运动情况进行了模拟，DAN-W 模型的计算结果与雪橇模型较为接近，但是雪橇模型结果较大，这是由于雪橇模型简化了地形起伏，没有考虑铲刮效应等作用（Scheidegger，1973）。

2）滑体剖面形态特征分析

图8.102和图8.103以剖面的形式呈现了每隔10s后滑坡-碎屑流运动形态和堆积体厚度特征变化情况。在0s时刻，滑坡前缘位于水平距离43m处，后缘位于17m处，此时碎屑流体的平距厚度达到6m。在50s时刻，在水平距离260m处，堆积体的厚达达到最大，

为 2.5m。同时后缘位于 37m，表明滑坡区有部分崩残积体。碎屑流区的堆积体平均厚度为 1.5m，堆积区的平均厚度为 1.75m，碎屑流运动至 315m 处运动停止。

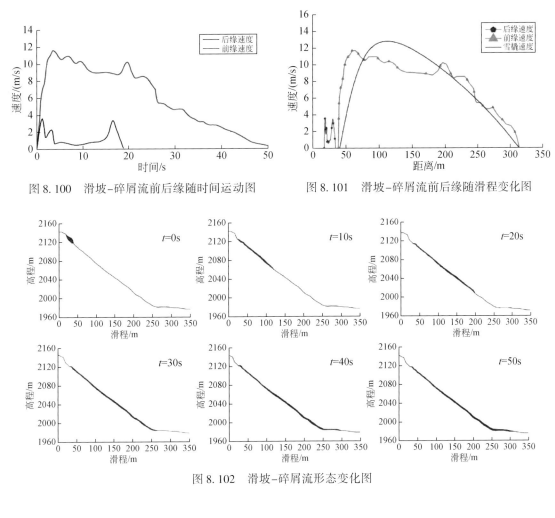

图 8.100　滑坡–碎屑流前后缘随时间运动图　　　　　图 8.101　滑坡–碎屑流前后缘随滑程变化图

图 8.102　滑坡–碎屑流形态变化图

图 8.103　堆积体厚度变化图

3）典型点运动特征

基于野外地质调查情况，康苏滑坡-碎屑流对公路县道的安全行车造成威胁，故选取 $X = 250\text{m}$ 处（公路点）的运动特征来进行分析。由图 8.104 和图 8.105 可见，碎屑流在 27s 左右运动至该点，此时速度达到最大，为 5.5m/s。此后在该点的速度开始衰减，衰减的加速度达到 -0.23m/s^2，直至运动停止，最终该点的堆积体厚度达到 2.25m/s。由此可见，碎屑流运动至公路处的运动速度还是较快，对车辆形成安全造成一定隐患，由于碎屑流体体积较小，可以通过抬高公路路基的方法或者直接将碎屑流体掩埋进入公路路基，这样可以达到防治目的。

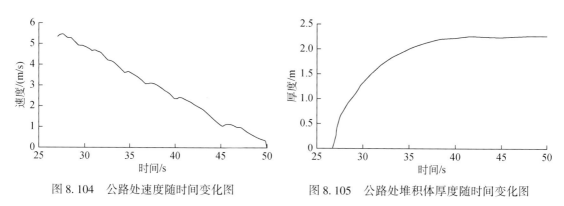

图 8.104　公路处速度随时间变化图　　　图 8.105　公路处堆积体厚度随时间变化图

上述结果表明，对于红层滑坡-碎屑流，DAN-W 模型可以较好地模拟出滑坡-碎屑流的堆积体厚度、运动速度和运动冲击距离等动力学灾害效应。该方法同样也适用潜在的滑坡-碎屑流的运动学灾害效应评价中，其主要思路为：首先，基于野外现场踏勘和无人机影像图，收集地质资料，确定滑坡-碎屑流体的形成机制并获取滑坡-碎屑流（边坡）的数字高程模型（DEM）；其次，通过相应的原位试验初步确定潜在滑面的大致位置；然后，结合已有研究成果推荐的经验值和室内土工试验，确定流变模型参数。将地形线和流变模型参数导入 DAN-W 进行多次对比计算，提取出滑坡-碎屑流的运动速度、堆积体厚度和运动距离等计算结果，对滑坡-碎屑流体的运动灾害效应进行空间预测评价。

8.5　小　　结

本章通过上述现场调查、室内试验和数值模拟的结果，可以得出典型的滑坡-泥石流的泥石流启动力学机制，并通过数值模拟研究滑坡-泥石流运动特征及堆积范围，得出以下三点认识。

（1）莎车县塔什纳村泥石流三面环山、岸坡坡度较陡，利于水流的汇集，为泥石流的发育提供了良好的地形条件，岸坡弱胶结砾岩在昼夜温差大等外界条件下风化强烈，形成大量的坡积物堆积在坡脚、沟道，为泥石流提供了丰富的物源条件，新疆南疆地区降雨虽然总量少，但是雨水集中，易形成陡涨陡落、峰高量少的暴雨洪水，继而成为泥石流的有利激发因素。降雨诱发沟道型泥石流的过程大致可以分为 3 个阶段：①降雨侵蚀入渗，雨滴下落击打地表，溅蚀入渗表层土体；②地表薄层径流，新疆地区气候干燥，降雨历时短，一般情况雨水来不及到达不透水层，就在降雨量大于入渗量时形成了超渗产流，地表薄层径流会削弱雨滴溅蚀而逐渐增大携沙量；③沟道堆积体启动，随着径流的加深，携带的砂砾量越来越大，径流紊动加剧，携带的沙砾不断与地表面冲击、碰撞，出现"揭底"现象，掺杂土石的水流像"滚雪球"一般越来越凶猛，最终形成泥石流。基于泥石流沟道堆积体启动过程进行了不同阶段的力学分析，最终推导出塔什纳村泥石流启动临界流速公式，得到其启动的临界平均流速为 0.71m/s，而计算得到塔什纳泥石流平均流速达到 4.14m/s，远大于其启动所需的临界平均流速，因此该泥石流完全可以启动，公式可靠性也得到了印证。通过 CFX 软件模拟了塔什纳村五十年一遇泥石流，生动地再现了泥石流流动、堆积、泛滥过程。模拟所得塔什纳村五十年一遇泥石流最大泛滥区时平均速度为 4.6m/s，与计算所得的平均速度为 4.14m/s，误差为 11.1%，其泛滥区模拟结果与现场调查结果对比大致相符，吻合度达 80.6%，取得了较好的模拟效果。在塔什纳村五十年一遇泥石流模拟效果大致相符的情况下，以此为基础进行了设计频率 1%（百年一遇）的泥石流数值模拟，设计洪峰流量为 22.5m³/s，平均流速为 8.5m/s，达到最大泛滥区的时候，其流体最大速度为 10.967m/s，平均速度约 7.9m/s，与计算所得平均速度 8.5m/s 误差为 7%。相比五十年一遇泥石流，最大流速增加了 13%，其沟口泛滥区范围向右侧扩散了最大距离约 10.77m，左侧扩散了 3.8m，流动范围除了弯道处向两侧有所增加，沟道内的流动变化不大，流出沟道后向沟口右侧流动扩大的趋势明显，对沟口居民在泥石流暴发时的泛滥区范围可以起到一定的预测预警作用。

（2）乌恰县乔库而泥石流在降雨入渗作用下，物源区的土体含水率增加，在接近或达到饱和含水率时，后缘土体开始失稳，并且推动前缘土体开始滑动；启动以后的物源区土体在运移过程中受到两方面的作用：①泥石流中土体颗粒受到挤压剪切作用而持续破碎，级配不断变细，泥石流的体积收缩，孔隙水压力不断上升；②汇水区的雨水直接流入流通区谷底，导致沟谷两侧山体坡脚堆积的古近系和新近系红色砂泥岩的细粒风化土层饱和，并在低洼地带形成积水。泥石流不断铲刮流通区沟谷底部的饱和细粒土层及洼地的积水。因此，在滑坡土体运移的过程中，泥石流体内的孔隙水压力不断上升，而抗剪强度持续下降，发生土体液化，形成泥石流，能够长距离运移到河谷。

（3）康苏红层滑坡-碎屑流具有典型的高位滑坡-碎屑流的地质灾害特征，其主要受危岩体岩性组合和坡体结构面组合控制。砂泥岩互层结构、两组节理控制面及降雨融雪入渗等是危岩体失稳破坏的重要因素。该滑坡-碎屑流的孕灾模式主要分为四个阶段：差异风化阶段、岩体结构变形破坏阶段、悬挑危岩阶段和滑坡-碎屑流失稳落下阶段。DAN-W 模型和 F-F-V 流变模型组合可以较好地模拟滑坡-碎屑流运动过程，其速度呈现"急剧加速、波动性增长，逐渐衰减"3 个阶段，最大速度达到 11.5m/s，堆积区的平均厚度达到 1.5~1.75m，运动距离最远达到 315m。

第9章 南北疆地质灾害失稳机理对比分析

9.1 概 述

新疆伊犁河谷地处天山山脉西段西天山优地槽褶皱带内，属于北天山地震带，强震活动频繁。受内外营力长期剥蚀改造影响，山前地带多分布垄岗状和浑圆状低山黄土丘陵。该区域在气候上属于湿润的大陆中温带气候，降水丰沛，昼夜温差明显，冬季积雪期较长。受此复杂地质条件和气候条件影响，黄土冻融滑坡与滑坡泥石流灾害在伊犁河谷普遍分布，危害也较为严重。

伊犁河谷是冻融滑坡广泛发育的地区，据统计，目前伊犁河谷地区 380 处有时间记载的滑坡中，发生在冻融期内的就有 152 处，占了 40%，这些滑坡严重威胁村镇、公路、铁路、水利等人类生产生活基础设施。喀拉亚尕奇滑坡发生时正值冬末春初气温回暖之际，受季节性冻融作用影响强烈，具有多期次滑坡特征，并且形成了堵溃型滑坡–泥石流灾害链，是伊犁河谷地区非常具有代表性的冻融型黄土滑坡。国内外大量的文献都对此类滑坡进行了记载和研究，国外如 2003 年 2 月和 2008 年 1 月发生在新西兰南阿尔卑斯山的两次崩塌，规模分别为 $12 \times 10^4 m^3$ 和 $15 \times 10^4 m^3$，产生了相当于两个里氏 2.5 级的地震（Cox and Allen，2009）；挪威海湾地区每年 4 月前后也是冻融作用诱发崩塌和滑坡的频发期，苏联基辅、克里米亚地区也存在此类现象[①]；国内如 1983 年 3 月 7 日甘肃洒勒山滑坡，滑坡体规模为 $5000 \times 10^4 m^3$，阻断了巴谢河，造成 230 余人伤亡（王士天等，1990）；1995 年 1 月 30 日甘肃永靖县黄茨滑坡，滑坡体规模为 $600 \times 10^4 m^3$，未造成人员伤亡（王恭先，1997）；2000 年 4 月 9 日西藏易贡滑坡，滑坡体规模为 $3 \times 10^8 m^3$，滑动距离达到 8km，阻断了易贡藏布河，形成堰塞湖（殷跃平，2000）。

冻融滑坡的形成条件和发展过程十分复杂，其失稳机理是国内外许多专家学者致力研究的热点和难点问题。很多学者在研究季节冻土区滑坡失稳机理时，认为斜坡冻结层将地下水封闭聚集在坡体内形成冻结滞水，产生了较高的孔隙水压力，使静、动水压力增强，从而导致滑坡失稳（Govietal，1993；王念秦和姚勇，2008；Li et al.，2014）。Norikazu 和 Hiroaki（1999）研究了日本阿尔卑斯山脉季节冻土区的岩崩现象，发现岩崩集中发生主要受季节性冻融渗透作用影响，一般冻融深度约 1m 的位置岩崩发生频率较高。Huggel 等（2010）和 Fischer 等（2013）对欧洲阿尔卑斯山脉常年冻土区大量滑坡研究表明，气温和冰雪覆盖层厚度的变化导致高山斜坡失稳。Harris 和 Lewkowicz（2000）分析了斜坡季节性冻结层内孔隙水压力的变化，认为孔隙水压力在坡体内部存在临界面，另外冻融作用导致冻结层的抗剪强度从峰值降低为残余强度，影响斜坡的稳定性。冻土是一种复杂的多相系统，由矿物颗粒、冰

---

① 昊玮江，2005，甘肃滑坡灾害及其防治研究，甘肃省科学院地质自然灾害防治研究所。

和空气组成，冻土的力学特性无疑受到冻土中冰的影响。关于冻融作用对土体力学性质影响的研究成果差异较大，Simonsen 和 Isacsson（2001）认为土在经历一个冻融循环后，弹性模量会减小 20%~60%。Czurda 和 Hohmann（1997）测试了五种冻结黏性土的抗剪强度，结果表明冻土抗剪强度随时间和温度的变化主要表现为黏聚力的变化，摩擦阻力基本不变。Wang（2007）研究发现，随着冻融循环次数增加，青藏黏土的黏聚力减小而内摩擦角有增大趋势。而还有些研究发现，冻土经过冻融循环后强度不但没有降低，反而有所增加。因此，关于季节性冻土区还有许多科学问题需要解决，加强此类地区冻融滑坡失稳机理的研究，为季节性冻土区地质灾害早期识别及风险评估提供技术支撑具有重要意义。

伊犁河谷地区多发育高速远程滑坡泥石流，此类灾害发生时前兆特征少且不明显，并且具有多次发生的可能。作为一种特殊的流状滑坡——泥流型黄土滑坡，近年来也受到国内外专家的广泛关注，如天水地区 2013 年 7 月暴雨引发了 7 处泥流型黄土滑坡；1920 年 12 月宁夏海原 8.5 级地震引发了大量泥流型黄土滑坡；1989 年苏联塔吉克境内发生 5.5 级地震，位于震中的吉萨尔村形成了沙拉拉滑坡、菲尔马滑坡、五一滑坡和奥库里滑坡这四大泥流型黄土滑坡。甘肃永靖县黑方台灌区，自 1968 年人工提取黄河水灌溉以来，诱发了大量的泥流型黄土滑坡，此外新疆新源、巩留伊犁河谷两岸黄土丘陵区泥流型黄土滑坡亦十分发育。泥流型黄土滑坡还具有继发性的特点，如天水大沟曾于 1984 年和 2013 年雨季均发生过类似的泥流型黄土滑坡。王功辉（1991）用实验证明了饱和黄土在动力作用下可以液化，而烘干试样的动力试验结果表明气压的增加是非常小的，黄土的抗剪强度没有明显降低。李同录等（2004）则认为，黄土在滑动过程中原有疏松结构显著压密，大孔隙减少。滑带土的粒度虽然也减小，但导致孔隙水压力升高的主要原因是疏松的初始结构提供了足够大的剪缩空间，黄土的颗粒破碎可能不是主要原因。另外，王家鼎和张倬元（1999）根据滑坡位移观测曲线呈振荡状，提出地脉动是饱和黄土液化的因素之一，地脉动虽然振幅小，但持续时间长，其作用不可忽视，地脉动和高渗透水力坡降使饱和黄土发生蠕动液化。

对于滑坡泥石流的成灾模式和规律，国内外专家主要从宏观的地质地形条件和细观结构特征入手。佐佐恭二和韦淑莉（1989）提出液化减阻运动机理，他们认为当碎屑流底部液化层上流动时，快速的不排水剪切不利于孔隙水压力的释放，导致有效应力下降，从而使摩擦阻力减小，当剪切强度继续减弱到某阈值时，滑坡解体成为泥石流。张倬元等（1985）通过对黄河上游龙羊峡水电站近坝库岸大型高速滑坡-碎屑流的研究，首次提出碎屑流化滑坡高速远程效应的原因是碎屑间相互碰撞引起的动量传递，发现非地震导致的饱水砂土液化使滑坡高速滑动的地质证据，并认为高速滑坡获得并保持高速和达到远程滑动的原因有滑体高位能、中部剪断带黏土峰残强度差、饱水砂土液化、气垫效应和碎屑流动等。李焯芬和陈虹（1997）分析了对香港地区滑坡型泥石流转化的控制因素，即地形条件、土体结构和强度、暴雨入渗特征、植被覆盖及人为干扰等，提出香港暴雨滑坡泥石流破坏有四种模式，即由于暴雨入渗形成浅层地下水而造成的破坏、暴雨入渗导致天然地下水位升高而造成的破坏、土层内地下水的渗透破坏和由于土体残余节理切割组合等造成的破坏。Iverson 等（1997）进行著名的 Iverson 水槽模拟试验，证实了松砂剪缩产生超孔隙水压力使滑坡转化泥石流的过程，并把滑坡转化泥石流的机理分为 3 个阶段：①斜坡的广泛 Coulomb 破坏；②体剪缩使剪切带部分或全部液化；③滑体的平动能转化为内部的震动能，破坏滑体土的黏聚力。这 3 个阶段可以独立的出现，但是更多的时候它们是协同作用的。Hungr 等（2001）通过实例研究后，认为底部不排水剪切产生的超孔隙水压力是滑坡泥石流能够高速远程的主要原因，并提出了裹挟铲刮效应。

本章在总结前人的研究基础上，以喀拉亚孕奇滑坡和阿热勒托别滑坡泥石流为例，通过详细现场调查、滑坡前后多期遥感影像动态对比、室内外试验、数值模拟等手段，分析了滑坡渐进破坏的变形特征，揭示了冻融滑坡与滑坡泥石流的失稳机理与远程运动特征，为该类型地质灾害早期识别及风险评估提供科学依据。

9.2　黄土滑坡冻融失稳机理研究

2017 年 3 月 24 日，新疆维吾尔自治区伊犁州伊宁县喀拉亚孕奇乡发生黄土滑坡，滑坡体堵塞皮里青河，形成堰塞坝，使水位壅高后自然溃决，掩埋损毁了对岸居民的鱼塘、果园及农用机械，未造成人员伤亡（图 9.1）。

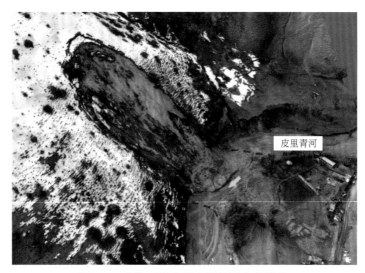

图 9.1　喀拉亚孕奇黄土滑坡无人机影像

9.2.1　喀拉亚孕奇滑坡地质环境背景

1. 气象

伊宁县属温带大陆性半干旱气候，冬春温暖湿润，夏秋干燥较热，昼夜温差明显，年均气温 8.4℃，黄土冻结期主要在冬季 11 月初至次年 3 月底，为季节性冻土，融冻层最大冻结深度 95.06cm（胡列群等，2014）（图 9.2）。由于特殊的地形地势，造成境内自然降水较多，年最高可达 570mm，年最低 221mm，并且降雨量在时间上分布不均，降雨主要集中在 3～7 月，月均在 30mm 以上，8～9 月相对较少，月均为 15～19mm。伊宁县年降雪日数一般为 35 天，降雪一般在 10 月底开始，次年 3 月底结束，积雪天数达到 107 天左右（图 9.3）。

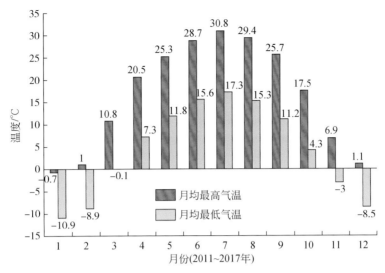

图 9.2　2011～2017 年伊宁县月均气温统计图

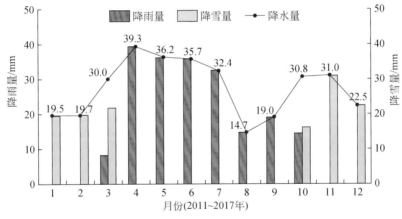

图 9.3　2011～2017 年伊宁县月均降水量统计图

2. 地形地貌

伊犁河谷地处新疆天山山脉西段，总体呈"三山夹两谷地一盆地"的格局，山区面积占全区面积 70% 以上。海拔最高点是昭苏西南的汗腾格里峰，高程为 6995m，海拔最低是特克斯-昭苏盆地，平均海拔 900m。受内外营力长期剥蚀改造影响，山前地带多分布垄岗状和浑圆状低山丘陵，海拔为 900～1600m，植被较发育。在特有的地形和气候条件下，区内形成了分布广泛的风成黄土，主要分布于山前丘陵地带或河流两岸高阶地上，在海拔 600～2200m，厚度随下伏地形的起伏变化从几米到几十米不等，勘察资料显示覆盖最厚处在伊宁县博尔博松沟，达到 50m（葛文胜等，2013）。

3. 地质构造

喀拉亚尕奇滑坡区在构造上位于伊犁中间地块西北缘，北以尼勒克深断裂、南以那拉提深断裂为界，属南北向垄岗状延展的山前黄土丘陵区地貌，滑坡山顶高程为 1480m，山脚高程为1130m，相对高差为350m，地形坡度为30°~40°。出露地层主要为中石炭统海相碳酸盐岩、碎屑岩、凝灰岩等，底部夹碳质页岩，第四系风成黄土不整合覆盖在基岩之上，一般坡体中部黄土沉积厚度较大，可达到20m。

4. 水文地质条件

滑坡区地下水类型为碎屑岩类裂隙孔隙水和基岩裂隙水，主要赋存在山前丘陵区火山碎屑岩和碳酸盐岩内，补给来源取决于大气降水、冰雪融水渗入与河水渗漏，地下水径流总体由东北向西南，以泉的形式排泄。区内主要河流为皮里青河，发源于科古琴山，河流多年平均流量为5.52m³/s，年平均径流量为1.74×10⁸m³。

9.2.2　喀拉亚孕奇滑坡基本特征

根据现场走访调查，结合喀拉亚孕奇滑坡发生前后多期高分辨率遥感影像和无人机倾斜摄影测量数据，显示该滑坡点在近年来共发生过两次滑动。第一次是在2008年3月19日，滑坡堆积体总体积为27.4×10³m³；第二次滑动是2017年3月24日，滑坡堆积体总体积为49.4×10³m³。喀拉亚孕奇滑坡为黄土层内滑坡，下部基岩为石炭系（C₂y）碎屑岩，滑坡平面形态为舌形。本书针对第二次滑动将滑坡区分为滑源区和堆积区两部分（图9.4）。

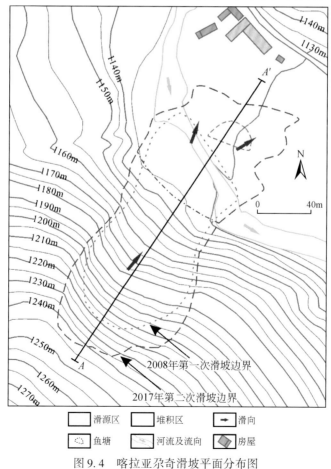

图9.4　喀拉亚孕奇滑坡平面分布图

1. 滑源区

滑坡体岩性成分主要为第四系晚更新世（Q₃）伊犁黄土，黄褐色，均匀无层理，垂直节理裂隙发育。颗分试验结果表明，伊犁黄土中粉粒（0.075~0.005mm）含量占优，达到69.8%~86.0%；细砂（0.25~0.075mm）含量为3.7%~18.0%；黏粒（<0.005mm）含量为10.3%~12.2%（图9.5）。伊犁黄土的性质与黄土高原的马兰黄土（Q₃）具有明显差别，在一定的静水或动水压力条件下易发生液化效应（叶玮，2000）。

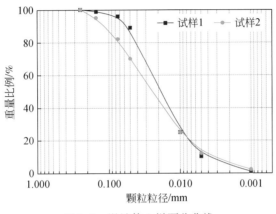

图 9.5　滑坡体土样颗分曲线

根据2015年7月15日滑坡前遥感影像数据和2017年3月26日滑坡后无人机数字高程模型数据，经过现场测量计算分析，滑源区纵长约120m，横宽75~90m，厚度3~8m，面积约9600m²，体积约为42.2×10³m³，主滑方向N40°E，坡度为38°（图9.6）。滑坡周

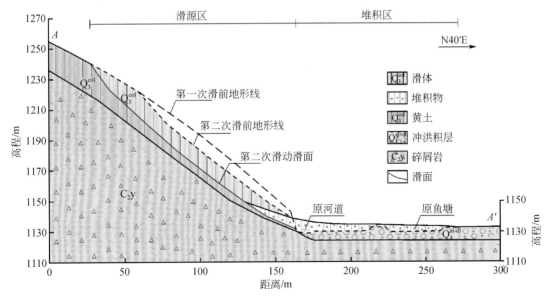

图 9.6　喀拉亚尕奇滑坡剖面图（A-A'）

界均形成了高 2～6m 的陡坎，剪出口位于斜坡前缘坡脚，并可见地下水从前缘侧边界和剪出口排出。滑坡发生前，表层冻土厚度最大约 0.95m，坡面积雪覆盖厚度约 0.25m，后缘及滑体上分布数条横向裂缝，裂缝宽度约 0.20m，延伸长度为 30～50m。

2. 堆积区

堆积区纵长 93～116m、横宽 82～97m、厚 4～7m，面积约 9200m²，体积约 49.1×10³m³，包括了滑坡体和铲刮携带的河床物质。滑坡发生后，高速运动的滑体冲击铲刮了河床与对岸岸坡的卵砾石，并向前运移，堵塞并越过了皮里青河，掩埋了对岸居民的鱼塘和果园，在河道形成宽 21m、高 3.5m 的堰塞坝，堵塞长度约 60m，在河流冲刷作用下，堰塞坝于滑坡发生 4 小时后自然溃决 ［图 9.7（a）］。堆积体物质由冻土块体与卵砾石土组成，冻土块体主要分布在堆积体中部，最大冻土块体尺寸 2.5m×2.0m×1.0m ［图 9.7（b）］，卵砾石土主要分布在堆积体前部 ［图 9.7（c）］。

(a) 堰塞坝自然溃决

(b) 冻土块体分布

(c) 卵砾石土

图 9.7　堆积区特征

9.2.3　喀拉亚尕奇滑坡失稳机制

现场详细调查表明，喀拉亚尕奇滑坡失稳机制主要与水有关，一方面是地表水侵蚀作用，另一方面则是地下水的冻融作用。地表水侵蚀主要以河流侵蚀斜坡坡脚为主，导致岸坡后退，尤其是在河流弯道地段，受弯道环流作用，凹岸斜坡被横向掏蚀，使坡体失去支撑。冻融作用主要为坡体内部地下水的冻结滞水效应和坡体表层冻融循环两种方式（王念秦和姚勇，2008）。

1. 滑坡变形特征

滑坡位于皮里青河凹岸处,最初破坏是从坡脚开始,发生小规模滑塌,然后逐渐向上部与内部发展,经过季节性冻融与河流侵蚀长期反复的作用,斜坡渐进破坏,最终诱发大规模滑坡。根据滑坡区多期遥感影像分析,滑坡变形过程特征如下:

(1) 1989 年 8 月 13 日遥感影像显示 [图 9.8 (a)],在滑坡发生第一次滑动之前,斜坡坡脚局部已发生小规模滑塌,滑体后缘高程为 1155m,总体积约 700m³。根据图中标尺 (以遥感影像底部相同纬度为基准点) 可知,河道弧顶贴近凸岸,相对距离为 81m。

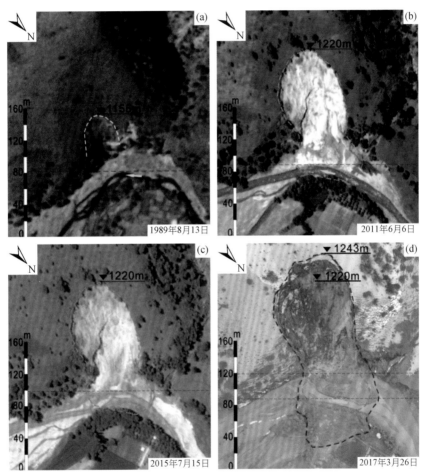

图 9.8　喀拉亚尕奇滑坡多期遥感影像特征

黄色虚线为小规模崩滑区,橙色虚线为第一次滑动界线,红色虚线为第二次滑动界线;
标尺以相同纬度为基准点,黑色虚线为河道弧顶位置

(2) 2011 年 6 月 6 日遥感影像显示 [图 9.8 (b)],在滑坡发生第一次滑动之后,滑坡后缘高程为 1220m,总体积约 27.4×10³m³,滑体堆积于河道内,水流冲刷搬运走了堆积体前缘部分,河道明显变宽并向凹岸移动,相对距离为 87m,河流侵蚀速率为 0.27m/a。

（3）2015 年 7 月 15 日遥感影像显示［图 9.8（c）］，滑坡体边界无明显变化，但是河流有明显的改道现象，继续向凹岸坡脚靠近，相对距离为 99m，侵蚀速率为 0.33m/a，第一次滑坡的堆积体物质基本被河水冲蚀搬运完，斜坡坡脚再次临空。

（4）由 2017 年 3 月 26 日遥感影像可推测［图 9.8（d）］，第二次滑动前河道弧顶位于坡脚处，相对距离为 118m，岸坡被侵蚀后退，侵蚀速率为 9.5m/a，滑坡第二次滑动后由于堆积体堵塞河道，自然溃口位于相对距离 88m 处，滑坡后缘高程为 1243m，与第一次滑动相比向上外扩 23m，滑体厚度为 4～7m。现场调查发现，当前滑坡两侧 5km 范围内岸坡坡脚均受到河流不同程度的侵蚀作用，坡脚垂直临空面高 3～5m，存在诱发滑坡的可能性。

2. 冻融作用

滑坡区表层黄土的冻结期为每年 11 月上旬至次年 3 月下旬，融化期自 2 月下旬至 3 月下旬，2000～2010 年统计数据显示该区域最大冻结深度为 95.06cm（胡列群等，2014）。季节性冻土层经历着年复一年的冻融循环作用，同时在融化期内，距地表深度约 30cm 内还会遭受 20～40 次的昼夜冻融循环作用（程秀娟等，2013）。滑坡区 3 月昼夜温度差异大，夜晚气温保持在零下，白天气温快速升至零上，坡体表层土体一天之内经历一个冻融循环（图 9.9）。土体在冻融循环过程中存在两种状态之间的相互转换，一是气温下降，土体由非冻结状态进入冻结状态，称之为正冻土，另一种是气温升高，土体由冻结状态逐渐融化，称为正融土。根据现场量测，坡体表层冻土在 3 月 27 日 24 小时融化了 20cm，属于正融土［图 9.10（a）］。Chamberlain 和 Gow（1979）等认为，与未冻土相比，细粒土经过冻融循环后土的渗透性有所增大，而且塑性指数越大这种效应越明显。反复的冻融作用改变了土体原有的微观结构，破坏了颗粒间的联结力，宏观上产生了纵横交错的裂纹［图 9.10（b）］，融化的雪水沿裂纹入渗，聚集在冻融界面上形成冰纹条带［图 9.10（c）］，降低了土体的力学强度（齐吉琳等，2003；常丹等，2014）。

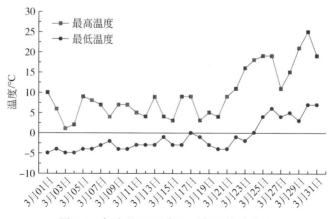

图 9.9　伊宁县 2017 年 3 月气温统计曲线

(a) 冻土融化　　　　　　　　　　　　　　(b) 冻融裂纹

(c) 冻土中的冰纹条带　　　　　　　　　(d) 滑坡前缘侧边界地下水渗出

图 9.10　冻融作用对黄土的影响

冻结期间，斜坡体冻结层的剪切强度比未冻土约大 1 个数量级，渗透性约小 1 个数量级（彭丽云和刘建坤，2010），隔离了坡体内部与外部物质交换，堵塞了地下水排泄通道，使地下水逐渐地向坡体中下部运移并富集，水位不断升高，坡体下部土体先饱和并产生了较大静水压力造成静态液化现象，降低了斜坡土体强度；融化期间，由于前期坡体积存水量较大，水的渗透力和水头差也较大，因此产生了较大动水压力，使被阻止的地下水从坡体前缘以泥流形式排泄溢出，携带走了坡体物质［图 9.10（d）］，而此时静水压力则逐渐降低。季节性冻融作用导致地下水动、静水压力随时间不断变化，直接影响坡体内的应力状态和坡体稳定性（王念秦和姚勇，2008）。

3. 滑坡稳定性模拟分析

冻融型黄土滑坡的失稳模式一般为传递型和旋转型，水是造成冻融型黄土滑坡失稳的主要原因。根据前文分析，可将滑坡破坏失稳过程分为 3 个阶段。

（1）坡脚侵蚀阶段。丰水期（每年 4～9 月）河流对岸坡冲刷、侵蚀，导致坡脚物质流失后退，使坡体平衡结构破坏，前缘临空失去支撑；

（2）冻结滞水阶段。冻结期（每年 11 至次年 3 月）斜坡体冻结层阻隔了坡体内部地下水与外部排泄通道，使地下水在坡体内富集产生了较大静水压力；

（3）冻融循环破坏阶段。融化期（每年 2～3 月）表层冻土层融化，雪水从孔隙裂缝渗入，使表层土体软化，渗透性增强，同时，前期富集的地下水从坡体内以泥流形式排泄溢出，静水压力和动水压力突变，改变了坡体内部应力状态，促发滑坡失稳破坏。

本书采用 GeoStudio 软件的斜坡稳定性和渗透分析方法进行计算分析，相关计算物理力学参数通过室内试验获得，见表 9.1。

表9.1　滑坡区稳定性计算主要物理力学参数

材料	重度/(kN/m³)	黏聚力/kPa	内摩擦角/(°)	渗透系数/(cm/s)
黄土	18.3	16	26	1.24×10^{-6}

1）坡脚侵蚀

图 9.11（a）模拟结果反映了斜坡坡脚未受侵蚀时的稳定性，水位线位于潜在滑坡以下，安全系数（F_s）= 1.19，斜坡稳定。图 9.11（b）为斜坡坡脚受河流侵蚀作用时的稳定性模拟结果，坡脚后退 4.1m，临空面高度约 5.3m，地下水以泉的形式自由排泄，水位线位于潜在滑面以下，安全系数（F_s）= 1.17，斜坡体稳定。

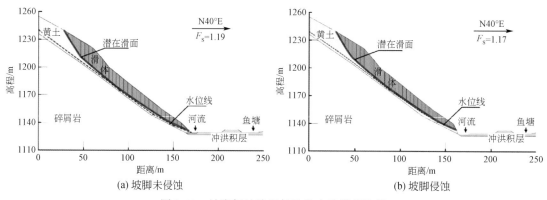

图 9.11　坡脚侵蚀阶段斜坡稳定性模拟结果

2）冻结滞水

考虑到地下水和坡面冰雪融水补给的瞬变性，采用 GeoStudio 软件的 SLOPE/W 和 SEEP/W 瞬态渗流耦合方法进行计算分析。2016 年 11 月 1 日至 2017 年 3 月 24 日滑坡发生当天为一年的冻结期，共 144 天。由于冻土层存在，地下水不能向外部排泄，汇集的水都富集在坡体内。根据收集的地下水资料可知，滑坡区地下水以泉的形式排泄，单泉流量为 $5 \times 10^{-5} \mathrm{m}^3/\mathrm{s}$，冻结期滑坡体内平均每天汇入量为 $4.32 \mathrm{m}^3/\mathrm{d}$，总汇入量为 $622.08 \mathrm{m}^3$，坡体前缘河流侵蚀临空面高度为 5.3m。冻结层厚度取 1.0m，剪切强度取未冻土的 10 倍，渗透系数取未冻土的 1/10（崔托维奇，1985；Othman and Benson，1993）。GeoStudio 模拟结果表明，滑坡发生时坡体地下水位线位于高程 1141m 左右，潜在滑面中下部位于水位线以下，处于饱和状态。孔隙水压力最大约 120kPa，位于中下部坡脚处。稳定性计算结果 $F_S = 1.10$，斜坡稳定（图 9.12）。

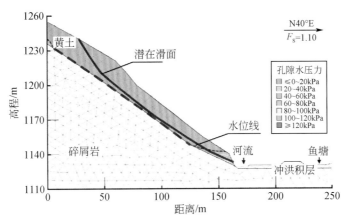

图 9.12　冻结滞水阶段斜坡稳定性模拟结果

3）冻融循环破坏

季节性冻土区斜坡发生破坏的往往是正融土，取冻结层正融土的剪切强度为冻土的 30%，渗透系数取未冻土的 80%（崔托维奇，1985；彭丽云和刘建坤，2010）。GeoStudio 模拟结果表明，滑坡发生时坡体地下水位线位于高程 1155m 左右，滑面中下部位于水位线以下，处于饱和状态，孔隙水压力最大约 200kPa，位于中下部坡脚处，现场观察到饱和泥石流从坡体前缘排泄溢出。稳定性计算结果 $F_S = 0.98$，斜坡失稳（图 9.13）。

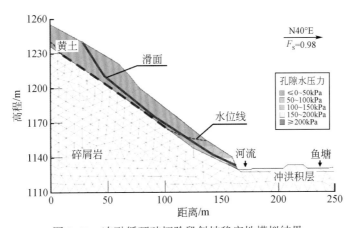

图 9.13　冻融循环破坏阶段斜坡稳定性模拟结果

通过斜坡稳定性分析和瞬态渗流分析计算，给出了 2017 年 3 月融化期滑坡每日的安全系数与最低温度的关系，见图 9.14。可以看出，随着温度持续升高，地下水和融雪不断在坡体内富集，冻结层逐渐融化，从 3 月 17 日开始滑坡稳定性急剧下降，最后在 24 日失稳滑出。

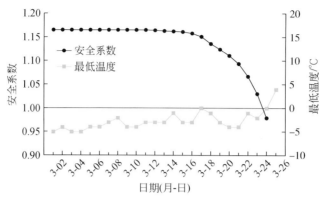

图 9.14　2017 年 3 月滑坡稳定性与气温关系

9.2.4　喀拉亚孜奇滑坡运动特征分析

　　根据现场调查情况，滑坡启动后，高速滑下的冻土块体首先铲刮了河道和对岸岸坡的卵砾石［图 9.7（c）］，并向前运移，铲刮厚度 0.8 ~ 1.5m。部分冻土块体由于巨大的动能，越过地面 3m 高的位置，撞击了河道左岸树木（图 9.15），滑坡产生的巨大气浪压倒了数十颗果树。因此，滑坡从失稳到堆积整个运动过程可分为启动下滑和铲刮堆积两个阶段。

图 9.15　冻土块体撞击树木

　　Hungr（1995，2008）采用了等效流体的概念，将滑坡体物质简化为特定性质的简单连续流体，考虑内部的摩擦效应，开发了 DAN-W 滑坡–碎屑流（泥石流）动力学分析软件，通过不同基底摩擦流变模型来模拟滑坡的运动速度、时间、路程及堆积厚度等动力特征。实际上，滑坡受岩土体各向异性、水岩相互作用、规模和速率的影响，其中大部分不适合取样和室内试验分析，涉及了复杂的流变特性，因此，等效流体的流变特性只能通过对滑坡案例准确判断并反演分析，在已知滑坡体运动过程、堆积特征等情况下选择最优模型和参数进行模拟分析（Yin *et al.*，2016）。根据多项研究表明，Frictional 和 Voellmy 两种摩擦流动模型被证明可以较为合理地还原滑坡–碎屑流（泥石流）的运动和堆积特征（Hungr and Evans，2004；Sosio *et al.*，2008；Hungr and Macdougall，2009）。本书采用 DAN-W 数值模拟软件通过试错比选法，选取最优模型搭配和参数来模拟滑坡在启动下滑和铲刮堆积阶段的运动特征（表 9.2）。

表 9.2　滑坡流动模型参数

模型	重度/(N/m³)	内摩擦角/(°)	摩擦系数	湍流系数/(m/s²)
Frictional	18.3	26	—	—
Voellmy	18.3	26	0.19	220

采用 Frictional 模型模拟滑坡启动下滑阶段运动过程，其方程表达式为

$$T=A\gamma H\left(\cos\alpha+\frac{a_{c}}{g}\right)(1-\gamma_{u})\tan\varphi \tag{9.1}$$

式中，T 为流体基底剪切阻力；γ 为重度；H 为流体厚度；α 为运动路径坡角；$a_{c}=v^{2}/R$，为离心加速度，取决于运动路径曲率；γ_{u} 为孔隙水压力系数；φ 为内摩擦角。

采用 Voellmy 模型模拟滑坡铲刮堆积阶段的运动过程，其方程表达式为

$$T=A\left[\gamma H\left(\cos\alpha+\frac{a_{c}}{g}\right)\tan\varphi+\gamma\frac{v^{2}}{\xi}\right] \tag{9.2}$$

式中，ξ 为流体运动中的湍流扩散系数，其他参数与 Frictional 模型相同。

图 9.16 给出了喀拉亚尕奇滑坡运动过程中，不同时刻的二维厚度剖面图。可以看出，整个滑坡从启动到堆积共历时 12.8s，与调查访问情况基本相符。滑坡启动时总体积为 42.2×10³m³ [图 9.16（a）]，当 $t=3.0$s 时，滑体前缘运动至 118m 处，由于铲刮侵蚀了河床的卵砾石，体积增加到 43.3×10³m³，最大侵蚀深度 0.6m，速度为 11.3m/s [图 9.16（b）]；当 $t=6.0$s 时，滑体前缘运动至 150m 处，滑坡体铲刮了对岸岸坡卵砾石，最大铲刮厚度达到 1.5m，体积增加到 45.9×10³m³，最大厚度达到 5.8m，速度升高为 14.7m/s [图 9.16（c）]；当 $t=9.0$s 时，滑坡前缘运动至 198m 处，掩埋了鱼塘，最大厚度达到 7.6m，速度下降为 14.1m/s [图 9.16（d）]；当 $t=12.8$s 时运动结束，滑坡前缘运动至 236m 处，最大厚度降低到 5.9m，平均厚度 4.9m，体积达到 49.1×10³m³，速度为 0m/s [图 9.16（e）]。

图 9.17 为喀拉亚尕奇滑坡运动速度与运动距离关系，可以看出，滑坡启动后，约 42.2×10³m³ 的滑坡体高速下滑，巨大的势能转换为动能，使滑坡运动过程中不断加速，最大速度达到了 17.7m/s，发生在滑体冲向鱼塘处，水平距离 175m 的位置，滑体进入鱼塘之后速度开始下降，继续运动了约 60m 后，堆积逐渐停止，滑动总距离为 139m。

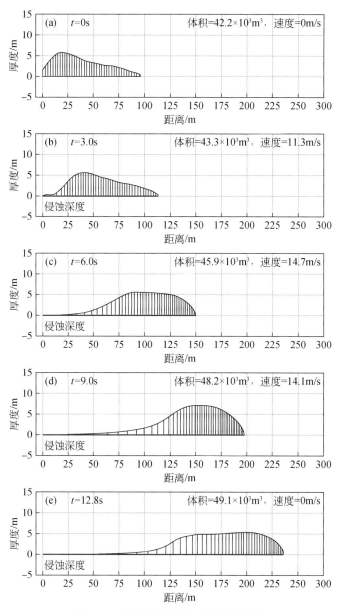

图 9.16　喀拉亚尕奇滑坡厚度剖面图

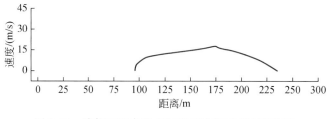

图 9.17　喀拉亚尕奇滑坡运动速度与运动距离关系

9.3　滑坡−泥石流失稳启动机理研究

9.3.1　阿热勒托别滑坡概况

2012 年 7 月 31 日 0 点 30 分，新疆伊犁哈萨克自治州新源县阿热勒托别镇发生具有流状特征的高速远程滑坡，滑坡堆积体体积约 $60×10^4m^3$，滑程长达 1800m，造成 28 人死亡，地质灾害灾情为大型。阿热勒托别滑坡，位于中国天山山脉西部，伊犁河谷北端，地理位置为 83°38′8″E，43°31′46″N，东距新源县 32km（图 9.18）。

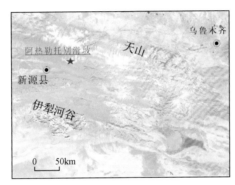

图 9.18　阿热勒托别滑坡位置

该区具有湿润大陆性中温带气候特征，年平均气温为 8.3℃，年降水量为 477.5mm。同时，该区日照充足，光热资源非常丰富，是著名的风景旅游胜地，特别是在 6~10 月，风光秀丽，瓜果飘香，吸引了大批游客聚集游玩。此外，山区矿业开采活动也很常见，并呈逐年增加的趋势，本书研究的阿热勒托别滑坡就发生在矿区。因此，开展该地区流状滑坡地质灾害研究，对于旅游、矿山安全非常重要。

对于流状滑坡的运动特征及滑坡泥石流特征一直是研究的重点（Hungr et al.，1995，2004，2008；Davies et al.，1999；Xu et al.，2010；Sassa et al.，2010；Tang et al.，2011；Zhang et al.，2010；Xing et al.，2014，2015；Yin et al.，2016，2017），但是，对于饱和或近饱和区的黄土流状因滑坡运动特征研究进展不大。在地质上，阿热勒托别滑坡滑源区体积约 $2.5×10^4m^3$，从常规上难以判定会产生长达约 1.8km 远程流状滑坡。但是，该滑坡所处地区为新疆黄土滑坡地质灾害最为发育的地区之一，沟谷坡面基本为黄土覆盖，厚度一般 5~10m，厚者可达 80m 以上。受上覆黄土、下伏隔水基岩的地层特征和降水的影响，多数沟谷中有泉水出露，使得松散堆积土体富水，构成了易于失稳滑动的下垫面。因此，本书将阿热勒托别滑坡为例，研究滑坡失稳剪出后，在易液化地层上形成流状滑坡的远程运动特征和成灾机理，为该类型地质灾害危险区划分提供科学依据。

阿热勒托别滑坡灾害发生于新源县阿热勒托别镇西沟源头，西侧为什可布台铁矿露天剥采区，山顶高程约 1975m，东侧冲沟下游为河谷平原地形，高程最低为 980m，冲沟方向为 220°~270°。滑坡滑源区为什可布台铁矿弃渣堆积形成的边坡，在弃渣边坡堆填之前是一个自然山脊西侧缓坡。据边坡堆填前卫星遥感影像显示（图 9.19），边坡场地地形上为坡面沟谷汇水区。出露基岩主要为板岩、页岩等透水性差的岩层，产状主要为 $26°\angle 50°$。沟谷山体表层覆盖厚度几米到几十米的黄土层。

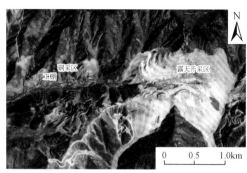

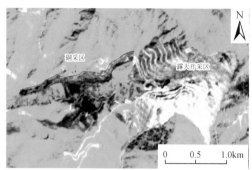

(a) 滑坡前遥感影像　　　　　　　　　　　　　(a) 滑坡后遥感影像

图 9.19　阿热勒托别流状滑坡遥感影像对比图

从降雨上看，该区属湿润大陆性中温带气候特征，山区降水量较平原区大，东部较西部大。据 1992~2012 年长达 20 年的降水数据统计，平均年降水量为 477.5mm，降水主要集中在 4~7 月，降水量占全年的 50%~80%（图 9.20）。

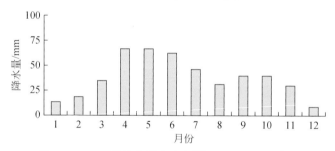

图 9.20　新源县月均降水直方图（1992~2012 年）

9.3.2　阿热勒托别滑坡基本特征

1. 堆填边坡

根据现场调查，堆填边坡位于沟谷上游，坡顶高程约 1710m，坡脚高程约 1660m，坡度较陡，边坡总体角度为 35°~40°，堆渣主要为块状、片状千枚岩，块度多小于 30cm，最大在 60cm，体积约 $4.5×10^4 m^3$。堆填边坡下部为黄土层，黄土下伏基岩。围岩稳定性好，围岩体地下水类型主要分为两类：层状岩类裂隙水和表层第四系松散岩类孔隙水。

2. 滑坡分区

滑坡分布面积为 0.09km²，东西纵长约 1800m，东西横宽约 50m，厚度为 5~10m，滑坡后缘高程为 1710m，前缘堆积区高程为 1440m，高差达 270m，堆积体总体积约 $60×10^4 m^3$

[图9.19 (b)、图9.21]。根据滑坡的运动和堆积特征可分为滑坡源区、撞击-铲刮区和流动堆积区 (图9.22、图9.23)。

图9.21 阿热勒托别滑坡全景照片

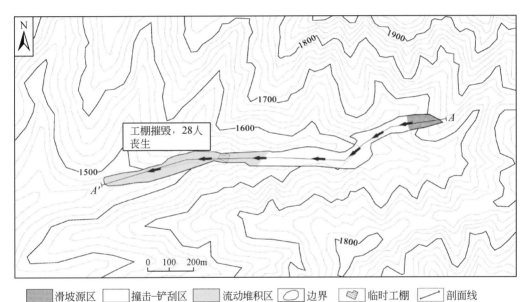

图9.22 阿热勒托别滑坡分区图 (单位:m)

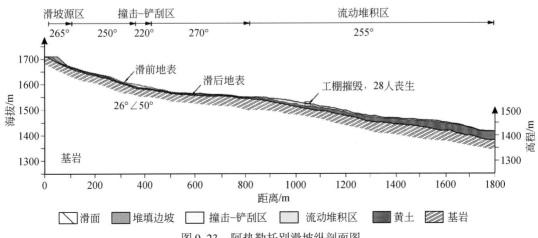

图9.23 阿热勒托别滑坡纵剖面图

1）滑坡源区

根据现场调查，滑坡源区位于堆填边坡中，剪出口位于坡脚，高程约1660m，滑面角度约35°［图9.24（a）］。滑源体纵长约60m，横宽约70m，厚度为2～10m，平均厚度为6m，体积约2.5×10⁴m³。滑坡发生后，堆填边坡残留体后缘仍有数条横向裂缝，体积约2×10⁴m³，具有再次发生滑动的可能［图9.24（b）］。

(a) 全局照　　　　　　　　　　　　　　　　(b) 后缘裂缝

图9.24　阿热勒托别滑坡滑源区照片

2）撞击–铲刮区

体积约2.5×10⁴m³的滑坡启动后，沿N265°E方向向下运动，并随之碎裂解体。沟谷纵长700m，后缘高程约1655m，前缘高程约1550m，高差约105m，坡率达7.5%，地形逐渐变缓。解体滑坡经过75m高的陡坎加速运动，并铲刮厚度约8m的沟道内表层黄土和沟内废石渣。沟道内泉水常年出露，泉水和两天前的大雨使得沟谷内黄土含水率增大，易于液化，滑坡呈现流态化特征。由于受前方冲沟两次转向影响，第一次转向时流状滑坡直接撞击冲沟右侧，并剧烈铲刮底部物质，形成一个相对深度1.5～2.0m的管道，迫使滑坡运动方向发生偏转30°朝近似N220°E运动；第二次转向时流状滑坡直接撞击冲沟左侧，沟道左侧可见擦痕和牵引拉裂缝，并将左侧一体积约9×10³m³的块体整体铲刮运走，滑坡运动方向发生偏转50°朝近似N270°E运动。向下继续运动过程中，冲沟两侧由于前缘铲刮，形成多处牵引式滑坡。该区铲刮总体积约312×10³m³，向下形成泥流的体积为314×10³m³（图9.25）。

图 9.25　阿热勒托别滑坡撞击–铲刮区照片

3）流动堆积区

体积约 $314×10^3 m^3$ 的流状滑坡顺着沟谷往 N255°E 方向向下运动。沟谷纵长约 1000m，后缘高程约 1550m，前缘高程约 1440m，高差约 110m，坡率达 7.1%，地形相对变缓。流状滑坡速度逐渐降低，并沿冲沟沟谷沿线堆积，掩埋了位于冲沟内工棚，使得硐采铁矿生活区内的 22 名矿工及家属和在沟谷矿渣堆捡矿的 6 位牧民遇难。根据现场调查（图 9.26），堆积体主要为黄土、渣土，并呈现明显的堆积分层现象，上层为较大的石块，下层为细颗粒的土体，堆积物总体积约 $600×10^3 m^3$。

图 9.26　阿热勒托别滑坡流动堆积区照片

3. 物质成分及力学参数试验

1）颗分试验

对滑坡源区渣土、撞击-铲刮区黄土取样并进行室内试验分析［图 9.24（a）、图 9.25（a）］。通过筛分法确定它们的粒度组成，可分为 6 个等级，即粒径为<0.005mm、0.005～0.075mm、0.075～0.25mm、0.25～0.5mm、0.5～2mm 和 2～20mm，其中，渣土（S1）的 0.5～20mm 颗粒重量占总重的 80% 以上，而黄土（S2、S3）的<0.005mm 颗粒重量占总重的 16%，0.005～0.075mm 颗粒重量占总重的 80% 以上（图 9.27）。

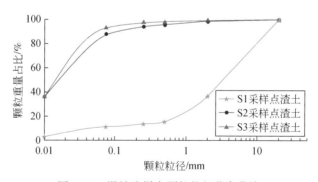

图 9.27　滑坡取样点颗粒粒径分布曲线

2）物理力学试验

黄土（S2、S3）试样进行常规物理力学参数试验，试验结果表明：土样的塑性指数 $I_p = 9.3 \sim 9.8$，表明黄土属于低塑性的黏质粉土。对于黏质粉土，饱和度可达 88.6%～96.2%，说明土体"非常湿"。此外，黄土（S2、S3）天然含水率为 18.3%～19.2%，介于塑限 16.7% 与液限 26.5% 之间，说明土体处于可塑状态。通过三轴固结不排水剪切试验，试样的抗剪强度指标为：$\varphi_{cu} = 24.3° \sim 25.5°$，$c_{cu} = 17.0 \sim 21.0kPa$。

9.3.3　阿热勒托别滑坡失稳启动机理

现场调查表明，阿热勒托别滑坡的触发机理与液体相关。也就是，堆填边坡中的液体源自于降雨和出露的泉水。许多研究者也获得了同样的破坏失稳成因（Koerner et al.，2000；Stark et al.，2000；Yin et al.，2016），一般认为入渗量增加导致滑面附近的孔隙水压力增加，以及堆填导致下部的残留土中产生的超静孔隙水压力是导致这些堆填边坡失稳破坏的触发原因。因此，本书将主要从水的作用入手，分析滑坡失稳机理。

1. 降雨和地表水入渗

阿热勒托别滑坡所在地区多年平均降水量 477.5mm，降水主要集中在 4～7 月。根据收集获得资料，2012 年 7 月以来，该地区多次降雨，特别是 7 月 28 日，滑坡发生前 3 天，局地降雨量达 16.8mm（按新疆降雨等级划分标准属于大雨）。根据现场调查，滑源区后山分布 1 条冲沟，滑源区正北方向，地形坡度 33°，沟长 500m，汇水面积约 $8 \times 10^4 m^2$。

由于缺少滑坡滑动时作用在滑面的测压水位实测数据，因此，只能通过现有数据的分析加以推断。本书主要通过渣土场汇水面积内的地表水汇集和径流来估计测压水位。

根据现场取样，通过室内实验获得黄土渗透性参数，为 0.002m/d，渣土取样由于无法取得原状土，通过工程类比方法，其渗透系数取为 0.3m/d。

2. 模拟分析

本书采用了 GeoStudio 软件的斜坡稳定分析和渗流分析耦合方法进行计算。阿热勒托别滑坡的失稳类型可按旋转型进行考虑，且由于地下水补给和渗流的不稳定性，因此采用了考虑瞬态流模拟的 Morgenstern-Price 法进行计算分析。当未考虑降雨入渗时，堆填边坡的安全系数（F_S）= 1.062［图 9.28（a）］，此时边坡稳定。

耦合计算共分两阶段。2011 年 7 月 28 日～2012 年 7 月 27 日之前为第一计算阶段，约365 天，降雨直接汇流到滑源区后山的冲沟，总汇入量约为 38200m³，平均每天汇入体积为 104.66m³/d。2012 年 7 月 28～31 日之前为第二计算阶段，其中，7 月 28 日降雨量达 16.8mm。

第一计算阶段，考虑到渣土堆填边坡渗透系数较高，且堆填边坡存有多处裂缝，易形成贯通的渗流通道。而下部黄土的渗透系数较低，故在剪出口位置设置潜在渗流出口。雨水从北侧冲沟直接汇入堆填边坡所在沟谷中，并渗入渣土体内部。总汇入量约为 $3.82 \times 10^4 m^3$，平均每天汇入体积为 104.66m³/d。模拟结果显示，边坡前缘地下水位略有上升。边坡安全系数略有下降，$F_S = 1.053$，边坡仍处于稳定状态［图 9.28（b）］。

第二计算阶段，因 7 月 28 日降雨量达 16.8mm，北侧冲沟单日汇入量约为 1344.03m³。模拟结果显示，由于边坡前缘地下水位快速抬升，形成了下滑驱动源。此时滑坡安全系数（F_S）= 0.978，说明滑坡已发生整体滑动［图 9.28（c）］。

上述分析表明，渣土堆填边坡由于突降大雨，地表水入渗量突然增加，边坡前缘地表水入渗位置快速抬升，导致了前缘坡体孔隙水压力增大，引发了整体失稳滑动。

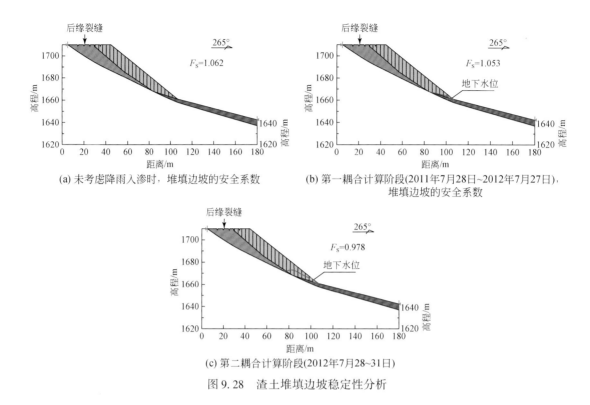

(a) 未考虑降雨入渗时，堆填边坡的安全系数　　　(b) 第一耦合计算阶段(2011年7月28日~2012年7月27日)，
堆填边坡的安全系数

(c) 第二耦合计算阶段(2012年7月28~31日)

图 9.28　渣土堆填边坡稳定性分析

9.3.4　阿热勒托别滑坡远程滑动过程分析

在河谷地区，降雨型流状滑坡或滑坡－泥石流的成灾模式非常典型。殷跃平等（2017）认为 2013 年 7 月三溪村滑坡泥石流是由于滑坡前缘岩质滑坡高位剪出，铲刮下部斜坡的表层岩土体和植被，滑坡体积增加，滑入冲沟后，与山洪汇合，转化为泥石流，造成特大灾害。Hunger（2008）提出了多种流变关系，并研发了 DAN-W 滑坡动力分析软件来模拟这一过程。它将复杂的滑体构成简化为某一种组成的"等效流体"，同时，假设滑坡运动为浅流运动，流线近似平行于滑床，滑体的厚度很小。在曲线坐标下将滑体划分为有限个互相接触的块体，块体运动时可以自由变形但体积固定。通过拉格朗日方法基于曲线坐标和移动网格，求解连续性方程和动量方程。在 DAN 中，Hungr（1995）考虑了滑动路径两侧的地形限制，以及滑体内部的强度等因素，提出了多种流变关系。

1. 模型建立

根据地层岩性的不同和滑动路径的划分，建立了 Frictional 准则与 Voellmy 准则的双流变模型（F-V-F 模型）。在 F-V-F 模型中，滑坡的启动和最终堆积的流变关系采用 Frictional 准则，而 Voellmy 准则用来表示流状滑坡运动段的流变关系（Hungr，2004，2008）。其中：

（1）滑坡的启动和最终堆积，在此可选用 Frictional 准则模拟这一过程。Frictional 准

则是一个单变量的流变准则，其抗剪应力表达式为

$$\tau = \sigma(1 - r_u)\tan\varphi$$

式中，τ 为滑体底部的剪应力；σ 为垂直于滑动路径方向的总应力；r_u 为孔隙水压力与总正应力之比，通常假定其为常数；φ 为内摩擦角。在采用 Frictional 准则时，若考虑地震影响这一重要因素，φ 的取值须比正常值偏小。

（2）滑坡启动后，迅速转化为流状滑坡，因此，采用了 Voellmy 准则进行模拟。Voellmy 准则的抗剪应力表达式为

$$\tau = \sigma f + \rho g \frac{v^2}{\xi}$$

式中，f 为摩擦系数；ρ 为滑体物质的密度；g 为重力加速度；v 为滑体的平均速度；ξ 为湍流系数（其值为谢才系数的平方）。该准则中 f 和 ξ 为两个待定的参数。

对于流状滑坡动力和运动过程的分析，尚处于探讨阶段。本书采用了试错（back-analysis）法，并参照了 Hungr（2008），齐超等（2012）和夏式伟等（2017）等的研究成果，对阿热勒托别流状滑坡运动过程进行了综合比较，提出了 F-V-F 模型的流变参数，取值如下：Frictional 准则单一变量内摩擦角 $\varphi = 14°$，Voellmy 准则中摩擦系数 $f = 0.11$、湍流系数 $\xi = 400\text{m/s}^2$。

2. 模拟结果分析

1）运动距离及堆积体分布

F-V-F 模型模拟得出滑体在不同时刻下的运动形态（图 9.29），堆填边坡失稳后（图 9.24），迅速转化为流状滑坡，运动约 138.6s 至 1750m 处停止。

体积约 $2.5 \times 10^4 \text{m}^3$ 的滑坡启动后，向前滑动到达距离 190m 处，向下铲刮斜坡表层，深度约 7m，体积达 $4.41 \times 10^4 \text{m}^3$ [图 9.29（a）]；向前滑动到达距离 350m 处，继续向下铲刮斜坡表层，深度为 7～9m，体积达 $15.73 \times 10^4 \text{m}^3$ [图 9.29（b）]；向前滑动到达距离 410m 处，铲刮深度为 8～9m，滑坡体积增加到 $17.01 \times 10^4 \text{m}^3$ [图 9.29（c）]。而距离 350～410m 为撞击铲刮区，铲刮方量约 $1.28 \times 10^4 \text{m}^3$。

滑坡体向前滑动到达距离约 750m 处，因速度下降，能量降低，铲刮深度降低为 1～3m，此时滑坡厚度约 22m，体积达 $31.39 \times 10^4 \text{m}^3$ [图 9.29（d）]；向前滑动到达距离 1000m 处，到达被摧毁工棚区，滑坡厚度降为 20m，体积增加到 $43.22 \times 10^4 \text{m}^3$ [图 9.29（e）]；向前滑动到达距离 1180m 处，滑坡厚度降为 17m，体积增加到 $47.07 \times 10^4 \text{m}^3$ [图 9.29（e）]；向前滑动到达距离 1350m 处，滑坡厚度降为 10m，体积增加到 $51.03 \times 10^4 \text{m}^3$ [图 9.29（e）]。随后，滑坡继续往沟下游运动，由于流状滑坡前缘水逐渐流干后，首先停止运动，最终距离 1750m，堆积厚度增加至 12m，最终体积增加到 $60.85 \times 10^4 \text{m}^3$ [图 9.29（c）、（f）]。

总体上，滑坡启动后，随即形成流状滑坡，沿沟谷向下运动了约 1750m，历时约 138.6s，最终体积为 $60.85 \times 10^4 \text{m}^3$。形成约 750m 长的较深的铲刮带，铲刮深度为 7～9m。

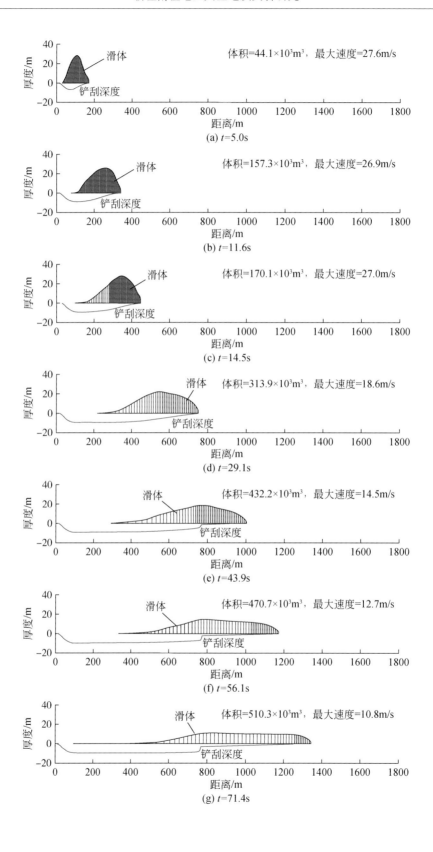

(a) *t*=5.0s

(b) *t*=11.6s

(c) *t*=14.5s

(d) *t*=29.1s

(e) *t*=43.9s

(f) *t*=56.1s

(g) *t*=71.4s

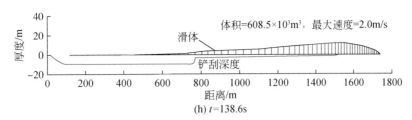

图 9.29　阿热勒托别滑坡运动过程中形态分布

2）运动速度

从图 9.30 可知，若将滑坡剪出时的初速度设为 0，在距离 0～350m，滑坡速度增长较快，最高值约 30m/s。随后，因撞击铲刮，滑坡能量降低，滑坡速度逐渐降低，在距离 1000m，滑坡速度逐渐降到 15m/s 以下；向前滑动到 1600m 处，速度迅速下降，到达距离 1750m 处趋于停止。

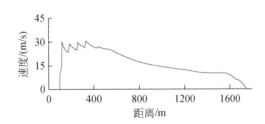

图 9.30　阿热勒托别滑坡运动过程中速度随距离变化曲线

滑坡启动后沿沟谷向下运动了约 1750m，历时约 138.6s，速度最大达 30m/s，是典型的高速远程流状滑坡。

9.4　小　　结

本章通过详细的现场调查、滑坡前后多期遥感影像动态对比、室内外试验、数值模拟等手段，分析了伊犁河谷地区黄土冻融滑坡与滑坡泥石流的失稳机理与运动特征，得到如下认识。

冻融滑坡失稳机制主要与水有关，一方面是地表水侵蚀作用，另一方面是地下水的冻融作用。滑坡失稳破坏过程分为坡脚侵蚀、冻结滞水和冻融循环破坏 3 个阶段，坡脚侵蚀使斜坡前缘临空失去支撑稳定性降低；冻结滞水期斜坡体内地下水位升高，孔隙水压力增大；冻融循环破坏造成土体软化、强度降低、滑坡失稳破坏。伊犁河谷黄土冻融滑坡具有浅表层破坏、多期次发生的特征，主要受控于气温、降水（雪）和地下水等因素的综合影响。目前，该区域地质灾害发展趋势趋于稳定，但是如遇极端气候、重大地震或显著增强的人类工程活动影响时，地质灾害风险可能会出现较大增长。

伊犁河谷地区多发育高速远程流状滑坡，此类滑坡发生时前兆特征少且不明显，并且具有多次发生的可能。鉴于该地区此类滑坡的地质条件和结构特征基本相似，早期识别标志可归纳为：①地质和地貌，沟谷地形，沟谷上部黄土滑坡和崩塌较为发育，中部沟谷中堆积大量松散体，下部为较为平坦的村庄；②触发因素，暴雨期间，若上部岩土体发生崩滑，将对沟谷中饱水的松散堆积体形成冲击侵蚀，触发流状滑动并铲刮松散体，导致滑动体积增大，形成高速远程流动状滑坡；③危害对象，位于下部地形相对平坦的村庄、道路、矿区等。这些指标可以作为流状滑坡灾害危险区划分和监测预警的科学依据。因此，应该依据这一成灾模式进行地质灾害危险区的早期识别和防范。在今后地质灾害调查和评价中必须要关注这种长达 1000m 远的高速远程成灾模式，同时，注意到近年来伊犁河谷地区多次出现大范围的强降雨天气，必须重视成灾模式的变化，包括堵溃型泥石流、群发性泥石流等灾害。

滑坡启动后沿沟谷向下运动了约 1750m，历时约 138.6s，速度最大达 30m/s，是典型的高速远程流状滑坡。

第10章　新疆南疆典型地质灾害风险评估研究

10.1　概　　述

滑坡的风险评估与管理一直是国际上倡导和推广的减灾防灾有效途径之一。最新的滑坡灾害研究，无论是国际滑坡协会（International Consortium on Landslides，ICL）"2006 东京行动计划"、欧洲空间局（European Space Agency，ESA）资助的 SLAM 项目，还是美国地质调查局（United States Geological Survey，USGS）滑坡灾害 5 年计划（2006～2010 年）和中国《国家中长期科学和技术发展规划纲要（2006～2020 年）》都强调利用 GIS、RS 等新的技术和方法、手段开展滑坡灾害易损性和风险评估制图研究。目前滑坡风险评估处于从定性到定量的发展阶段，许多技术需要不断改进和发展完善，如快速制图技术、广泛应用的评估模型、时间概率定量评估、易损性定量评估技术和风险管理决策系统等，在滑坡灾害编录、数据库建设、滑坡灾害影响因素的识别和建模，滑坡时间、空间预测的不确定性，滑坡诱发因素动态变化的定量刻画，承灾体和易损性的调查和定量评价等方面存在技术难题需要解决。最近几年来，以 GIS、RS、GPS（简称 "3S"）技术及空间数据基础设施（spatial data infrastructure，SDI）为主的地球空间信息学和对地观测新技术的不断发展，为滑坡灾害风险评估提供了新的支撑技术体系，为滑坡风险评估数据获取、管理、处理，空间分析，数据建模与模拟提供了新的工具和软件环境，特别是对地观测新技术与 GIS、SDI 技术相结合成为滑坡风险评估与管理的关键支撑技术。但 "3S" 技术缺少专业或专门的地质灾害风险评估方法或技术体系。因此，利用 RS 和 GIS 开展滑坡风险评估的技术流程体系和专业的数据处理模型研究成为目前开展滑坡风险评估的技术瓶颈，也是其向定量化发展过程中亟待解决的关键技术问题。

国外发达国家开展滑坡风险研究较早，目前意大利、奥地利、瑞士、澳大利亚等国家都具有国家风险评估规范和技术标准，形成了较为完备的滑坡风险管理体系，处于利用新的 "3S" 技术开发或更新其管理软件系统的研究阶段。20 世纪 90 年代以来，随着计算机、遥感技术和信息科学的高速发展，GIS 技术得到了空前发展，利用 3S 技术开展地质灾害研究成为一个新领域。同时，在专业的风险评估软件方面，发达国家的学者提出了很多的软件架构和概念模型，但目前还没有成熟的专门的滑坡风险评估系统程序，由美国、加拿大、意大利、芬兰等国地质调查局和科研机构、大学共同开发的基于 ArcGIS 软件的扩展模块户 ArcSDM3.1 是目前最为专业的滑坡预测专业软件。

国内香港地区的滑坡风险研究处于世界领先水平，不仅具备完备的滑坡编录数据库系统，而且形成了系统的滑坡风险评估、管理的技术体系和标准，在滑坡定量风险评估方面强调利用高精度的 LiDAR、InSAR、航空摄影等先进的 RS 技术手段和利用 GIS 技术开展风险评估的软件系统开发。我国开展滑坡风险评估的研究较晚，1998 年开展的全国性地质灾害风险区划主要以小比例尺定性评价和以统计、估算为主，利用 GIS 仅局限于成果图的制图表达。总的来看，目前我国在利用 RS、GIS 技术开展滑坡风险评估方面处于起步探索阶段，存在明显的不足，主要表现为：缺少系统的技术方法和统一的标准或规范；RS、GIS 技术的一般性应用多，处于较低简单应用层次，缺少专业的滑坡数据分析处理模型；风险评估中数据收集、处理和分析能力较弱等。

在风险评估与管理方面，美国、加拿大、澳大利亚、挪威、意大利等均开展了一系列工作。在美国，自 20 世纪 70 年代中期就已经开始实施滑坡灾害计划（Landslide Hazards Program，LHP），作为一个国会授权的项目，滑坡灾害计划旨在减少滑坡灾害破坏和损失，避免不同类型滑坡的产生。LHP 的研究成果提高了美国乃至全球范围内对滑坡问题性质和范围的认识，主要任务包括：诱发机制的预测研究、灾害填图和风险评估研究、监测实施计划、灾害评估计划、数据集成与数据处理研究、指导培训实施和防灾教育计划。加拿大自 1989 年首次进行大规模国家层面滑坡灾害评估以来，滑坡风险评估和风险管理取得了重要的进展，包括滑坡风险评估区域内滑坡等级与频率关系的应用，以及为地下灾害风险管理实际的一种形式化风险管理框架模式。澳大利亚地质力学学会（Australian Geomechanics Society，AGS）于 2000 年发布了《滑坡风险管理理念与指南》，用于评价与坡地开发相关的岩土工程风险的指南，统一滑坡风险评价的专业术语，确定滑坡风险评价的总体框架，提出滑坡风险分析方法准则，提出对于滑坡灾害可接受和可容忍的人员生命及财产损失风险水平。欧盟于 2009 年 5 月启动了针对全部欧盟成员国的地质灾害风险评估与风险管理技术方法及应用的综合科技规划项目（Safeland：living with landslide risk in Europe；assessment，effects of global change，and risk management strategies），旨在开发适用于地方、区域、欧洲和社会尺度的定量风险评估与管理的工具和战略，在欧洲建立滑坡风险评估的标准，提高滑坡灾害预测和确定危险与风险区的能力。1998 年 5 月意大利南部那不勒斯、坎帕尼亚等地遭遇历史罕见的泥石流灾难，造成多个城镇共 166 处公共设施遭到破坏和巨额的财产损失，100 多人死亡，2000 多人无家可归。意大利政府随即颁布了1998/180 法令，即著名的 "Sarno 法令"，要求在土地开发规程中考虑滑坡灾害风险（以减少或消除滑坡损失）。通过法律的形式要求在 2 年时间完成意大利全国范围内 1：2.5 万的滑坡灾害风险填图和区划工作。在 Sarno 法令之后，又颁布了 267/1998 法，在具有滑坡风险的区域规范和指导滑坡地质灾害调查和风险区划工作，以管理可能存在安全问题或地质灾害的高风险区域。2004 年 APAT（Italian Agency for Environmental Protection and Technical Services）对意大利滑坡数据库进行了更新和整合处理，使之成为滑坡灾害风险评估和土地利用规划的重要依据。

目前，滑坡风险评估处于从定性分析到定量估算的发展阶段。存在很多技术难点，特别是地质灾害数据库建设、定量评价等方面仍存在诸多问题。

（1）地质灾害成灾机理深入研究为风险评估提供了新的支撑。近年来地质灾害成灾机理的分析与研究方面取得了显著的进展，尤其是大型滑坡、高速远程滑坡灾害研究方面。这些成果为滑坡风险评估中的滑坡潜在危害范围的确定、滑坡强度和易损性评估提供了新的支撑。

（2）滑坡空间、时间、距离和强度预测及评价方法有待进一步完善。由于 "风险"

本质也具有不确定性，因此对其评价和研究手段、方法也就充满了困难。地质灾害风险空间预测使用基于概率分析法、基于经验的定性推理法、基于数据的数学模型评价法、确定性模型法和不确定性模型法等，前 3 种方法适用于区域性的易发性预测，后两种方法适用于单体的稳定性分析，但随着与 GIS 技术的结合，也可实现区域性的滑坡分析。滑坡时间预测可用直接法和间接法；滑移距离的预测多用经验方法，包括地貌学方法、几何学方法、预测滑坡影响的范围及碎屑流的变体积法等；滑坡强度的预测可基于监测数据的判断、数值模拟或破坏方式的预测等。滑坡时空、距离及强度预测及评价无论哪种方法都存在较大的不准确性或局限性。因此，滑坡风险预测及评价方法有待进一步完善。

新疆南疆地区属于高寒山区、地广人稀，运用高精度遥感、无人机航测、现场调查等方法，查明地质灾害的边界，运用雪橇模型等量化方法计算预测灾害体的运移距离，进而进行危险性评价和风险评估。

10.2　典型滑坡运动特征及成灾范围分析

10.2.1　喀拉亚尕奇滑坡概况

喀拉亚尕奇滑坡位于新疆伊宁县喀拉亚尕奇乡，滑坡中心点的坐标为 81°30′32″E，44°11′48″N，距伊宁市区 53km，距赛里木湖 43km。滑坡后缘高程为 1281m，滑坡剪切口高程为 1188m，水平距离最远达到 380m（图 10.1）。滑坡在平面形态上呈现"长条形"，坡度接近 40°，主滑方向为 N69W。受冰雪融水持续入渗影响，滑坡失稳高速下滑，并堵塞皮里青河，呈现了堵溃型黄土滑坡链式灾害特征。根据滑体的运动和堆积体特征，可将滑坡分为滑源区和堆积区。

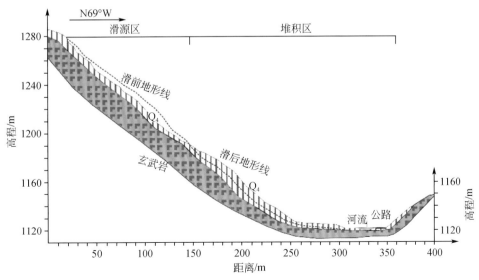

图 10.1　滑坡工程地质剖面图

滑源区（Ⅰ区）：滑体主要为第四系黄土。后缘上部分布有多条裂缝，裂缝宽度范围为 23~54cm，后缘上部还留有不稳定体积达到 $1.2×10^4m^3$。滑源区平均宽度为73m，在平面形态上呈"倒舌"形，面积约为 $1.2×10^4m^2$，滑体平均厚4~7m，体积约为 $6.3×10^4m$。

堆积区（Ⅱ区）：堆积区在平面形态上呈现"扇形"，沿着滑向方向长度最大达到 107m，垂直滑向长度最宽度达到105m。堆积区岩性以第四系黄土为主，含有铲刮了对面山体的中风化的粗砂岩。面积为 $1.46×10^4m^2$，滑体厚度范围为 4~12m，体积大约有 $1.32×10^4m^3$。

在皮里青河流域发生的滑坡地质灾害中（图10.2），主要以黄土高速远程滑坡为主，其对人民的生命财产造成巨大损失，其中克孜勒赛滑坡掩埋了402头牛和5只羊，造成的直接经济损失高达410.06余万元。类似的还有皮里青滑坡、阿西沟滑坡等（庄茂国等，2018）。喀拉亚尕奇黄土滑坡是该地区近期发生的较为典型的高速远程黄土层内滑坡，其滑坡全貌如图10.3（a）所示，对喀拉亚尕奇滑坡的诱发因素和动力学效应研究对黄土地区滑坡灾害的研究具有重要借鉴意义。

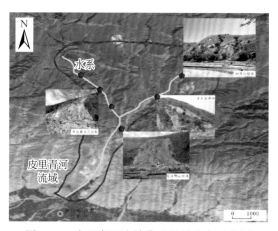

图10.2　皮里青河流域典型滑坡分布示意图

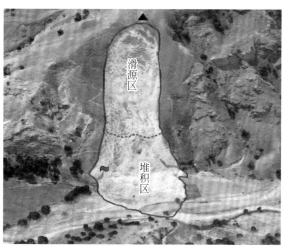

(a) 滑坡全景及分区

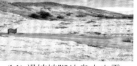

(b1) 滑坡坡脚处泉水出露

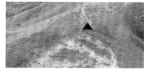

(b2) 后缘拉张裂缝

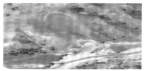

(b3) 2016年滑坡影像图

(b) 典型照片

图10.3　滑坡全景及典型照片

10.2.2　喀拉亚尕奇滑坡形成条件

喀拉亚尕奇滑坡位于河流的凹岸，长期受到河流的侧蚀作用，使得滑坡前缘有较好的临空条件，同时滑坡较陡，坡度达 40°。山体顶部附近出现相应的拉应力集中，山体顶部裂缝受拉应力作用逐渐扩展［图 10.3（b）］。根据 2016 年 6 月 15 日 Google Earth 遥感影像图可以发现滑坡前缘已经出现了滑动，滑动的体积大约为 9076m³，后缘出现了数条拉张裂缝，同时形成了高达 1m 的陡坎［图 10.3（b）］。这些都为黄土变形和应力释放提供了较好的地形条件。

滑体主要为第四系黄土，结构比较疏松，虫孔、大空隙构造和垂直节理比较发育，属于低塑性粉土，遇到水后极易膨胀和湿陷，这些都为滑坡提供较好的物源条件。

滑坡所处的中高山地区，从 10 月到次年 3 月为降雪期，积雪厚度达 94mm。坡体内部的裂隙水结冰，因冻胀作用而使得垂直节理、裂缝扩大。从 3 月中旬开始，气温回暖，地表覆盖积雪开始融化，沿裂缝和节理入渗，在坡体表层范围内形成一定的暂态水压力和暂态饱和区，使得坡体的抗滑力下降从而诱发滑坡发生。河流水位上涨同时也致使坡体内部的水力梯度下降，冰雪融水也能长期储存于山体内，继续增大坡体下滑力，加速形成潜在滑面。同时滑坡研究区出露的基岩主要为研究区内岩石，主要为石炭系中的伊什基里克组凝灰岩、凝灰熔岩、灰绿色粗砂岩，以及下石炭统大哈拉军山组的玄武岩，裂隙较为发育，储存有大量的冰雪融水，易于形成"管道"状通道，与表层第四系风成黄土接触区域，以泉眼的形式向外排泄［图 10.3（b）］。这些都为诱发滑坡提供了较好的水文条件，为黄土滑坡易于转化为高速远程滑动进一步的提供了良好的地下水液化层条件。

综上所述，在良好的地形、物源和水文地质条件因素的共同作用下，喀拉亚尕奇滑坡的运动全演化主要分为 4 个阶段：第一阶段（后缘拉裂阶段），单薄山体两面临空致使滑坡后缘拉应力集中，使得滑坡后缘裂缝逐渐扩大；第二阶段（冻胀扩缝阶段），从 10 月至次年 3 月，滑坡研究区处于雪季，地表覆盖积雪，黄土垂直节理受冻扩张，节理裂隙扩大，形成优势入渗通道，裂隙水成冰形成冻结滞水；第三阶段（融雪入渗失稳阶段），从 3 月开始，气温回暖，坡面积雪开始融化，沿着裂隙大量入渗，在坡面处形成暂态水压力和暂态饱和区，同时，各节理裂隙末端联通，形成潜在滑面；第四阶段（高速下滑阶段），由于受上游融雪补给，河流流速增大，加速了对坡脚的冲刷作用。滑体在融雪持续入渗的影响下，滑体的抗剪强度逐渐减小，最后，滑坡失去稳定高速下滑，并堵塞了皮里青河。

10.2.3　喀拉亚尕奇滑坡数值模拟

1. 基本原理

Rapid 模型是基于流体连续性方程和运动方程，将滑体视为"等效流体"的滑坡动力学模型（Sassa，2010），该模型主要是在欧拉坐标体系下将滑体进行网格划分，然后将已经固定的网格点高程设置为未知参数，通过时间有限元差分方法，进而求得高程与时间的变化关系。通过 Rapid 模型可以获得滑坡运动过程中的路径、速度、堆积体厚度变化等动力学参数，这为类似于喀拉亚尕奇滑坡等新疆地区的黄土层内滑坡的动力学效应提供了研究方法。

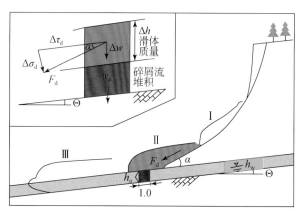

图 10.4　滑体运动加载作用示意图（Sassa，2010）

Sassa（2010）基于 Rapid 模型阐述了高速远程滑坡运动机理–液化学说。他认为滑体在高速下滑的过程中，挤压滑面上的岩土颗粒，造成孔隙水压力急剧上升，饱和滑带土在滑体的剪切作用下产生了液化现象（图 10.4），这使得滑面土体的抗剪强度降低，进而诱发了"高速远程滑坡"的发生。Sassa（2010）引入了视摩擦系数（ϕ'）的概念，其主要受孔隙水压力和滑动时的内摩擦角的影响，Okada 提出了稳态剪切强度（τ_{ss}）的概念，即在饱和情况下滑体的剪切强度达到的一个稳定值（Okada *et al.*，2000）。Wang 通过环剪试验和不排水三轴试验，提出了孔隙水压力系数（B_{ss}），有效地解决了非饱和情况下不同含水率滑体的稳态剪切强度的变化趋势（Wang *et al.*，2010），上述参数的关系如下：

$$\tau(h, B_{ss}) = \tau_{ss} + \left[\sigma(h)\tan\phi' - \tau_{ss}\right](1 - B_{ss}) \tag{10.1}$$

$$\sigma(h) = \gamma h \cos^2\theta \tag{10.2}$$

$$\tan\phi_a = \frac{\tau_{ss}(h, B_{ss})}{\sigma(h)} \tag{10.3}$$

式中，γ 为滑体容重；h 为堆积体厚度。

2. 模型建立及参数选取

根据对滑坡的成灾机理进行分析，良好的水文地质条件促使了滑坡发生了运动液化现象，由此可见 Rapid 模型是适用于该滑坡的。提取喀拉亚尕奇滑坡地形数据资料，形成 121×137 个差分节点，进一步将模型分为 120×136 个网格，网格大小尺寸为 5m×3m。同时为了避免计算过程出现不收敛的现象，弱化边界效应，将皮里青河网格进行人工勾画，这样可能忽略了滑坡造成的堵溃效应，但是对滑坡在进入河水之前的动力学效应不会产生影响。

由于喀拉亚尕奇滑坡主要为黄土层内滑坡，Rapid 模型计算所需参数主要为滑体容重、有效抗剪强度、稳态剪切强度和孔隙水压力系数。这些参数的选取主要是根据室内土工试验和已有的研究成果来获得（沈伟等，2016；翟张辉等，2017）。经试验测定，黄土容重为 18kN/m³，有效黏聚力为 32kPa，有效摩擦角为 12°，远小于坡度，使得滑坡启动后速度很大。对于孔隙水压力系数的取值，根据 Wang（2010）提供的 B_{ss} 经验参数，结合野外地质调查情况发现，滑源区受冰雪融水入渗影响，滑体已接近饱和状态，故滑源区的孔隙水压力系数 B_{ss} 取 0.95。堆积区滑体沿沟口方向堆积，且运动速度逐渐减缓，排水条件良好，根据经验估值其 B_{ss} 取 0.81。稳态剪切强度受滑体的粒径组分影响较大，滑源区滑体主要为第四系黄土，垂直节理裂隙较为发育，土体孔隙较大，为低塑性粉土，在滑动过程中受剪切作用易达到稳定状态，取稳态剪切强度（τ_{ss}）为 6kPa。堆积区由于受到对岸山体的阻挡作用，稳态剪切强度取值取较大值，则稳态剪切强度为 45kPa。结合已有的黄土滑坡的参数取值，处于主动土压力状态的滑源区（黄土）的侧向土压力系数（k）取 0.48，处于被动土压力的堆积区（砂砾石）的侧向土压力系数（k）取 0.54。综上所述，Rapid 模型所需的参数如表 10.1 所示。

表 10.1　喀拉亚尕奇滑坡 Rapid 模型参数

区域	容重（γ）/(kN/m³)	有效摩擦角	孔隙小压力系数（B_{ss}）	稳态剪切强度（τ_{ss}）/kPa	侧向土压力系数（k）
滑源区	18	12	0.95	6	0.48
堆积区	18	12	0.81	45	0.54

3. 计算结果分析

1）滑体速度

利用 Rapid 模型软件计算可知，喀拉亚尕奇滑坡运动总时长为 26s。由图 10.5 可知，滑体的运动速度的变化趋势主要呈现 3 个阶段：0～10s 为滑坡加速阶段，速度呈线性增加，平均加速为 2.3m/s²。10～20s 为速度稳定阶段，由于受到阶地砂砾石的摩擦作用，速度略有减小，平均速度达到 22.5m/s。20～26s 为滑体减速阶段，由于受到对岸山体的阻挡作用，速度急剧减小，减速阶段的平均加速度达到−3.6m/s²。其中在 22s 以后，由于滑源区部分块体零星散落，滑坡速度很小，接近于 0m/s。由于坡度较陡及黄土内部结构

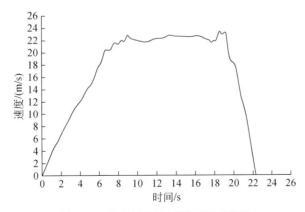

图 10.5　滑体平均速度随时间变化图

遭到破坏，其结构性强度急剧下降，致使滑坡启动后速度呈线性增加。同时由于堆积区有泉水出露及阶地（砂砾石）具有较低的运动液化阈值，滑坡能够运动至较远的距离。

2）滑坡体运动形态和堆积体厚度

根据滑坡运动速度的变化趋势，选取 10s、15s、20s、22s 这 4 个时间点的滑坡体的堆积形态来分析（图 10.6），这 4 个点分别代表滑坡加速结束点、滑坡稳定速度点、滑体运动至对岸坡脚点和滑坡运动后期点。由图 10.7 可知，在滑坡加速点 $t = 10s$，滑坡前缘已经运动至坡脚，由于滑坡坡度较陡，滑体势能转化成动能的缘故，滑体速度高达 22.9m/s（图 10.7）。接着滑坡前缘进入河漫滩，势能急剧减小，同时受到阶地上受阶地上砂砾石的摩擦阻碍作用，滑体的平均速度略有下降，但是依然保持一个高速运动的过程。在 $t = 20s$ 时，滑坡前缘运动接近至公路处，受地形变化影响，滑体速度出现波动，接着滑体越过公路，在 $t = 22s$ 运动至对岸山体坡脚处，速度急剧减小，直至运动停止。

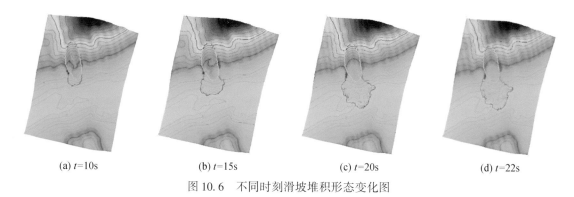

(a) $t=10s$　　　　　(b) $t=15s$　　　　　(c) $t=20s$　　　　　(d) $t=22s$

图 10.6　不同时刻滑坡堆积形态变化图

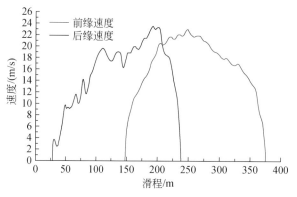

图 10.7　滑体运动加载作用示意图（据 Sassa，2010）

从剖面的形式，以每隔 5s 的时间来分析滑坡堆积体的形态变化和厚度变化情况（图 10.8、图 10.9）。在 5s 时，滑体平均厚度为 3m，其中在 $X = 148m$ 处，滑体厚底达到 6m。在 25s 时，滑体平均厚度已经达到 5m，其中在 325m 处堆积体厚度达到 6.8m。同时滑坡后缘运动至水平距离 230m 处，说明滑源区残留有部分滑体，但是厚度只有 2~3m，滑坡前缘运动至 380m 处停止。

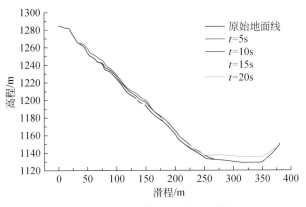

图 10.8 堆积体剖面形态变化图

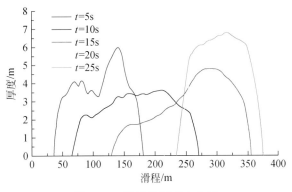

图 10.9 堆积体厚度变化图

计算结果表明，对于黄土浅层滑坡，Rapid 模型可以较为准确地预测和计算滑坡的运动速度、致灾范围等，其主要预测思路如下：首先，通过野外地质调查和无人机航拍影像、遥感卫星影像，获取滑前和滑后数字高程模型（DEM）。其次，通过室内土工试验和已有成果的经验值，确定 Rapid 模型参数。然后，将 DEM 和参数导入 Rapid 模型进行多次计算。最后对滑体速度、堆积体厚度、致灾范围等计算结果进行提取，分析滑坡的动力学灾害效应，对滑坡灾害进行空间预测。

10.3 区域地质灾害风险评估

10.3.1 评估方法

地质灾害风险性评价是根据区域风险度和承载体的易损度分析结果，采用相应的技术方法对可能存在灾害风险的区域、风险规模、发生风险的可能性（概率），以及风险的分布范围进行定量或半定量的评价，风险性评价既考虑了地质灾害的自然属性也考虑了社会属性。

地质灾害风险性划分方法可以分为定性分析评价和定量分析评价两种。在进行地质灾害风险性评价时定性评价和定量评价的选择与评价区域的大小、评价精度及获取数据的详细情况相关。

1）地质灾害风险性定性评价

地质灾害风险性从概念上是指地质灾害发生的可能性，以及发生后造成损失的大小，其可以表达为危险性和易损性两个因素的函数，1992 年联合国提出的自然灾害风险表达式为：风险（risk）＝危险（hazard）×易损性（vulnerability），该函数可以用风险三角形表达地质灾害风险三角形中危险性和易损性为三角形的两条直角边，地质灾害风险（risk，R）的值为三角形面积。这个三角形体现了当危险性、易损性越大，风险性的值也就越大；当无危险性或易损性时，则不存在风险性。

2000 年刘希林在进行邵通地区泥石流风险性区划研究时，提出区域地质灾害风险性等级划分由危险性等级和易损性等级自动生成，经证明该方法比较合理，在风险性定性评价中得到广泛的应用。

2）地质灾害风险性定量评价

当评价区域的评价精度要求较高及获取数据较详细的情况时可以进行定量风险评价。地质灾害的定量风险评价通常是对单体地质灾害风险性评价或者面积较小且重要的研究区，由于资料的限制，在大区域地质灾害风险性评价中很少进行定量风险评价。在地质灾害的定量风险评价中，风险也同样通过危险和易损的乘积获得，但危险和易损的表达与定性表达中危险性等级和易损性等级有所区别。国内外常用的地质灾害定量风险性评价方法如表 10.2 所示。

表 10.2　国内外常用地质灾害定量风险评价公式

资料来源	风险公式	说明
Jones	$R_s = P(H_i) \times \sum (E \times V \times E_x) R_t = \sum R_s$	R_t 为总风险；R_s 为单向风险；$P(H_i)$ 为危险性；E 为承载体价值；V 为易损性；E_x 为受灾体价值
Morgan	$R = P(H) \times P(S/H) \times V(P/S) \times E$	$P(H)$ 为滑坡事件的年概率；$P(S/H)$ 为滑坡事件的空间概率；$V(P/S)$ 为易损性；E 为承载体价值
张业成	$ZR = R_1 + Z_w + Z_s$ $ZJ = J_1 + Z_w + Z_s$	ZR，ZJ 为人员伤亡和经济损失；R_1、J_1 为人口死亡率和经济死亡率；Z_w 为危险性；Z_s 为易损性
张春山	$D(S) = (D_{wi}, D_{yn}) \times L(D_{wi}, D_{yn}) \times (1 - D_f)$	$D(S)$ 为损失值；D_{wi} 为危险等级；D_{yn} 为受灾类型；D_f 为减灾有效度
金江军	风险＝危险性×易损性÷防灾减灾能力	

从上述方法中可以看出对于危险性可以表达为地质灾害发生的概率，而承载体的价值及其损失率统计较为详细，当研究区较小时可以使用，大的研究区难以收集完备资料。

评估区地质灾害的基础底图为 1∶1 万比例尺遥感卫星图，采用定性分析方法进行地质灾害风险性评价。参考前人研究成果，利用危险性和易损性等级自动生成风险性等级的方法，在前文地质灾害危险性与易损性等级划分的基础上，建立地质灾害风险性定性分级矩阵，如图 10.10 所示。

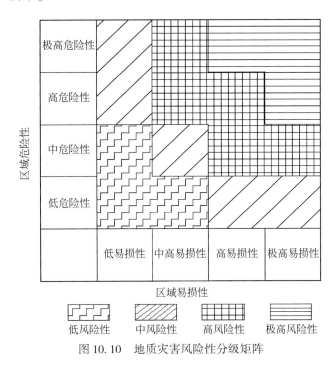

图 10.10　地质灾害风险性分级矩阵

在前面已经完成地质灾害危险性评价、易损性评价和构建风险性评价分级矩阵的基础上，进行评估区地质灾害风险性评估。首先将危险性区划和易损性区划进行赋值，低危险性、中危险性、高危险性和极高危险性分别赋值 1、2、3、4，低易损性、中易损性、高易损性和极高易损性分别赋值 1、2、3、4。使用 ArcGIS 软件栅格计算器工具对危险性区划和易损性区划进行栅格乘运算，完成地质灾害风险性评价。

10.3.2　易损性评价

易损性分析主要对连队区域的社会易损性和物质经济、资源环境易损性为主要内容进行评价。选取区域内典型的易损性评价因子，划分各因子分级标准，利用层次分析法结合 Yaahp 软件求出各因子的权重。然后，选择合适的评价单元，利用选择的评价模型，对托云牧场进行易损性评价。最后，利用 GIS 生成托云牧场地质灾害易损性区划图，并对结果进行划分。

评估区基础数据比例尺为 1∶1 万，采用 20m×20m 的栅格大小进行栅格化。

根据托云牧场社会经济资料情况选择易损性评价指标。主要从社会易损性、物质经济易损性和资源环境易损性三个方面对区域进行易损性评价。社会易损性因子：人口密度；物质经济易损性因子：公路交通密度；资源环境易损性：土地利用现状。3 个评价优势因子构建托云牧场易损性评价指标体系（图 10.11）。

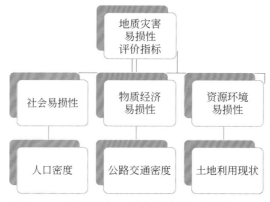

图 10.11　托云牧场地质灾害易损性指标体系图

　　将两个连队的人口总数均分到相应的房屋用地区域内，作为托云牧场人口分布密度的空间表达，得到人口密度分级图（图 10.12、图 10.13）。

　　物质易损性主要考虑研究区基础设施，主要包括交通设施、建筑物、设备和室内财产等有形资产。利用 ArcGIS 软件以 2km 为搜索半径对托云牧场一连和二连公路线密度进行分析后进行分级，统计单位面积上公路易损性值（图 10.14、图 10.15）。

　　在进行托云牧场地质灾害易损性评价时资源环境易损性主要考虑土地资源易损性。将各类土地资源单位面积的价格（受损值）作为评价单元易损性的量化指标（图 10.16、图 10.17）。

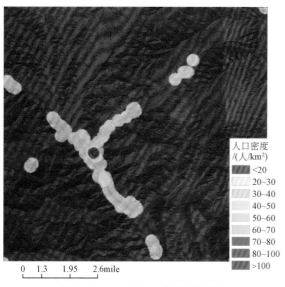

图 10.12　一连人口密度分级图

1mile = 1609m

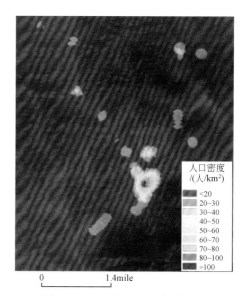

图 10.13　二连人口密度分级图

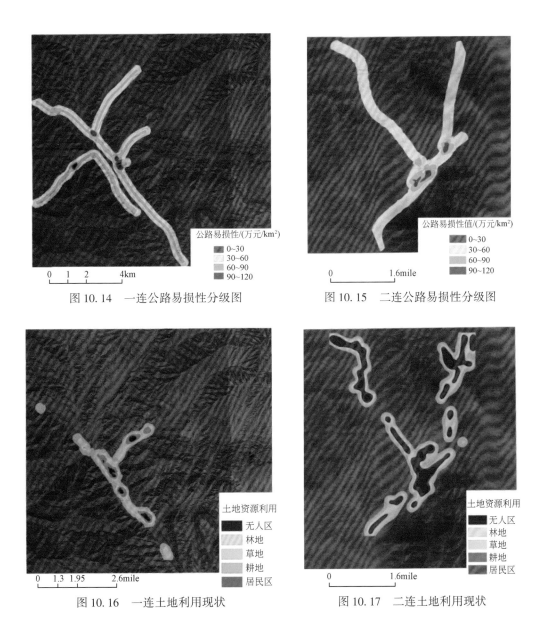

图 10.14　一连公路易损性分级图　　　　　图 10.15　二连公路易损性分级图

图 10.16　一连土地利用现状　　　　　图 10.17　二连土地利用现状

　　通过查询以往资料文献和咨询专家意见，对托云牧场一连建立人口、公路、土地资源 3 种易损性评价指标的判断矩阵，利用 Matlab 软件计算得到矩阵的最大特征值 $\gamma = 3$，将矩阵最大特征值进行一致性检验，计算得到判断矩阵随机一致性比率 CR = 0<1，矩阵一致性较好，权重分配较合理。$\gamma = 3$ 对应的特征向量为（0.8846，0.4763，0.2645），将特征向量归一化处理后作为各评价指标对应的权重值（表 10.3）。根据同样的方法可得托云牧场二连易损性评价指标权重值（表 10.4）。

表 10.3　　托云牧场一连地质灾害易损性评价指标判断矩阵及其权重值

易损性指标	人口	公路	土地资源	权重值
人口	1	3	2	0.56
公路	1/2	1	3/2	0.27
土地资源	1/3	2/3	1	0.17

表 10.4　　托云牧场二连地质灾害易损性评价指标判断矩阵及其权重值

易损性指标	人口	公路	土地资源	权重值
人口	1	4	1	0.59
公路	1/3	2	3/2	0.24
土地资源	1/2	2/3	3	0.19

托云牧场一连和二连地质灾害易损性评价区划图见图 10.18、图 10.19。

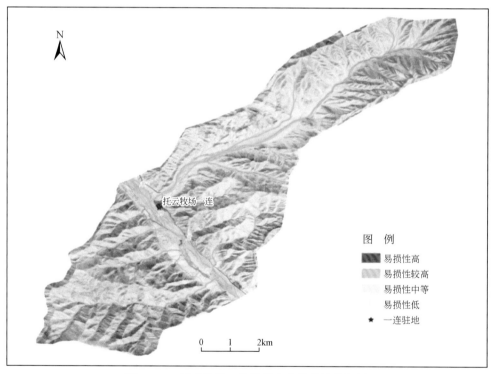

图 10.18　托云牧场一连地质灾害易损性分级图

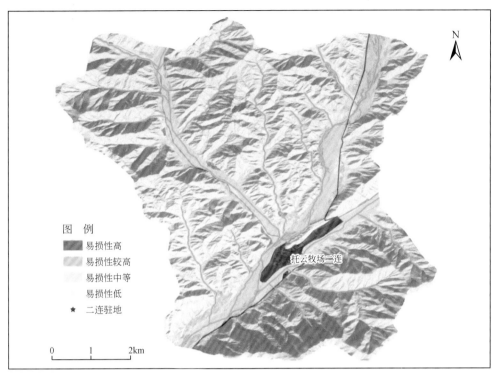

图 10.19　托云牧场二连地质灾害易损性分级图

10.3.3　风险评估

托云牧场地质灾害风险性评价是根据区域风险度和承载体的易损度分析结果，采用相应的技术方法对可能存在灾害风险的区域、风险规模、发生风险的可能性（概率），以及风险的分布范围进行定量或半定量的评价，风险性评价既考虑了地质灾害的自然属性也考虑了社会属性。

1992 年联合国提出的自然灾害风险表达式为

风险（risk）＝危险（hazard）×易损性（vulnerability）

在前面已经完成的托云牧场一连和二连地质灾害危险性评价、易损性评价和构建风险性评价分级矩阵的基础上，进行托云牧场一连和二连地质灾害风险性评价。首先将危险性区划和易损性区划进行赋值，低危险性、中危险性、高危险性和极高危险性分别赋值 1、2、3、4，低易损性、中易损性、高易损性和极高易损性分别赋值 1、2、3、4。使用 ArcGIS 软件栅格计算器工具对危险性区划和易损性区划进行栅格乘运算，完成托云牧场一连和二连地质灾害风险性评价。根据风险性分级矩阵将风险性评价结果进行分区，其中一连：极高风险区（13，15）、高风险区（6，7，9）、中风险区（3，4）、低风险区（1，2）。二连：极高风险区（12，14）、高风险区（6，7，8）、中风险区（3，5）、低风险区（1，2）（图 10.20、图 10.21）。

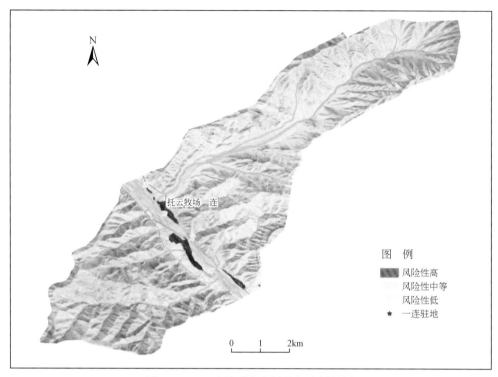

图 10.20　一连地质灾害风险初步评估图

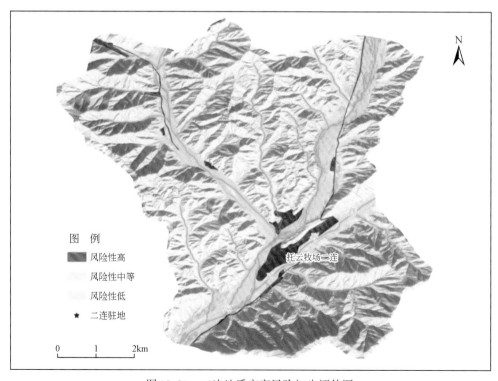

图 10.21　二连地质灾害风险初步评估图

评估结果，地质灾害高风险总体分布于河流两岸，驻地区域。由于河流两岸人员较多，且多农田及草场，人类活动较活跃，其余地区地广人稀，这就造成了托云牧场风险性评价结果河流两岸较高的情况。

极高风险区：托云牧场一连地质灾害极高风险区面积为 14.52km²，占总面积的 8.8%。主要分布在连队驻地处，区内风险性极高是由于此处为连队驻地，人口活动较活跃，人口密度大，且交通较好。托云牧场二连地质灾害极高风险区面积为 13.86km²，占总面积的 8.4%。主要分布于连队驻地，区内风险性极高是由于此处为连队驻地，人口活动较活跃，人口密度大，且交通较好。

高风险区：托云牧场一连地质灾害高风险区面积为 20.7km²，占总面积的 12.4%。主要分布于连队驻地周边 5km 范围处及部分草场和耕地附近，区内风险性高是由于此处过往人员较多，车辆及行人较多。托云牧场二连地质灾害高风险区面积为 23.2km²，占总面积的 13.9%。主要分布于连队驻地周边 6km 范围处及部分草场和耕地附近，区内风险性高是由于此处过往人员较多，车辆及行人较多。

中风险区：托云牧场一连地质灾害中风险区面积为 24.7km²，占总面积的 14.8%。主要分布于连队驻地周边范围及河流 5.2km 范围附近，区内风险性高是由于此处耕地及草场较多，及部分偏远房屋分布。托云牧场二连地质灾害中风险区面积为 35.6km²，占总面积的 21.3%。主要分布于连队驻地周边范围及河流 5.9km 范围附近，区内风险性高是由于此处耕地及草场较多，及部分偏远房屋分布。

低风险区：托云牧场一连地质灾害低风险区面积为 105.6km²，占总面积的 64.0%。区内海拔较高，人口密度较小，主要为裸地，本区基本处于未开发状态，无房屋，因此承载体风险性极低。托云牧场二连地质灾害低风险区面积为 210.4km²，占总面积的 56.4%。区内海拔较高，人口密度较小，主要为裸地，本区基本处于未开发状态，无房屋和人员流动，因此承载体风险性极低。

10.4　地质灾害危险性评价

10.4.1　重点村镇（富民安居点）分布概况

此次研究共完成重点村镇（富民安居点）调查评价 41 处，其中塔县 11 处、阿克陶县 1 处、莎车县 14 处、乌恰县 15 处。在遥感解译的基础上，开展无人机航测、野外调查测绘等工作，重点调查重点村镇富民安居点范围的后山斜坡、地质灾害及孕灾条件。通过调查验证，41 处重点村镇富民安居点中 38 处受地质灾害威胁，3 处不受地质灾害威胁。本节以乌恰县齐热哈塔尔滑坡和塔县班迪尔乡夏布孜喀拉村富民安居点危险性评价为例，阐述危险性评价的过程。

10.4.2　评价方法

以重点村镇、富民安居点建成区及规划区为基础，调查测绘工作延伸至地质灾害运动分水岭，泥石流扩展至整个流域。针对周边地形特点，斜坡稳定性及灾害发生史，可对调查范围做适当调整与扩展。重点对地质灾害分布区和影响区及孕灾条件大的村镇、安居区后山斜坡作为调查重点。

危险区划采用定性评价为主、定量评价为辅的方式进行。根据地质灾害易发程度及受威胁对象进行危险性分区评价，采用地质灾害危险性指数（$W_危$）划分危险性等级，计算公式如下：

$$W_{危i} = a_1 \times Y_{易发i} + a_2 \times Y_{人财i}$$

式中，$W_{危i}$ 为 i 单元地质灾害危险性指数；$Y_{易发i}$ 为 i 单元地质灾害易发性指数；$Y_{人财i}$ 为 i 单元人财物分布指数；a_1 为地质灾害易发性指数权重；a_2 为人财物分布指数权重。

根据研究区存在的诱发因素在一定时期内可能引发地质灾害的可能性的判定，确定不同区段的地质灾害危险性，修编地质灾害危险区，划分出高危险区、中危险区和低危险区三个等级，综合考虑不同级别危险区的地理位置、地质灾害发生的时空概率、地形地貌等因素，可进一步划分亚区。

10.4.3 乌恰县齐热哈塔尔滑坡危险性评价

1）滑坡基本特征

通过高精度遥感（2010 年 8 月 QuickBird 卫星数据）调查，该滑坡坡度较陡，堆积体呈不规则状，坡度较陡，滑坡区影像上呈灰色，周边相对稳定区域为灰色、灰白色，坡体有草地发育，见图 10.22。坡脚处可见滑坡堆积体，纹理相对粗糙。该滑坡位于塔什库尔干塔吉克自治县库科西鲁克乡其如克同村，位于塔什库尔干河左岸，坐标为 75°40′22″E，37°49′03″N，为大型岩质滑坡，滑坡平面形态呈葫芦形，滑坡堆积区和滑源区明显。滑体岩性为 $\eta\gamma51$ 花岗岩，风化强烈，岩体破碎，节理裂隙发育，无大断裂通过。堆积体主要以巨石、碎块石和碎石土为主，长度为 1180m，下部沿河宽为 680m，中部宽为 340m，堆积坡度为 25°~38°，平均厚度约 20m，滑坡方量约 $1310 \times 10^4 \, \mathrm{m}^3$。滑坡坡脚高程为 2520m，滑坡堆积体后缘高程为 3170m，滑坡后缘高程为 3450m，高差为 930m，主滑方向为 145°，滑坡后缘形成一光壁，坡度约 60°，滑坡堆积体坡度为 25°~40°。

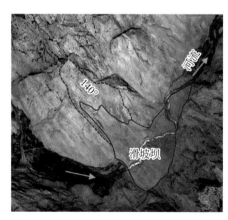

图 10.22 齐热哈塔尔滑坡影像

滑坡发生后堵塞了塔什库尔干河主河，形成了堰塞湖，目前堰塞坝已被冲切开，形成深 15~20m 的拉槽（图 10.23），河槽内分布大量的巨石。从现场调查发现，堰塞湖形成并经历了一个长期的淤积过程，在堰塞坝形成一层沉积纹泥，厚度为 0.5~2m，沿坝体内侧不均匀分布（图 10.24），该沉积层主要为粉质黏土，呈半胶结状态。

图 10.23　滑坡堰塞坝冲切特征

图 10.24　滑坡堰塞湖沉积特征

2）岩体结构特性及成灾机理分析

通过现场调查，滑坡后缘发育 1 组长大裂隙，产状为 NW195°∠55°～65°，为控制性结构面，构成滑坡后缘边界。后缘陡倾结构面中缓结构面组合，构成易滑块体，结构面的倾向与滑坡滑动方向近平行或锐角相交。经分析认为，目前滑坡后缘基本稳定，局部发育小规模危岩，滑坡体受公路开挖和河流冲刷作用影响，稳定性较差，主要威胁县道 613 线，入水后已形成涌浪，危及河道及周围人员安全（图 10.25、图 10.26）。

3）地质灾害危险性评价

根据上述地质灾害危险性评价方法，齐热哈塔尔滑坡危险性分区见图 10.27，各分区

图 10.25　滑坡后缘右侧制性裂隙面特征

图 10.26　滑坡后缘左侧控制性裂隙面特征

情况如下：

（1）危险区主要为滑坡源区、滑坡堆积体和滑坡堆积周围，主要威胁县道 613 线、居民区和河道，危险区面积为 1449096m²。

（2）影响区主要为泥石流危险区外围临近区，呈包围状包围危险区，主要影响河道、居民区、耕地和县道，影响区面积为 592174m²。

（3）安全区主要分布于影响区两侧南西向和北东向，安全区面积为 224697m²。

4）防灾减灾措施建议

根据滑坡的特征、成灾模式、危害程度及发展趋势，防灾减灾目标是减轻滑坡危险区范围内居民的生命财产安全，并为受威胁的安居点社会经济发展创造良好的环境。建议采取"清危+拦挡坝+被动防护网"方案进行处置:①拦挡坝,在滑坡前缘处适当部位修建拦挡坝;②清危,清除滑坡体上的危险松动块体;③被动防护网,在滑坡区下方设置被动防护网;④监测措施,加强巡(排)查等群测群防措施,如有险情及时疏散。

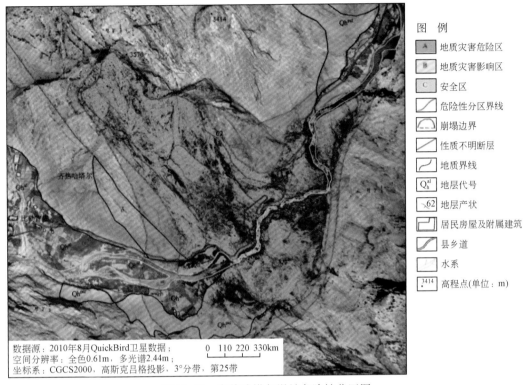

图 10.27 齐热哈塔尔滑坡危险性分区图

10.4.4 塔县班迪尔乡夏布孜喀拉村富民安居点地质灾害危险性评价

1) 安居点概况

夏布孜喀拉村富民安居点位于塔县班迪尔乡班迪尔河右岸 I 级阶地(75°34′56.56″E,37°39′12.72″N),阶地高差约 20m,地形平缓,向河流微倾,地势向河流倾斜,坡度为 8°。夏布孜喀拉安居点内村道贯通连接相邻村落,交通较为便利,安居点及周边分布国家统一修建的安居房 10 幢,自建老房 36 幢,有居民 46 户 180 余人。

泥石流堆积扇由全新统冲积层堆积形成,砾石主要为砂岩、砾岩,含量 85%,砾石含量大,砾径一般为 3~7cm,呈圆-次圆状,椭球状,分选性差,填充物为细砂,未固结,地表有细砂土覆盖层,安居区面积为 1.82km²。安居区北西侧为斜坡,冲沟发育,高差约 100m,坡度为 18°~25°,主要出露下白垩统西域组(K_1x),主要为砂岩和砾岩;东侧为 YGN012 泥石流堆积扇和 YGN013 堆积扇,区内地质构造简单,为一堆积平台,无大断裂通过。

2）地质灾害发育现状

据遥感解译及现场调查，泥石流位于安居区北侧（堆积区坐标：75°35′6.1″E，37°39′17.7″N），堆积区高程为3244m，属于大型沟谷泥石流（沟口坐标：75°34′56.56″E，37°39′12.72″N）。泥石流沟长为6880m，纵坡比降为235‰，最高点高程为4213m，沟口高程为3258m，高差为955m，沟口距河道约400m。

物源区主要分布在堆积区以外整个流域，局部基岩出露，岩体风化破碎，两侧岸坡风化剥蚀，物源类型主要为冲洪积形成的岸坡滑塌物和坡面侵蚀物源，物源区下部为冲洪积层，上部为C_2，岩性为砂岩、砾岩和花岗岩。流通区沟道平坦宽缓，沟谷形态呈"U"形，沟底宽数米至10余米，两侧岸坡K_1x和Q_4^{pal}组成，下伏为砂岩和砾岩，上覆为冲洪积堆积体，坡度为45°，沟道坡度为15°，沟道内有大量泥石流堆积体，在降雨作用下再次参与泥石流活动的可能性较大。堆积区堆积体呈扇形，堆积扇面积较大，堆积坡度约6°，堆积体颗粒从上到下呈分级变化，堆积扇挤压草场，堆积体可见多期泥石流堆积痕迹，近期堆积体较小，覆盖在老堆积扇上，堆积物以碎石、卵石和砂为主，堆积扇前缘为居民区。

现场调查认为，该沟为高频泥石流沟，泥石流活动较频繁，在汛期强降雨作用下诱发，老堆积扇上覆盖新堆积物，层次分明，可以分辨出两期较大规模泥石流，近期泥石流规模较小，流域面积大，物源极其丰富，在强降雨条件下，有可能发育大规模泥石流，危险性大，直接威胁堆积扇前缘约40户居民安全。目前该沟尚未采取工程治理措施。

3）地质灾害危险性评价

泥石流的危害方式主要以淤埋为主，对扇顶和扇前缘居民建筑威胁最大（表10.5，图10.28）。

（1）危险区：主要位于泥石流堆积扇前缘；

（2）影响区：泥石流堆积扇前缘到居民区之间地带，其遭受泥石流侵害的可能性中等，划为影响区；

（3）安全区：泥石流堆积扇前缘前部居民区及农田。

表10.5　富民安居点地质灾害危险性分区

危险性分区	位置	面积/m²	主要危险源及威胁对象
危险区	泥石流堆积扇前缘	628841.2	主要受泥石流威胁，受威胁对象主要位于泥石流堆积扇中部安居房10幢，自建老房36幢，居民46户180余人
影响区	泥石流堆积扇前缘到居民区之间地带	86012.8	处于泥石流影响区内，受威胁对象主要位于地质灾害影响区内的30户约100人
安全区	泥石流堆积扇前缘前部居民区及农田	66742.2	位于Ⅰ级阶地，基本不受地质灾害威胁

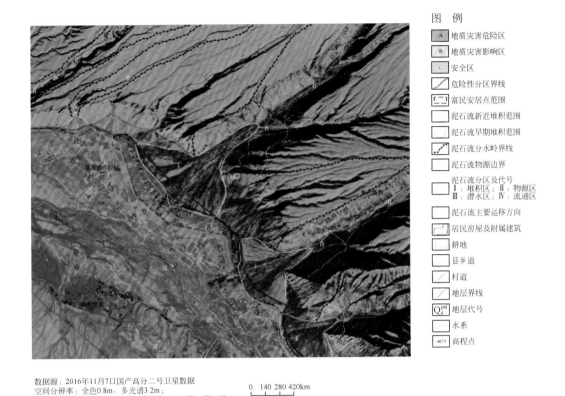

图　例

- A 地质灾害危险区
- B 地质灾害影响区
- C 安全区
- 危险性分区界线
- 富民安居点范围
- 泥石流新近堆积范围
- 泥石流早期堆积范围
- 泥石流分水岭界线
- 泥石流物源边界
- 泥石流分区及代号
  Ⅰ：堆积区；Ⅱ：物源区
  Ⅲ：潜水区；Ⅳ：流通区
- 泥石流主要运移方向
- 居民房屋及附属建筑
- 耕地
- 县乡道
- 村道
- 地层界线
- Q_4^{pal} 地层代号
- 水系
- 4073 高程点

数据源：2016年11月7日国产高分二号卫星数据
空间分辨率：全色0.8m，多光谱3.2m；
坐标系：CGCS2000，高斯克吕格投影，3°分带，第25带

0　140 280 420km

图 10.28　塔县夏布孜喀拉村泥石流危险性分区图

4）防灾减灾措施及建议

安居点附近泥石流活动频率较高，每年汛期均不同程度暴发，多在持续性强降雨之后暴发，该范围内泥石流危害方式以淤埋为主，冲击力较弱。目前尚未采用任何工程治理措施。根据区内泥石流灾害的形成特征、危害形式、危害程度和发展趋势，地质灾害防治总目标是减轻泥石流危险区范围内居民的生命财产安全，并为受威胁的安居点社会经济发展创造良好的环境。建议对该泥石流采取"拦挡坝+排导槽+防护堤"的防治措施。具体措施如下：①拦挡坝，在泥石流沟域中适当部位修建拦挡坝；②排导槽，对泥石流扇体中部的天然排泄通道进行拓宽加深，修建排导槽，加速泥石流物质的疏导；③防护堤，在居房房屋后方修建防护堤，防止泥石流物质直接冲击安居点；④监测措施，加强群测群防措施，定期巡视地质灾害，如有险情及时疏散。

10.5　典型泥石流风险评估

以兵团南疆二连 N6 泥石流为例，评估单沟高位泥石流的风险，主要应用高分辨率遥感影像对单沟泥石流及承灾体进行解译，分别得到危险性评估结果和易损性评估结果，最

后在 GIS 平台上将泥石流危险性和易损性进行量化赋值并进行矩阵叠加分析和计算，从而实现风险评估及分区。

泥石流危险区的划分仍采用《泥石流灾害防治工程勘查规范》（DZ-T 0220—2006）中泥石流危险区范围划定方法（表10.6）进行划分，得到单沟高位泥石流危险性分区图。

表 10.6　泥石流活动危险区域划分表

危险性分区	判别特征
极危险区	（1）泥石流、洪水能直接到达的地区；历史最高泥位或水位线及泛滥线以下地区 （2）河沟两岸已知的及预测可能发生崩坍、滑坡的地区；有变形迹象的崩坍、滑坡区域内和滑坡前缘可能到达的区域内 （3）堆积扇挤压大河或大河被堵塞后诱发的大河上、下游的可能受灾地区
危险区	（1）最高泥位或水位线以上加堵塞后的壅高水位以下的淹没区，溃坝后泥石流可能达到的地区 （2）河沟两岸崩坍、滑坡后缘裂隙以上 50~100m 范围内，或按实地地形确定 （3）大河因泥石流堵江后在极危险区以外的周边地区仍可能发生灾害的区域
影响区	高于危险区与危险区相邻的地区，它不会直接与泥石流遭遇，但却有可能间接受到泥石流危害的牵连而发生某些级别灾害的地区
安全区	极危险区、危险区、影响区以外的地区为安全区

易损性判定主要通过高分辨率遥感影像资料，对遭受泥石流灾害威胁的承灾体进行解译，承灾体类型主要分为人口密度、建筑用地、道路及农业用地四大类，并按用地类型赋予权，然后对各类承灾体进行解译并赋值（表10.7）。最后将各类承灾体的解译结果在 GIS 平台上进行空间叠加分析，根据赋值相加得到的结果确定出综合的易损性分区图。

风险评估主要在 GIS 平台上完成，即根据危险性和易损性的分区赋值结果，再进行矩阵叠加并分别用不同颜色表示高风险区、较高风险区、中等风险区、较低风险区和低风险区（图10.29）。

表 10.7　泥石流承灾体易损性分级赋值表

承灾体类型	权重	赋值			
		4	3	2	1
人口密度	1	工厂、学校等人口密集地区	城镇民房、办公区等	道路、广场及分散农户区等	农业生产用地区
建筑用地	0.5	框架结构（层数>5层）	框架结构（层数<5层）	砖木结构	土木结构、规划建筑用地
道路用地	0.35	省道及城镇道路	县道及乡镇道路	乡道及农村集中居住区道路	村道及农业生产道路
农业用地	0.15	耕地	园地	林地	荒地

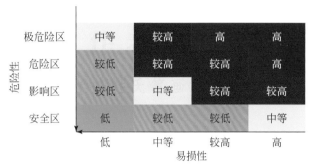

图 10.29　泥石流风险评估矩阵叠加图

采用上述方法对二连 N6 泥石流进行危险区划分，分别得到极危险区、危险区、影响区和安全区 4 个级别，分别用以不同的颜色表示危险性级别，得到危险性分区图（图 10.30）。

图 例　■极危险区　□危险区　■影响区　■安全区

图 10.30　兵团南疆二连 N6 泥石流危险性分区图

结果表明，二连 N6 泥石流极危险区包括主沟沟道及发生泥石流后的堆积区；危险区包括河沟两岸滑坡后缘裂隙以上 100m 范围内，以及未来发生泥石流后可能到达的最高区域；影响区包括高于危险区和危险区相邻的地区，该区有可能间接受到泥石流危害。

通过对承灾体（人口、建筑、道路、农业用地等）的解译，按照前文叙述的易损性分级与赋值方法进行叠加分析，划分高、较高、中等和低 4 个易损性级别并用不同颜色（红、黄、蓝、绿）分别表示，从而得到易损性分区图（图 10.31）。易损性分区结果表明，二连 N6 沟泥石流易损性高的区域主要为沟口居民房屋处；易损性较高的区域主要包括沟口人类活动频繁区；易损性中等的区域为二连 N6 泥石流沟道中下游，以及人类生产生活可能到达的区域；易损性低的区域为沟道两侧陡坡及山顶无人或少人区。

图　例　■易损性高　□易损性较高　■易损性中等　■易损性低

图 10.31　兵团南疆二连 N6 泥石流易损性分区图

通过危险性与易损性的矩阵叠加计算，将风险划分为 5 个级别，并用不同颜色（红、紫、黄、蓝、绿）分别表示高、较高、中等、较低和低 5 个风险性级别，最终得到二连 N6 泥石流风险评估图（图 10.31、图 10.32）。

通过二连 N6 泥石流灾害风险分区的面积统计结果分析，高风险区面积约 $1.89 \times 10^4 \, \text{m}^2$，占总面积的 1.69%，该区主要为二连 N6 泥石流沟口两侧，居民房屋处，该区遭受泥石流冲击可能性大；较高风险区面积约 $21.22 \times 10^4 \, \text{m}^2$，占总面积的 18.92%，该区主要包括二连 N6 泥石流主沟道中下游、支沟沟道下游，以及泥石流可能到达堆积的区域，区内为人类从事生产生活经常到达的区域；中等风险区面积约 $25.45 \times 10^4 \, \text{m}^2$，占总面积的 22.69%，主要为二连 N6 泥石流中下游两岸泥石流影响区，区内基本无基础设施、人类活动较少；较低风险区面积约 $31.29 \times 10^4 \, \text{m}^2$，占总面积的 27.90%；低风险区面积约 $32.29 \times 10^4 \, \text{m}^2$，占总面积的 28.89%，主要为二连 N6 泥石流沟及其支沟两岸高陡斜坡区，植被覆盖较好，多为无人区（表 10.8）。

表 10.8　兵团南疆二连 N6 泥石流风险分级面积统计表

风险分级	高风险区	较高风险区	中等风险区	较低风险区	低风险区
面积/10^4m^2	1.89	21.22	25.45	31.29	32.29
所占比例/%	1.69	18.92	22.69	27.90	28.89

图　例　■高风险区　■较高风险区　□中等风险区　■较低风险区　■低风险区

图 10.32　兵团南疆二连 N6 泥石流风险度分级图

10.6　小　　　结

　　根据遥感解译、现场地质调查和无人机航拍影像，结合滑坡研究区的工程地质条件，分析了典型滑坡的诱发因素和形成机制。同时利用 Rapid 模型模拟了滑坡运动全过程，计算了滑坡运动特征要素，孕灾过程主要分为：后缘拉裂阶段→冻胀扩缝阶段→融雪入渗失稳阶段→高速下滑阶段。滑坡的主要诱发因素为冰雪融水入渗，节理裂隙末端联通，形成潜在滑面。同时良好的水文地质条件、物源条件、地形条件致使皮里青河流域易发生黄土高速远程滑坡。Rapid 动力学模型可以较好地模拟黄土高速远程滑坡的动力学特征，计算发现滑坡运动全过程主要分为加速阶段、稳定阶段和减速阶段，较为准确的计算出滑坡的平均速度、堆积体厚度变化情况，为研究类似滑坡的动力学效应和空间预测提供借鉴。

　　通过遥感调查、无人机航测和现场调查等工作，重点调查了重点村镇（富民安居点）的后山斜坡、地质灾害及孕灾背景条件。调查的 41 处重点村镇富民安居点中，38 处受地质灾害威胁、3 处不受地质灾害威胁。运用危险性评价方法，对典型滑坡危险性进行分区，并提出防灾减灾措施和建议。

参 考 文 献

包磊,陈春武,潘昆,等.2016.模糊综合评判法在滑坡灾害风险评估中的应用.林业建设,(2);35~38.

蔡祥兴,李械,李念杰,等.1980.帕尔提巴尔沟冰川泥石流的成因及其发展趋势.冰川冻土,2(1):22~25.

柴贺军,刘汉超,张倬元.1995.一九三三年叠溪地震滑坡堵江事件及其环境效应.地质灾害与环境保护,(1):7~17.

常丹,刘建坤,李旭,等.2014.冻融循环对青藏粉砂土力学性质影响的试验研究.岩石力学与工程学报,33(7):1496~1502.

陈洪凯,鲜学福,唐红梅,等.2009.危岩稳定性分析方法.应用力学学报,26(2):278~282,406~407.

陈洪凯,鲜学福,唐红梅.2010.石质山区滑坡碎屑流灾害形成机制——以四面山国家级风景名胜区红岩山为例.四川大学学报(工程科学版),42(3):1~6.

陈剑,崔之久,戴福初,等.2011.金沙江奔子栏—达日河段大型泥石流堆积扇的成因机制.山地学报,29(3):312~319.

陈剑,黎艳,许冲.2016.金沙江干热河谷区泥石流易发性评价模型及应用.山地学报,34(4):460~467.

陈天城.2003.寒冷地区软岩边坡方案设计.水利科技,(3):31~33.

陈玺.2018.SBAS-InSAR技术在秦州区地表形变监测与滑坡敏感性评价中的应用研究.兰州:兰州大学硕士学位论文.

陈显春,董正威,盛国俊.2011.山区公路岩质边坡冻融破坏机理及对策研究.筑路机械与施工机械化,28(2):53~56.

陈晓清,崔鹏,冯自立,等.2006.滑坡转化泥石流起动的人工降雨试验研究.岩石力学与工程学报,(1):106~116.

陈晓清,李泳,崔鹏.2004.滑坡转化泥石流起动研究现状.山地学报,(5):562~567.

陈旭丹,孙新利,程金星,等.2015.单体滑坡灾害承灾体的有限元模拟与易损性评估.长江科学院院报,32(9):69~75.

陈玉超.2006.冻融环境下岩土边坡稳定性研究初探.西安:西安科技大学硕士学位论文.

成良霞,苏生瑞,李松,等.2012.震后公路边坡滑坡碎屑流地质灾害形成机理分析.工程地质学报,20(2):249~258.

程凌鹏,杨冰,刘传正.2001.区域地质灾害风险评价研究述评.水文地质工程地质,(3):75~78.

程强,寇小兵,黄绍槟,等.2004.中国红层的分布及地质环境特征.工程地质学报,(1):34~40.

程滔,单新建,董文彤,等.2008.利用InSAR技术研究黄土地区滑坡分布.水文地质工程地质,(1):98~101.

程秀娟,张茂省,朱立峰,等.2013.季节性冻融作用及其对斜坡土体强度的影响——以甘肃永靖黑方台地区为例.地质通报,32(6):904~909.

程永春,葛琪,何锋.2010.季冻区土质边坡滑动界面临界深度的试验研究.岩土力学,31(4):1042~1046.

崔鹏.2004.金沙江干热河谷东川泥石流观测区生态修复研究.全国水土保持生态修复研讨会论文汇编:中国水土保持学会,202~206.

崔鹏,马东涛,陈宁生,等.2003.冰湖溃决泥石流的形成、演化与减灾对策.第四纪研究,(6):621~628.

崔鹏,王道杰,韦方强.2004.金沙江干热河谷东川泥石流观测区生态修复研究//中华人民共和国水利部水土保持司,中国科学院资源环境科学与技术局.全国水土保持生态修复研讨会论文汇编.中国水土保持学会,5.

崔鹏,王道杰,韦方强.2005.干热河谷生态修复模式及其效应——以中国科学院东川泥石流观测研究站为例.中国水土保持科学,(3):64~68.

崔托维奇 Н А. 1985. 冻土力学. 张长庆,朱元林译. 北京:科学出版社.

崔云,孔纪名,田述军,等. 2011. 强降雨在山地灾害链成灾演化中的关键控制作用. 山地学报,29(1): 87～94.

崔之久. 1960. 慕士塔格-公格尔冰川的某些特点及其开发利用的条件. 地理学报,(1):35～44,73～74.

戴福初,陈守义,李焯芬. 2000. 从土的应力应变特性探讨滑坡发生机理. 岩土工程学报,22(1):130～133.

邓晓峰. 1997. 天山独库公路冰川泥石流堆积与冰碛石组构特征. 山地研究,(3):192～196.

邓养鑫. 1995. 冰碛转化为冰川泥石流堆积过程及其沉积特征. 沉积学报,(4):37～48.

邓养鑫. 1996. 冰碛与冰川泥石流堆积研究的若干新成果. 冰川冻土,(S1):250～256.

刁仁辉. 2015. 丹巴县江口沟泥石流发育特征及沟口危险区范围预测研究. 成都:西南交通大学硕士学位论文.

丁光熙,陈彩萍,谢昌卫,等. 2014. 西天山托木尔峰南麓大型山谷冰川冰舌区消融特征分析. 冰川冻土, 36(1):20～29.

樊晓一,王成华,乔建平. 2005. 两龙滑坡特征及转化泥石流机制分析. 水土保持学报,12(6):156～158.

范青松,汤翠莲,陈于,等. 2006. GPS 与 InSAR 技术在滑坡监测中的应用研究. 测绘科学,(5):60～62,5.

费祥俊,舒安平. 2004. 泥石流运动机理与灾害防治. 北京:清华大学出版社.

冯守中,闫澍旺. 2009. 高寒地区岩质路堑边坡典型破坏事例的分析及治理. 公路交通科技(应用技术版), 5(11):5～9,19.

高云建,陈宁生,赵春瑶,等. 2018. 干热河谷区泥石流活动特征及对交通干线的危害——以峨汉高速为例. 人民长江,49(10):54～59.

葛大庆,戴可人,郭兆成,等. 2019. 重大地质灾害隐患早期识别中综合遥感应用的思考与建议. 武汉大学学报(信息科学版),44(7):949～956.

葛琪. 2010. 基于冻融界面强度损伤的季冻区土质边坡稳定性研究. 长春:吉林大学博士学位论文.

葛文胜,李小飞,薛运清,等. 2013. 新疆昭苏卡拉盖雷铜金矿床成矿地质背景探讨. 地球学报,34(3): 275～286.

弓小平. 2018. 新疆伊犁谷地地质灾害成因及评价研究. 北京:地质出版社.

谷宪明,王清,冯志仁,等. 2005. 延边地区公路沿线边坡失稳试验分析. 自然灾害学报,(3):149～154.

顾春杰,张雅莉,马金珠,等. 2014. 中小尺度区域泥石流滑坡灾害易损性评价研究. 中国人口·资源与环境,24(S2):489～494.

郭东信,黄以职,赵秀锋. 1993. 青藏公路风火山垭口盆地融冻泥流阶地初步研究. 冰川冻土,(1):58～62.

郭鹏. 2015. 白龙江流域降雨型泥石流成因机理研究. 兰州:兰州大学博士学位论文.

郭万钦,刘时银,许君利,等. 2012. 木孜塔格西北坡鱼鳞川冰川跃动遥感监测. 冰川冻土,34(4): 765～774.

韩海东,丁永建,刘时银,等. 2005. 科奇喀尔冰川夏季表碛区热量平衡参数的估算分析. 冰川冻土,27(1): 88～94.

韩继国,时成林,赵海涛,等. 2003. 季冻区公路路基边坡损坏机理分析//中国公路学会. 中国公路学会 2003 年学术年会论文集. 中国公路学会:中国公路学会,7.

韩金良,吴树仁,汪华斌. 2007. 地质灾害链. 地学前缘,(6):11～23.

韩萍,薛燕,苏宏超,等. 2003. 新疆降水在气候转型中的信号反应. 冰川冻土,(2):179～182.

韩世鹏,白义松. 2010. 寒区公路土质路堑边坡冻融滑塌机理分析. 黑龙江交通科技,33(10):35.

何思明,吴永,李新坡. 2007. 黏性泥石流沟道侵蚀启动机制研究. 第九届全国岩土力学数值分析与解析方法研讨会,武汉.

贺拿,陈宁生,朱云华,等. 2013. 矮子沟泥石流影响因素及运动参数分析. 水利与建筑工程学报,11(1):

12 ~ 16.

胡广韬,赵法锁,李丽,等. 1988. 基岩地区高速远程滑坡的多级冲程与超前溅泥气浪. 西安地质学院学报,
　　10(1):79 ~ 87.

胡桂胜,尚彦军,曾庆利,等. 2017. 新疆叶城"7. 6"特大灾害性泥石流应急科学调查. 山地学报,35(1):
　　112 ~ 116.

胡厚田. 2005. 滑坡碎屑流落石研究. 铁道工程学报,(S1):387 ~ 391.

胡进,朱颖彦,杨志全,等. 2013. 中巴公路冰川泥石流的形成与危险性评估. 地质科技情报,32(6):
　　180 ~ 184.

胡列群,武鹏飞,梁凤超,等. 2014. 新疆冬春季积雪及温度对冻土深度的影响分析. 冰川冻土,36(1):
　　48 ~ 54.

胡明鉴,汪稔. 2003. 蒋家沟流域暴雨滑坡泥石流共生关系试验研究. 岩石力学与工程学报,22(5):
　　824 ~ 828.

胡明鉴,汪稔,陈中学,等. 2010. 泥石流启动过程 PFC 数值模拟. 岩土力学,31(S1):394 ~ 397.

胡卸文,刁仁辉,梁敬轩,等. 2016. 基于 CFX 的江口沟泥石流危险区范围预测模拟. 岩土力学,37(6):
　　1689 ~ 1696.

胡卸文,黄润秋,施裕兵,等. 2009. 唐家山滑坡堵江机制及堰塞坝溃坝模式分析. 岩石力学与工程学报,
　　28(1):181 ~ 189.

黄雅虹,吕悦军,张世民. 2007. 地质灾害危险性评估及相关技术问题评述. 震灾防御技术,(1):83 ~ 91.

姜彤,许朋柱. 1996. 自然灾害研究的新趋势——社会易损性分析. 灾害学,(2):5 ~ 9.

金玺,杨宗喜,张涛. 2015. 俄罗斯地勘工作改革方向分析. 中国矿业,24(1):79 ~ 82.

靳德武,牛富俊,陈志新,等. 2003. 土体冻融过程中渗流场-应力场-温度场耦合作用机理研究. 煤田地质
　　与勘探,(5):40 ~ 42.

靳德武,牛富俊,陈志新,等. 2004. 冻土斜坡模型试验相似分析. 地球科学与环境学报,(1):29 ~ 32.

匡乐红. 2006. 区域暴雨泥石流预测预报方法研究. 长沙:中南大学博士学位论文.

雷玲,周荫清,李景文,等. 2012. PS-InSAR 技术在伯克利山滑坡监测中的应用. 北京航空航天大学学报,
　　38(9):1224 ~ 1226.

李保雄,苗天德. 2004. 红层软岩滑坡运移机制. 兰州大学学报,(3):95 ~ 98.

李焯芬,陈虹. 1997. 香港滑坡泥石流成因及治理. 地理学报,(S1):114 ~ 121,199.

李鸿琏,蔡祥兴. 1989. 中国冰川泥石流的一些特征. 水土保持通报,(6):1 ~ 9.

李吉均,徐输赢. 1983. 巴基斯坦北部的地貌发育与第四纪冰期问题. 地理学报,38(1):11 ~ 24.

李金洋. 2015. "5·12"震后北川干溪沟泥石流演化特征分析及危险性预测. 成都:成都理工大学硕士学位
　　论文.

李均力,盛永伟,骆剑承,等. 2011. 喜马拉雅山地区冰湖信息的遥感自动化提取. 遥感学报,(1):29 ~ 43.

李凌婧,姚鑫,张永双,等. 2014. 基于 SBAS-InSAR 技术的中巴公路(公格尔—慕士塔格段)地质体缓慢变
　　形识别研究. 工程地质学报,22(5):921 ~ 927.

李凌婧. 2015. 中巴经济走廊主要工程地质问题合成孔径雷达识别研究. 北京:中国地质大学(北京)硕士
　　学位论文.

李明,唐红梅,叶四桥. 2008. 典型地质灾害链式机理研究. 灾害学,(1):1 ~ 5.

李珊珊,张明军,李忠勤,等. 2013. 1960-2009 年中国天山现代冰川末端变化特征. 干旱区研究,30(2):
　　378 ~ 384.

李树德. 1988. 滑坡型泥石流形成机理. 北京大学学报(自然科学版),(4):107 ~ 110.

李树德,曾思伟. 1988. 论泥石流的另一种类型—滑坡型泥石流——以甘肃刘家堡泥石流为例. 水土保持

学报,2(4):66～71.

李天池,章书成,康志成. 1984. 滑坡型泥石流//中国科学院兰州冻土研究所. 中国科学院兰州冰川冻土研究所集刊(第四号). 北京:科学出版社:171～177.

李同录,郑书彦,邓宏科,等. 2004. 黄土边坡滑坡侵蚀稳定性计算方法探讨. 公路,(10):37～41.

李喜安,彭建兵,陈志新,等. 2007. 黄土地层地表径流下潜模式与地质灾害. 工程地质学报,15(4):495～499.

李小凡,Peter M J,方晨,等. 2011. 基于TerraSAR-X强度图像相关法测量三峡树坪滑坡时空形变. 岩石学报,27(12):3843～3850.

李秀珍,崔云,张小刚,等. 2019. 川藏铁路全线崩滑灾害类型、特征及其空间分布发育规律. 工程地质学报,27(S1):110～120.

李振洪,宋闯,余琛,等. 2019. 卫星雷达遥感在滑坡灾害探测和监测中的应用:挑战与对策. 武汉大学学报(信息科学版),44(7):967～979.

李志为. 2011. 地震灾区泥石流启动机制研究及危险性评价. 成都:成都理工大学硕士学位论文.

李治国. 2009. 冻融条件下高填路堤边坡稳定性研究. 哈尔滨:哈尔滨工业大学硕士学位论文.

梁鸿熙,尚敏,徐鑫. 2016. 基于FLO-2D数值模拟的泥石流流动与堆积影响因素研究. 工程地质学报,24(2):228～234.

梁玉飞,裴向军,崔圣华,等. 2018. 汶川地震诱发黄洞子沟地质灾害链效应及断链措施研究. 灾害学,33(3):201～209.

廖明生,唐婧,王腾,等. 2012. 高分辨率SAR数据在三峡库区滑坡监测中的应用. 中国科学:地球科学,42(2):217～229.

林鸿州,于玉贞,李广信,等. 2009. 降雨特性对土体边坡失稳的影响. 岩石力学与工程学报,28(1):198～204.

刘传正. 2012. 汶川地震区文家沟泥石流成因模式分析. 地质论评,58(4):709～716.

刘春涌,许英,郑洁. 2000. 新疆泥石流成因类型和分布规律. 新疆环境保护,(1):20～25.

刘汉超,陈明东. 1993. 库区环境地质研究. 成都:成都科技大学出版社.

刘平,马惠荣. 2016. 新疆阿勒泰市地质灾害浅析. 地下水,38(6):171～172.

刘希林. 2013. 我国"地质灾害危险性评估技术要求"中的有关问题——以泥石流灾害为例. 中国地质灾害与防治学报,24(2):8～15.

刘鑫磊,唐川,方群生,等. 2017. 基于数值模拟的溃决型泥石流危险性评价研究. 泥沙研究,42(6):28～34.

刘毅,程建军,苟忠民,等. 2015. 新疆则克台堰塞湖稳定性分析. 水利水电技术,46(1):122～125.

卢全中,彭建兵,赵法锁. 2003. 地质灾害风险评估(价)研究综述. 灾害学,(4):60～64.

罗东海. 2010. 冻融期黄土滑坡实验研究. 西安:西安科技大学硕士学位论文.

马鹏辉,彭建兵,李同录,等. 2018. 陕西泾阳"3·8"蒋刘黄土滑坡成因及运动特征分析. 工程地质学报,26(3):663～672.

马秋娟,唐阳,宿辉. 2015. 泥石流启动过程试验与数值模拟研究. 科学技术与工程,15(25):7～10.

马元顺. 2010. 季节冻土区高填土路堤温度场与边坡稳定性分析. 哈尔滨:哈尔滨工业大学硕士学位论文.

马宗源,廖红建,张骏. 2008. Bingham型黏性泥石流流体的三维数值模拟. 西安交通大学学报,(9):1146～1150.

梅欣佩,李占斌,刘亚东. 2003. 雨滴打击对陡坡薄层水流水动力学特性的影响. "全国水土流失与江河泥沙灾害及其防治对策"学术研讨会会议文摘. 中国土壤学会,2003:41.

乃尉华. 2010. 新疆玛纳斯县地质灾害分布及其防治对策. 西部探矿工程,1:165～168.

倪万魁,师华强. 2014. 冻融循环作用对黄土微结构和强度的影响. 冰川冻土,36(4):922~927.

牛富俊,马立峰,靳德武. 2006. 多年冻土地区斜坡稳定性评价问题. 工程勘察,(6):1~3,17.

潘华利,欧国强,黄江成,等. 2012. 缺资料地区泥石流预警雨量阈值研究. 岩土力学,(7):2122~2126.

潘华利,欧国强,柳金峰. 2009. 泥石流沟道侵蚀初探. 灾害学,(1):39~43.

庞鹏,刘威. 2016. 新疆库车县地质灾害分布特征及形成条件. 地下水,38(4):233~235.

裴向军,黄润秋,李世贵. 2011. 强震滑坡碎屑流岩体冲击桥墩动力响应研究. 岩石力学与工程学报,30(S2):3995~4001.

彭丽云,刘建坤. 2010. 正融粉质黏土在循环荷载作用下的变形特性研究. 岩土工程学报,32(4):567~572.

齐超,邢爱国,殷跃平,等. 2012. 东河口高速远程滑坡-碎屑流全程动力特性模拟. 工程地质学报,20(3):334~339.

齐吉琳,张建明,朱元林. 2003. 冻融作用对土结构性影响的土力学意义. 岩石力学与工程学报,(S2):2690~2694.

单新建,马瑾,柳稼航,等. 2002. 利用星载D-INSAR技术获取的地表形变场提取玛尼地震震源断层参数. 中国科学(D辑:地球科学),(10):837~844.

单之蔷. 2013. 红层:新疆的大风景. http://www.dili360.com/cng/article/p5350c3d63ca4280.html[2013-10-01].

沈芳. 2000. 山区地质环境评价与地质灾害危险性区划的GIS系统. 成都:成都理工学院博士学位论文.

沈芳,黄润秋,苗放,等. 1999. 区域地质环境评价与灾害预测的GIS技术. 山地学报,(4):338~342.

沈伟,翟张辉,李同录,等. 2016. 陕西泾河南岸大堡子高速远程黄土滑坡运动过程模拟. 工程地质学报,24(6):1309~1317.

沈宇鹏,吴艳,许兆义,等. 2011. 多年冻土斜坡稳定性评价方法的探讨. 铁道标准设计,(3):34~37.

师德杨,韩芳芳,乃尉华. 2013. 新疆玛纳斯县地质灾害分布及其易发性程度分区. 西部探矿工程,11:160~162.

石菊松,吴树仁,石玲. 2008. 遥感在滑坡灾害研究中的应用进展. 地质论评,54(4):505~514.

史文兵,李洪建,曾臻,等. 2018. 平缓反倾红层边坡变形破坏机制研究. 防灾减灾工程学报,38(5):881~888.

孙晓明,于庆河,陈冰. 1998. 乌鲁木齐市地质灾害区划. 中国地质灾害与防治学报,9(S1):153~158.

孙颖娜. 2002. 北部引嫩干渠渠道滑坡机理研究. 哈尔滨:东北农业大学硕士学位论文.

汤立群. 1995. 坡面降雨溅蚀及其模拟. 水科学进展,(4):304~310.

唐红梅,易朋莹. 2003. 危岩落石运动路径研究. 重庆建筑大学学报,(1):17~23.

田连权,胡发德,李静. 1990. 蒋家沟泥石流形成过程//吴积善等. 云南蒋家沟泥石流观测研究. 北京:科学出版社:16~52.

田连权,张信宝,吴积善. 1981. 试论泥石流的形成过程//中国科学院成都地理研究所. 泥石流论文集. 重庆:科学技术文献出版社重庆分社:54~57.

童立强,涂杰楠,裴丽鑫,等. 2018. 雅鲁藏布江加拉白垒峰色东普流域频繁发生碎屑流事件初步探讨. 工程地质学报,26(6):1552~1561.

王根龙,伍法权,祁生文,等. 2013. 塑流-拉裂式滑坡碎屑流机制及评价方法. 岩石力学与工程学报,32(S1):2863~2869.

王根龙,张茂省,苏天明,等. 2011. 黄土滑坡碎屑流破坏模式及离散元数值模拟分析. 工程地质学报,19(4):541~549.

王功辉. 1991. 黄土高原坡面侵蚀的力学分析. 兰州:兰州大学硕士学位论文.

王恭先. 1997. 甘肃省永靖县黄茨滑坡的滑动机理与临滑预报. 灾害学,(3):23～27.

王桂杰,谢谟文,邱骋,等. 2010. D-INSAR 技术在大范围滑坡监测中的应用. 岩土力学,31(4):1337～1344.

王加龙. 2011. 冻融作用对边坡稳定性的影响浅析. 北方交通,(3):1～3.

王家鼎,张倬元. 1999. 地震诱发高速黄土滑坡的机理研究. 岩土工程学报,(6):670～674.

王家鼎,肖树芳,张倬元. 2001. 灌溉诱发高速黄土滑坡的运动机理. 工程地质学报,9(3):241～246.

王磊,李滨,高杨,等. 2016. 大型厚层崩滑体运动特征模拟研究:以重庆武隆县羊角场镇大巷危岩为例. 地学前缘,23(2):251～259.

王立朝,温铭生,冯振,等. 2019. 中国西藏金沙江白格滑坡灾害研究. 中国地质灾害与防治学报,30(1):1～9.

王敏. 2014. 新疆乌什县地质灾害发育特征. 南京:南京大学硕士学位论文.

王纳纳,唐川. 2014. 基于 FLO-2D 的都江堰市龙池镇黄央沟泥石流数值模拟. 地质灾害与环境保护,25(1):107～112.

王念秦,姚勇. 2008. 季节冻土区冻融期黄土滑坡基本特征与机理. 防灾减灾工程学报,(2):163～166.

王绍令. 1990. 青藏公路风火山地区的热融滑塌. 冰川冻土,(1):63～70.

王士天,詹铮,刘汉超. 1990. 洒勒山高速滑坡的基本特征及动力学机制. 地质灾害与环境保护,(2):66～74.

王涛,吴树仁,石菊松. 2009. 国际滑坡风险评估与管理指南研究综述. 地质通报,28(8):1006～1019.

王文宝. 1980. 多年冻土地区路基下沉病害整治的初步研究. 铁道建筑,(2):8～10.

王文俊,向喜琼,黄润秋,等. 2003. 区域崩塌滑坡的易发性评价——以四川省珙县为例. 中国地质灾害与防治学报,(2):33～36,40.

王勇智. 2008. 固液两相泥石流运动计算力学. 重庆:重庆交通大学硕士学位论文.

王志荣. 2005. 红层软岩滑坡基本特征. 洁净煤技术,(2):75～78.

吴玮江. 1997. 季节性冻结滞水促滑效应——滑坡发育的一种新因素. 冰川冻土,(4):71～77.

吴玮莹,王晓青,邓飞. 2017. 基于高分卫星遥感影像的地震应急滑坡编目与分布特征探讨——以2017年8月8日九寨沟7.0级地震为例. 震灾防御技术,12(4):815～825.

吴现兴,魏青军,余中元. 2010. 新疆温宿县环境地质特征与地质灾害. 干旱区研究,27(2):284～289.

吴越,刘东升,张小飞,等. 2012. 滑坡灾害易损性定量评估模型应用与比较. 地下空间与工程学报,8(5):916～921.

武鹤,高伟,王国峰,等. 2005. 寒区路堑人工土质边坡滑塌原因与稳定技术研究. 黑龙江工程学院学报,(2):1～4.

夏式伟,郑昭炀,袁小一,等. 2017. 芦山地震汤家沟滑坡-碎屑流过程模拟. 山地学报,35(4):527～534.

向喜琼,黄润秋. 2000. 地质灾害风险评价与风险管理. 地质灾害与环境保护,11(1):38～41.

向喜琼,黄润秋,许强. 2002. 地质灾害危险性评价系统的实现. 地理学与国土研究,(3):76～78.

项良俊. 2014. 金沙水电站坝区流域肖家沟泥石流的三维流场数值模拟及风险评价. 长春:吉林大学硕士学位论文.

肖东辉,冯文杰,张泽. 2014. 冻融循环作用下黄土孔隙率变化规律研究. 冰川冻土,36(4):907～912.

谢洪,王成华,林立相. 2000. 标水岩沟滑坡型泥石流灾害及特征. 中国地质灾害与防治学报,11(3):20～23.

谢全敏. 2005. 滑坡灾害风险评估的系统分析. 岩土力学,26(1):71～74.

徐慧娟. 2016. 怒江流域高山峡谷区泥石流活动规律及成灾驱动力研究. 昆明:云南大学硕士学位论文.

徐继维,张茂省,范文. 2015. 地质灾害风险评估综述. 灾害学,30(4):130～134.

许才军,林敦灵,温扬茂. 2010. 利用 InSAR 数据的汶川地震形变场提取及分析. 武汉大学学报(信息科学版),35(10):1138~1142,1261~1262.

许冲,田颖颖,马思远,等. 2018. 1920年海原8.5级地震高烈度区滑坡编录与分布规律. 工程地质学报, 26(5):1188~1195.

许冲,徐锡伟,吴熙彦,等. 2013. 2008年汶川地震滑坡详细编目及其空间分布规律分析. 工程地质学报, 21(1):25~44.

许强. 2020. 对滑坡监测预警相关问题的认识与思考. 工程地质学报,28(2):360~374.

杨奉广,木合塔尔·扎日,封丽华. 2005. 新疆伊犁地区地质灾害的形成与防治对策. 新疆师范大学学报 (自然科学版),24(3):117~120.

杨龙伟,魏云杰,朱赛楠,等. 2018. 新疆伊宁县克孜勒赛滑坡成灾机理和动力学特征. 中国地质灾害与防治学报,29(3):18~24.

杨鹏鹏. 2018. 乌恰县近60年气象要素变化分析. 西北水电,(6):13~16.

杨让宏,朱本珍. 2010. 冻融交界面变化对于多年冻土区斜坡路堤稳定性的影响分析. 兰州交通大学学报, 29(3):1~6.

杨添天,马永正,唐金荣,等. 2018. 美国地质调查局国际合作的演变历程及启示. 中国矿业,27(S1): 13~16.

杨宗喜,唐金荣,施俊法. 2016. 欧洲地质调查工作的发展方向及启示. 中国矿业,25(4):10~15.

姚丽. 2017. 松潘县磨子沟泥石流发育特征及危险区范围预测研究. 成都:西南交通大学硕士学位论文.

姚鑫,戴福初,陈剑. 2007. 金沙江干热河谷区地质灾害遥感研究. 长江流域资源与环境,16(5):655~660.

叶米里扬诺娃ЕП. 1986. 滑坡作用的基本规律. 铁道部科学研究院西北所滑破室译. 重庆:重庆出版社.

叶玮. 2000. 新疆伊犁地区黄土与黄土状土粒度对比. 干旱区地理,(4):310~314.

殷跃平,王文沛,张楠,等. 2017. 强震区高位滑坡远程灾害特征研究——以四川茂县新磨滑坡为例. 中国地质,44(5):827~841.

尹光华,王兰民,袁中夏,等. 2009. 新疆伊犁黄土的物性指标、动力学特性与滑坡. 干旱区地理(汉文版), 32(6):899~905.

曾凡伟. 2005. 坡面泥石流形成机制研究. 重庆:西南师范大学硕士学位论文.

曾庆利,尚彦军,胡桂胜,等. 2016. 新疆叶城"7·6"滑坡泥石流灾害调查与形成机理研究. 工程地质学报, 24(6):1145~1156.

翟张辉,沈伟,李同录,等. 2017. 天水市大沟滑坡−泥石流运动过程模拟分析//中国地质学会,中国地质学会工程地质专业委员会. 2017年全国工程地质学术年会论文集.《工程地质学报》编辑部,7.

张博. 2006. 天山公路地质灾害发育分布特征及防治对策研究. 成都:成都理工大学硕士学位论文.

张长庆,朱林楠,张健明,等. 1993. 中国南水北调西线工程地区的冻土与工程问题. 冰川冻土,(1): 90~95.

张成文. 2014. 新疆新源县地质灾害特征与评价研究. 乌鲁木齐:新疆农业大学硕士学位论文.

张洪江. 2000. 土壤侵蚀原理. 北京:中国林业出版社.

张建云,刘九夫,周国良. 2006. 中国暴雨统计参数特征与规律研究. 水利水电技术,37(2):42~44.

张茂省,李同录. 2011. 黄土滑坡诱发因素及其形成机理研究. 工程地质学报,19(4):530~540.

张茂省,唐亚明. 2008. 地质灾害风险调查的方法与实践. 地质通报,(8):1205~1216.

张明,胡瑞林,殷跃平,等. 2010. 滑坡型泥石流转化机制环剪试验研究. 岩石力学与工程学报,29(4): 822~832.

张鹏,马金珠,舒和平,等. 2014. 基于FLO-2D模型的泥石流运动冲淤数值模拟. 兰州大学学报(自然科学版),50(3):363~368.

张涛,杨志华,张永双,等. 2019. 四川茂县新磨村高位滑坡铲刮作用分析. 水文地质工程地质,46(3):

138~145.

张婷. 2015. 新疆天山公路地质灾害危险性评价研究. 重庆:重庆交通大学硕士学位论文.

张万顺,赵琰鑫,崔鹏,等. 2012. 沟道二维泥石流运动和冲淤数值模型研究. 中国水土保持科学,10(1): 1~5.

张秀菊. 2015. 新疆托里县地质灾害分布规律及其易发性分区评价. 西部探矿工程,3:133~139.

张学富,赖远明,喻文兵,等. 2004. 风火山隧道多年冻土回冻预测分析. 岩石力学与工程学报,(24): 4170~4178.

张学文. 1994. 暴雨历时面积深度关系的实用图表. 气象,20(5):28~32.

张永双,巴仁基,任三绍,等. 2020. 中国西藏金沙江白格滑坡的地质成因分析. 中国地质,1~11.

张治红. 2009. 冻土参数的变异性及在边坡可靠性分析中的应用. 西安:西安科技大学硕士学位论文.

张倬元. 1985. 工程动力地质作用的研究进展. 工程勘察,(1):30~34.

赵超英. 2009. 差分干涉雷达技术用于不连续形变的监测研究. 西安:长安大学博士学位论文.

赵刚. 2010. 寒区高等级公路路堑边坡春季浅层滑塌机理研究. 哈尔滨:哈尔滨工业大学博士学位论文.

赵坚. 2010. 季冻区公路土质路堑边坡浅层稳定性分析. 北方交通,(12):1~5.

赵良军,李虎,刘玉锋,等. 2017. 新疆伊犁果子沟地质灾害风险评价及其致灾因子. 干旱区研究,34(3): 693~700.

中国地质调查局. 2017. 新疆地质灾害应急调查项目启动. http://www. cgs. gov. cn/gzdt/dzhy/201703/ t20170327_425524. html [2017-03-27].

中国科学院冰川冻土沙漠研究所. 1973. 泥石流. 北京:科学出版社.

周洪福,韦玉婷,聂德新. 2009. 黄河上游戈龙布滑坡高速下滑成因机制及堵江分析. 工程地质学报, 17(4):483~488.

周健,杜强,于仕才. 2015. 泥石流启动试验的数值模拟研究. 湖南大学学报(自然科学版),42(9): 96~103.

周小彬. 2006. 新疆乌恰县地质灾害现状调查及其防治建议. 西部探矿工程,18(6):277~279.

周幼吾,郭东信. 1982. 我国多年冻土的主要特征. 冰川冻土,(1):1~19,95~96.

朱晨光,刘春,许强,等. 2019. 滑坡滑带摩擦热离散元数值模拟研究. 工程地质学报,27(3):651~658.

朱赛楠,殷跃平,王文沛,等. 2019. 新疆伊犁河谷黄土滑坡冻融失稳机理研究. 地球学报,40(2): 339~349.

朱兴华,彭建兵,同霄,等. 2017. 黄土地区地质灾害链研究初探. 工程地质学报,25(1):117~122.

庄茂国,魏云杰,邵海,等. 2018. 新疆伊犁皮里青河黄土滑坡类型及其发育特征. 中国地质灾害与防治学 报,29(1):54~59.

卓宝熙. 1991. 遥感技术是铁路地质灾害调查的先进手段. 遥感信息,(3):14~17.

卓宝熙. 2011. 工程地质遥感判译与应用(第2版). 北京:中国铁道出版社.

左其亭. 2006. 现代水文学(第2版). 郑州:黄河水利出版社.

左正金,李才,王硕楠,等. 2014. 基于PFC(2D)软件的柿树沟泥石流运动过程数值模拟. 水电能源科学, 32(9):135~138.

佐佐恭二,韦淑莉. 1989. 日本御岳等地非饱和泥石流的流动机理(上). 中国水土保持,(10):56~59,66.

Ackermann F. 1999. AirborneLaser scanning—present status and future expectations. ISPRS Journal of Photogrammetry and Remote Sensing,54(2-3):64~67.

Alexander S,Kanatbek A. 2018. Bedrock landslide types and classification systems. Rockslides and Rock Avalanches of Central Asia,51~90.

Anbalagan R,Singh B. 1996. Landslide hazard and risk assessmentmapping ofmountainous terrains—a case study fromkumaun Himalaya, India. Engineering Geology, 43(4):237~246.

Anderson S J. 1999. Analysis of rainstorm-induced slide-debris flows on natural terrain of Lantau Island, Hong Kong. Engineering Geology, 51(3):279~290.

Carrara A, Catalano E, Valvo M S, et al. 1977. Landslide morphometry and typology in two zones, Calabria, Italy. Bulletin of Engineering Geology and the Environment, 16(1):8~13.

Chamberrlain E J, Anthony J G. 1979. Effect of freezing and thawing on the permeability and structure soils. Engineering Geology, 13(1):73~92.

Chandler R J. 1970. A shallow slab slide in the lias clay near Uppingham, Rutland. Géotechnique, 20(3): 253~260.

Chang D, Liu J K, Li X, et al. 2014. Experiment study of effects of freezing-thawing cycles onmechanical properties of Qinghat-Tibet silty sand. Chinese Journal of Rockmechanics and Engineering, 33(7):1496~1502.

Chen H K, Xian X F, Tang H M, et al. 2009. Stability analysismethod for perilous rock. Chinese Journal of Appliedmechanics, 26(2):278~282,406~407.

Chen H K, Xian X F, Tang H M. 2010. Developing mechanism for collapse disaster in rockmountain area——taking Mt. Hongyan in the national scenic spots of Simianshan as an example. Journal of Sichuan University (Engineering Science Edition), 42(3):1~6.

Cheng L X, Su S G, Li S, et al. 2012. Analysis of formation mechanisms of highway slope collapse after Wenchuan earthquake. Journal of Engineering Geology, 2(3):10~15.

Cheng Q, Kou X B, Huang S B, et al. 2004. The distributes andgeologic environment characteristics of red beds in China. Journal of Engineering Geology, (1):34~40.

Cheng X J, Zhang M S, Zhu L F, et al. 2013. Seasonal freeze-thaw action and its effect on the slope soil strength in Heifangtai area, Gansu Province. Geological Bulletin of China, 32(6):904~909.

Colesanti C, Ferretti A, Prati C, et al. 2003. Monitoring landslides and tectonic motions with the permanent scatterers technique. Engineering Geology, 68(1-2):3~14.

Corominas J, Moya J. 2008. A review of assessing landslide frequency for hazard zoning purposes. Engineering Geology, 102(3-4):193~213.

Cox S C, Allen S K. 2009. Vampire rock avalanches of January 2008 and 2003, Southern Alps, New Zealand. Recent Landslides, 6(2):161~166.

Cui P, Wang D J, Wei F Q. 2005. Model and effect of ecological restoration of dry-hot valley:a case study of the CAS Dongchuan Debris Flow Observation Station. Science of Soil and Water Conservation, 3(3):60~64.

Czurda K A, Hohmann M. 1997. Freezing effect on shear strength of clayey soils. Applied Clay Science, 12(1-2): 165~187.

Dai F, Lee C, Ngai Y. 2002. Landslide risk assessment and management:an overview. Engineering Geology, 64(1):65~87.

Dan Z Q. 2013. Red Layer:the great scenery of Xinjiang. http://www. dili360. com/cng/article/p5350c 3d63ca4280. html [2019-10-28].

Davies T R, McSaveney M J. 1999. Runout of drygranular avalanches. Canadian Geotechnical Journal, 36(2): 313~320.

Eisbacherg H. 1980. Cliff collapse and rock avalanches(sturstroms)in the Mackenzie Mountains, northwestern Canada. Canadian Geotechnical Journal, 17(2):309~334.

Fan X M, Tang C X, van Westen C J, et al. 2012. Simulating dam-breach scenarios of the Tangjiashan Landslide dam induced by the Wenchuan earthquake. Natural Hazards and Earth System Science, 12(10):3031~3044.

Fan X M, Xu Q, Scaring I G, et al. 2017. Failure mechanism and kinematics of the deadly June 24th 2017 Xinmo Landslide, Maoxian, Sichuan, China. Landslides, 14(3):2129 ~ 2146.

Ferretti A, Prati C, Rocca F. 2000. Permanent scatterers in SAR interferometry. IEEE Transactions on Geoscience and Remote Sensing, 38(5):2202 ~ 2212.

Fischer L, Huggel C, Kääb A, et al. 2013. Slope failures and erosion rates on a glaciered high-mountain face under climatic changes. Earth Surface Processes and Landforms, 38(8):836 ~ 846.

Fleming R W, Ellen S D, Algus M A. 1989. Transformation of dilative and constructive landslide debris into debris flows—an example from marin county, California. Engineering Geology, 27(2):201 ~ 223.

Foriero A, Ladanyi B, Dallimore S R, et al. 1998. Modelling of deep seated hill slope creep in permafrost. Canadian Geotechnical Journal, 35(4):560 ~ 578.

Fruneau B, et al. 1996. Observation and modelling of the Saint-tienne-de-Tinée landslide using SAR interferometry-science Direct. Tectonophysics, 265(3-4):181 ~ 190.

Gabet E J, Mudd S M. 2006. The mobilization of debris flows from shallow landslides. Geomorphology, 74(1-2): 207 ~ 218.

Gabriel A K, goldstein R M, Zebker H A. 1989. Mapping small elevation changes over large areas: differential radar interferometry. Journal of Geophysical Research Solid Earth, 94(B7):9183 ~ 9191.

Gao Y, Li B, Gao H, et al. 2020. Dynamic characteristics of high-elevation and long-runout landslides in the Emeishan basalt area: a case study of the Shuicheng "7·23" landslide in guizhou, China. Landslides, 17:1 ~ 2.

Gao Y, Yin Y P, Li B, et al. 2017. Characteristics and numerical runout modeling of the heavy rainfall-induced catastrophic landslide-debris flow at Sanxicun, Dujiangyan, China, following the Wenchuan M_s 8.0 earthquake. Landslides, 14(4):1361 ~ 1374.

Gao Y, Yin Y P, Li B, et al. 2018. Characteristics and numerical runout modeling analysis of the Jiweishan Landslide, Chongqing, China. Environmental & Engineering Geoscience, XXIV:1 ~ 11.

Ge W S, Li X F, Xue Y Q, et al. 2013. Metallogenic Geological background of the kalagailei copper-gold deposit in Zhaosu County, Xinjiang. Acta Geoscientica Sinica, 34(3):275 ~ 286.

Govi M, Pasuto A, Silvano S, et al. 1993. An example of a low-temperature-triggered landslide. Engineering Geology, 36(1-2):53 ~ 65.

Gupta P, Anbalagan R. 1997. Slope stability of Tehri Dam Reservoir Area, India, using landslide hazard zonation (LHZ)mapping. Quarterly Journal of Engineering Geology and Hydrogeology, 30(1):27 ~ 36.

Guzzetti F. 2006. Landslide hazard and risk assessment. Mathematisch-Naturwissen Schaftlichen Fakultät der Rheinischen Friedrich-Wilhelms-Universität, University of Bonn, Germany PhD Thesis.

Guzzetti F, Mondini A C, Cardinali M, et al. 2012. 滑坡编目图:解决旧问题的新工具. 许冲译. 世界地震译丛,(5):44 ~ 80.

Hanssen R F. 2001. Radar Interferometry: Data Interpretation and Error Analysis. Netherlands: Springer.

Harris C, Lewkowiczg A. 2000. An analysis of the stability of thawing slopes, Ellesmere Island, Nunavut, Canada. Canadian Geotechnical Journal, 37(37):449 ~ 462.

Harris C, Arenson L U, Christiansen H H, et al. 2009. Permafrost and climate in Europe: Monitoring and modelling thermal, geomorphological and geotechnical responses. Earth Science Reviews, 92(3-4):117 ~ 171.

Havenith H B, Torgoev A, Schlögel R, et al. 2015. Tien Shan Geohazards Database: landslide susceptibility analysis. Geomorphology, 249:32 ~ 43.

He M, Li T D, Zhang L W, et al. 2015. The construction of Triassic stratigraphic framework of the northwest margin of Junggar basin based on the evidence from lithology, logging, seismic survey and geochemistry. Acta

Geoscientica Sinica,36(2):151~160.

Heim A. 1882. Der bergsturz von Elm. Z Dtsch Ges,34:74~115.

Hoffmann J,Galloway D L,Zebker H A. 2001. Calibrating a regional ground-water flow and subsidence model in Antelope Valley, California, using InSAR-derived subsidence maps. Agu Fallmeeting Abstracts, AGUFM, H41E0320H.

Honmannm C A. 1997. Freezing effect on shear strength of clayey soils. Applied Clay Science,12:165~187.

Hsü K J. 1975. Catastrophic debris streams(Strurzstroms)generated by rockfalls. Geological Society of America Bulletin,86(1):129~140.

Hu H T. 2005. Research on the collapse and falling stone. Journal of Railway Engineering Society,(S1):387~391.

Hu L Q,Wu P F,Liang F C. 2014. Analyzing the effect of snow cover in spring and winter and air temperature on frozenground depth in Xinjiang. Journal of Glaciology and Geocryology,36(1):48~54.

Huang R Q. 2007. Large-scale Landslides and their sliding mechanisms in China since the 20th century. Chinese Journal of Rock Mechanics and Engineering,26(3):433~454.

Huang Y,Zhang W J,Xu Qi,et al. 2012. Run-out analysis of flow-like Landslides triggered by the M_s 8.0 2008 Wenchuan earthquake using smoothed particle hydrodynamics. Landslides,9(2):275~283.

Huggel C,Salzmann N,Allen S,et al. 2010. Recent and future warm extreme events and high-mountain slope stability. Philosophical Transactions,368(1919):2345~2459.

Hungr O. 1995. Amodel for the run-out analysis of rapid flow slides, debris flows and avalanches. Canadian Geotechnical Journal,32:610~623.

Hungr O. 2000. Analysis of debris flow surges using the theory of uniformly progressive flow. Earth Surface Processes and Landforms,25(5):483~495.

Hungr O. 2008. Simplified models of spreading flow of dry granular material. Canadian Geotechnical Journal, 45(8):1156~1168.

Hungr O. 2009. Numerical modelling of the motion of rapid, flow-like Landslides for hazard assessment. Ksce Journal of Civil Engineering,13(4):281~287.

Hungr O,Evans S G. 2004. Entrainment of debris in rock avalanches:an analysis of a long run-out mechanism. Geological Society of America Bulletin,116(9-10):1240~1252.

Hungr O,Mcdougall S. 2009. Two numerical models for landslide dynamic analysis. Computers and Geosciences, 35:978~992.

Hungr O,Morgenstern N R. 1984. Experiments on the flow behaviour of granular materials at high velocity in an open channel. Geotechnique,34(3):405~413.

Hungr O, Evans S G, Bovism J, et al. 2001. A review of the classification of landslides of the flow type. Environmental and Engineering Geoscience,7(3):221~238.

Hungr O, Leroueil S, Picarelli L. 2014. The Varnes classification of landslide types, an update. Landslides, 11(2):167~194.

Hutchinson J N,Bhandari R K. 1971. Undrained loading,a fundamental mechanism of mudslide and other mass movements. Geotechique,21(4):353~358.

Ishihara K,Okusa S,Oyagi N,et al. 1990. Liquefaction-induced flow slide in the collapsible Loess deposit in Soviet Tajik. Soils Found,30:73~89.

Iverson R M,Reidm E,Lahusen R G. 1997. Debris-flow mobilization from landslides. Annu Rev Planet Sci,25: 85~138.

Jworchan I. 2000. Debris flow initiation mechanism in residual soils. ISRM International Symposium.

Kawagoe S, Kazama S, Sarukkalige P R. 2009. Assessment of snowmelt triggered landslide hazard and risk in Japan. Cold Regions Science and Technology,58(3):120 ~ 129.

Kent P E. 1966. The transport mechanism in catastrophic rock falls. Geology,74:79 ~ 83.

Koerner R M, Soong T Y. 2000. Leachate in landfills: the stability issues. Geotext Geome Mbranes, 18(5): 293 ~ 309.

Lanari R, Natale G D, Berardino P, et al. 2002. Evidence for a peculiar style of ground deformation inferred at Vesuvius volcano. Geophysical Research Letters,29.

Leng Y Q, Peng J B, Wang Q Y, et al. 2018. A fluidized landslide occurred in the Loess Plateau: a study on loess landslide in South Jingyang tableland. Engineering Geology,236:129 ~ 136.

Li B, Yin Y P, Wu S R, et al. 2011. Basic types and characteristics of multiple rotational landslides in loess. Journal of Engineering Geology,19(5):703 ~ 711.

Li B, Yin Y P, Wu S R, et al. 2012. Failure mode and formation mechanism ofmultiple rotational loess landslides. Journal of Jilin University (Earth Science Edition),42(3):761 ~ 769.

Li B X, Miao T D. 2004. The sliding mechanism of red-mudstone layer landslides. Journal of Lanzhou University, (3):95 ~ 98.

Li T L, Li P, Wang H. 2014. Forming Mechanism of Landslides in the Seasonal Frozen Loess Region in China. Berlin: Springer International Publishing:41 ~ 51.

Li X Z, Cui Y, Zhang X G, et al. 2019. Types, characteristics and spatial distribution law of landslides and collapses along Sichuan-Tibet railway. Journal of Engineering Geology,27(S1):110 ~ 120.

Liu P, Li Z, Hoey T, et al. 2013. Using advanced InSAR time series techniques to monitor landslide movements in Badong of the Three Gorges region, China. International Journal of Applied Earth Observation & Geoinformation, 21:253 ~ 264.

Luckman A, Murray T, Strozzi T. 2002. Surface flow evolution throughout a glacier surge measured by satellite radar interferometry. Geophysical Research Letters,29(23),DOI:10.102912001GL014570.

Ma P H, Peng J B, Li T L, et al. 2018. Forming mechanism and motion characteristics of the "3·8" Jiangliu loess landslide in Jingyang County of Shanxi Province. Journal of Engineering Geology,26(3):663 ~ 672.

Massonnet D, Feigl K L. 1995. Discrimination of geophysical phenomena in satellite radar interferograms. Geophysical Research Letters,22(12):1537 ~ 1540.

Massonnet D, Feigl K L. 1998. Radar interferometry and its application to changes in the Earth's surface. Reviews of Geophysics,36(4):441 ~ 500.

Matossian A O, Baghdasaryan H, Avagyan A, et al. 2020. A new landslide inventory for the Armenian Lesser Caucasus: slope failure morphologies and seismotectonic influences on large landslides. Geoences,10:1 ~ 21.

Matsuoka N, Sakai H. 1999. Rockfall activity from an alpine cliff during thawing periods. Geomorphology, 28(3-4):309 ~ 328.

Mcdougall S, Hungr O. 2005. Dynamic modelling of entrainment in rapid landslides. Canadian Geotechnical Journal,42(5):1437 ~ 1448.

Mcroberts E C, Morgenstern N R. 1974. The stability of thawing slopes. International Journal of Rock Mechanics & Mining Sciences & Geomechanics Abstracts,12(4):65.

Notti D, Davalillo J C, Herrera G, et al. 2010. Assessment of the performance of X-band satellite radar data for landslide mapping and monitoring: Upper Tena Valley case study. Natural Hazards and Earth System Sciences, 10(9):1865 ~ 1875.

Othmanm A, Benson C H. 1993. Effect of freeze-thaw on the hydraulic conductivity andmorphology of compacted clay. Canadian Geotechnical Journal,30(2):236~246.

Ouyang C J,Zhouk Q,Xu Q,et al. 2017. Dynamic analysis and numerical modeling of the 2015 catastrophic landslide of the construction waste landfill at guangming,Shenzhen,China. Landslides,14:705~718.

Panek T,Brezny M,Kapustova V,et al. 2019. Large landslides and deep-seated gravitational slope deformations in the Czech Flysch Carpathians:new LiDAR-based inventory. Geomorphology,346:106852.

Pathakk R,Suzukik K A,et al. 2003. Experiment on initiation mechanism of debris flow:collapse of natural dam in a steep slope channel. Proceedings of Hydraulic Engineering,47:577~582.

Pei X J,Huang R Q,Li S G. 2011. Study of dynamic response of bridge pier shocked by falling rock induced by intensive earthquake. Chinese Journal of Rockmechanics and Engineering,30(S2):3995~4001.

Peng J B,Fan Z J,Wu D,et al. 2015. Heavy rainfall triggered loess-mudstone landslide and subsequent debris flow in Tianshui,China. Engineergeology,186:79~90.

Peng L Y,Liu J K. 2010. Deformation properties of thawing silty clay under cyclicLoading. Chinese Journal of Geotechnical Engineering,32(4):567~572.

Picarelli L. 2010. Discussion on "A rapid loess flow slide triggered by irrigation in China". Landslides,7(2):203~205.

Ping L U,Casagli N,Catani F. 2010. PSI-HSR:a new approach for representing persistent scatterer interferometry (PSI) point targets using the hue and saturation scale. International Journal of Remote Sensing, 31 (7-8):2189~2196.

Ping L U,Casagli N,Catani F,et al. 2012. Persistent scatterers interferometry hotspot and cluster analysis(PSI-HCA)for detection of extremely slow-moving landslides. International Journal of Remote Sensing,33(1-2):466~489.

Pufahl D E,Morgenstern N R. 1980. International Journal of Rock Mechanics & Mining Sciences & Geomechanics Abstracts,17(5):97~98.

Qi C, Xing A G, Yin Y P. 2012. Numerical simulation of dynamic behavior of Donghekou rockslide-debris avalanche. Journal of Engineering Geology,20(3):334~339.

Qi J L, Zhang J M, Zhu Y L. 2003. Influence of freezing-thawing on soil structure and its soil mechanics significance. Chinese Journal of Rockmechanics and Engineering,22(2):2690~2694.

Reddyk R,Hettiarachchi H,Parakalla N,et al. 2009. Hydraulic conductivity of MSW in landfills. Journal of Environmental Engineering,135(8):677~683.

Reichenbach P,Rossi M,Malamud B,et al. 2018. A review of statistically-based landslide susceptibility models. Earth-Science Reviews,180:60~91.

Rott H,Scheuchl B,Siegel A,et al. 1999. Monitoring very slow slope movements by means of SAR interferometry: A case study from a mass waste above a reservoir in the Ötztal Alps,Austria. Geophysical Research Letters, 26(11):1629~1632.

Sassa K. 1984. The mechanism starting liquefied landslides and debris flows. The 4th International Symposium on Landslides,International Society for Soil Mechanics and Foundation Engineering,Toronto,Ontario,349~354.

Sassa K. 1988. Geotechnical model for the motion of landslides. Proceedings of the 5th International Symposium on Landslides C,Lausanne,Switzerland,37~55.

Sassa K. 1998. Mechanisms of landslide triggered debris flow. Proceedings of IUFRO Conference(Div8). Kyoto: Kluwer Academic Publishing,471~490.

Sassa K,Nagai O,Solidum R,et al. 2010. An integrated model simulating the initiation and motion of earthquake and rain induced rapid landslides and its application to the 2006 Leyte landslide. Landslides,7(3):219~236.

Scheidegger A E. 1973. On the prediction of the reach and velocity of catastrophic landslides. Rock Mechanics,5: 231 ~ 236.

Shi G H, Goodman R E. 2010. The key blocks of unrolled joint traces in developed maps of tunnel walls. International Journal for Numerical and Analytical Methods Ingeo Mechanics,13(2):131 ~ 158.

Shi W B, Li H J, Zeng Z, et al. 2018. Deformation and failure mechanism of gently anti-inclined red-bed slope. Journal of Disaster Prevention and Mitigation Engineering,38(5):881 ~ 888.

Silvia B, Gerardo H, Rosa M, et al. 2013. Landslide activity maps generation by means of persistent scatterer interferometry. Remote Sensing,5(12):6198 ~ 6222.

Simonsen E, Isacsson U. 2011. Soil behavior during freezing and thawing using variable and constant confining pressure triaxial tests. Canadian Geotechnical Journal,38(4):863 ~ 875.

Smith K. 1996. Environmental Hazards:Assessing Risk and Reducing Disaster. London:Routledge:12 ~ 38.

Sosio R, Crostag B, Hungr O. 2008. Complete dynamic modeling calibration for the Thurwieser rock avalanche (Italian Central Alps). Engineering Geology,100(1):11 ~ 26.

Stark T D, Edi H T, Evans W D, et al. 2000. Municipal solid waste slope failure,II:stability analyses. Journal of Geotechnical and Geoenvironmental,126(5):408 ~ 419.

Strozz T, Wegmüller U, Werner C, et al. 2005. SAR interferometric point target analysis and application to the monitoring of land subsidence in the venice lagoon. Land Subsidence-Seventh International Symposium on Land Subsidence.

Suzuki K. 2009. Observational study of initiation mechanism of debris flow cause by destruction of natural dam in a steep slope channel. All Publications,12(2):190 ~ 194.

Swanger K M, Marchant D R. 2007. Sensitivity of ice-cemented Antarctic soils to greenhouse-induced thawing:are terrestrial archives at risk. Earth & Planetary Science Letters,259(3-4):347 ~ 359.

Takahashi T. 1978. Mechanical characteristics of debris flow. Journal of Hydraulic Engineering,104(8):1153 ~ 1169.

Takahashi T. 1987. High velocity flow in steep erodible channels. Proceedings 22nd Congress of IAHR Lausanne.

Takahashi T. 2009. Mechanics and simulation of snow avalanches, pyroclastic flows and debris flows. In: McCaffrey W D, et al (eds). Particulate Gravity Currents. Oxford:Blackwell Science.

Tang C, Zhu J, Ding J. 2011. Catastrophic debris flows triggered by a 14 August 2010 rainfall at the epicenter of the Wenchuan earthquake. Landslides,8:485 ~ 497.

Tang H M, Yi P Y. 2003. Research on dangerous rock movement route. Journal of Chongqing Architecture University,(1):17 ~ 23.

Tanyas H, Lombardo L. 2020. Completeness index for earthquake-induced Landslide inventories. Engineering Geology,264:105331.

Tobin G A. 1997. Natural Hazards:Explanation and Integration. New York:Guilford Press.

Uromeihy A, Mahdavifarm R. 2000. Landslide hazard zonation of the Khorshrostam area, Iran. Bulletin of Engineering Geology and the Environment,58(3):207 ~ 213.

Wang D Y, Ma W, Niu Y H, et al. 2007. Effect of cyclic freezing and thawing on mechanical properties of Qinghai-Tibet clay. Cold Regions Science and Technology,48:34 ~ 43.

Wang F W, Sassak. 2002. A modified geotechnical simulation model for the areal prediction of landslidemotion. Proceedings of the 1st European Conference on Landslides, Prague, Czech Republic.

Wang G L, Wu F Q, Qi S W, et al. 2013. Mechanism and assessment methods for plastic flow and tensile crack-type collapse. Chinese Journal of Rock Mechanics and Engineering,32(S1):2863 ~ 2869.

Wang G L, Zhang M S, Su T M, et al. 2011. Collapse failures modes and Dem numerical simulation for loess slopes. Journal of Engineering Geology, 19(4):541~549.

Wang G X. 1997. Sliding mechanism and prediction of critical sliding of Huangci landslide in Yongjing county, Gansu Province. Journal of Catastrophology, 12(3):23~27.

Wang J D, Zhang Z Y. 1999. A study on the mechanism of high-speed loess landslide induced by earthquake. Chinese Journal of Geotechnical Engineering, 27(6):670~674.

Wang L, Li B, Gao Y, et al. 2016. Run out prediction of large thick bedded unstable rock: a case study of Daxiang unstable rock in Yangjiao town, Wulong county, Chongqing. Earth Science Frontiers, 23(2):251~259.

Wang N Q, Yao Y. 2008. Characteristics and mechanism of landslides in loess during freezing and thawing periods in seasonally frozen ground regions. Journal of Disaster Prevention and Mitigation Engineering, 28(2): 163~166.

Wang S T, Zhan Z, Liu H C. 1990. The basic characteristics and dynamical mechanism of the high speed landslide in Saleshan mountain. Journal of Geological Hazards and Environment Preservation, 1(2):66~74.

Wang Z R. 2005. Basic characteristics of red-soft-mudstone layer landslides. Clean Coal Technology, (2): 75~78.

Wischmeier W H. 1959. A rainfall erosion index for a universal soil-loss equation. Soil Science Society of America Journal, 23(3):246~249.

Wischmeier W H, Wischmeier W H. 1959. A rainfall erosion index for a universal soil-loss equation. Proc Soil Science Society of America, 23(3):246~249.

Wu T H. 1984. Soil movements on permafrost slopes near Fairbanks, Alaska. Canadian Geotechnical Journal, 21(4):699~709.

Wu W J, Wang N Q. 2006. Landslide Hazards Ingansu. Lanzhou: Lanzhou University Press:196~199.

Xing A, Wang G H, Li B, et al. 2014. Long-runout mechanism and landsliding behaviour of large catastrophic landslide triggered by heavy rainfall in Guanling, Guizhou, China. Canadian Geotechnical Journal, 52(7): 971~981.

Xing A, Wang G H, Yin Y P, et al. 2015. Investigation and dynamic analysis of a catastrophic rock avalanche on September 23, 1991, Zhaotong, China. Landslides, 13(5):1035~1047.

Xing A, Yuan X Y, Xu Q, et al. 2016. Characteristics and numerical runout modelling of a catastrophic rock avalanche triggered by the Wenchuan earthquake in the Wenjia valley, Mianzhu, Sichuan, China. Landslides, 14(1):1~16.

Xu Q, Fan X, Dong X J. 2010. Characteristics and formation mechanism of a catastrophic rainfall-induced rock avalanche-mud flow in Sichuan, China. Landslides, 9:143~154.

Xu Z J, Lin Z G, Zhang M S. 2007. Loess in China and loess landslides. Chinese Journal of Rock Mechanics and Engineering, 26(7):1297~1312.

Xue D J, He Z W, Zheng X D. 2012. The distribution regularity of geohazard in the dry-hot valley of Jinsha River: case study in Derong County. Advanced Materials Research, (518-523):5754~5759.

Ya K, Zhao C Y, Zhang Q, et al. 2017. Application of InSAR techniques to analysis of the guanling landslide. Remote Sensing, 9(10):1046.

Yang L W, Wei Y J, Zhu S N, et al. 2018. Formation mechanism of thekezilesai landslide in Yining Country, Xinjiang and its dynamic characteristics. The Chinese Journal of Geological Hazard and Control, 29(3):18~24.

Yang P P. 2018. Analysis on meteorological factor variation in recent 60 years in Wuqia County. Northwest Hydropower, (6):13~16.

Ye W. 2000. Comparision of textural features of loess and reworked loess in Yili area, Xinjiang. Arid Land Geography, 23(4):300 ~ 314.

Ye W, Cheng X, Zhao X, et al. 1998. Depositional features and material sources of loess in Yili region, Xinjiang. Arid Land Geography, 18(7):1970 ~ 1979.

Yin Y P. 2000. Characteristics and disaster reduction of the huge high-speed landslide in Yigong, Bomi, Tibet. Hydrogeology and Engineering Geology, 4:8 ~ 11.

Yin Y P, Cheng Y L, Liang J T, et al. 2016a. Heavy-rainfall-induced catastrophic rockslide-debris flow at Sanxicun, Dujiangyan, after the Wenchuan M_S 8.0 earthquake. Landslide, 13(1):9 ~ 13.

Yin Y P, Li B, Wang W P, et al. 2016b. Mechanism of the December 2015 catastrophic landslide at the Shenzhen landfill and controlling geotechnical risks of urbanization. Engineering, 2(2):230 ~ 249.

Zebker H A, Goldstein R. 1986. Topographic mapping from interferometric synthetic aperture radar observations. Journal of Geophysical Research: Solid Earth, 91(B5):4993 ~ 4999.

Zebker H A, Villasenor J. 1992. Decorrelation in inter-ferometric radar echoes. IEEE Transactions on Geoscience and Remote Sensing, 30(5):950 ~ 959.

Zhang D X, Wangg H, Luo C Y, et al. 2009. A rapid loess flow slide triggered by irrigation in China. Landslides, 6(1):55 ~ 60.

Zhang M, Yin Y P, Wu S R. 2010. Development status and prospects of studies on kinematics of long runout rock avalanches. Journal of Engineering Geology, 18(6):805 ~ 817.

Zhang Q S, Yu W, Deng H J, et al. 2014. The soil nutrition characteristics in different partitions of debris flow basin in dry-hot valley. Journal of Southwest Forestry University, 1:8 ~ 13.

Zhang Q Z, Xu G X. 2004. Study on bend flow and subgrade erosion mechanism in curved channel. Journal of Water Resources and Architectural Engineering, 2(2):6 ~ 8.

Zhao C, Lu Z. 2018. Remote sensing of Landslides—a review. Remote Sensing, 10(2):279.

Zhou J, Zhen L, Guo W. 2014. Estimation and analysis of the surface velocity field of mountain glaciers in Muztag Ata using satellite SAR data. Environmental Earth Sciences, 71(8):3581 ~ 3592.

Zhu C G, Liu C, Xu Q, et al. 2019. Discrete element numerical simulation research on friction heat in sliding zone of the landslide. Journal of Engineering Geology, 27(3):651 ~ 658.

Zhuang J Q, Peng C, Peng J B, et al. 2013. Initiation process of debris flows on different slopes due to surface flow and trigger-specific strategies for mitigating post-earthquake in old Beichuan County, China. Environmental Earth Sciences, 68(5):1391 ~ 1403.

Zhuang J, Cui P, Peng J, et al. 2013. Initiation process of debris flows on different slopes due to surface flow and trigger-specific strategies formitigating post-earthquake in old Beichuan County, China. Environmental Earth Sciences, 68(5):1391 ~ 1403.